ARM CORTEX M4
STM32F429Z

서 문

ARM CORE를 공부하고자 처음 접할 때 어디서부터 시작해야 할지 망설이고 망설여진다. 교육용 교재를 구하고 실습보드를 구하고 컴파일러를 다운받고 사용방법을 검색하고 회로도를 분석하고 대부분 이렇게 시작한다.

본 교재에서는 ARM CORE에 대한 기본적인 개념과 실습예제를 중심으로 조금씩 따라서 실습할 수 있도록 예제를 많이 만들었다.

실습용 보드는 ST사 NUCLEO-F429보드를 중심으로 주변회로를 자체개발 설계하였고 예제소스 또한 학습자가 천천히 따라서 실습해 볼 수 있도록 준비하였다.

keil 프로그램을 다운받아 사용방법을 구체화 하였고 GPIO를 이용한 예제를 컴파일러를 이용하여 구동할 수 있도록 하였고 입력 스위치를 사용하는 방법, 외부 인터럽트와 타이머를 사용하는 방법 등 다양하게 예제소스를 만들어 조금 더 쉽게 이해 하도록 하였다.

STM32CubeIDE 통합 프로그램을 어디서 다운받는지, 어떻게 사용하는지 등을 직접 순서대로 화면을 캡쳐하여 학습자가 쉽게 실습해 볼 수 있도록 교재를 설계하였다.

교재와 실습예제를 중심으로 공부를 하려는 전자 엔지니어링 공학도님 모두에게 도움을 주고 싶었다. IDE 통합 프로그램을 이용하여 keil에서 배운 예제소스를 직접 따라서 동작해 볼 수 있고 main 예제를 직접 수정하고 있고 쉽게 응용하도록 체계적으로 편집하였다. 교재 내용을 여러 번 수정 · 편집하여 더 쉽고 더 이해가 잘 되도록 준비하였다.

저자 또한 전자공학을 졸업하고 산업현장에서 ARM 프로세스의 중요성을 많이 가지고 있다. ARM을 공부하려고 하는 엔지니어링을 위하여 전임자가 어렵게 공부한 내용을 후임자는 더 쉽게 따라서 배울 수 있도록 하였으며 더 많은 예제를 만들어 공부하는데 그리고 개발하시는 분과 배우고자 하는 모두에게 실무적으로 접근하도록 예제를 만들었으며 새로운 예제를 더 많이 만들어 등불이 되도록 저자 또한 노력을 많이 하겠다.

ARM을 처음 강의할 때 도움을 주신 저자 한국산업대학교 차동혁 교수님, 김재일 교수님 그리고 실습용 보드의 PCB 설계에 도움을 주신 함영주 교수님, 실습용 보드 제작에 함께 해주신 신지윤, 태경, 예진님 모두에게 HEADLINE을 빌어 감사의 뜻을 전합니다.

항상 준비 하는 자에게 기회가 주어진다.

꿈, 기회, 실현

꿈을 날짜와 함께 적어 놓으면 그것은 목표가 되고

목표를 잘게 나누면 그것은 계획이 되고

그 계획을 실행에 옮기면 꿈은 실현 되는 것이다.

항상 준비 하는 자에게 기회가 주어진다.

누구에게나 꿈이 있고 기회가 있고 그리고 일에 열정을 가지면
성공의 실현은 가까이 있다.

2025.08
저자 윤 왕 철

CONTENTS

CONTENTS

ARM CORTEX M4
STM32F429Z

STM32F429ZIT6 M4 serial

본 교재에서는 ARM KEIL과 STM32CubeIDE 개발 프로그램을 이용하여 STM32F429ZI CORE를 구동해 보자. 먼저 keil MDK 프로그램 다운(down) 및 설치를 시작으로 ST-LINK 드라이브 설치,자체 설계한 ARM CortexM4 100A 실습 보드(Nucleol-144 보드 포함),keil compiler 예제 파일 사용방법,Tera term,PuTTY 통신 프로그램 다운 및 설치 사용방법,STM32cubeIDE 다운 및 설치, STM32cubeIDE 사용방법 및 HAL_GPIO _TogglePin 함수사용 방법, ODR 레지스터, 외부 인터럽트 사용방법, 타이머 카운터, SEGMENT 카운터, LCD, Dot matrix, Usart_serial 통신, ADC, 온도센서 LM35DZ 등을 이용하여 ARM CORE를 어떻게 다루는지에 대해 설명하고자 한다.

STM32CubeIDE를 이용하여 keil MDK 실습 예제와 동일하게 프로그램을 만드는 방법 등을 실습하게 된다. 차근차근 그리고 하나씩 천천히 따라서 해 보기 바란다.

본 교재에서 사용되는 일부 keil 실습 예제 프로그램은 네이버 https://naver.me/I5ySeNON 또는 http://www.bjschool.or.kr/ 홈페이지-커뮤니티-교육용 자료에서 다운로드 방법만 제공된다. 홈페이지 용량이 100MB 이상은 upload가 되지 않아 download 방법과 주소만 제공된다.

1장

ARM CORTEX_M4 기본 개념

1장 ARM CORTEX_M4 기본 개념

1.1 STM32 32bit ARM CORTEX_M 프로세스

ARM CORTEX_M 프로세서를 기반으로 하는 STM32는 32비트 마이크로컨트롤러 제품시리 즈로 MCU 사용자가 새로운 기술과 기능을 쉽게 설계하도록 구성되어 있다.

STM32 시리즈는 완벽한 통합과 개발 용이성을 지원하면서 매우 강력한 성능, 실시간 처리, 디지털 신호 처리(DSP), 저전력/저전압 동작, 프로세스간의 연결성을 겸비한 제품 라인으로 매우 우수하다.

표준 코어를 기반으로 하는 다양한 종류의 STM32 마이크로컨트롤러는 개발 제품에 따라 MCU를 선택해 사용할 수 있는 다양한 도구와 소프트웨어를 지원함으로, 소규모 프로젝트와 End to End Plaform 모두에 이상적이다

낮은 전력 소비량과 실시간 성능을 유지하면서 Open Source Software SPACK을 활용할 수 있는 기능이 필수적이다

Arm Cortex A 코어와 Cortex R, Cortex M 코어를 결합한 아키텍처를 기반으로 하는 STM32 범용 32비트 마이크로프로세서장치(MPU)는 첨단 다중 코어 아키텍처와 효율적인 에너지를 실시간으로 제어를 통한 그래픽 처리, 고품질과 우수한 기능 통합을 지원하도록 설계되어 이러한 고민을 해결하는 데 매우 적합한 솔루션이다.

- **Cortex_A: Application**
    - » 고성능이 요구되는 스마트 폰, 태블릿 PC와 같은 모바일기기에 많이 적합하다.
- **Cotex_R: Real time**
    - » 실시간으로 복잡한 알고리즘 제어가 필요한 경우에 적합하다.
- **Cotex_M: Micro_controller**
    - » 산업 분야에서 제어용으로 사용되는 마이크로컨트롤러용으로 적합하다.

본 교재에서 사용되는 시리즈는 Cotex_M4이고 STM32F429ZIT6 이다.

1.2 실습 예제 프로그램

실습에 사용되는 예제 프로그램, 컴파일러(Compiler), 통신 프로그램 PuTTY, Tera,datasheet 등이 제공된다.

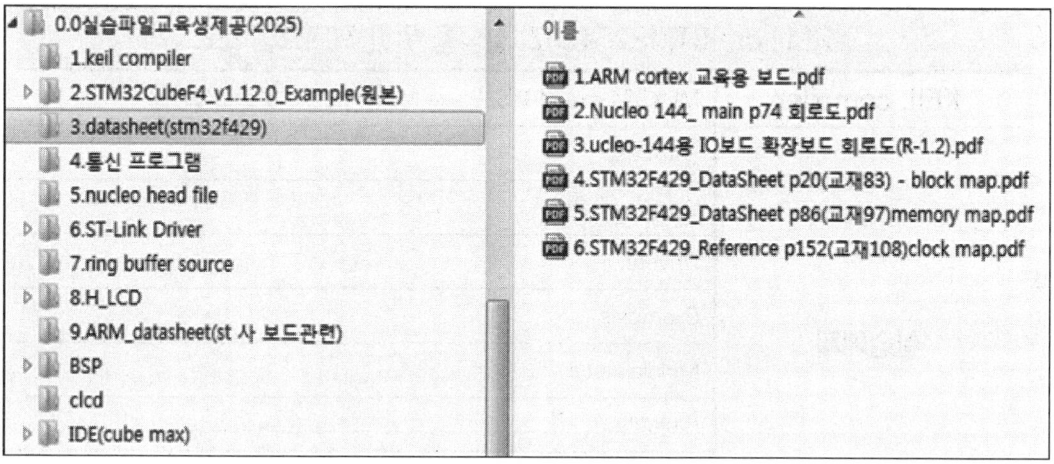

ARM CORTEX(STM32F429ZI)교육용 보드는 실습을 위한 것이며 ST사 nucleo-F144 보드를 기반으로 주변장치 회로를 추가한 것이다. ST사 회로에 추가한 주변장치 구성 요소를 보면 LCD 회로(AX07001)를 실습할 수 있으며 dot matrix 회로, 스테핑 모터, LED 8개 회로, 4개의 스위치 회로, 가변저항 2개를 이용한 ADC 회로, MCU 내부에 인터럽트, 타이머 카운터(14개), USART 통신, SPI통신 등 다양하게 실습을 해볼수 있다. 프로그램 소스를 확인해 보면 KEIL compiler, 실습을 할수 있는 기본적인 예제 프로그램, datasheet block map, memory map, clock system 흐름도 등을 자세히 알 수 있다.

ARM CORTEX(STM32F429ZI)의 datasheet는 처음에는 이해하기 어렵지만 여러번 반복해서 보면 조금씩 구체적인 MCU 흐름을 이해할 수 있다.

datasheet를 보는 것은 중요하다.

1.3 ARM core STM32F429ZI

실습을 위한 프로그램 소스를 확인해 보면 **KEIL compiler, 실습예제, 통신 프로그램, ST-Link Driver, datasheet(stm32f429)**, clcd.h 등 다양하다.

ARM core STM32F429ZI 실습을 위한 프로그램 소스	
KEIL compiler	MDK524.exe,MDK530.exe,MDK540.exe,MDK542.exe
실습예제	_htmresc
	Documentation
	Drivers
	Examples
	Middlewares
	Projects
	Utilities
	Utilities_2
통신 프로그램	putty.exe
	teraterm-4.105.exe
ST-Link Driver	dpinst.exe
	dpinst_x86.exe
datasheet (stm32f429)	ARM cortex 교육용 키트 회로도.pdf
	Nucleo 144_ main 회로도(ST사).pdf
	STM32F429_DataSheet.pdf
	STM32F429_Reference.pdf
BSP	clcd.c
	clcd.h
ST-stm32cubeide	st-stm32cubeide_1.17.0(1.13,1.14 포함)
Ring buffer source	rb.c
	rb.h

1.4 ARM CORTEX_M STM32F의 시리즈의 종류

STM **Cortex_M** 시리즈의 종류 중 제품 개발시 어떤 MCU를 사용할까?

선택기준		
STM 종류	**Cortex_M**	**MCU 성능 및 주파수**
STM32F0	Cortex-M0	저가/저성능, 8/16 비트 보다는 성능이 뛰어나지만 M3보다는 떨어짐
STM32F1	Cortex-M3	일반적인 용도, 많이 사용됨, 72Mhz 범용적
STM32F2		F1 시리즈 보다 고속, 120Mhz 16/32비트
STM32F3	Cortex-M4	72Mhz 32/64비트
STM32F4		고속이며 많이 사용됨. 180Mhz
STM32F7	Cortex-M7	고속이며 216Mhz, L1 cache 내장
STM32H5	Cortex-M33	고속이며 250Mhz
STM32H7	Cortex-M4	가장 고속임, 550Mhz
STM32L0	Cortex-M0	초저전력, 32Mhz
STM32L1	Cortex-M3	초저전력, 32Mhz
STM32L4	Cortex-M4	초저전력, 80Mhz ultra low power
STM32L5	Cortex-M33	초저전력, 110Mhz ultra low power
STM32WL	Cortex-M4	wireless 48Mhz 와이파이 기능 제공
STM32WB	Cortex-M4	wireless 64Mhz 와이파이 기능 제공
STM32WBA	Cortex-M33	wireless 100Mhz 와이파이 기능 제공

1.5 Cortex-M4 프로세서의 내부구조

Cortex-M4 프로세서의 구성은 Cortex_M3와 동일한 구조를 가진다.
코어부분의 차이는 다음과 같다.

Cortex_M4 = Cortex_M3 + DSP 명령어 + FPU

코어부분의 DSP(Digital Signal Processing)와 FPU(Floating Point Uint) 를 제외하면 모두 동일한 구조를 가진다.

Cortex-M4 프로세서 코어는 ALU(Arithmetic Logic Unit),레지스터,제어부 등으로 구성되며 프로그램 된 명령어를 실행하는 프로세서의 핵심적인 부분이다.

간단히 개념만 이해하고 넘어가자.

1.5.1 Cortex-M3/M4 프로세서의 구성

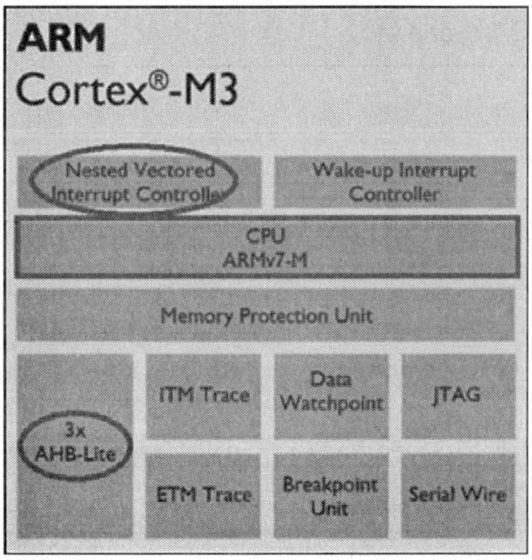

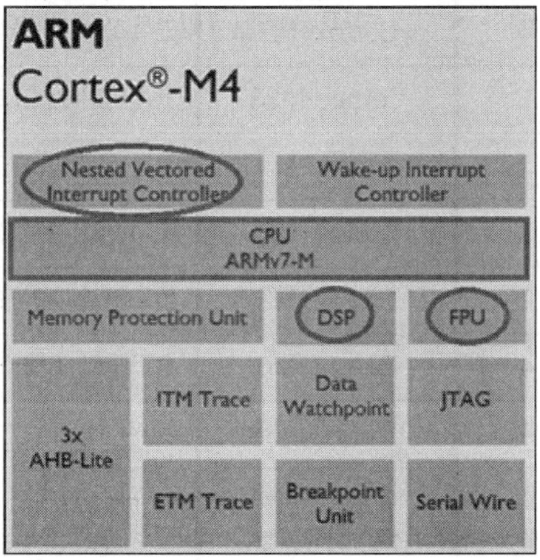

1.5.2 ARM Cortex_M3 프로세스의 구성

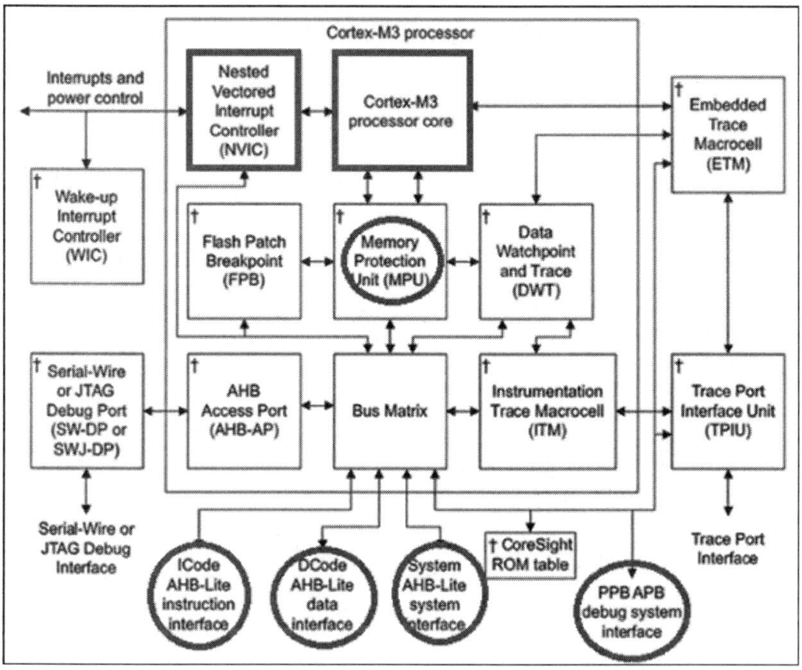

1.5.3 Cortex-M4 프로세서의 구성

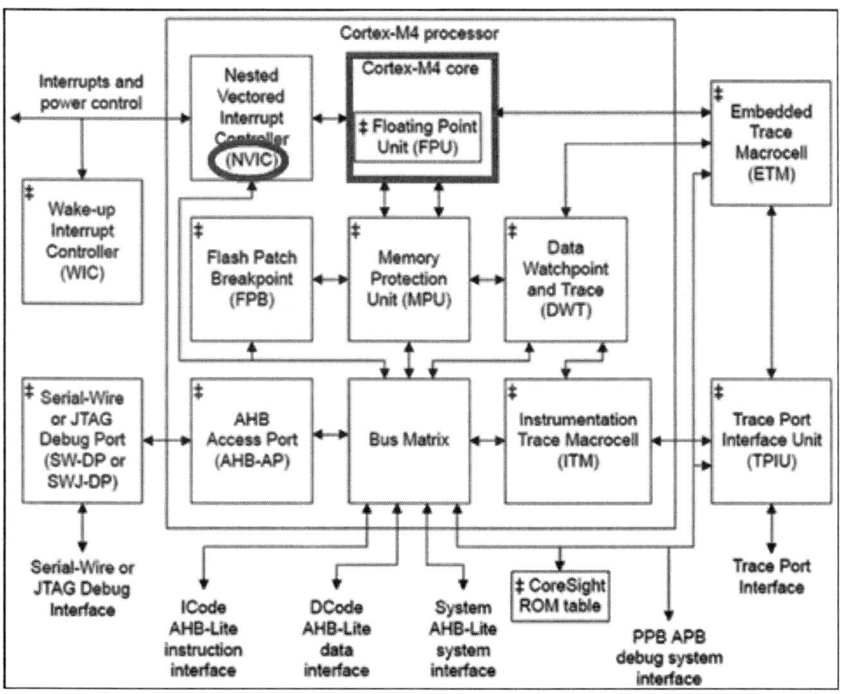

1.6 마이크로 프로세서(u-processor)와 MCU(micro_controller unit)차이점

① **마이크로프로세서(micro_processor)**

» CPU(Centeral Processing Unit)와 CPU의 동작에 필요한 기본적인 메모리, 입출력기능 등을 집적시켜 하나의 칩으로 구현한 것이다.

② **마이크로컨트롤러(micro_controller unit: MCU)**

» 주로 주변기기나 장치를 제어할 목적으로 사용하기 위해 마이크로프로세서에 프로그램 저장에 필요한 메모리,외부기기의 제어를 위한 입,출력기능 등을 강화하여 하나의 칩으로 구현한 것이다.

» AVR사의 ATmega128, Microchip사의 PIC 마이크로컨트롤러, ST사의 STM32F 시리즈 , NXP사의 NXP17XX 시리즈(Cortex-M3 기반) 등이 있다. 이들 MCU의 칩 내부에는 CPU 이외에도 플래시 메모리와 주변장치에 해당하는 GPIO PORT,TIMER,ADC,UART 등의 기능을 추가로 내장시켜 on chip 형태로 제조한다.

③ **FPGA(Field Programmable Gate Array)**

» 프로그램이 가능한 비메모리 반도체의 일종. 회로 변경이 불가능한 일반 반도체와 달리 용도에 맞게 회로를 다시 새겨 넣을 수 있다. 따라서 사용자는 자신의 용도에 맞게 반도체의 기능을 소프트웨어 프로그램 하듯이 변형시킬 수 있다. 일반 반도체에 비해 가격이 수십~수백 배 비싸며 항공, 자동차, 통신 등의 분야에 주로 쓰인다.

④ **DMIPS (Dhrystone Millions of Instructions Per Second)**

» 1초에 백만개의 명령어을 수행할 수 있는 능력단위 DMIPS로 표시한다.

1.7 레지스터(Register)

processor core의 내부 레지스터는 **32비트**이다.

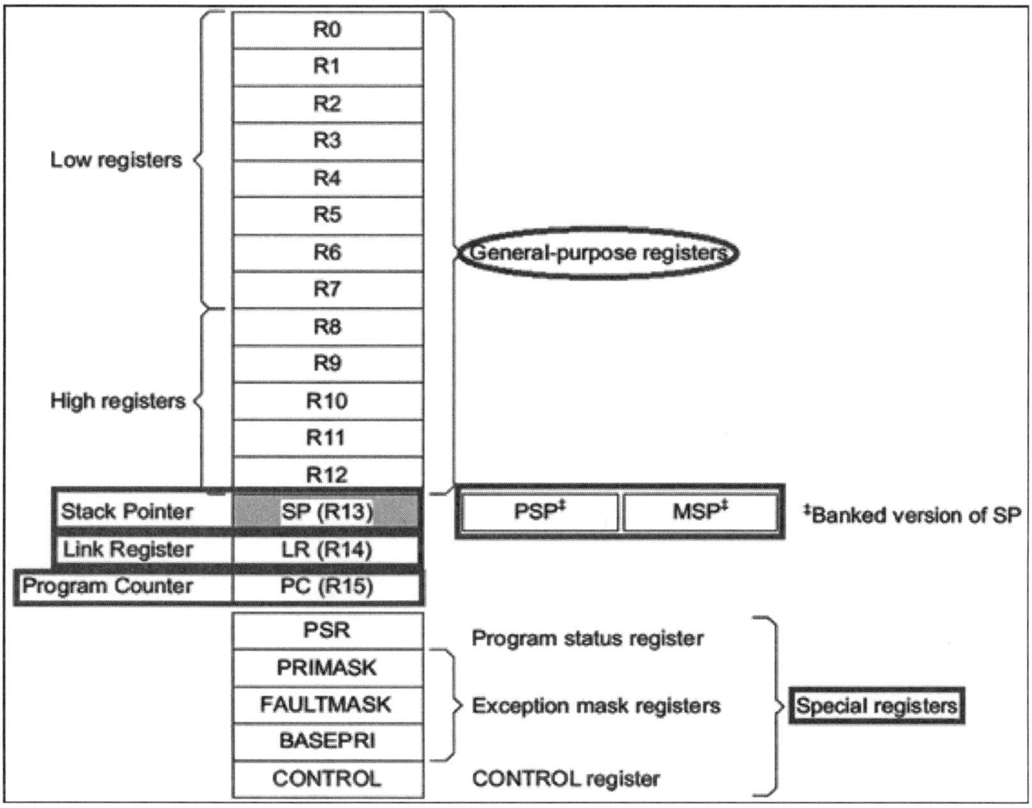

간단히 요약 설명하면 다음과 같다.

① **General purpose Register RO ~ R12(13개):** 범용으로 사용되는 레지스터.

② Stack Point(SP) R13 MSP와 PSP 중 한개의 스택 포인터만 사용한다.

- » MSP(main stack point) 운영체제의 커널과 예외 핸들러가 사용된다
- » PSP(process stack point) 사용자 응용 프로그램이 사용된다.

③ **Link Register(LR) R14:** 서브루틴이 호출될 때 리턴주소를 저장하는 레지스터.

④ **Program Count(PC) R15:** 현재 실행중인 프로그램의 주소를 저장하는 레지스터.

⑤ **Program status register(PSR):** 현재 실행중인 프로그램의 상태를 저장하는 레지스터.

⑥ **CONTROL:** 스택 포인터 및 접근모드 선택을 위한 레지스터이다.

Memo

2장 keil MDK 프로그램 다운 및 설치

ARM core에서 사용할 keil MDK 프로그램을 다운을 받기 위해서는 ARM KEIL 홈페이지에 접속한다. https://www.keil.com/

keil MDK lite버전은 무료로 다운 받아 사용할 수 있다. 코드 사이즈는 32KB 이하로 제한되지만 본 교재에서 실습예제를 사용하는 것에는 아무런 문제가 되지 않는다.

① keil MDK 평가판 다운로드는 https://www.keil.com/에서 가능하며 최신버전을 다운받아 사용하기를 권장한다.

최신버전을 다운받아 설치하였으나 가끔 pack installer로 설치되는 경우가 있다. 낮은 버전을 다운받아 설치하고 최신버전을 재 설치하면 문제가 해결된다.

② https://www.keil.com/ 제품 다운로드를 클릭한다.

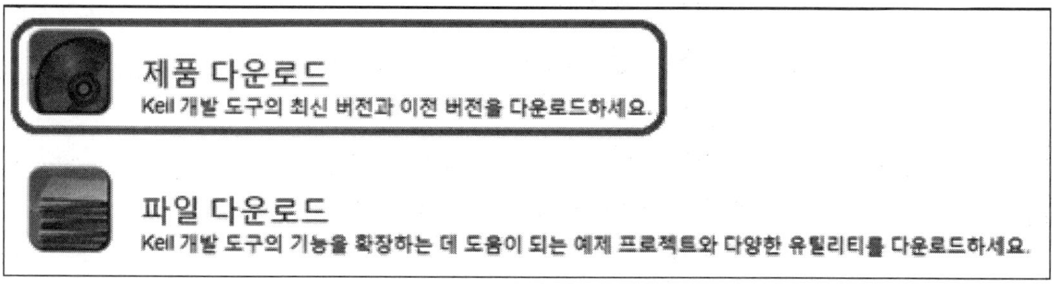

③ MDK -Arm을 클릭한다.

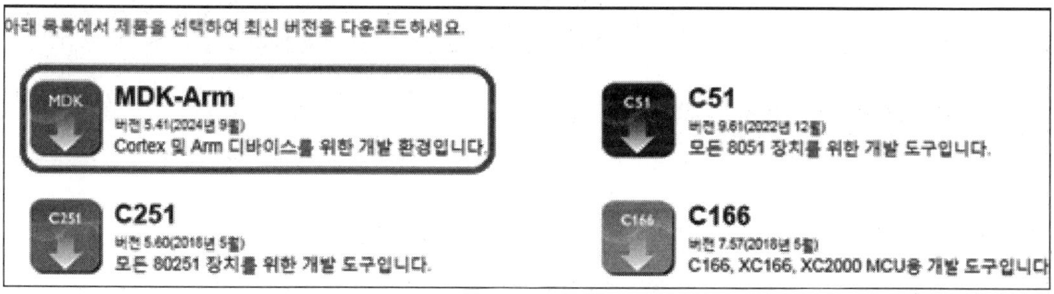

④ keil MDK 평가판 다운로드를 위해서는 사용자 개인정보를 등록하도록 되어 있다. 꼭 필요한 절차임으로 이름,성 등을 입력하고 "제출(submit)"을 클릭한다.

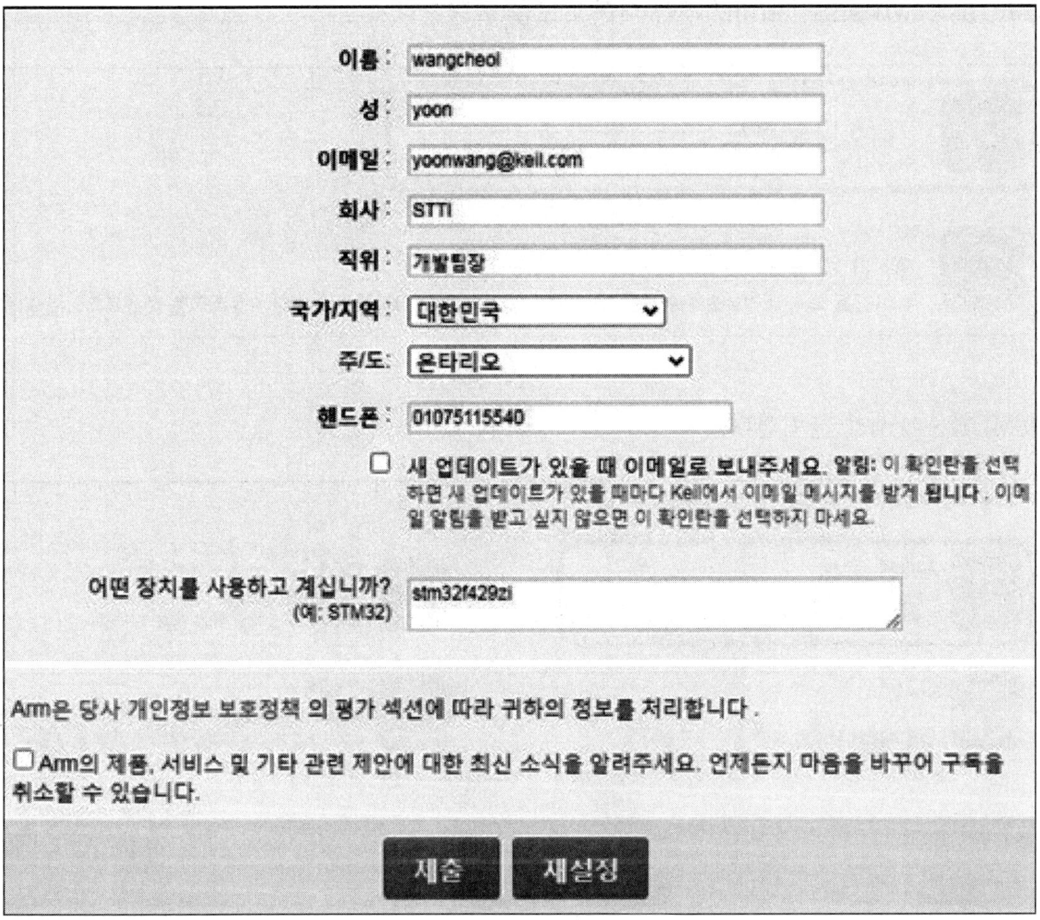

⑤ MDK_541.exe 파일을 다운 받는다.(가급적 최신 업데이트 파일을 다운 받도록 한다.)

⑥ MDK_541.exe를 설치한다.

⑦ NEXT를 클릭한다.

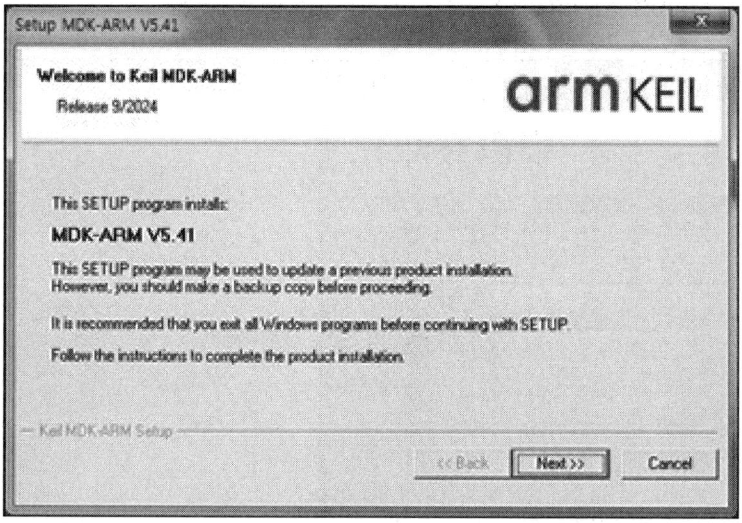

⑧ 다음과 같은 팝업(pop up)창이 뜨면 라이선스에 동의하고 NEXT를 클릭한다.

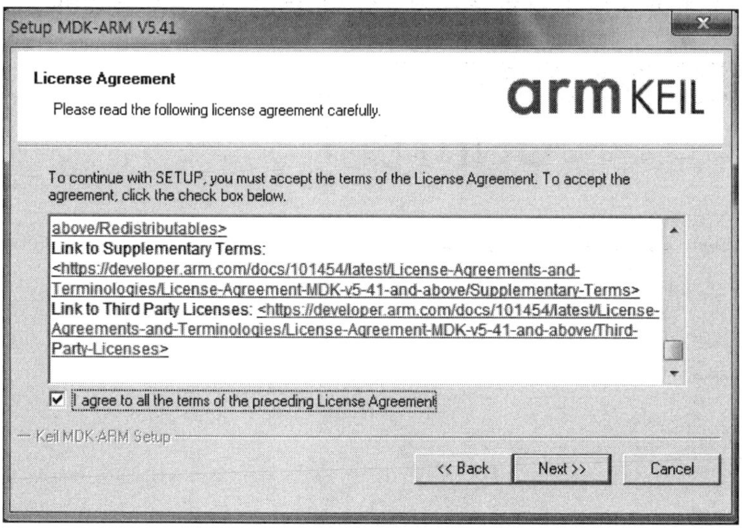

⑨ Destination Folders Core와 Pack은 가급적 그대로 default로 하는게 좋다. 컴퓨터에서 최적화 상태가 된다. Next를 클릭한다.

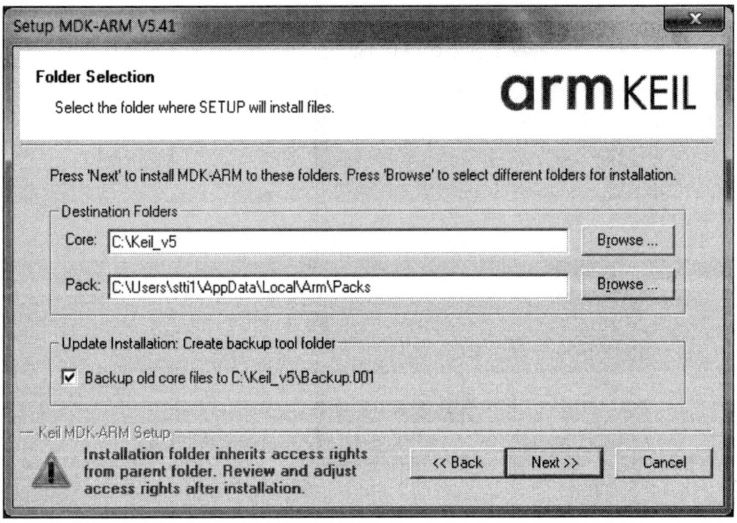

⑩ Setup MDK-ARM V5.41 창이 뜨면 간단히 개인정보를 입력하고 Next를 클릭한다.

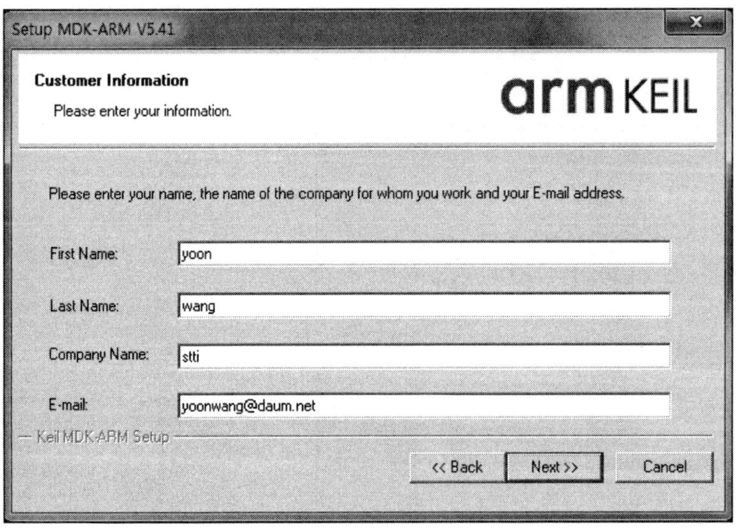

⑪ Setup MDK-ARM V5.41 설치 중

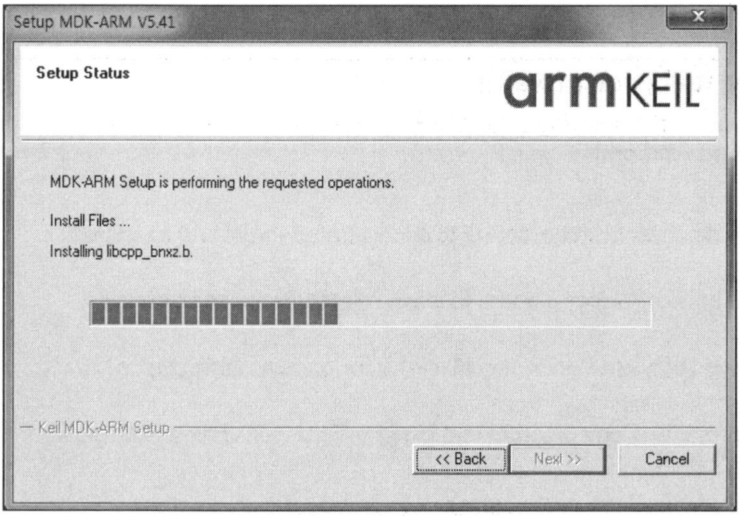

⑫ Setup MDK-ARM V5.41 설치가 끝나고 나면 finish를 클릭한다. finish를 클릭하면 바탕화면에 keil μVision5 단축 아이콘이 생성된다.

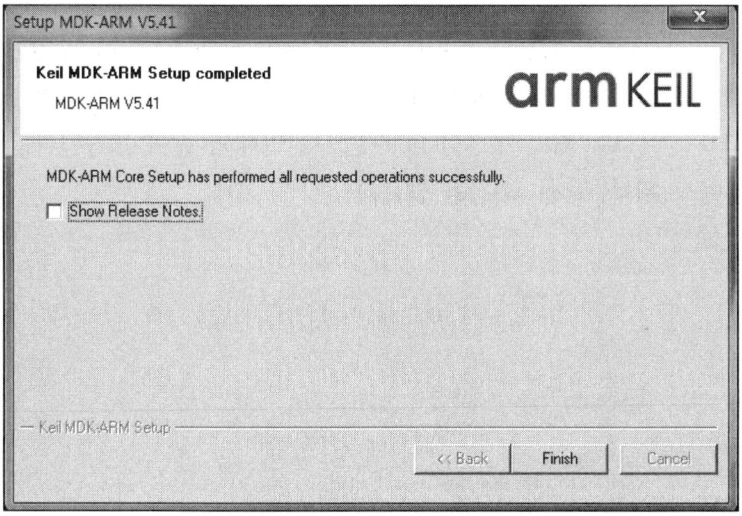

⑬ 단축 아이콘(keil μVision5)을 클릭하면 Pack Installer 창이 뜨고 ok 클릭하면 업데이트 된다.

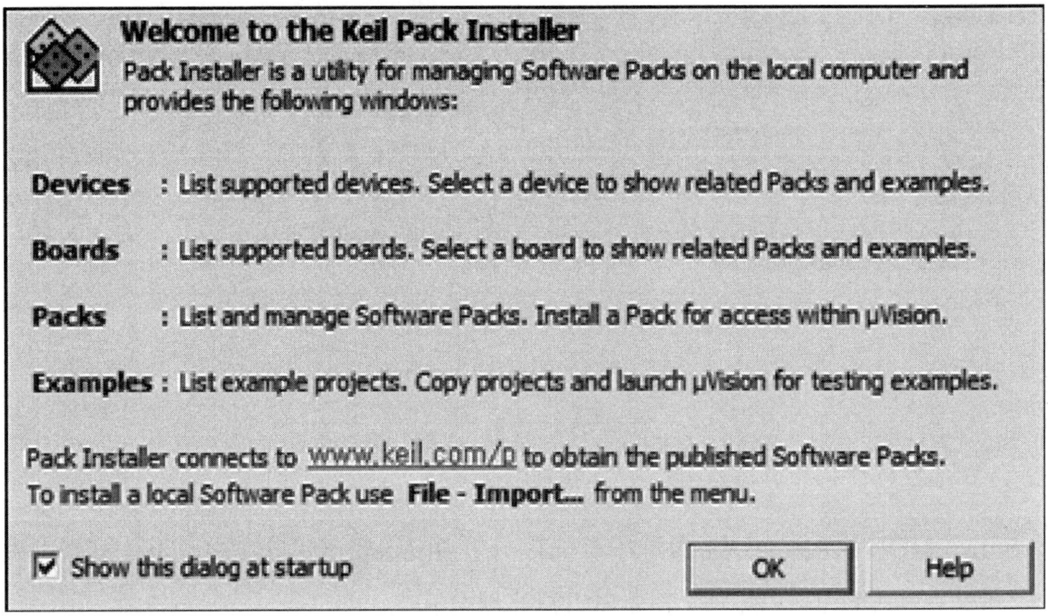

STMicroelectronics 회사의 STM32F429ZI를 클릭하고 오른쪽 창에 Pack을 확인한다. keil::STM32F4xx_DFP와 Arm::CMSIS에 노란색으로 되어 있어면 업데이트를 해야 하고 초록색이면 업데이트가 된 것이다. 최신 버전을 다운받으면 아래와 같이 표기된다. 별도로 업데이트를 하지 않아도 된다. 확인 후 창을 닫는다.

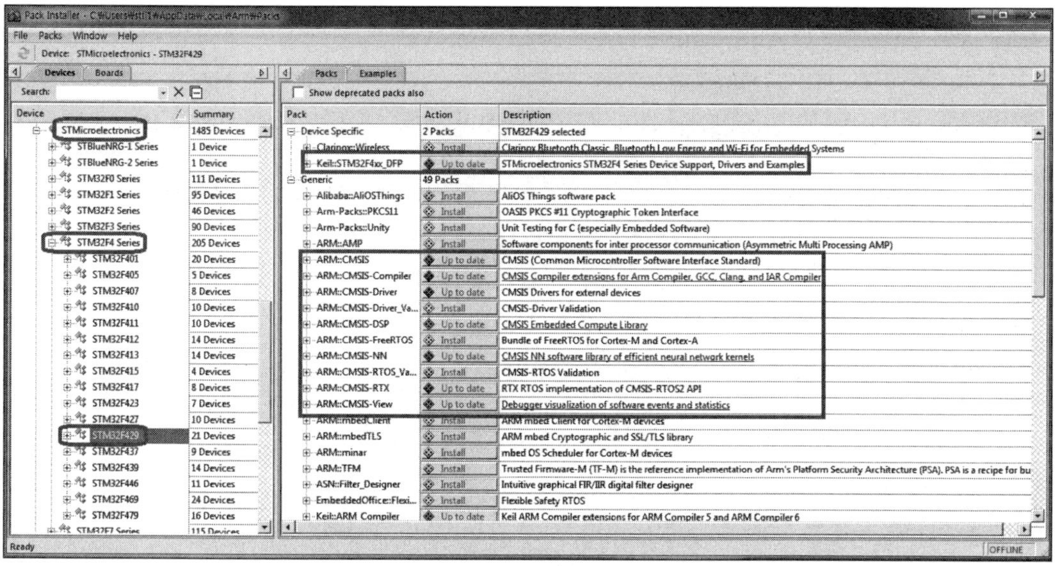

이제 MDK-ARM V5.41 설치와 업데이트가 모두 끝났다.

⑭ 바탕화면에 있는 단축 아이콘(keil μVision5)을 클릭하고 예제 파일을 실행해 보자.

» keil μVision5 클릭하면 다음과 같이 화면이 생성된다.

» 아직 예제 실행한 프로그램이 없음으로 아무것도 화면에 표시되지 않는다.

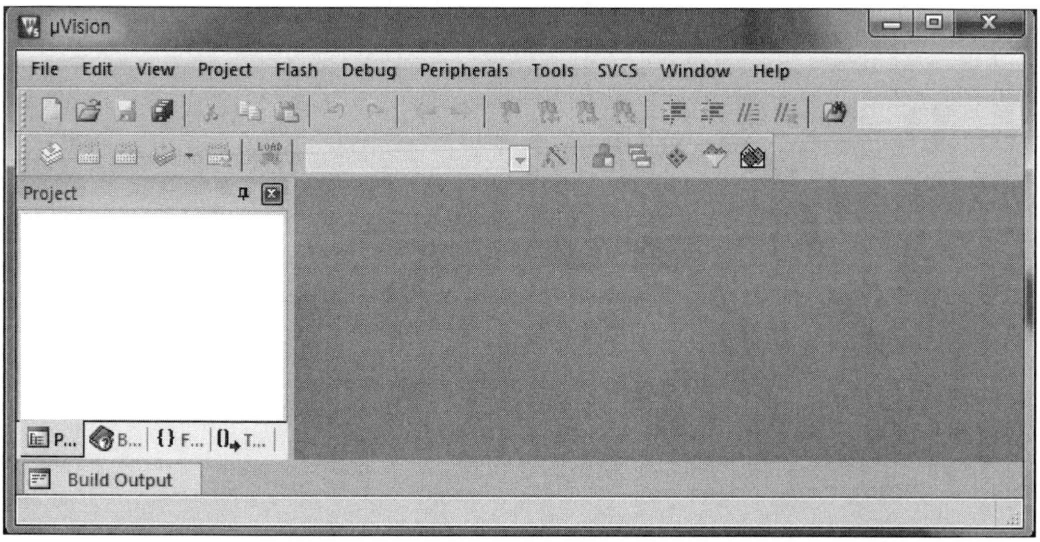

⑮ keil μVision5 화면에 Project-Open Project 클릭한다.

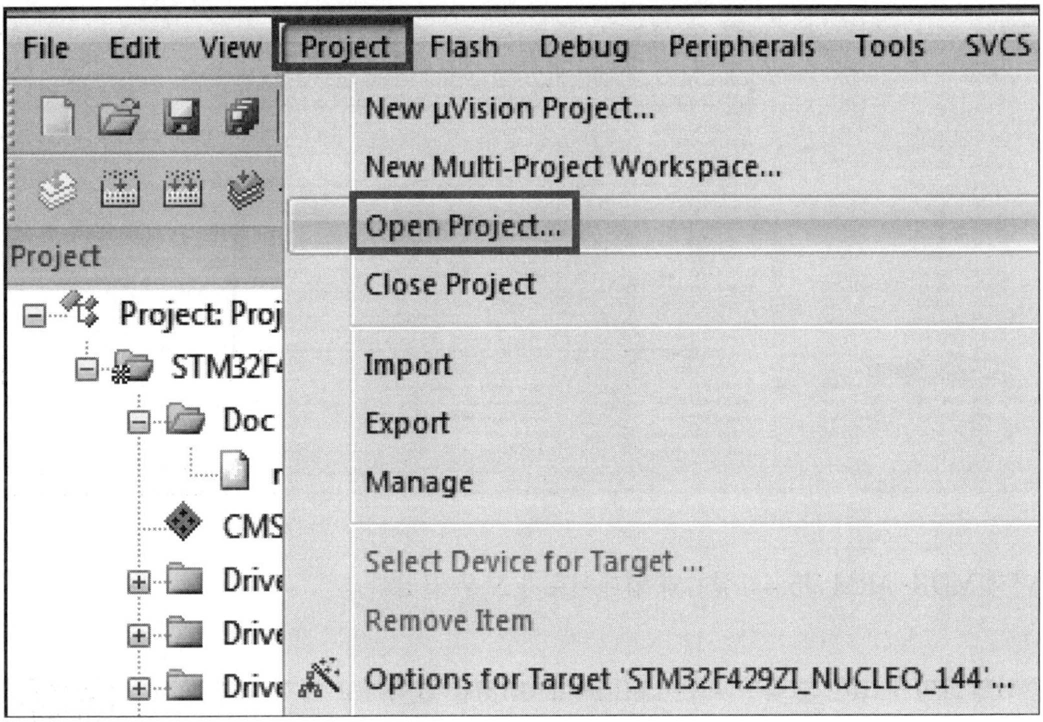

⑯ ST사에서 제공하는 예제소스 Projects 저장경로 위치는 다음과 같다.(개인 PC마다 다름)

» E:\ARM_F4_example\Projects\STM32F429ZI-Nucleo\Examples\GPIO

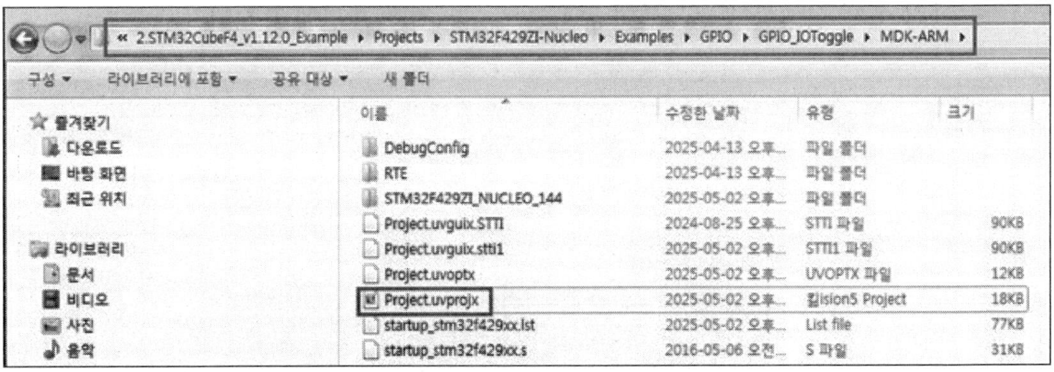

» 왼쪽에 main.c 를 클릭하면 예제소스가 표시된다.

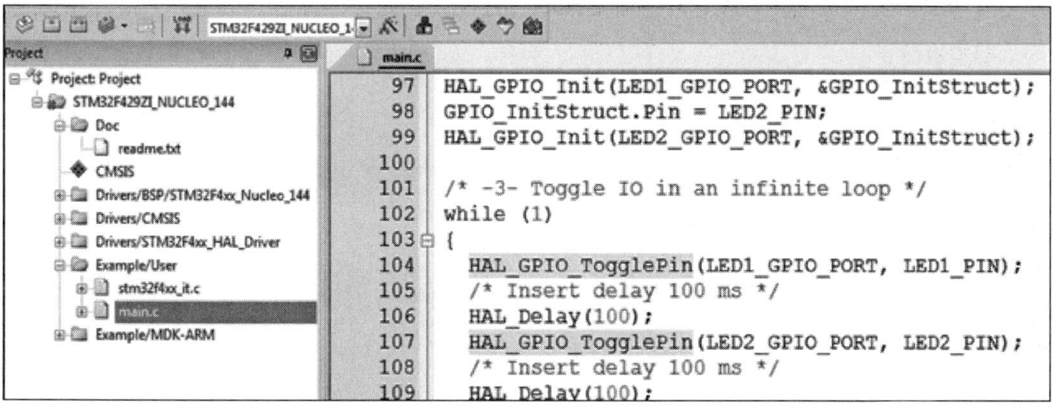

⑰ LED1_GPIO_PORT를 GPIOB로 수정하고 빌드(build)-load 하여 실행해 본다.

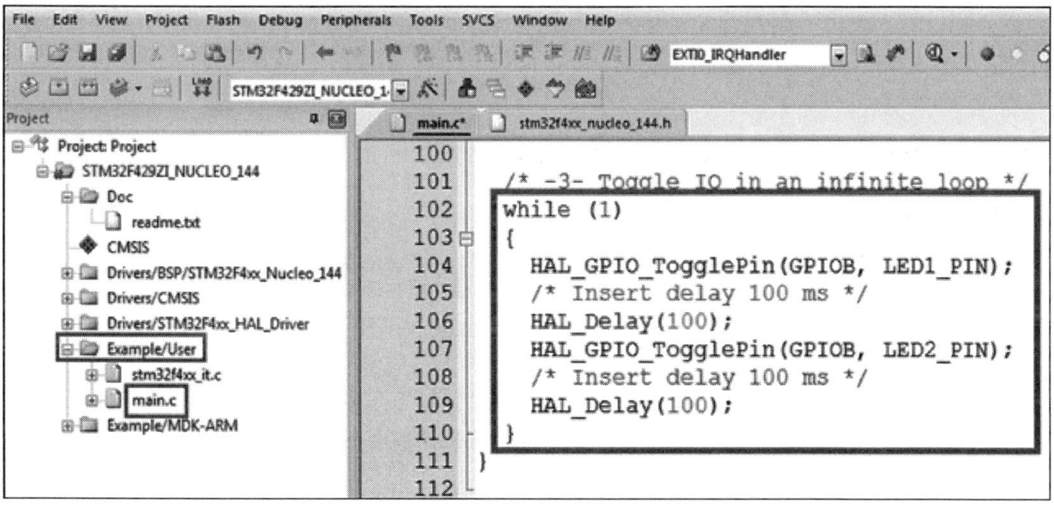

⑱ HAL_GPIO_TogglePin(GPIOB, LED1_PIN) 라인을 한번 클릭하고 오른쪽 마우스를 클릭하고 Pop Up 창이 생성되는데 Go To Definition Of 'HAL_GPIO_TogglePin 을 클릭한다.

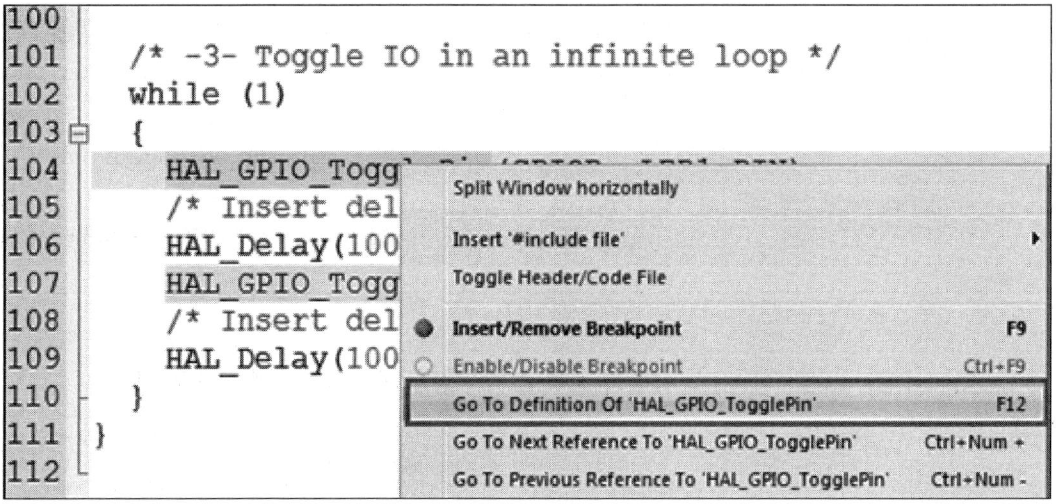

⑲ HAL_GPIO_TogglePin 함수로 GPIOx → ODR ^= GPIO_Pin; // ODR = ODR ^ GPIO_Pin

» GPIO_Pin 값을 반전시키고 있다. ODR은 output data register 이다.

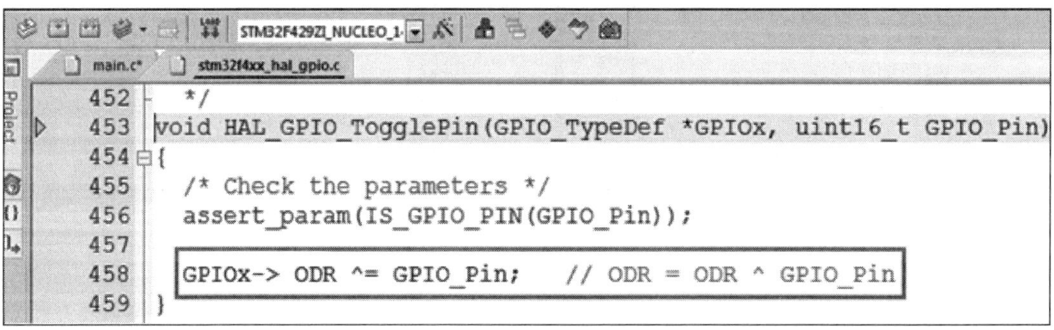

ST사에서 제공하는 예제소스를 실행해 보았다. Options for Target setting을 순서대로 따라서 해보자.

setting방법은 중요함으로 꼭 해보기 바란다.

2.1 Options for Target setting 방법

컴퓨터에 ST-LINK/V2-1 드라이브 설치를 하였고 제어판에서 COM port가 인식은 되지만 실습보드로 프로그램 다운로드가 되지 않는 경우는 Options for Target setting 이 잘못되어 있을 수 있다.

Target setting을 설정하는 방법은 다음과 같이 순서대로 따라서 해보자.

※ ST-LINK/V2-1 드라이브 설치방법은 뒷장에서 확인하기 바란다.

① Keil MDK에서 그림과 같이 **[Options for Target]** 버튼을 클릭한다. 또는 **[Project] - [Options for Target]** 클릭한다.

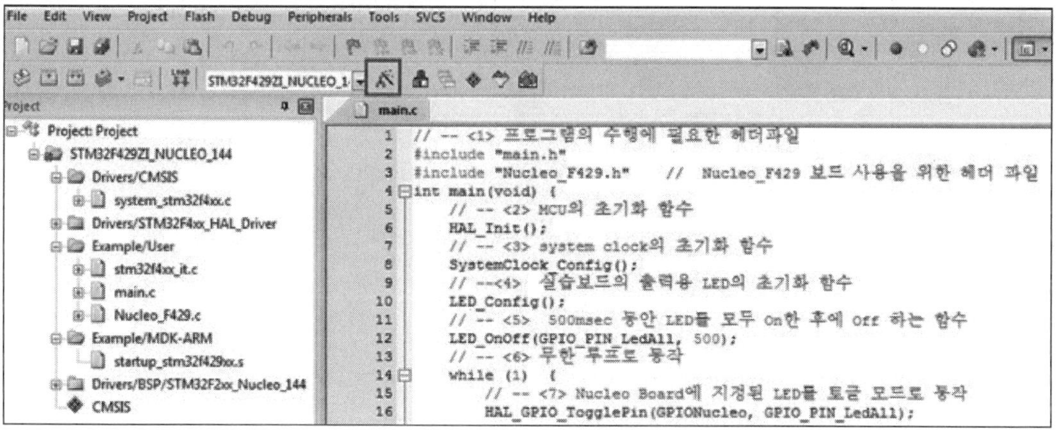

② Options for Target-ARM Compiler 화면에 Use default compiler version5로 설정되어 있으면 정상적으로 설치가 된 것이다. 하지만 Missing Compiler Version5로 설정되어 있으면 pack installer만 설치되어 있음으로 컴파일 전에 반드시 확인하기 바란다. 다음과 같이 표시되면 컴파일러를 재설치하여야 한다.

Missing Compiler Version5 설정되어 있는 경우 Build(빌드)-Load(로드)해보면 컴파일은 되지만 실습 프로그램을 수정해서 실행해 보면 실습보드에는 인식되지 않는 경우도 발생한다.

현재 설치한 버전이 mdk540.exe 이면 더 낮은 버전을 update 설치해 보기 바란다. mdk540.exe에서는 pack installer만 설치되었기 때문이다. keil.com 에서 mdk530.

exe 또는 mdk537.exe 버전을 다운받아 재 설치해 준다. 가급적 최신버전을 다운받아 사용하기 바란다.

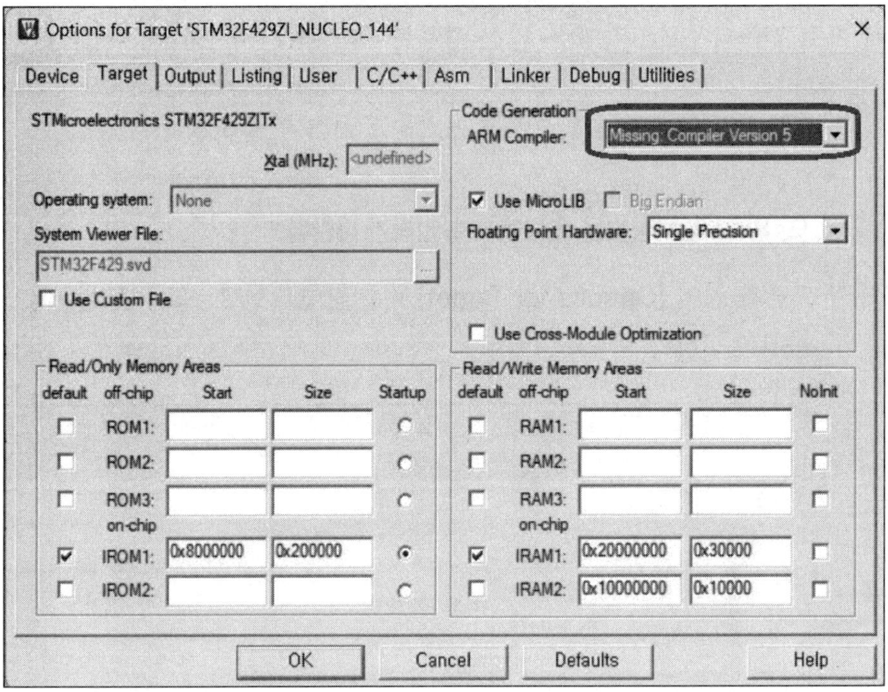

③ Options for Target 화면이 다음과 같이 표시되면 **정상설치** 되었다.

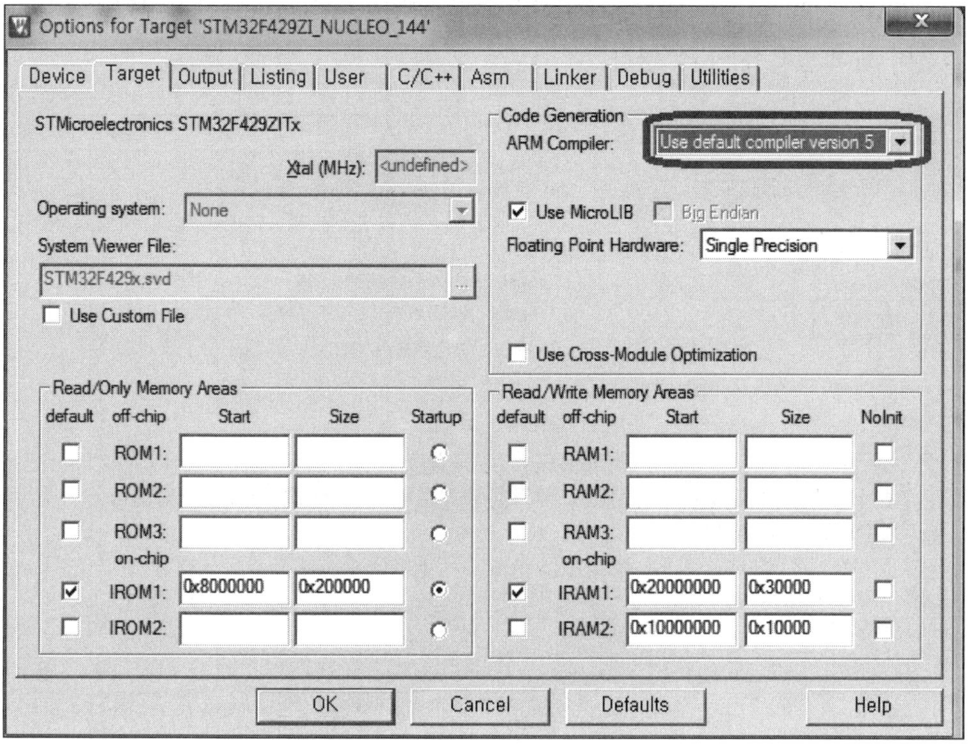

④ Options for Target에서 왼쪽 상단의 [Device] 탭을 클릭하고 Vendor는 STMicronics, Device는 STM32F429ZITx를 확인한다. Device가 STM32F429ZI로 설정이 되어 있음을 알 수 있다.

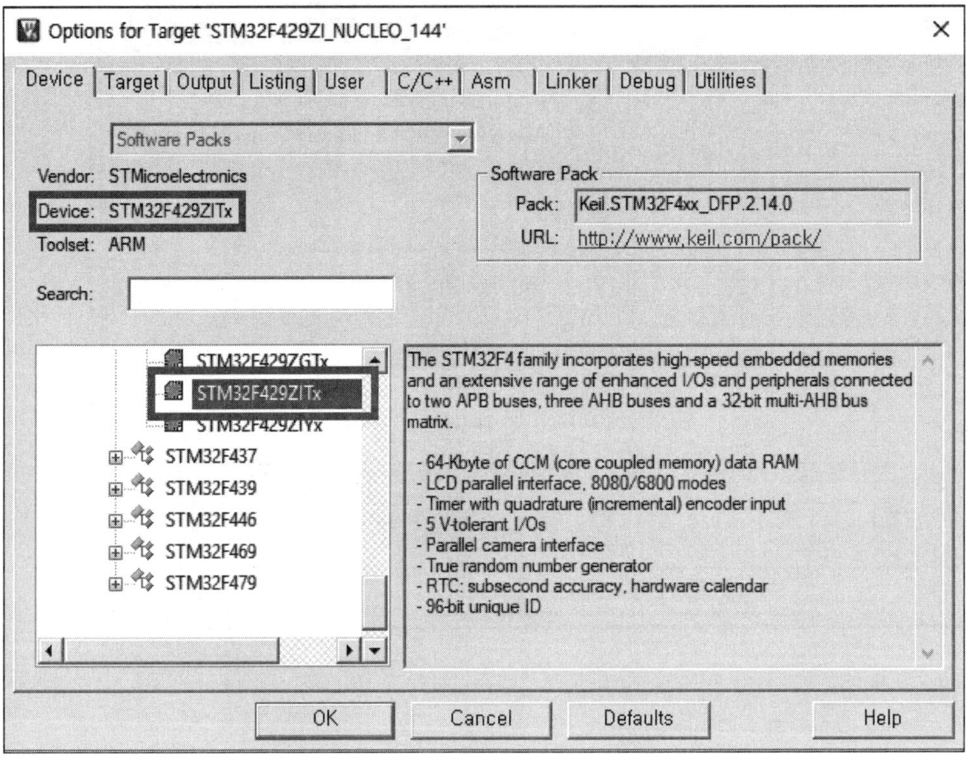

⑤ ST-link를 확인을 위해 Debug를 클릭한다. 오른쪽 상단 use에 ST-link Debugger 가 setting 되어 있는지 확인한다.

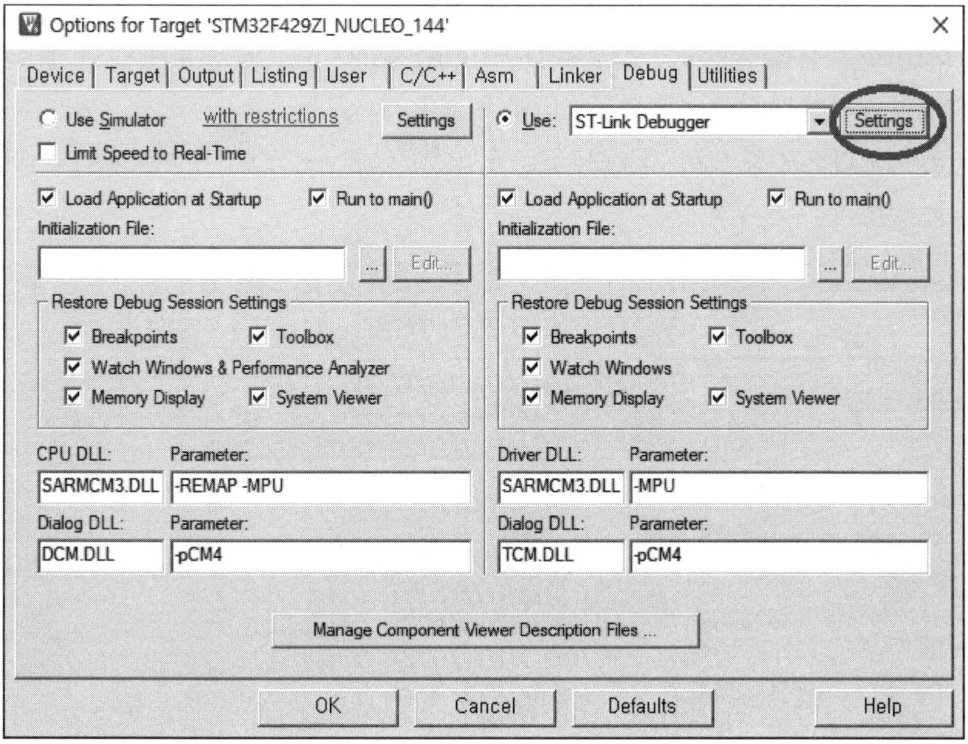

⑥ Debug setting check

» [Debug] - [Settings] 버튼을 누르면 현재 사용 중인 디버거에 대한 정보가 나타난다.

» setting 버튼을 클릭하고 설정된 Debug Adapter unit의 종류가 ST-LINK/V2-1을 확인한다.

※Cortex-M 디버거 중 많이 사용되는 것: ULINK(ARM社), ST-LINK (ST社)와 UNK(Segger社)

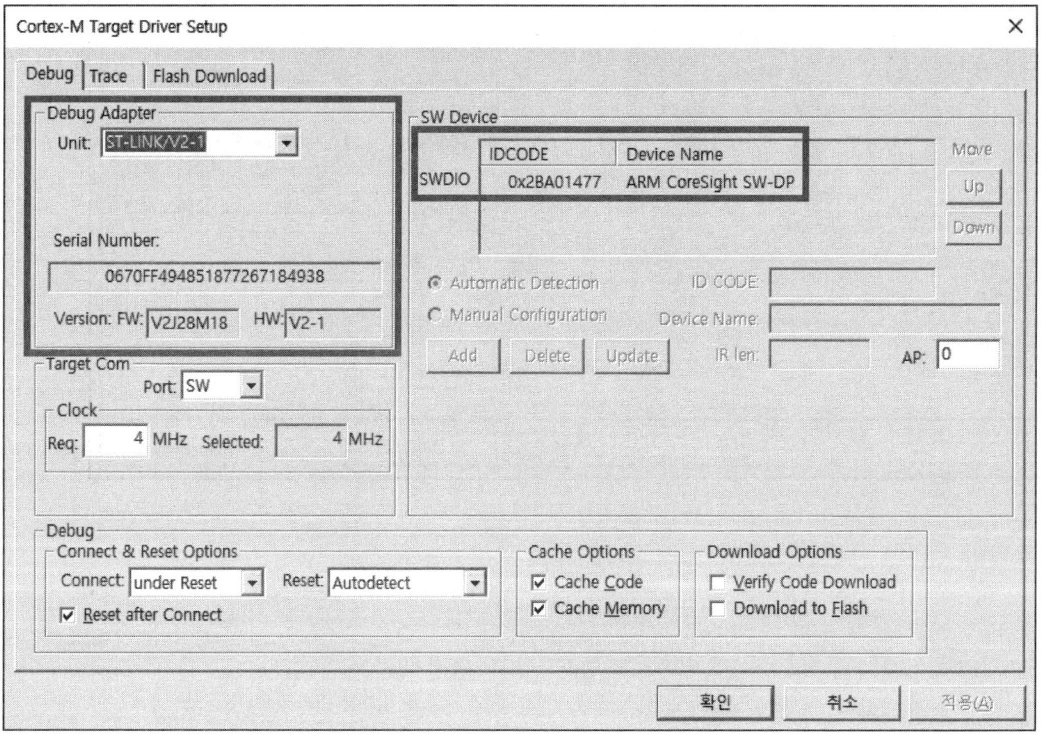

⑦ ST-LINK가 제대로 연결되어 있지 않으면 SW Device에 **No ST-LINK deteccted** 메시지가 나타난다. 또는 ST-Link Driver를 설치 않은 경우에도 **No ST-LINK deteccted**가 표시된다. 설치프로그램에서 ST-Link Driver-stsw-link009-dpinst.exe(또는 dpinst_x86.exe)를 설치한다.

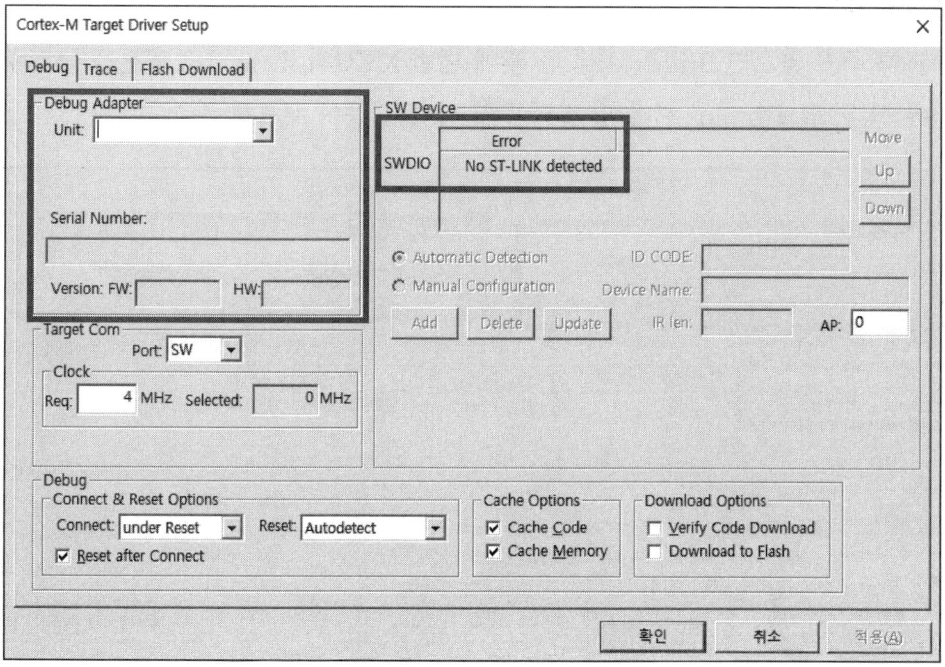

⑧ ST-LINK가 제대로 연결되어 있어면 Debug-Setting-Flash Download를 클릭한다.

» Flash Download를 클릭하면 프로그램을 플래시 메모리로 다운로드 및 설정을 할 수 있다.

» 플래시 메모리로 다운로드 및 설정은 ADD 클릭한다. Reset and Run를 반드시 체크해 주자.

» 체크해 주지 않으면 Build-load 한 후에 매번 MCU의 Reset B2 버튼을 눌러주어야 한다. 빌드(build) 시 실행 결과를 볼 때 불편하니 체크해 주자.

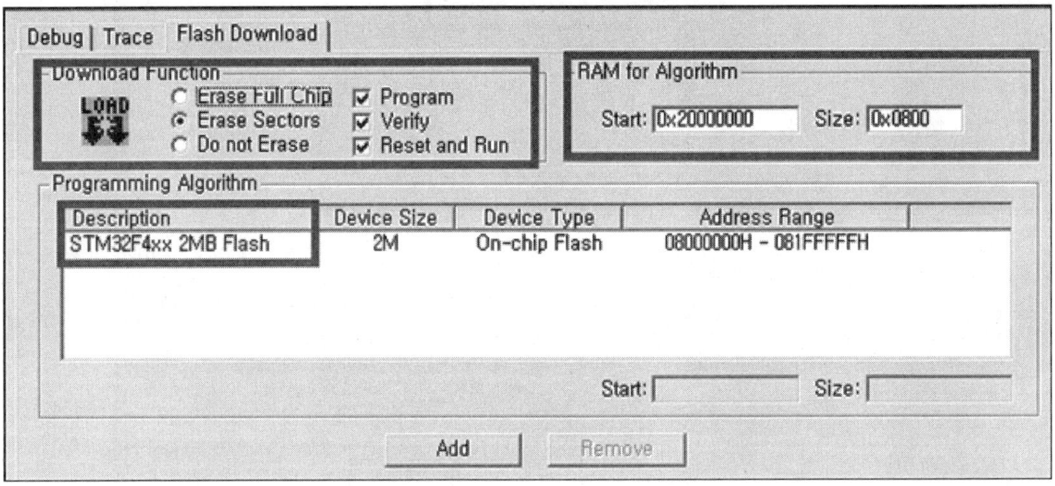

Download Function에서 각 기능은 다음과 같은 기능이 있다.

- **Erase Full Chip:** Download 때 Flash Memory를 전부 다 지우고 다시 씀
- **Erase Sectors:** Download 때 Flash Memory의 필요한 섹터만 지우고 다시 씀
- **Do not Erase:** Download 때 Flash Memory를 지우지 않고 쓰기만 함
- **Program(체크되어 있어야 함):** 칩에 프로그램을 한다.
- **Verify(체크되어 있어야 함):** Download 후 verify를 한다.
- **Reset and Run(필요에 따라 체크):** 체크된 경우는 Download가 완료되면 자동으로 MCU를 리셋하고 프로그램을 Run 시킨다.
- **하단의 박스:** 현재 선택되어 있는 플래시 칩을 나타낸다. Nucleo-F429 실습보드의 경우 사용하는 MCU는 STM32F429ZI(flash memory 2MB)로 설정되어 있음을 알 수 있다.

⑨ 인터넷 연결이 되어 있어야 한다. 인터넷이 연결되어 있지 않은 경우, STM32F4xx2MB Flash 파일이 생성되지 않고, STM32F4xx_DFP@2.14.0 파일이 update 되지 않아서 .axf 파일이 만들어 지지 않는다. 인터넷 연결을 확인하자.

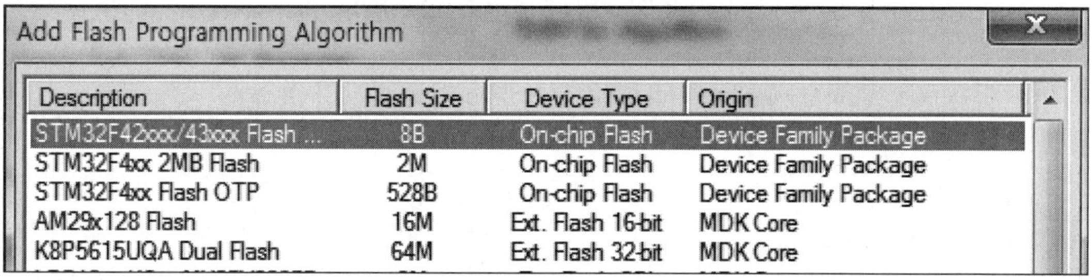

⑩ Pack을 클릭한다. STM32F4xx_DFP@2.14.0를 확인할 수 있다.

⑪ 다음은 정상적인 Device STM32F429ZITx 부품이 검색되었다. 하지만 인터넷은 연결되었고 Device STM32F429ZITx 부품이 확인되지 않은 경우 Search STM32F429를 검색하고 ok를 누른다. 모든 것이 정상 설치되었다.

» Search에 STM32F429를 검색한다. OK를 클릭한다.

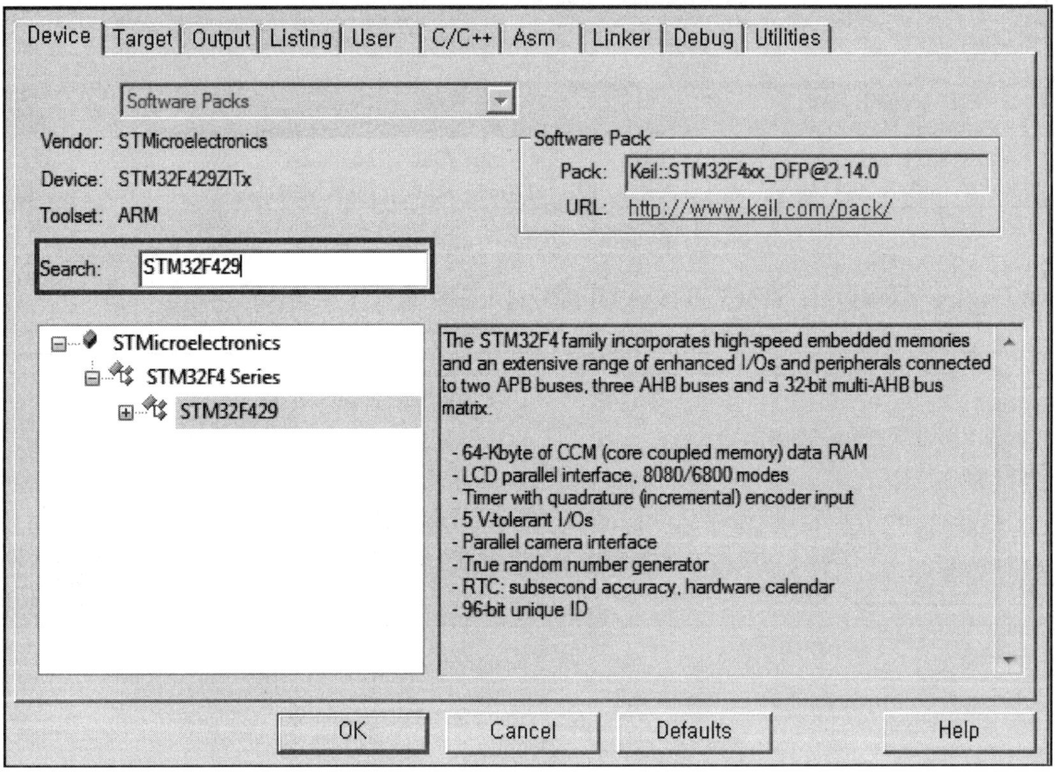

» Search에 STM32F429를 검색하였는데에도 다바이스 STM32F429가 확인되지 않는 경우에는 keil 홈페이지 https://www.keil.arm.com/devices/Device 에 접속하여 다음과 같이 체크해 본다.

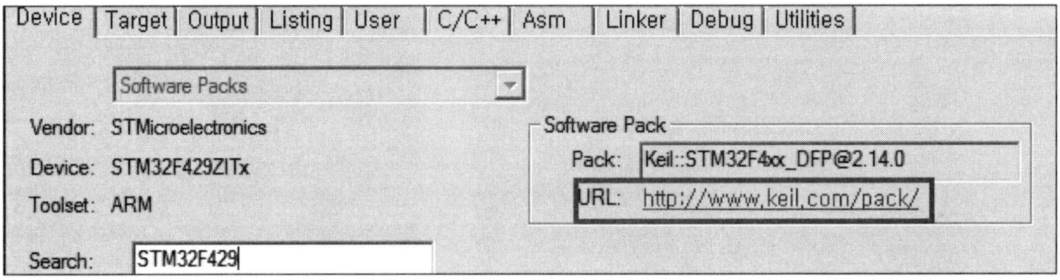

» Detect Connected Board를 클릭하면 오른쪽 하단에 Dedected Hardware가 생성되는데 Board: STMicroelectronics NUCLEO-F429ZI를 클릭하고 연결을 클릭한다.

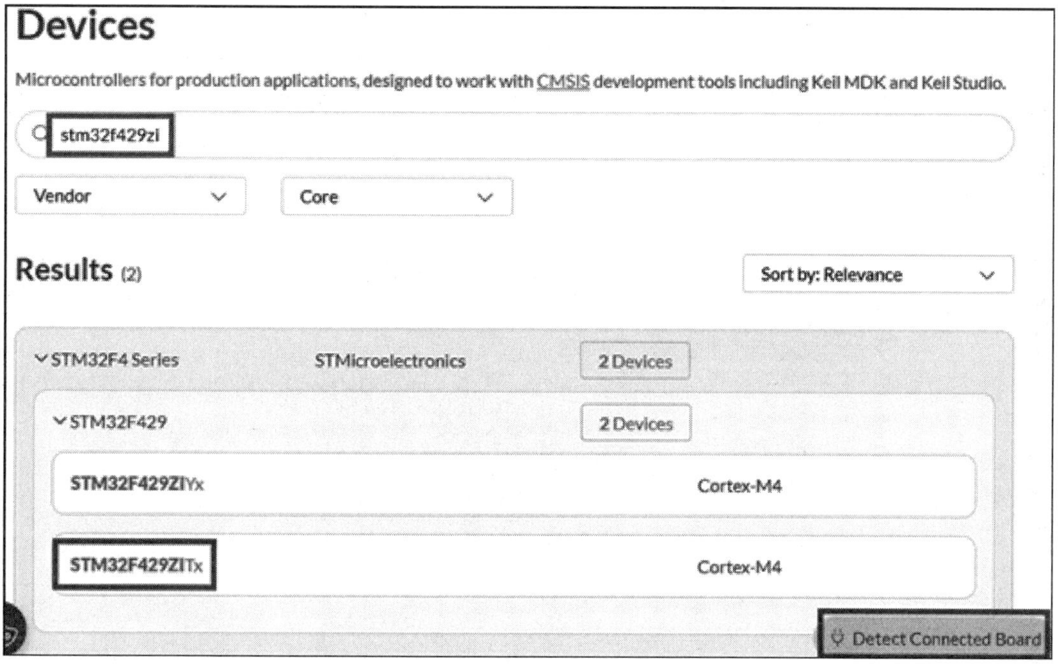

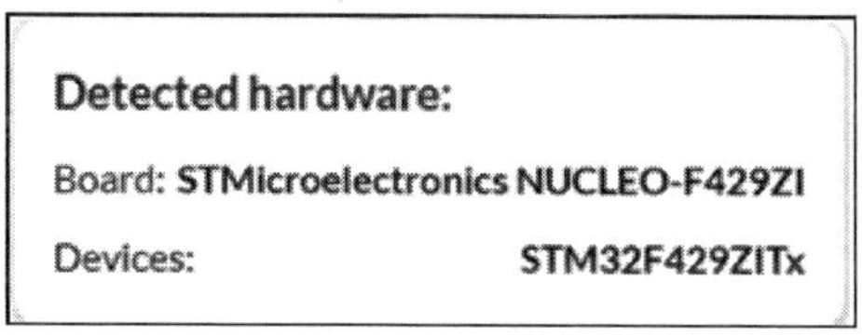

» 다음 화면창을 보면 Device STM32F429 부품이 정상적으로 검색되었다.

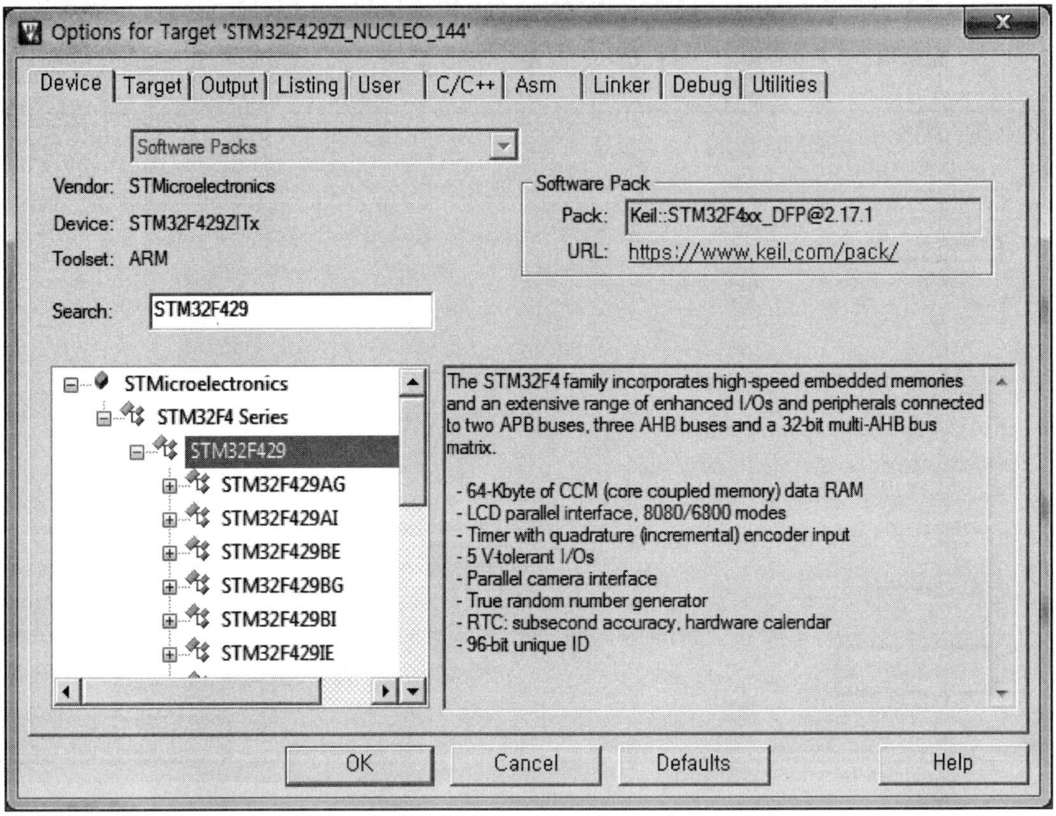

⑫ Utilities TAB 설정

» Utilities 탭을 클릭한다.

» 체크박스의 항목을 그림과 같이 아래쪽의 [Update Target before Debugging] 만 체크한다.

» Debug-Use 탭에 ST-LINK Debugger를 검색한다.

» ST-LINK Debugger 선택한다. keil MDK Version에 따라 조금 다를 수 있다.

» ST-LINK Debugger가 설정되었다. 컴파일 실행 시 중요하다.

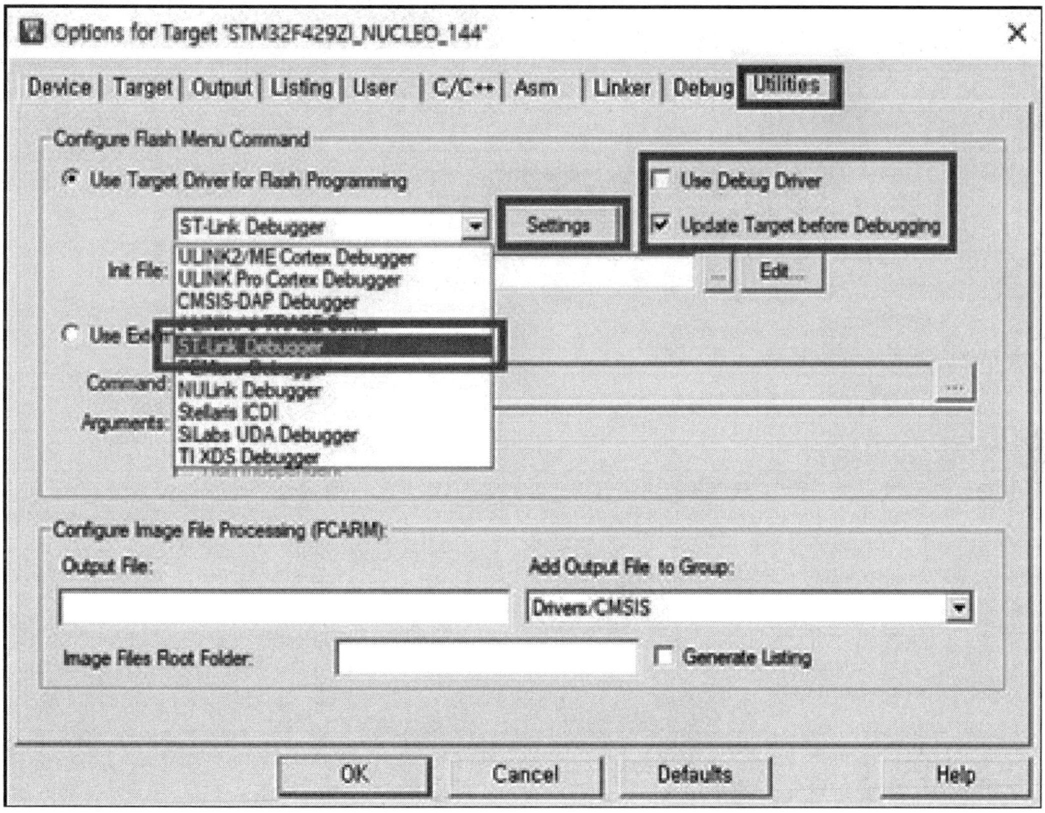

2.2 실습을 위한 예제파일 다운(down)

실습을 위한 예제파일을 다운받아 사용해 보자. 네이버 주소창에 다음과 같이 입력한다.

① 네이버 주소창에 다음과 같이 입력 **https://naver.me/I5ySeNON**

② ARM_F4_example.zip을 더블클릭한다. 오른쪽 **압축파일 내려받기**를 클릭한다.

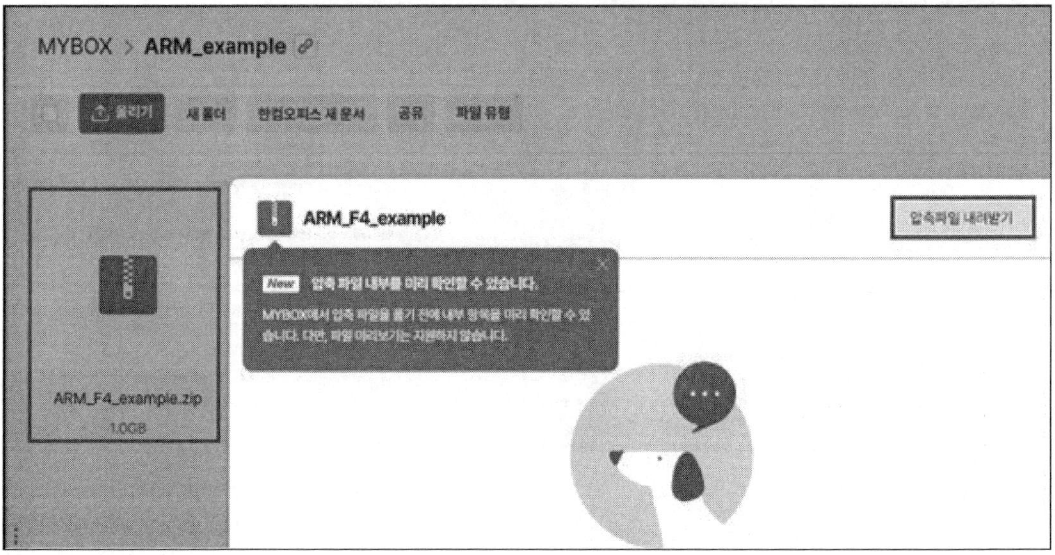

» 또는 다른 방법으로 MYBOX 공유 → 공유한 → 공유한 파일/폴더에서 체크박스 (☑)를 클릭한다.

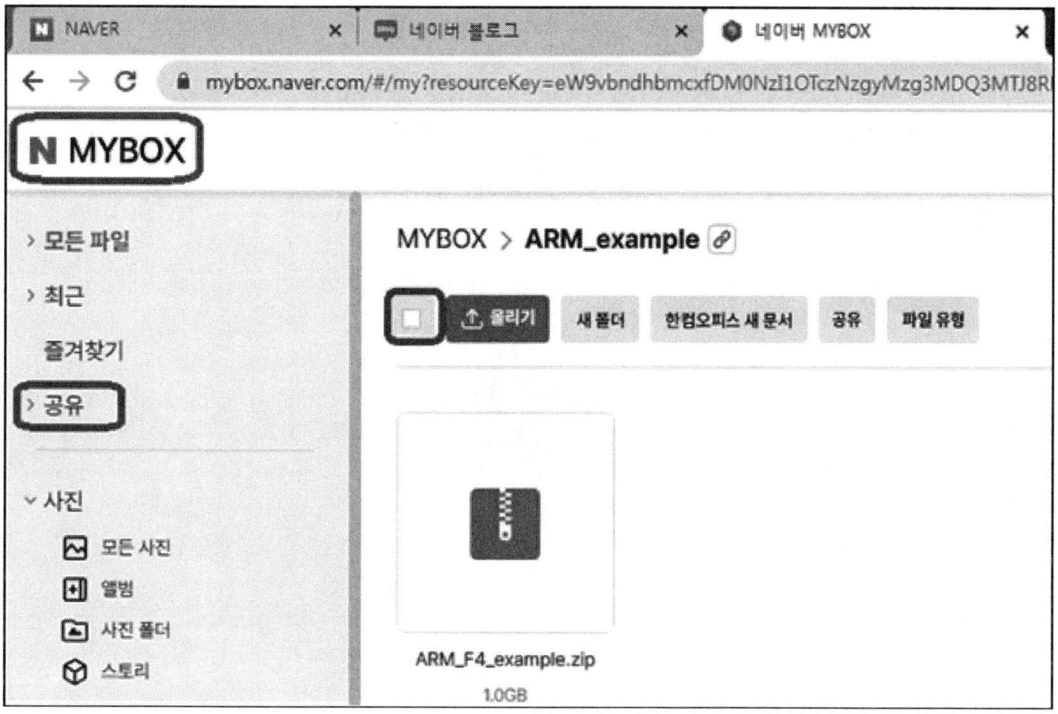

» 체크박스(☑)를 클릭하면 내려받기 버튼이 생성되는데 이 버튼을 클릭한다.

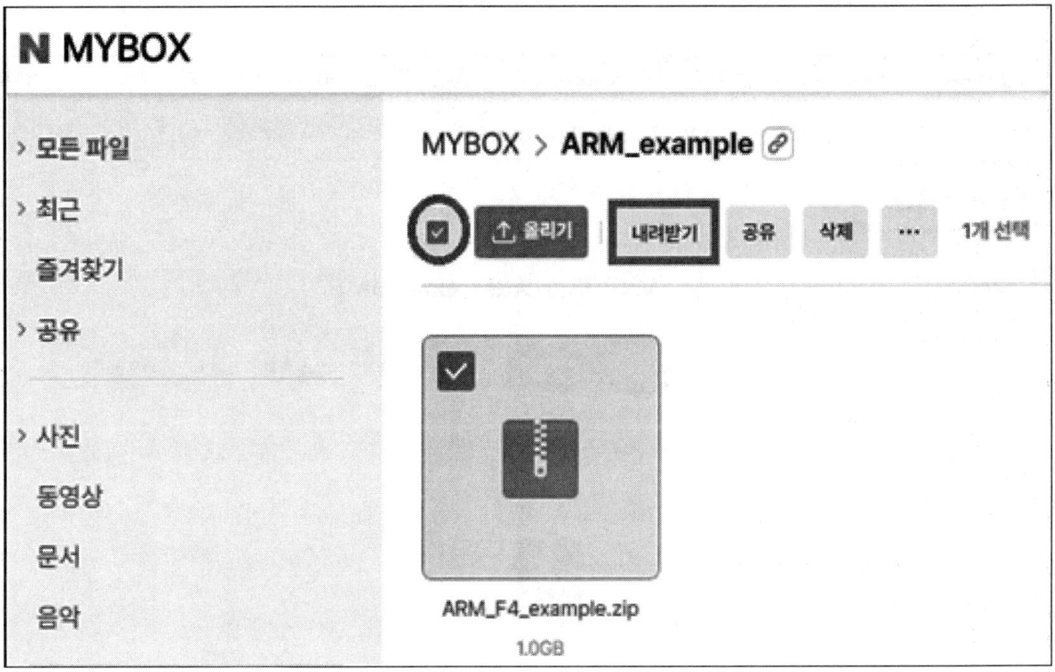

③ 압축폴더 ARM_F4_example.zip 다운로드 중

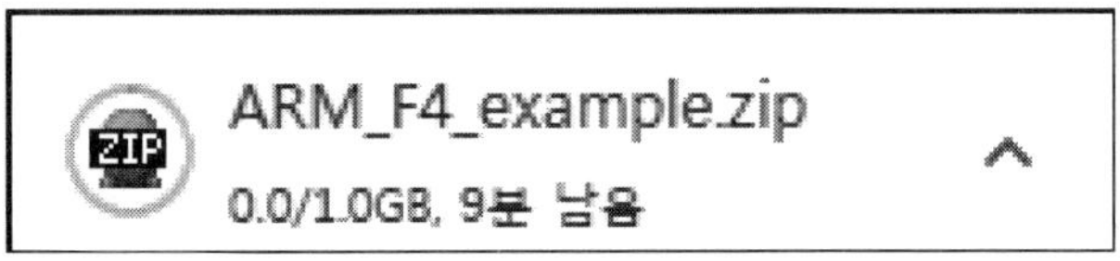

» 다운로드한 파일의 압축을 푼다.

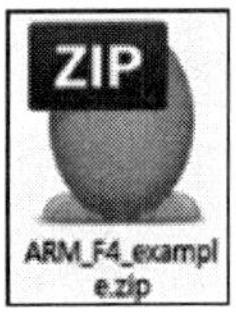

» 압축풀기 진행 중

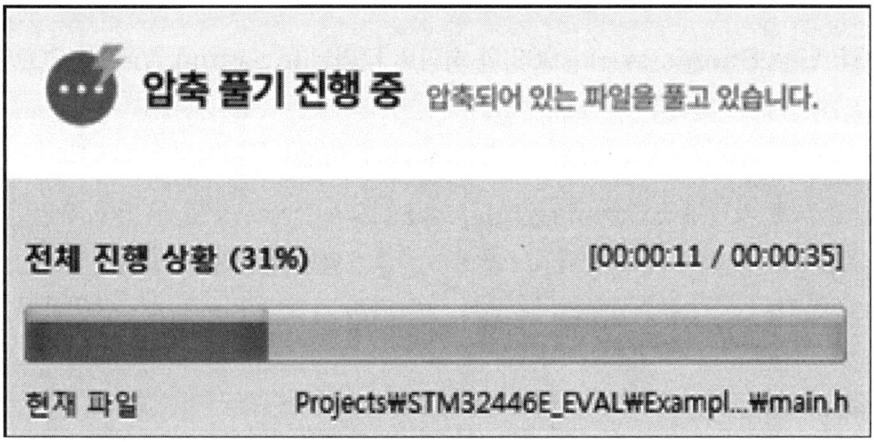

④ ARM_F4_example.zip 내부파일

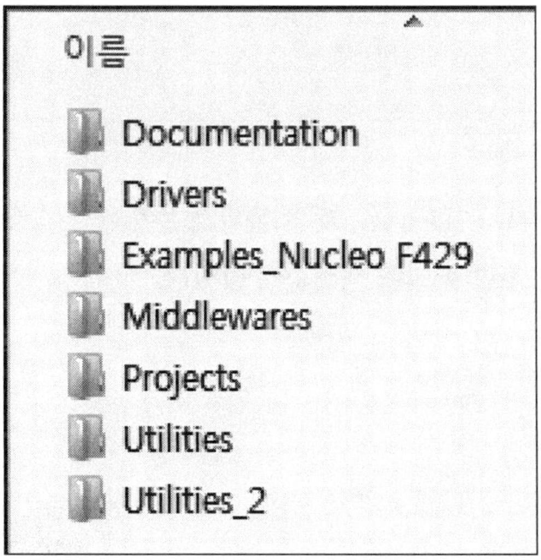

- **Documentation:** Getting started with STM32CubeF4 firmware package for STM32F4 Series의 user manual이 있는 폴더
- **Drivers: 주변장치 구동용 드라이버(BSP, CMSIS, STM32F4xx_HAL_Driver)가 있는 폴더**
- **Examples-Nucleo F429:** Nucleo-F429(STM32F429ZI) 확장보드용 예제가 있는 폴더
- **Middlewares:** STemWin, USB, FatFS, RTOS, LwIP, STM32_USB_Device_Library가 있는 폴더
- **Project:** ST사에서 제공하는 STM32F429ZI-Nucleo 등 예제가 있는 폴더

- **Utilities:** ST사에서 제공하는 유틸리티(CPU, Font, Log. Media, PC_Software)가 있는 폴더
- **Utilities_2: ST-Link Driver(stsw-ink009)와 하이퍼 터미널(hypertrm), Virtual COM Port Driver** 등이 있다.

ARM_F4_example 폴더내에 Examples_Nucleo F429와 Drivers 이 두개의 파일은 복사할 때 반드시 함께 복사해서 ARM_F4_example.zip 폴더안에 두어야 한다. Drivers 파일이 없으면 keil uVision5 실행 시 .axf 파일이 생성되지 않았다고 error가 발생한다.

※ .axf 파일이 없다고 에러 메시지가 나타날 때 파일 위치에 가서 확인해 주어야 한다.

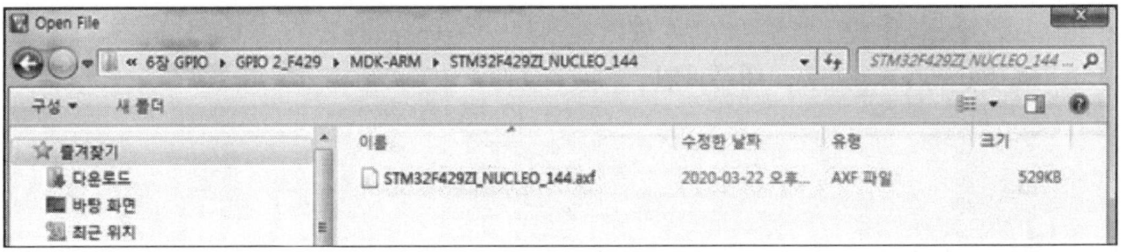

⑤ Drivers 폴더에는 BSP, CMSIS, STM32F4xx_HAL_Driver 3개의 폴더가 존재한다. 1개의 파일이라도 없으면 keil uVision5 실행 시 .axf 파일이 생성되지 않았다.

⑥ Examples_Nucleo F429 폴더에는 예제 소스 파일이 들어 있다.

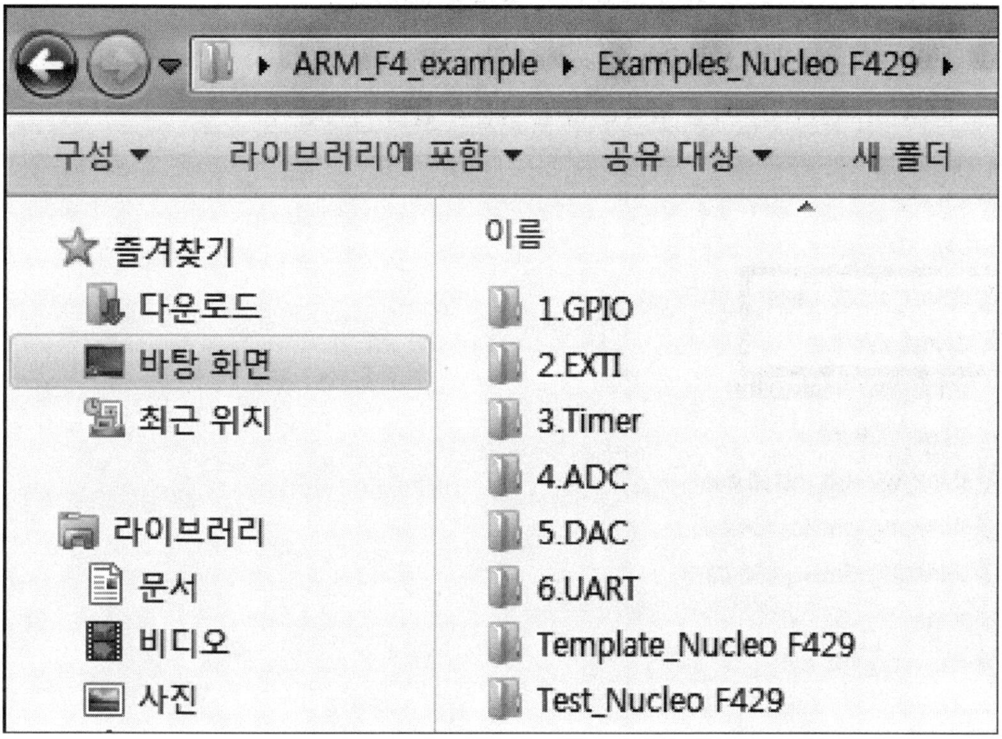

2.3 ST-LINK 드라이브 설치

PC USB port와 실습보드를 사용하기 위해서는 반드시 ST-link 드라이브를 설치해 줘야 한다. ST-link 드라이브를 설치하지 않으면 PC에서 실습보드를 찾을 수 없다. 작성한 프로그램을 컴파일하고 hex 파일을 MCU FLASH memory에 저장하기 위해서는 먼저 ST-LINK/V2-1 드라이브 설치를 해야 한다.

① ST-LINK/V2-1 드라이브 설치 다운

» ARM_F4_example 폴더 안에 다음 폴더를 확인한다.

» Utilities_2 - ST Link Driver - stsw link009.zip

» stsw link009.zip 파일 압축을 풀면 다음과 같이 나타난다.

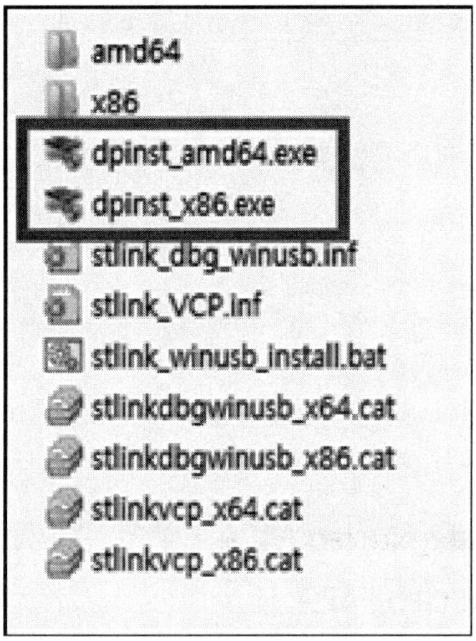

② 사용하는 운영체제를 확인해 주어야 한다. 내 컴퓨터 오른쪽 마우스로 속성 버튼 클릭하면 다음과 같이 시스템-시스템 종류에 64비트 시스템 운영체제를 확인한 후 dpinst_amd64.exe 실행한다.(64비트 시스템 운영체제가 아니면 dpinst_x86.exe 를 클릭하여 설치한다.) dpinst_amd64.exe 또는 dpinst_x86.exe 설치를 하게 되면 PC에서 자동으로 PC 환경에 사용여부를 인식하여 설치 여부의 메세지를 알려준다.

③ 내컴퓨터-속성에서도 확인이 가능하다. 이제 컴퓨터의 64비트 운영체제 시스템에 설치되었다.

등급:	6.8 Windows 체험 지수
프로세서:	Intel(R) Core(TM) i3-3220 CPU @ 3.30GHz 3.30 GHz
설치된 메모리(RAM):	8.00GB
시스템 종류:	64비트 운영 체제
펜 및 터치:	이 디스플레이에 사용할 수 있는 펜 및 터치식 입력이 없습니다.

※ STM32CubeF4 firmware components

STM32 Nucleo board와 CMSIS, HAL, BSP, STM32F4가 STM32CubeF4 firmware 구성으로 이루어져 있다.

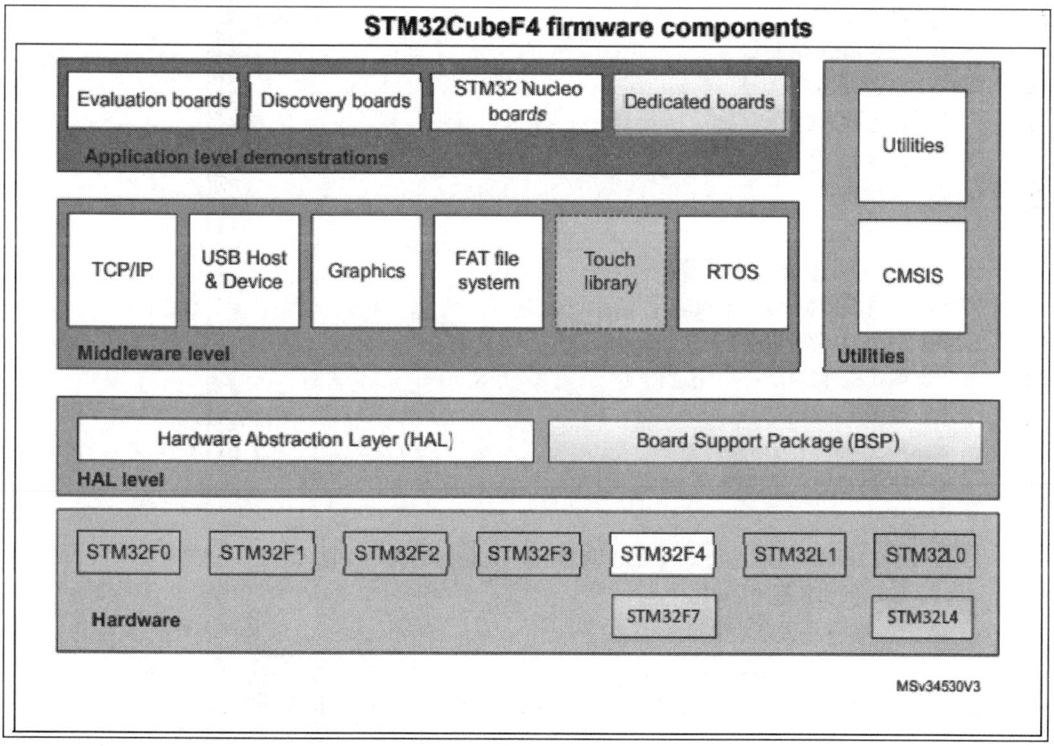

[참고] enum(열거형)은 기본적으로 이름을 변수로 사용하지만 읽기전용 개체이며 런 타임에 수정할 수 없는 정수값이다.

2.4 PC와 실습용 보드 USB connection

실습예제 프로그램을 입력하고 실습보드에 프로그램을 다운로드해 보자. Build(F7)-Download(F8)하기 위해 PC에 ST-LINK/V2-1 드라이브를 설치하였고 실습용 보드를 usb에 연결하면 com port가 자동으로 설정되어야 하는데 제어판에서 확인해 보자.

PC와 실습용 보드를 PC usb port에 연결한다. 연결되었으면 제어판-장치관리자-포트(COM& LPT)에서 확인해 보자. 다음은 **실습보드를 연결 후** 제어판에서 **PC의 장치관리자에서 확인한 예이다.**

※ 개인 컴퓨터마다 usb COM port는 다르게 표시될 수 있다.

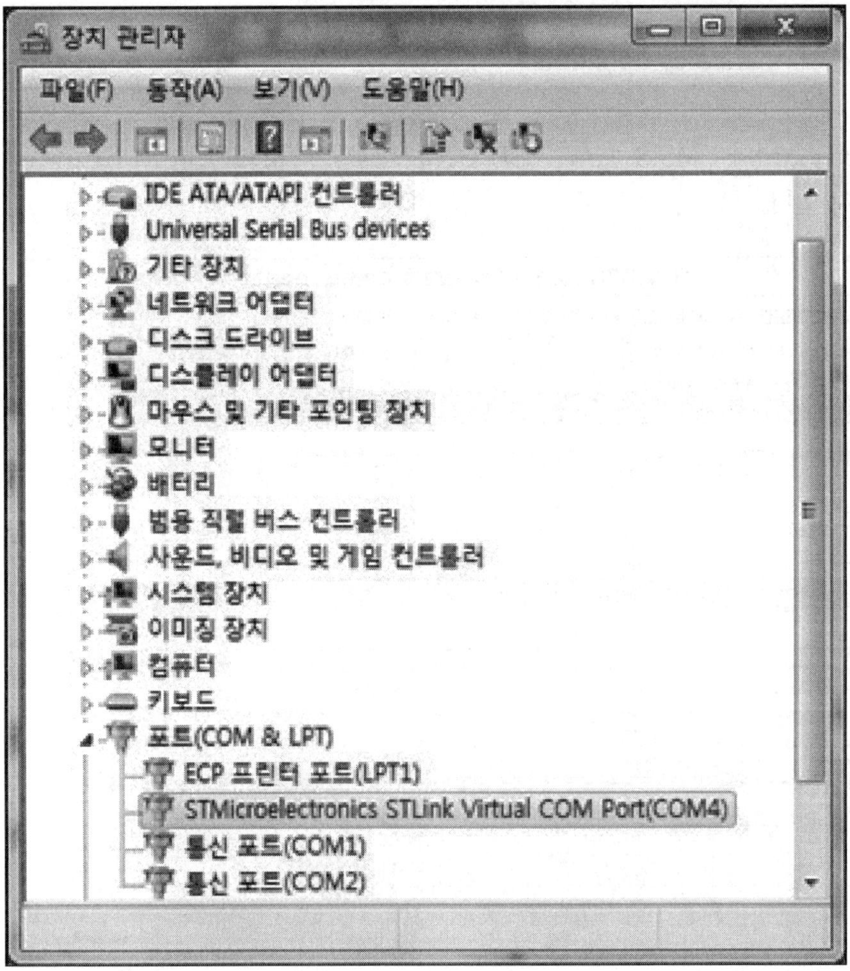

PC와 실습용 보드의 연결이 제대로 되었다면 자동으로 제어판 포트(COM&LPT)에 COM4(예) 포트로 인식 될 것이다. 실제로 확인되는 COM 포트의 숫자는 개인 PC마다 다를 수 있다. 따라서 COM 포트의 번호는 컴퓨터가 실습용 보드를 인식되기만 한다면 PC와 성공적으로 연결된 것이다.

실습 예제소스를 선택하고 빌드(build)하여 실행파일(load)을 만든 후 실습보드에 다운로드하여 프로그램을 실행해 보자.

Memo

3장

ARM CortexM4 실습용 보드 및 회로도

3장 ARM CortexM4 실습용 보드 및 회로도

다음은 STM32 Nucleol-144 보드와 외부 확장보드 실습용 보드이다.

ARM CortexM4 실습용 보드는 STM32 Nucleol-144 보드를 메인으로 사용되고 있으며 외부 확장보드 회로도는 다음과 같다.

① led 회로도, ② 입력 스위치 회로도, ③ Segment 회로도, ④ Segment 4개 회로도, ⑤ 스테핑 모터 구동 회로도, ⑥ ADC 회로도, ⑦ DC 모터 구동 회로도, ⑧ LCD 구동 회로도, ⑨ 온도센서(LM35DZ) 구동 회로도, ⑩ DOT MATRIX 구동 회로도, ⑪ USB 컨넥터는 A Type 등이다.

전원은 PC에서 USB 컨넥터를 통해 공급된다.(+3.3V 그리고 +5V)

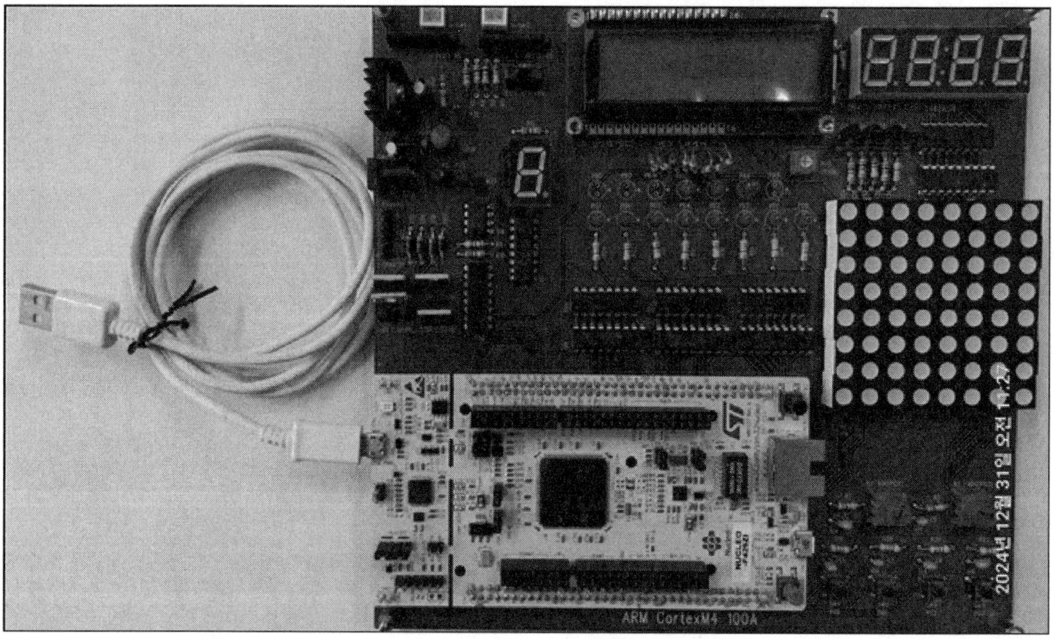

□ ARM CortexM4 실습용 보드 GPIO connection

① led 회로도 PD0, PD1, PD2, PD3, PD4, PD5, PD6, PD7

② 입력 스위치 회로도 PG0, PG1, PG2, PG3

③ Segment 회로도 PC8, PC9, PC10, PC11

④ Segment 회로도 PF4, PF5, PF6, PF7/ PB0, PB1, PB2, PB3, PB4, PB5, PB6, PB7

⑤ 스테핑 모터 구동 회로도 PG12, PG13, PG14, PG15

⑥ ADC 회로도 PC0, PC3

⑦ DC 모터 구동 회로도 PF0, PF1

⑧ LCD 구동 회로도 PD10, PD11, PD12, PD13, PD14, PD15

⑨ 온도센서(LM35DZ) 구동 회로도 PF4

⑩ DOT MATRIX 구동 회로도 PE0~PE7/ PE8~PE15/ PF8~PF15

⑪ usb 컨넥터 A Type ⟷ PC usb

3.1 ARM CortexM4 STM32F429ZI 실습보드 회로도 (by written ham yj)

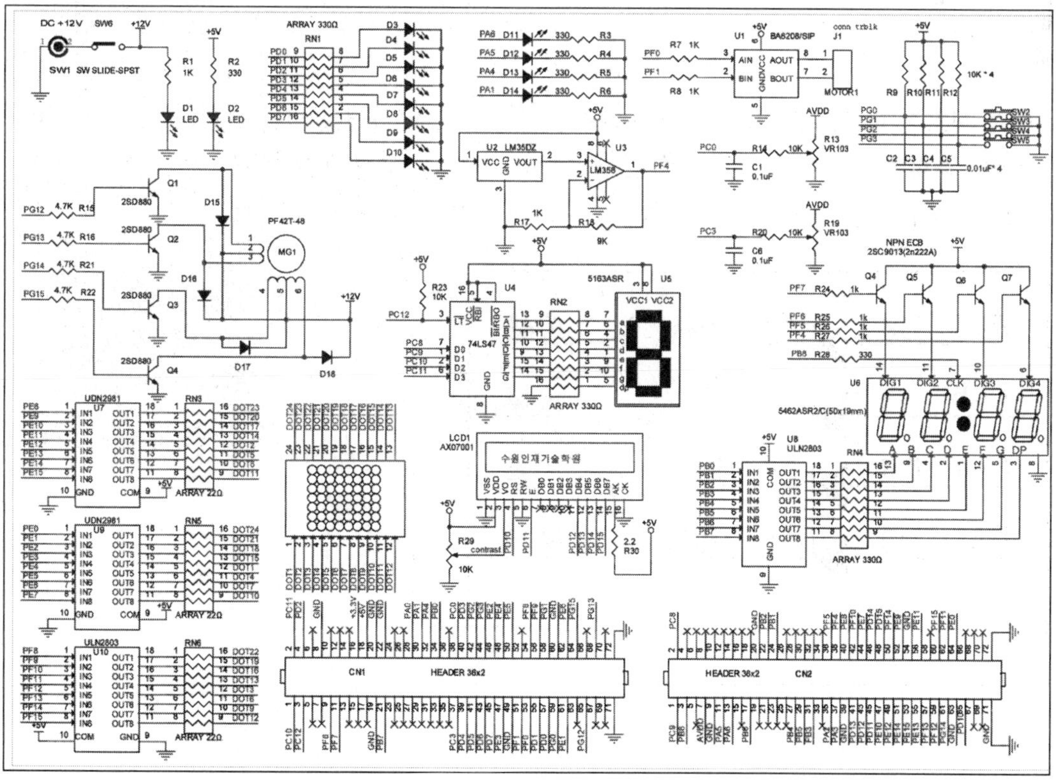

3.1.1 led 회로도

led는 GPIO PD0~PD7에 연결되어 있으며 입력 값이 H 이면 led는 on 된다.
GPIO PD0~PD7는 MCU STM32F429 각 포트에 연결되어 있다.

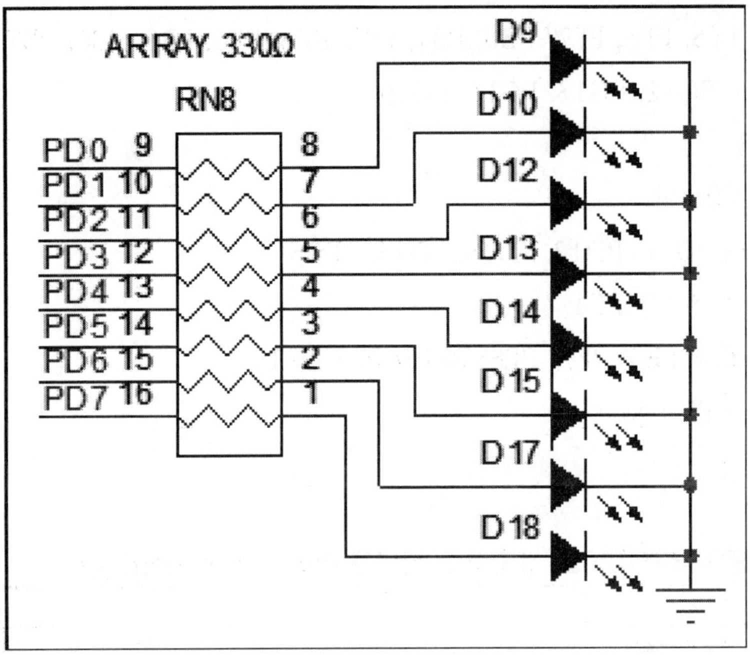

다음 회로는 PA1, PA4, PA5, PA6에 연결되어 있으며 입력값이 H 이면 led는 on 된다.
PWM 파형을 led로 확인할 수 있고 응용회로 실습 시 사용해 보자.
GPIO PA1, PA4, PA5, PA6는 STM32F429 각 포트에 연결되어 있다.

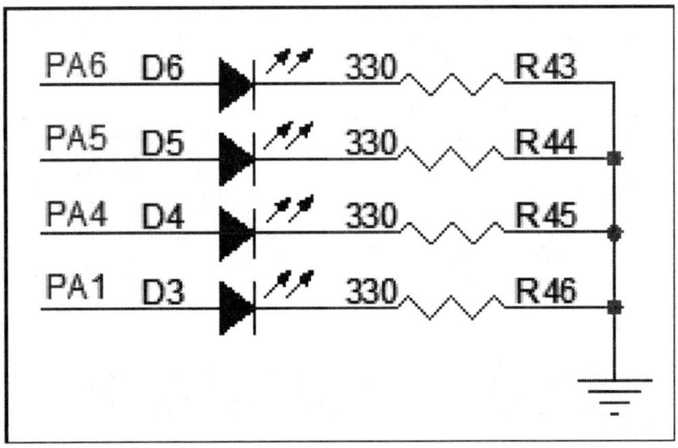

3.1.2 입력 스위치 회로도

스위치는 GPIO PG0~PG3에 연결되어 있으며 각 SW4, 5, 6, 7의 스위치를 누르지 않으면 입력 PG0, 1, 2, 3 = H가 되고 각 SW4, 5, 6, 7의 스위치를 모두 누르면 입력 PG0, 1, 2, 3 = L가 된다. SW5의 스위치를 누르면 PG1 = L가 된다.

GPIO PG0~PG3는 STM32F429 각 포트에 연결되어 있다.

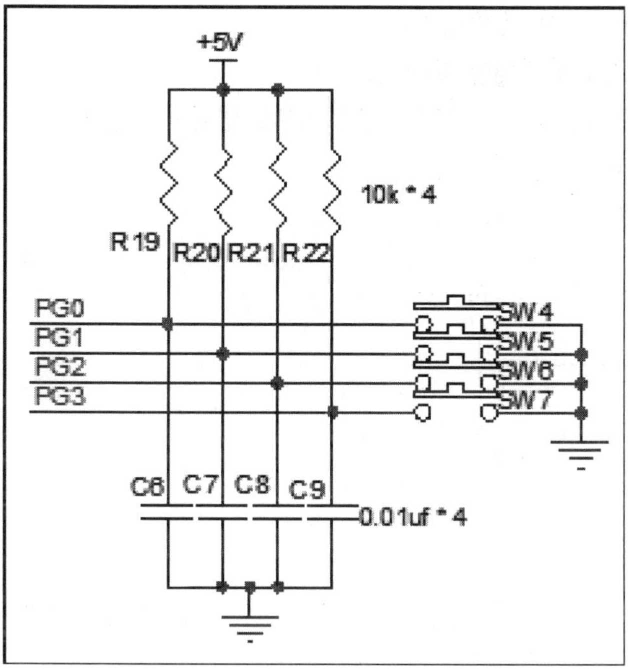

3.1.3 Segment 회로도

[회로1]에서 GPIO PC8~PC11은 74LS47 D0, D1, D2, D3 입력으로 연결되어 있고 74LS47은 segment driver로 사용된다. D3, D2, D1, D0=0000이 각각 값이 주어지면 segment에는 숫자 0이 표시되며 D3, D2, D1, D0=0001의 값이 각각 주어지면 숫자 1이 표시되고 D3, D2, D1, D0= 1001이 주어지면 숫자 9가 표시된다. LSB(하위비트),MSB(상위비트)에 대해서 알아두자.

[회로1]과 [회로2] 중 어느쪽에 segment가 더 밝을까?

회로를 설계 한다면 개발자는 어느쪽을 선택해야 할까?

[회로1]은 GPIO PC8~PC11은 74LS47 D0, D1, D2, D3 입력으로 연결되어 있다.

segment에 R12 저항 1개가 연결되어 있다.

segment 흐르는 전류는 어떻게 될까?

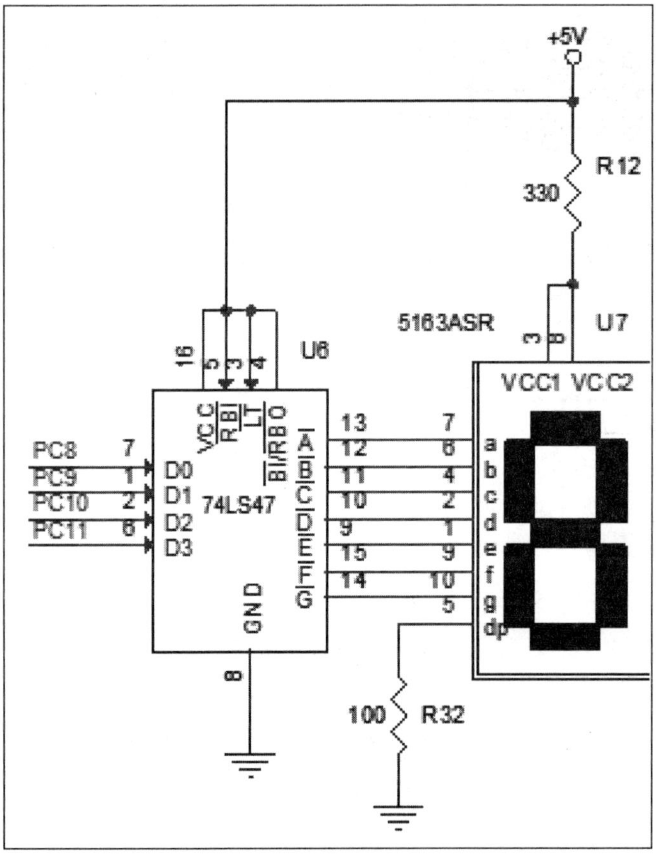

[회로2]는 GPIO PC8~PC11은 74LS47 D0, D1, D2, D3 입력으로 연결되어 있다. segment에 RN7 저항 7개가 연결되어 있다. segment 흐르는 전류는 어떻게 될까? (PC12 PORT = lamp test)

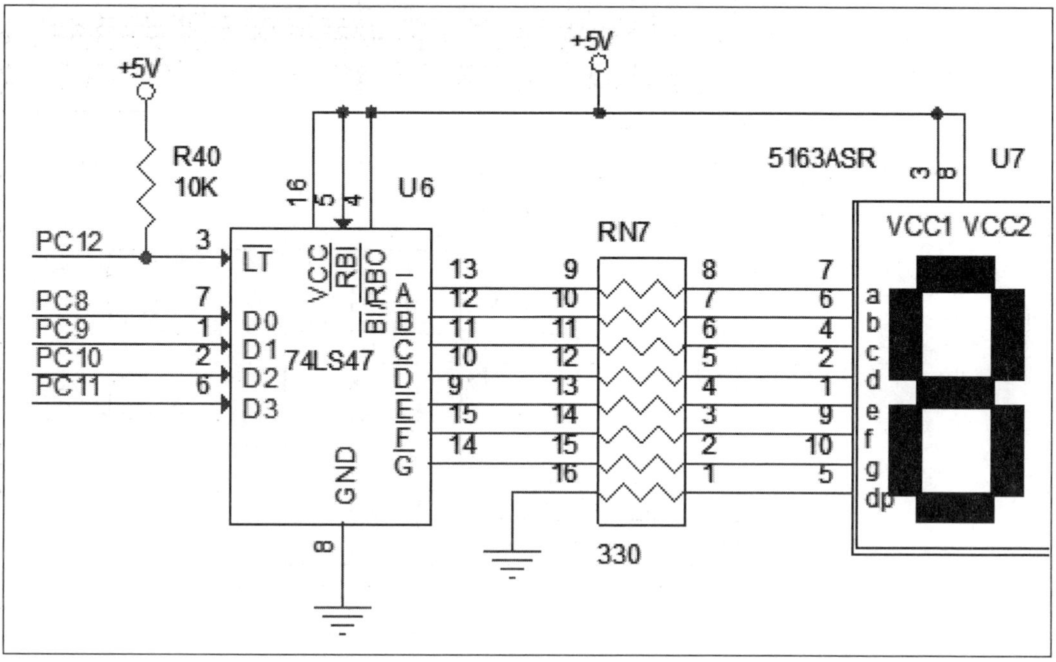

[회로1]은 대략 10mA의 전류가 R12 통해 유입되고 segment에 전류가 각각 분배된다. [회로2]는 segment에 각각 10mA의 전류가 유입된다. segment에 내부 Diagram를 확인해 보기 바란다.

3.1.4 Segment 4개 회로도

실습용 보드 회로에 Segment는 5462ASR COMMON ANODE TYPE이다. A, B, C, D, E, F, G에 입력은 공통선으로 연결되어 있고 Segment 제어핀은 각각 dig1, dig2, dig3, dig4에 연결되어 있다.

Segment 제어핀은 각 GPIO PF4, 5, 6, 7에 연결되어 있고 숫자표시입력 공통선 A, B, C, D, E, F, G, DP는 GPIO PB0, 1, 2, 3, 4, 5, 6, 7에 연결되어 있다.

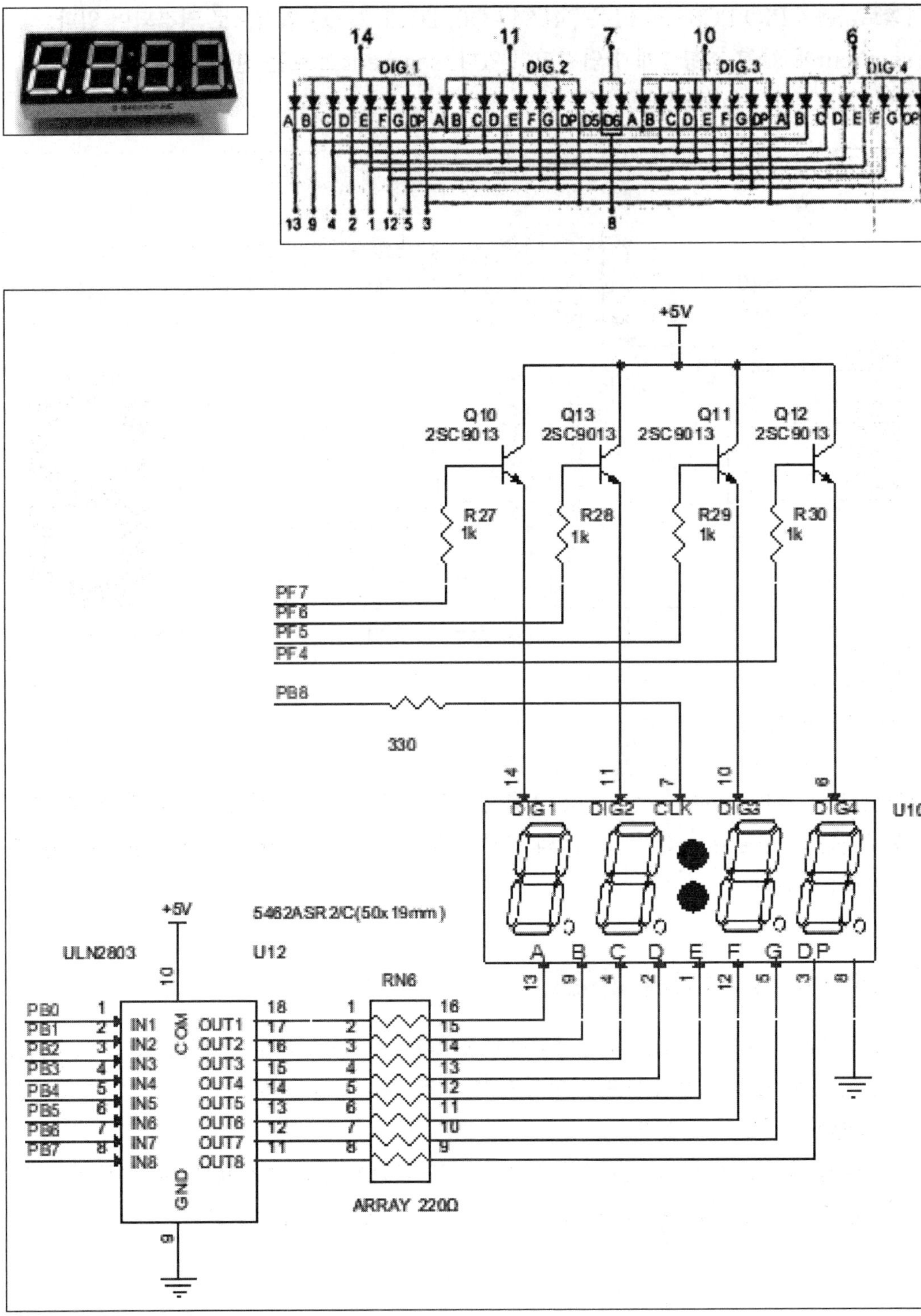

5462ASR common anode type 실물 및 내부 회로

3.1.5 스테핑 모터 구동 회로도

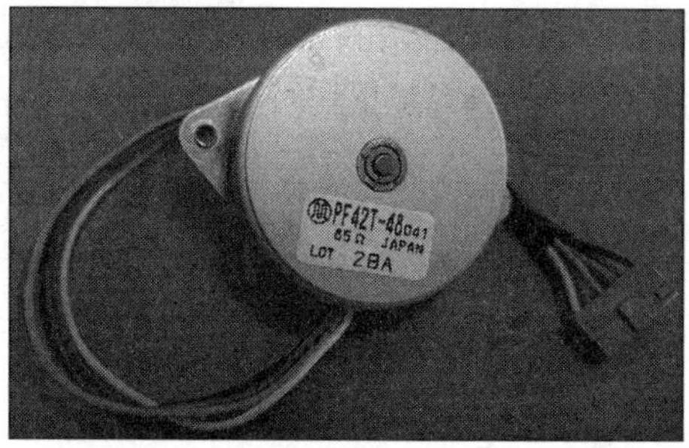

[스테핑 모터 PF42T-48]

전원은 12V를 사용하고 있으며 GPIO PG12, PG13, PG14, PG15은 스테핑모터 데이터 입력으로 사용된다.

입력데이터의 순서는 PG12 → PG13 → PG14 → PG15… 반복하여 데이터 값을 전달한다.

즉 0001 → 0100 → 0010 → 1000 → 0001 유니폴라 1상 여자구동방식이다.

유니폴라 2상 여자구동방식 순서는 1001, 0101, 0110, 1010 입력되면 스테핑모터는 구동되며 펄스가 1개 입력될 때마다 7.5° 씩 움직인다. 48개의 펄스를 주면 7.5° * 48 = 360° 회전한다.

참고로 권장 스테핑 모터 PF42T-96 부품은 96개의 펄스를 주면 3.75° * 96 = 360° 회전한다.

2SD880 NPN silicon power transistor는 IC전류를 3A까지 흐르게 할 수 있다.

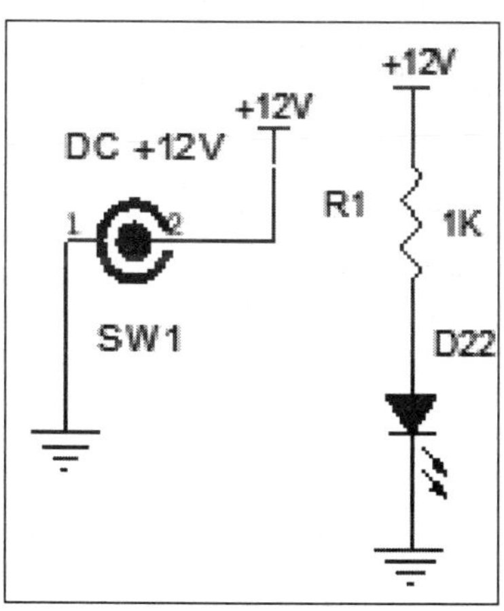

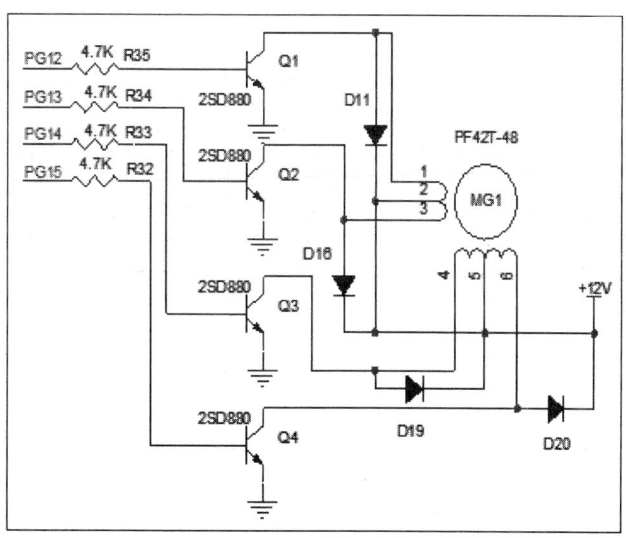

3.1.6 ADC 회로도

가변저항 10KΩ을 이용하여 전압분배법칙을 이용하여 GPIO PC0, PC3으로 전압이 MCU STM32F429 ADC로 입력되는 회로도이다. AVDD = +3.3V

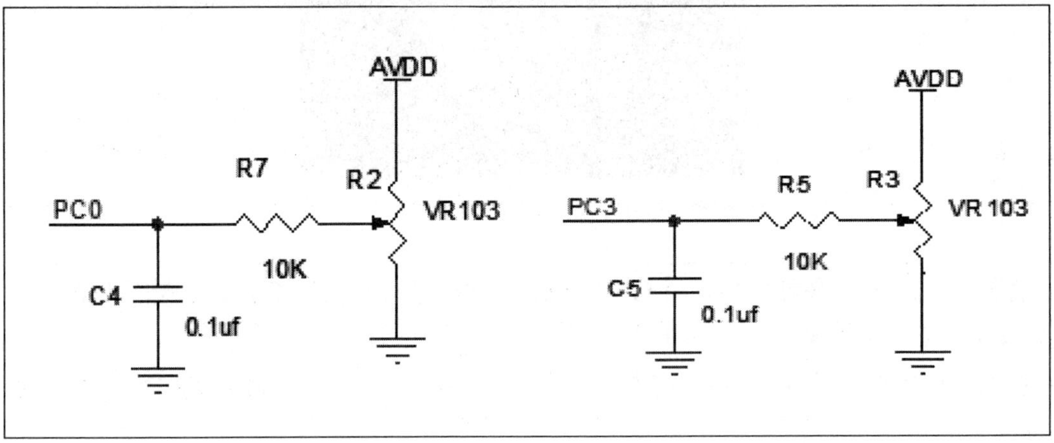

3.1.7 DC 모터 구동 회로도

STM32F429 각포트의 MCU로 부터 PF0=1, PF1=0일때 BA6208 입력핀 AIN0=1, BIN=0이 입력되고 BA6208 출력핀 AOUT=5V, BOUT=0V가 되어 MOTOR를 연결하면 모터는 구동된다.

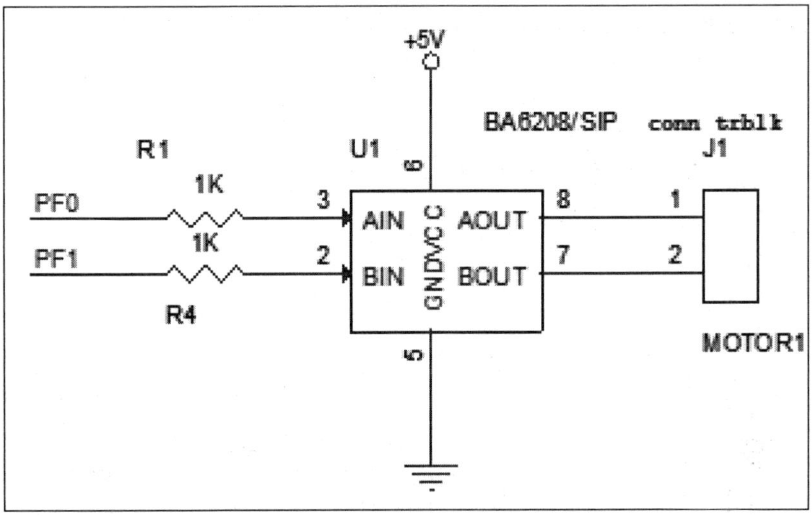

3.1.8 LCD 구동 회로도

LCD module의 핀 번호 LCD module의 핀 번호 LCD 모델 : AX07001

pin	1	2	3	4	5	6	7	8
기능	Vss	Vdd	Vo LCD밝기조절	RS	R/W	Enable	DB0	DB1
설명	GND	5V	10K가변저항사용	0 : 명령어 1 : 데이터	L : write H : read	LCD 동작신호	data0	data1

pin	9	10	11	12	13	14	15	16
기능	DB2	DB3	DB4	DB5	DB6	DB7	A,백라이트(+)	K,백라이트(-)
설명	data2	data3	data4	data5	data6	data7	5V에 연결 (2.2Ω을 직렬로 연결)	접지에 연결

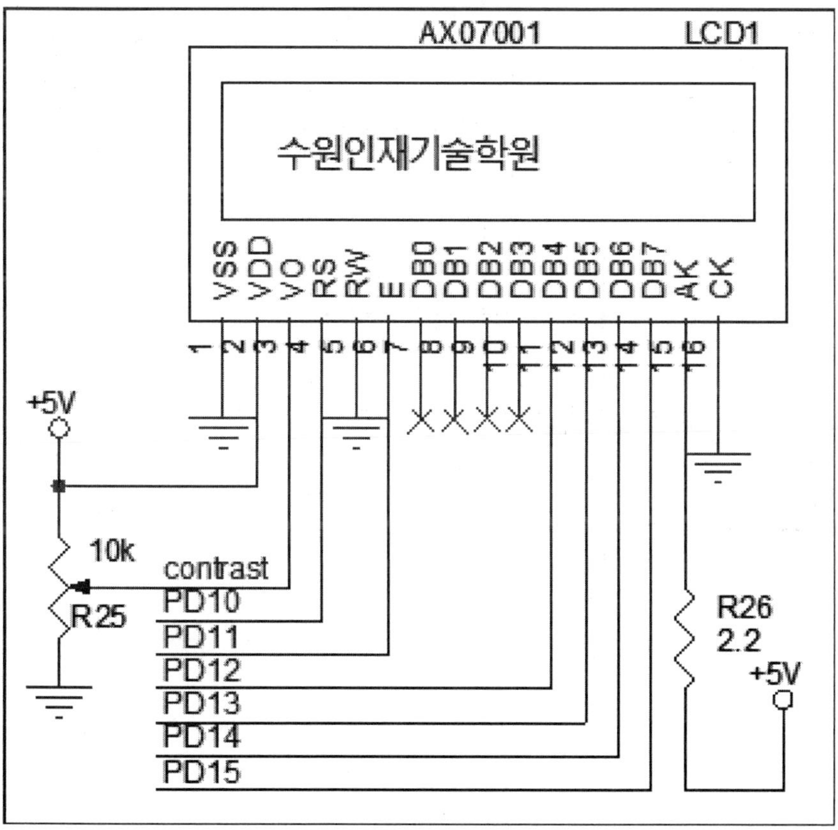

3.1.9 온도센서(LM35DZ) 구동 회로도

온도센서 LM35는 출력전압이 섭씨 온도에 선형적으로 비례하여 출력전압으로 나타나는 온도센서이다. LM35DZ는 -55˚~ +150˚C 온도범위에서 동작되고 LM35C는 -40˚~+110˚C 범위에서 동작된다.

1℃의 온도변화에 10mV의 전압이 출력되며 LM35DZ는 온도에 비례하여 출력한다는 특성이 있다.

예를 들면 주변 온도가 25℃인 경우 LM35DZ의 센서출력은 25℃×10mV = 0.25V가 된다.

출력전압이 비교적 낮음으로 비반전 증폭기 OP AMP를 이용하여 0.25V의 전압을 10배로 증폭하여 출력전압을 2.5V가 되게 한다. 즉 0.25V×10배 = 2.5V가 된다.

OP AMP 출력전압을 MCU PF4의 ADC에 연결하여 회로를 설계하면 다음과 같이 된다.

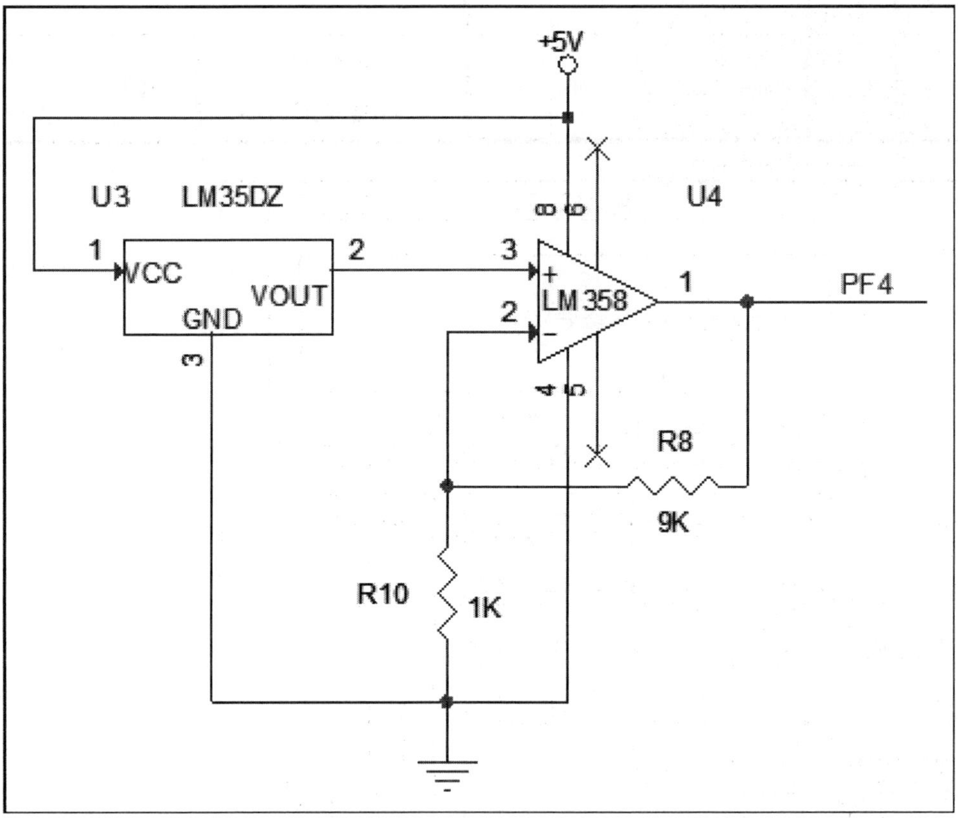

3.1.10 DOT MATRIX 구동 회로도

실습보드에 사용되는 Dot matrix 부품은 BVD-8518SG1을 사용하였고 dot matrix를 구동하기 위해 내부 구조를 알아야 한다. dot matrix 내부구조를 보면 가로행과 세로열이 MCU에 연결되어 있다.

BVD-8518SG1은 RED와 GREEN led의 2개의 컬러색상으로 표시할 수 있다. 왼쪽은 ULN2803 다링톤 NOT GATE가 회로에 연결되어 있고 상단은 UDN2981 다링톤이 연결되어 있다.

BVD-8518SG1(cathode type)

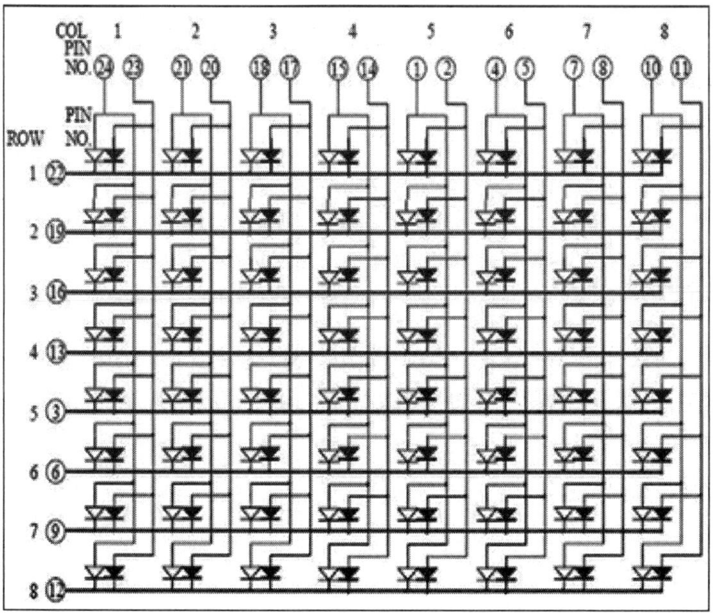

Dot matrix 내부 구조

Dot matrix 내부구조에서 ROW 1~8값을 0x00로 주고 COL PIN값을 0xff을 주면 첫 번째 라인 LED가 모두 on 된다. led는 anode(+)에 1을 주고 cathode(-)에 0을 주면 led는 on 된다.

다음회로에서 Dot matrix 구동 회로도에서 가로행은 GPIO PORTE(PE8~15)에 연결되어 있고 DATA는 RED PORTE(PE0~7), GREEN PORTF(PE8~15)에 연결되어 있다.

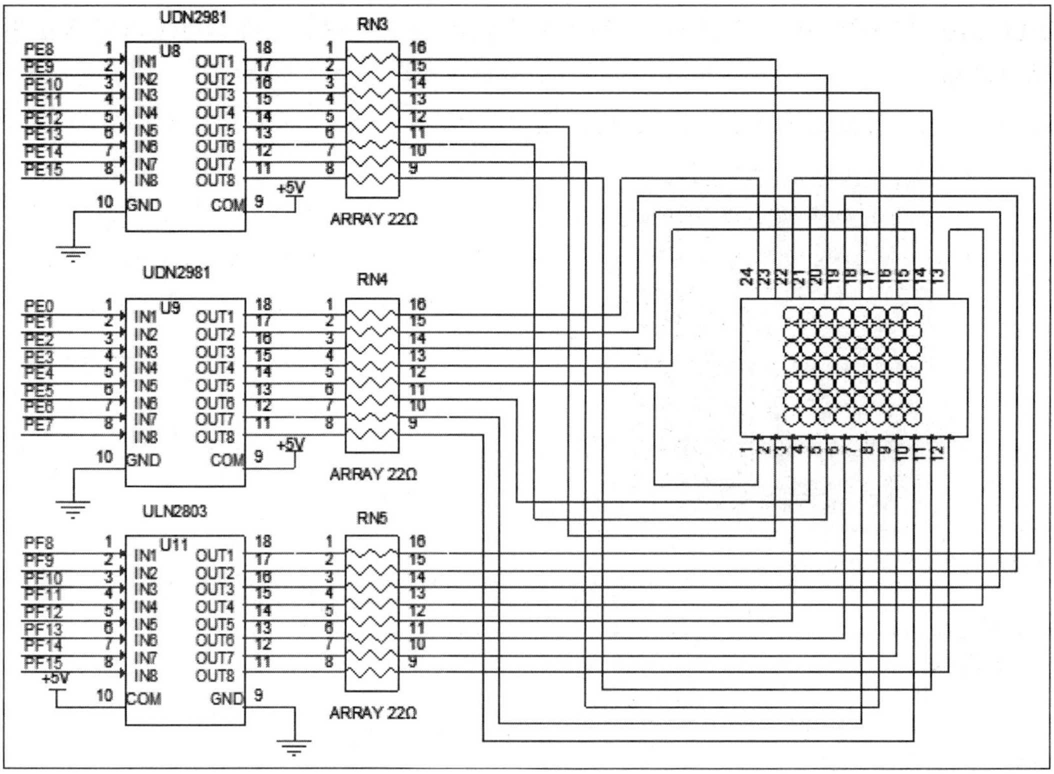

3.2 STM32 Nucleol-144 보드

실습보드는 ST사에서 제공하고 있으며 www.st.com 에서 UM1974(user manual)검색하여 PDF 파일을 열면 회로도를 다운받아 사용할 수 있다.

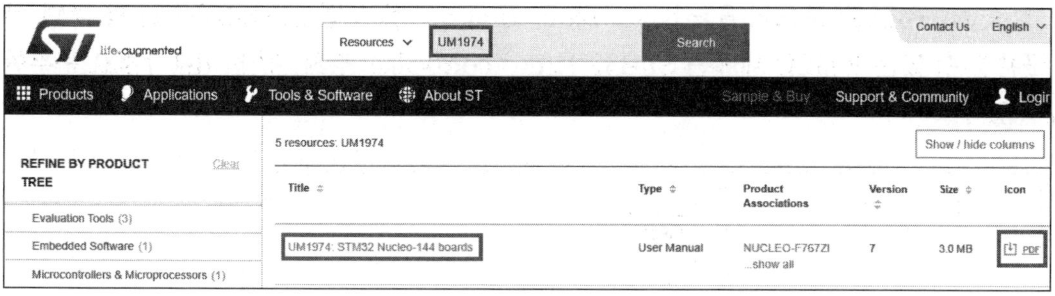

ST사의 실습보드모델은 다양하게 제공하고 있는데 Nucleo-f429zi 보드의 회로도는 예제소스 파일 또는 datasheet Nucleo 144 _User Manual을 참조하자.

다음은 ST사에서 제공하는 Nucleo-F429ZI main board 이다. 인터넷 상업용 사이트에서 판매하고 있다. 디바이스마트 홈페이지를 검색하여 검색창에 "STM32F429" 또는 "Nucleo-F429" 입력하면 쉽게 구매가 가능하다. 다음은 ST사의 제품 Nucleo-144 모델이다.

Nucleo-F429ZI 보드를 이용하면 GPIO, 인터럽트, Timer, A/D 변환기, USART 통신, USB와 TCP/ IP 등 여러가지 예제 프로그램을 실습할 수 있다.

가격이 저렴하고 쉽게 구할 수 있으며 STM32F4 시리즈 중에서도 STM32 F429ZI는 비교적 고성능 칩이 내장되어 있으며 Flash memory 2MB, SRAM 256KB, 패키지 핀수는 144핀을 MCU로 사용한다. 각종 포트를 다양하게 사용할 수 있는 GPIO가 풍부하다.

PC에서 코딩한 프로그램의 다운로드 및 디버깅이 가능하고 실습 보드내에 자체적으로 ST-LINK 작은 보드를 내장하고 있으므로 별도의 디버거 장치는 필요하지 않다.

Nucleo-F429ZI 보드의 Hardware block diagram을 보면 ST-LINK Part와 MCU로 구분할 수 있는데 MCU 내에는 STM32 Micro controller 장치, 각종 외부장치로 구분할 수 있다.

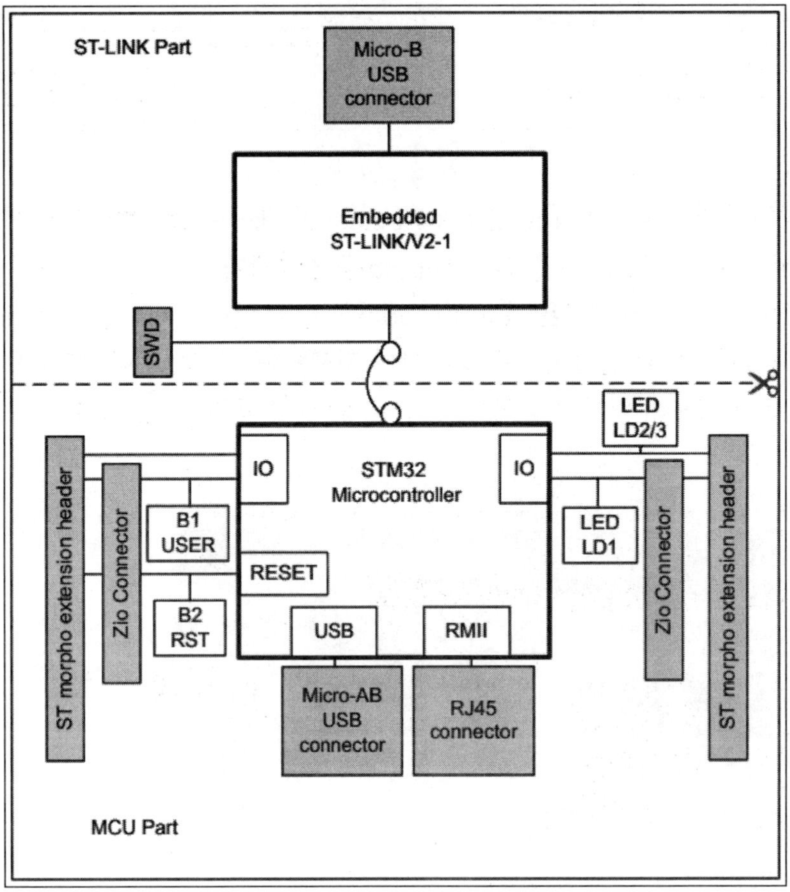

3.2.1 Nucleo-F429ZI B'D Top Layout Function

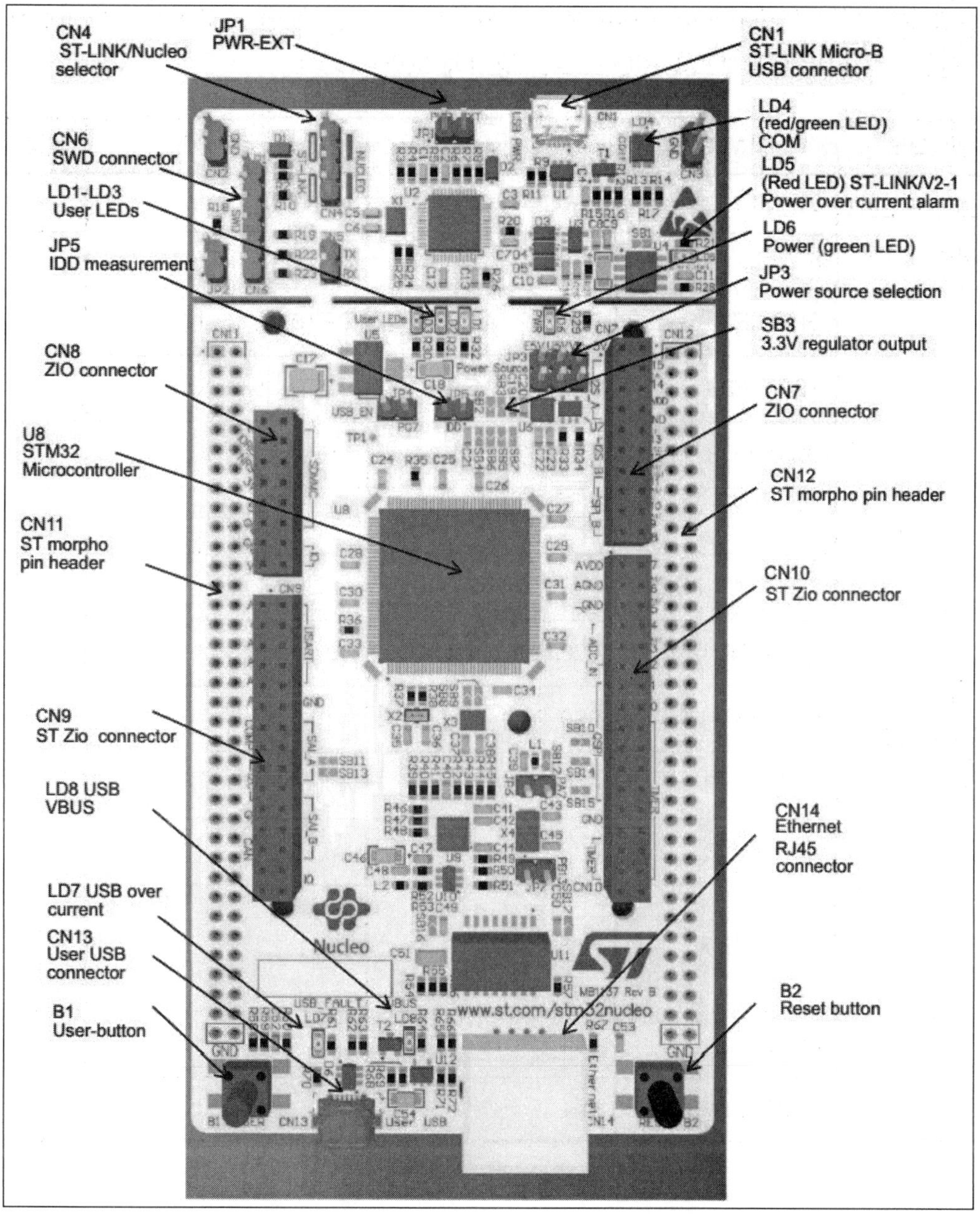

3.2.2 외부 확장실습보드 I/O 구성

다음과 같이 ST사의 Nucleo-F144 보드에 외부확장 실습보드를 조합설계하여 확장보드를 만들었고 외부 확장보드 GPIO 포트를 정리해 보면

실습보드	PARTS	GPIO port(MCU)	회로도 REF	비고
Nucleo-F429ZI (white B'D)	LED(ST)	PBO,PB7,PB14	LD1, LD2, LD3	
	S/W(ST)	PGO,PG1,PG2,PG3	S/W1 ~ S/W4	
확장 I/O (Green B'D)	GPIO LED	PDO ~ PD7	D9,10,12,13,14,15,17,18	
	PWM LED	PA1,PA4,PA5,PA6	D3,D4,D5,D6	
	DC MOTOR	PF0,PF1	DC MOTOR	
	S/W	PGO,PG1,PG2,PG3	S/W4 ~ S/W7	
	STEPPING MOTOR	PA0,PA1,PA2,PA3	MG1	
	SEGMENT 1개	PC8,PC9,PC10,PC11	U7	
	SEGMENT 4개	PB0~PB7	U10	R2
	ADC VR103	PC0	R3	
	ADC VR103	PC3	U8,U9,U11	
	DOTMATRIX	PE8~PE15	LCD1	U3,U4 PF8~ PF15
	CLCD	PD10~PD15		
	LM35DZ,LM35DZ	PF4		

3.2.3 PC에서 USB를 통한 전원 및 ST_LINK 흐름도

PC에서 usb를 연결하면 usb ST_LINK를 CN1(왼쪽 컨넥터)을 통해 STM32F103와 STM32 F429에 전원을 공급하게 되는데 usb pin U5V에서 U4(ST890CDR)와 연결되고 JP3은 핀3번과 4번이 jumper 핀이 연결되어 있음으로 led(LD6)는 on 된다.

ST890CDR은 입력전압 2.7V~5.5V 범위이며 programmable current limit가 최대 up to 1.2A 이다. +3V3는 +3.3V를 의미하며 +3V3은 JP5로 jumper 되어 있고 VDD전원으로 사용되고 있다.

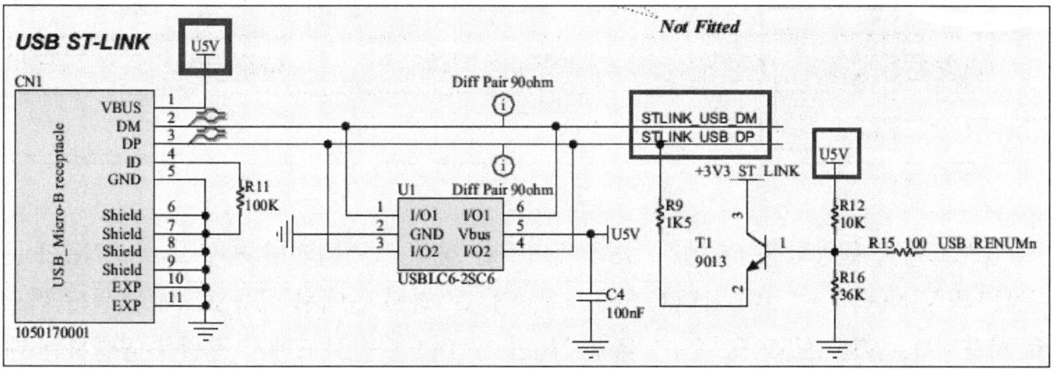

3.2.4 전원회로(Nucleo-F429ZI B'D)

VIN 핀은 외부에서 전원공급을 입력(+7V~+12V) 가능하고 LD1117S50TR을 통해 VIN +5V 출력전압을 만들어 준다. JP3의 핀5번과 6번을 jumper 연결하면 led(LD6)는 on 된다.

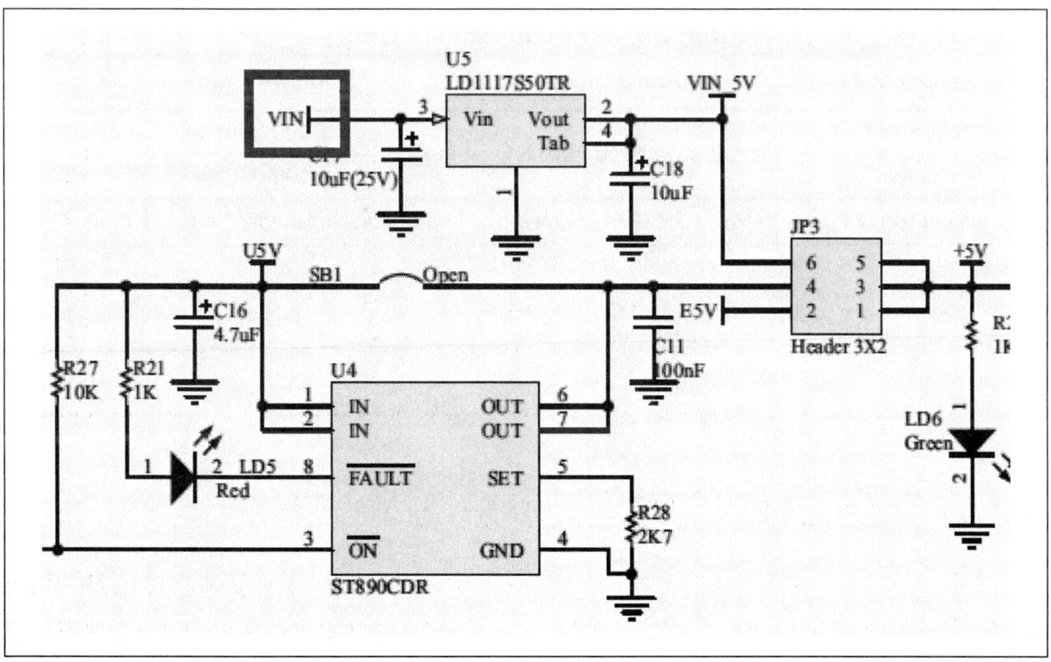

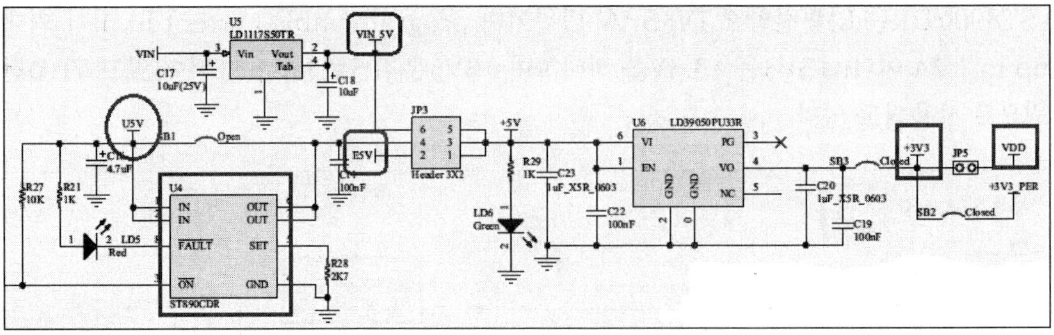

실습보드에 전원공급은 PC에서 USB 케이블을 통해 출력되거나 외부 소스 CN8 또는 CN11의 VIN(+7V~ 12V), E5V(+5V) 또는 +3.3V 전원 핀에서 실습보드에 전원 출력으로 사용된다. VIN, E5V 또는 +3.3V는 Nucleo-144 실습보드에서 전원을 공급하는 데 사용되는 경우이다.

외부(VIN_5V, E5V, U5V)에서 전원을 공급 받는 경우에는 u3 LD3985M33R을 통해 +3V3_ST _LINK(+3.3V)를 STM32F103CBT6의 power ext에 사용된다. JP1 configuration table를 설정하여야 한다. 데이터시트의 Table 6.JP1 configuration table에 자세히 설명되어 있으며 Table 6은 JP1 jumper off/on 사용방법을 보여주고 있다.

Table 6. JP1 configuration table

Jumper state	Power supply	Allowed current
JP1 jumper OFF	USB power through CN1	300 mA max
JP1 jumper ON		100 mA max
JP1 jumper (do not care)	V_{IN}, +3.3 V, +5 V power	For current limitation refer to *Table 8*

① ST890CDR SCHEMATIC DIAGRAM

» 입력전압 범위 +2.7V ~ +5.5V

» PROGRAMMABLE CURRENT LIMIT UP TO 1.2A

» THERMAL SHUTDOWN

» FAULT INDICATOR OUTPUT

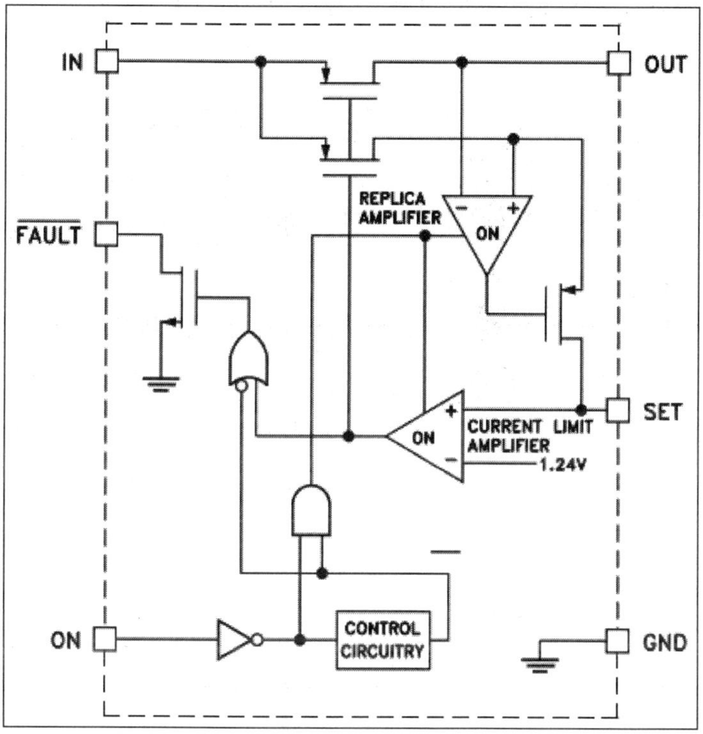

Chapter 01 Chapter 02 Chapter 03 Chapter 04 Chapter 05

② **LD1117 Low drop fixed and adjustable positive voltage regulators**

» 출력전류는 최대 up to 800 mA

» Fixed 출력전압 1.2V, 1.8V, 2.5V, 2.85V, 3.0V, 3.3V, 5.0V

» Internal current and thermal limit

» 입력전압은 최대 +15V

③ **외부 VIN_5V, E5V, U5V(예 Battery)에서 전원을 공급 받는 경우** Regulater LD3985M33R 사용되었다.

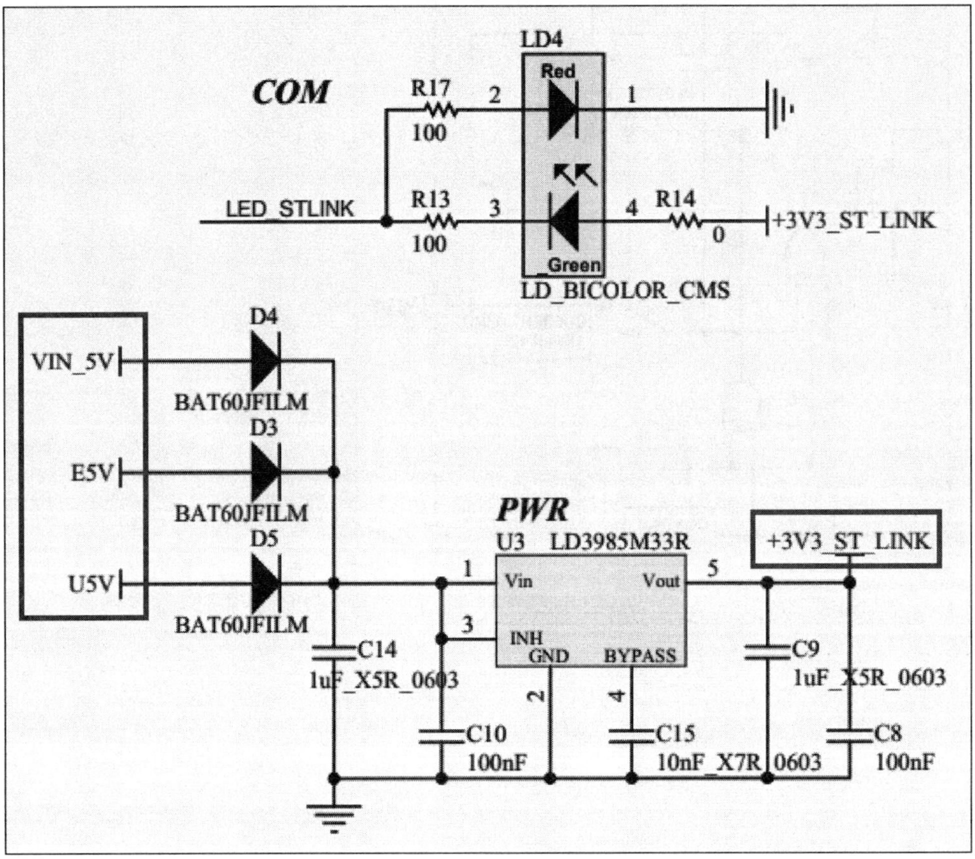

④ 외부전원 VBAT의 +3.3V_ST_LINK 전원회로

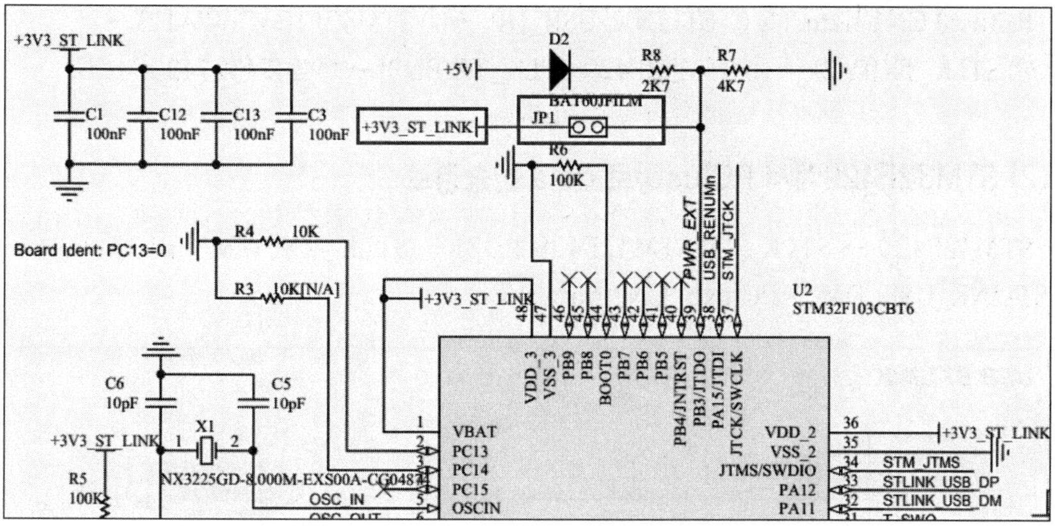

3.2.5 STLINK_USB_DP, STLINK_USB_DM

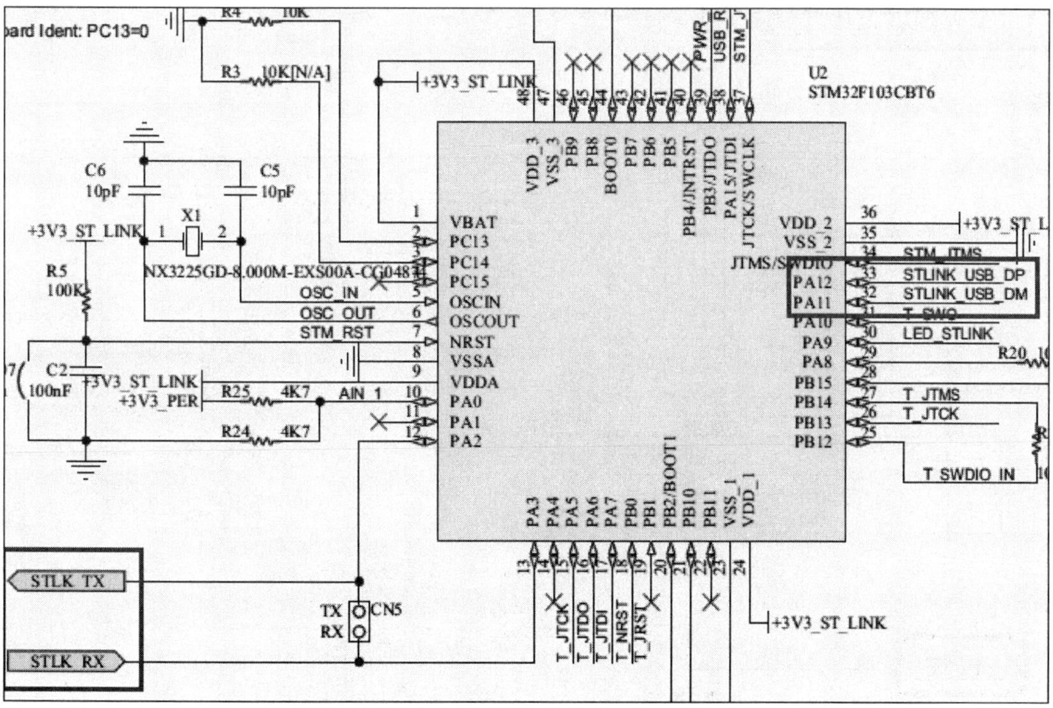

(1) PC(usb)에서 STM32F429로 data 전송경로

PC(usb) CN1 data TX ① STLINK_USB_DP → ② STM32F103CB(PA12) → ③ STLK_TX(PA2) → ④ STM32F429 STLK_TX(PD9) → ⑤ STM32F429(MCU)

(2) STM32F429에서 PC(usb)로 data 전송경로

STM32F429 → STLK_RX(STM32F429 PD8) → STLK_RX(STM32F103 PA3) → STLINK_USB_DM → PC(usb) CN1 data RX

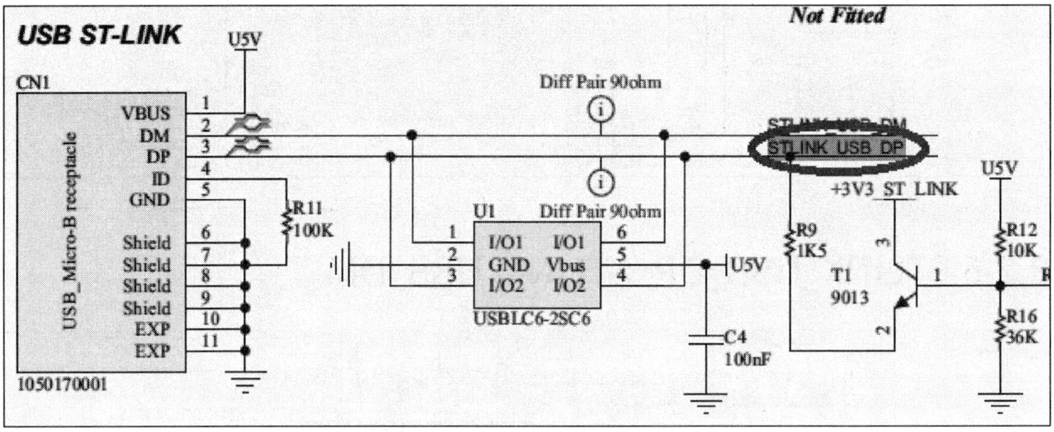

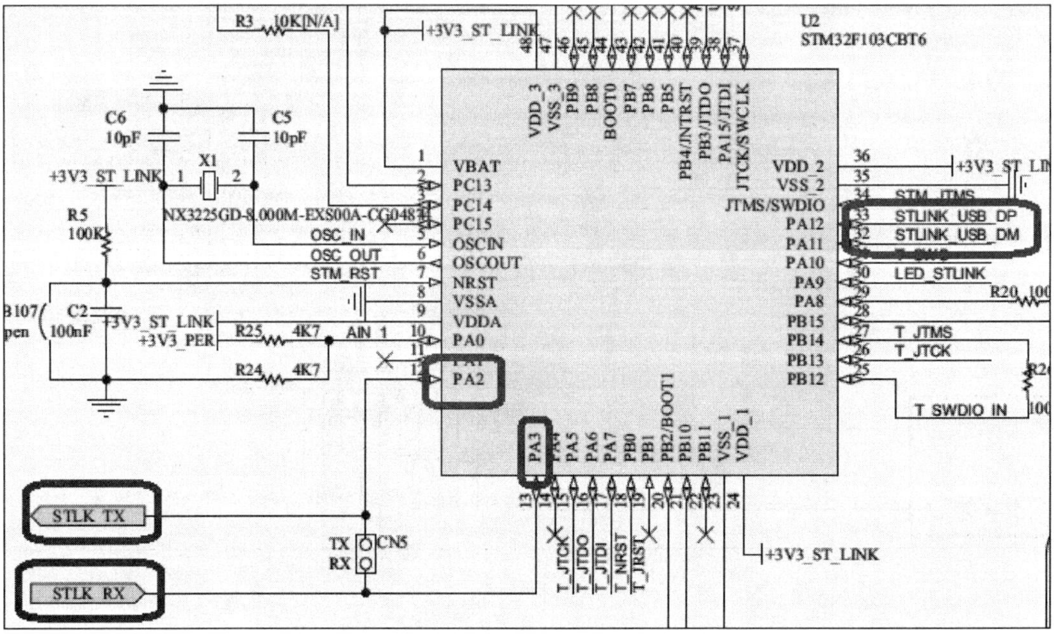

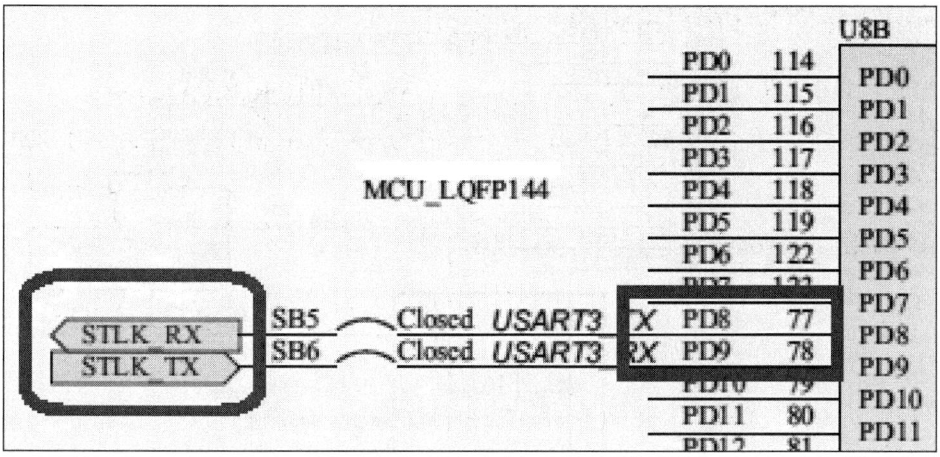

3.2.6 STM32F429 GPIO 관련 회로도

① 외부clk(HSE) Crystal(X3) 8MHz(PH0,PH1) 연결되어 있지 않음.

② 외부clk(LSE) Crystal(X2) 32.768KHz(PC14,PC15) 연결되어 있음.

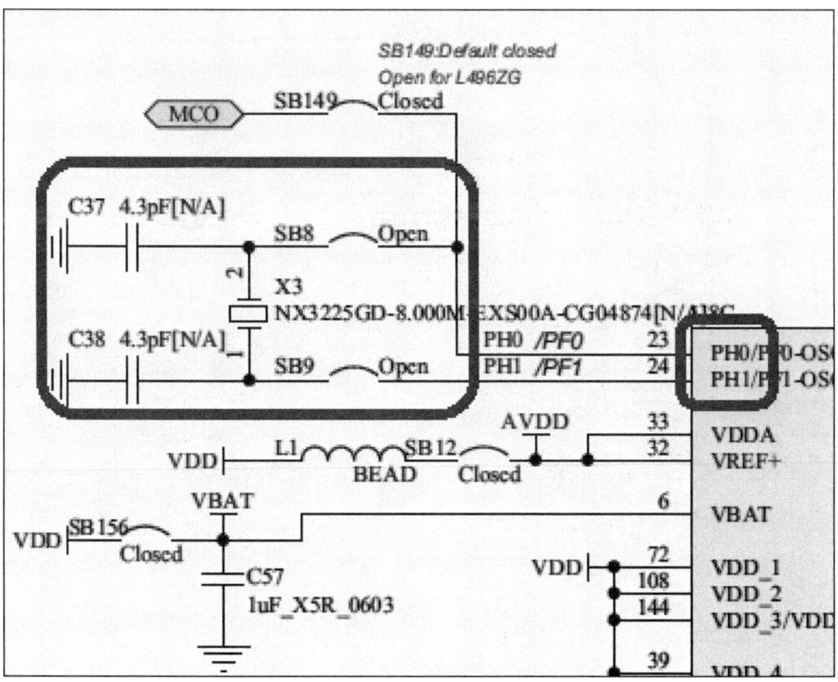

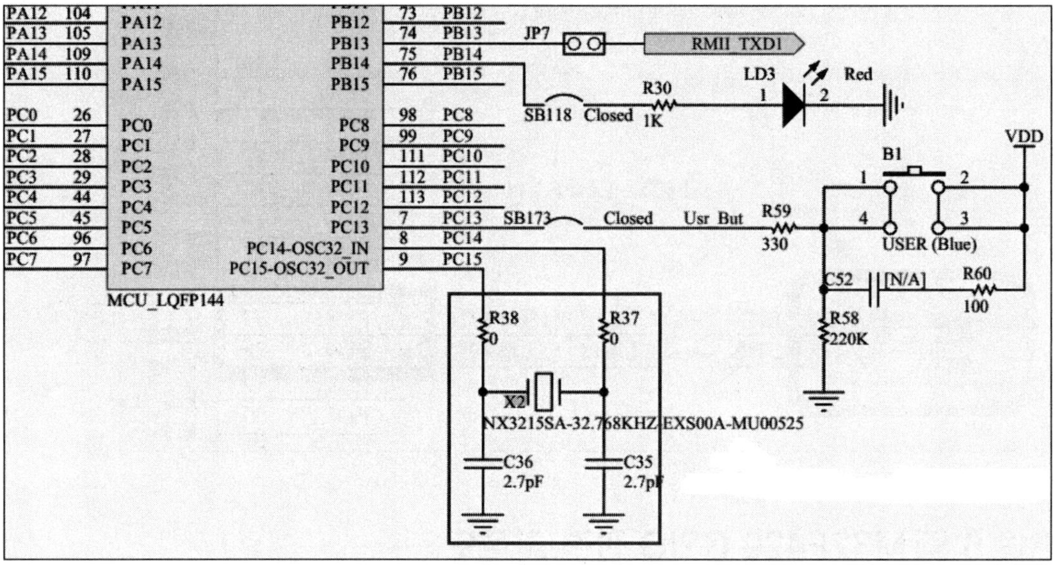

③ OP AMP(TSV631AILT)는 PB0에 연결되어 있고 PB0에 H를 주면 led LD1은 on 된다.

» Voltage follower op amp이다. (Vin = Vout)

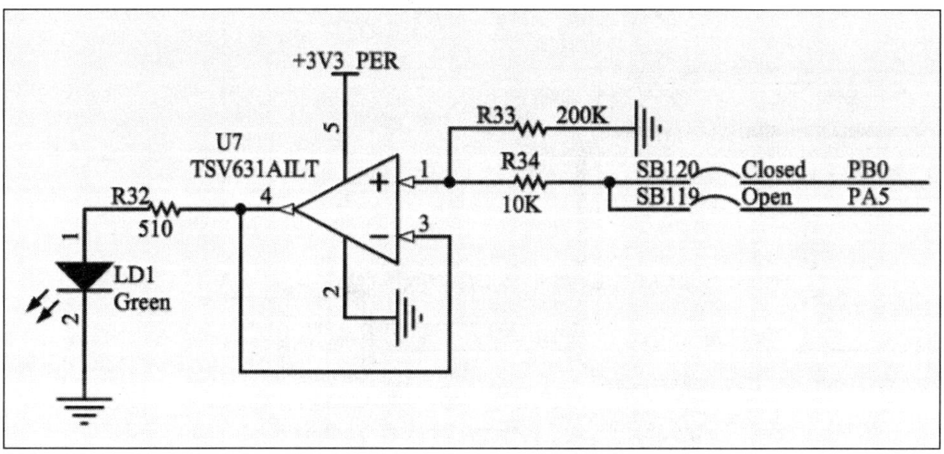

④ RESET 스위치는 NRST에 연결되어 있고 스위치를 누르면 MCU는 L가 된다.

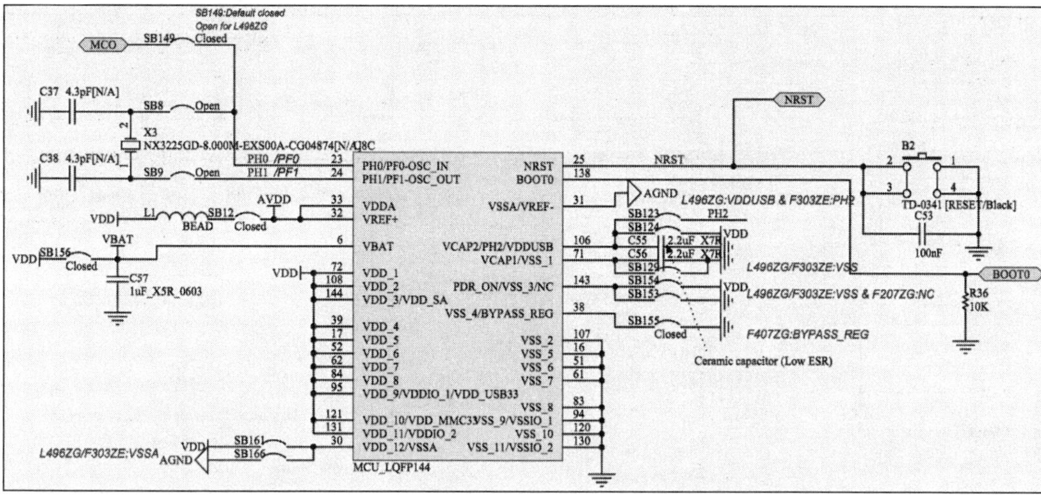

3.2.7 USB STLK 및 GPIO CON PIN ARRAY

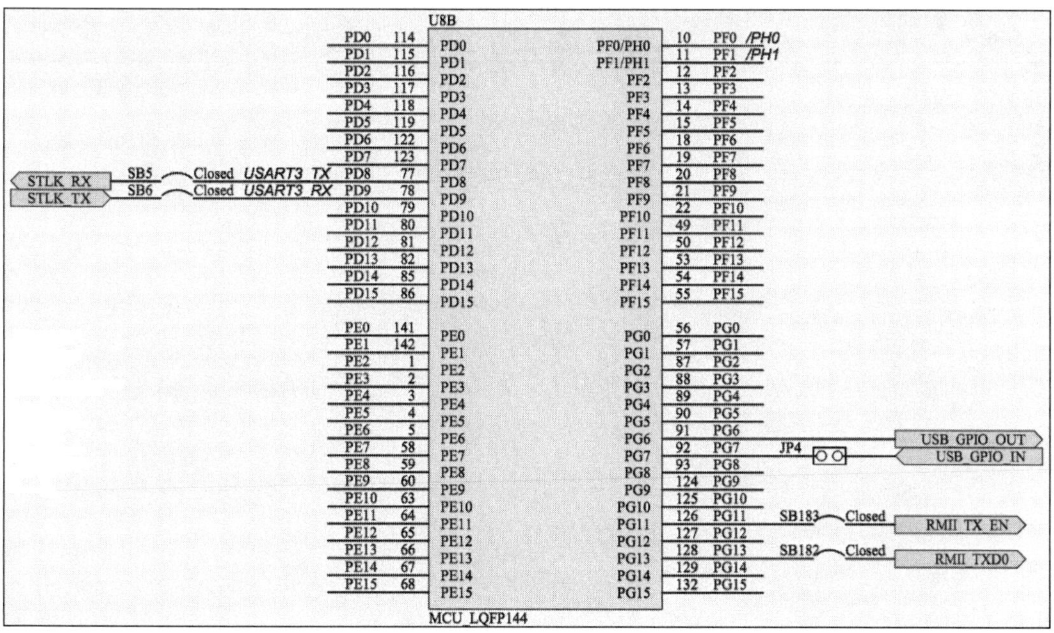

3.2.8 STM32F103RB ST-LINK/V2_1

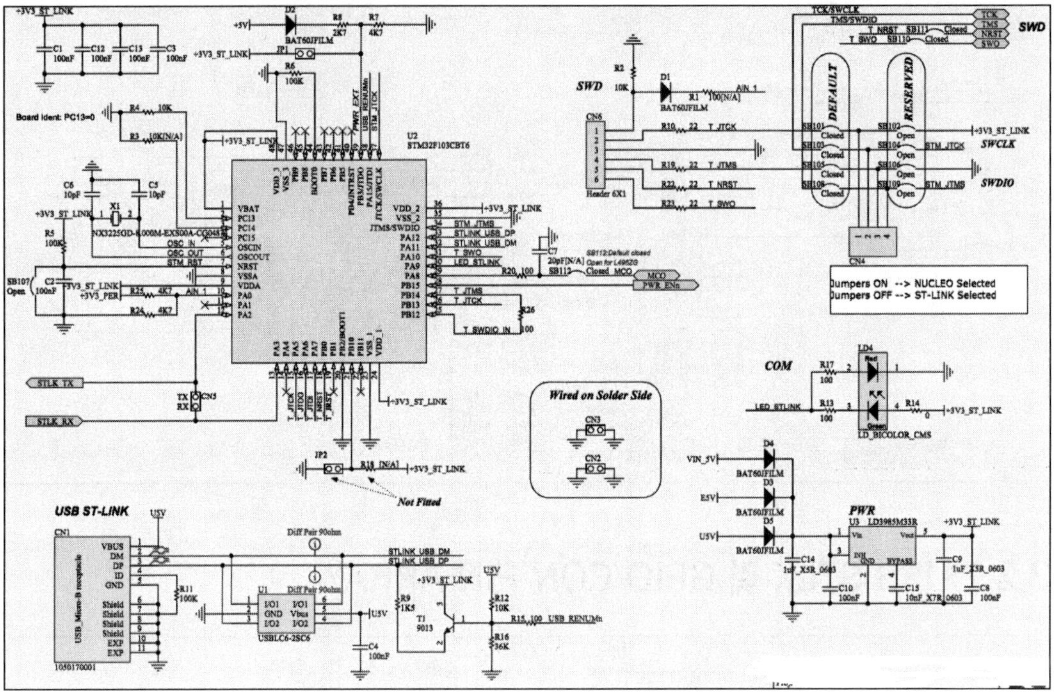

3.2.9 USB CONNECTION

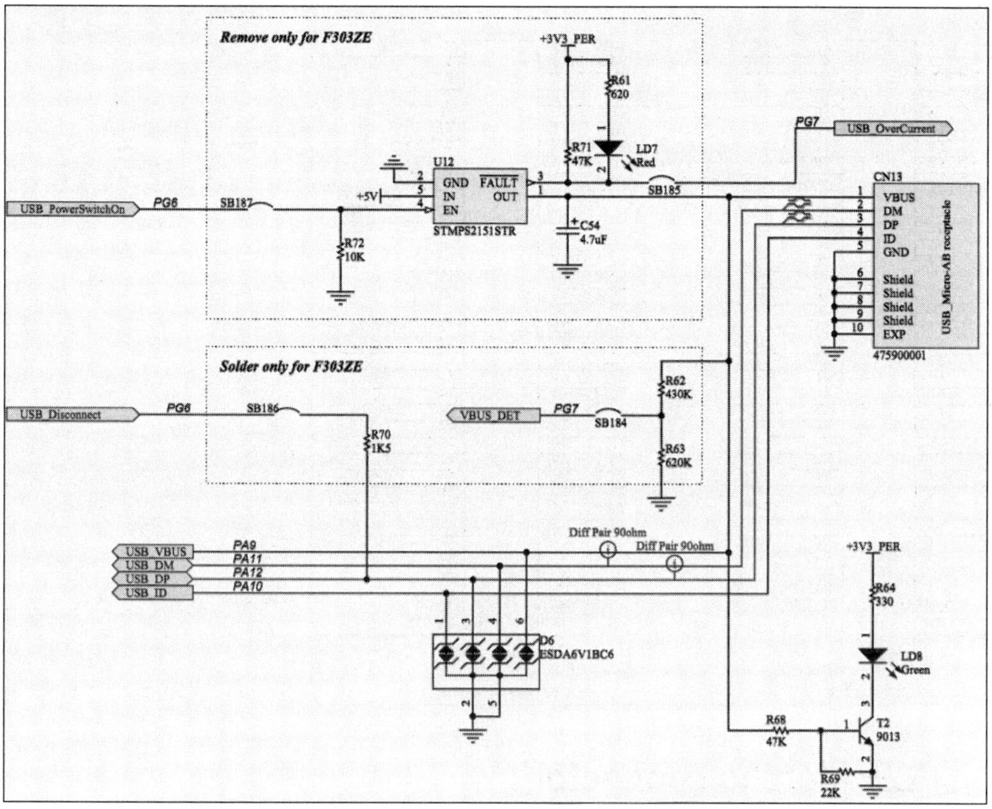

3.2.10 Ethernet PHY with RJ45 connector

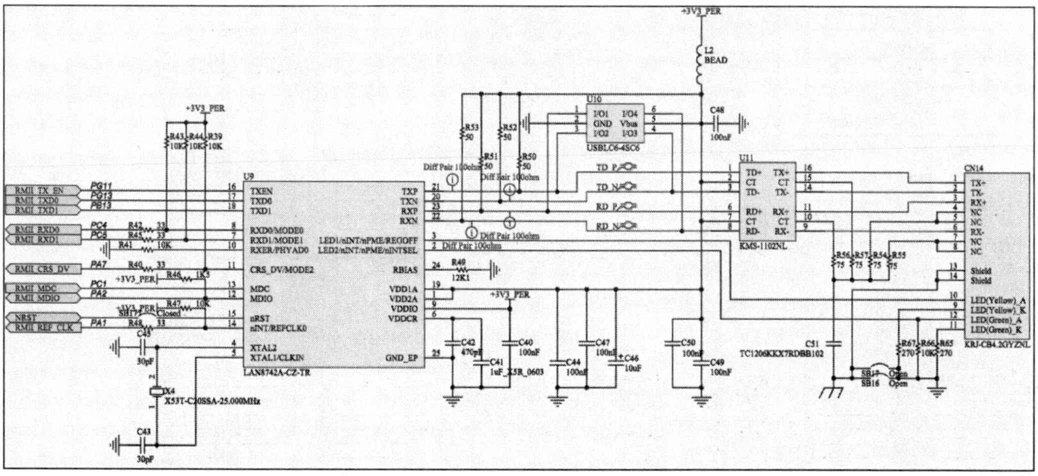

3.2.11 실습보드 Extension connectors

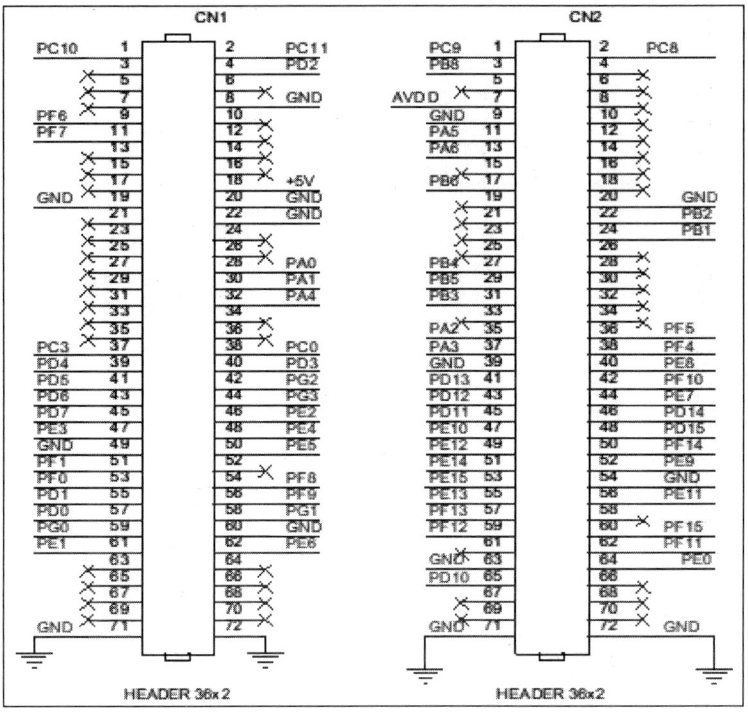

(1) 실습보드 Morpho connector

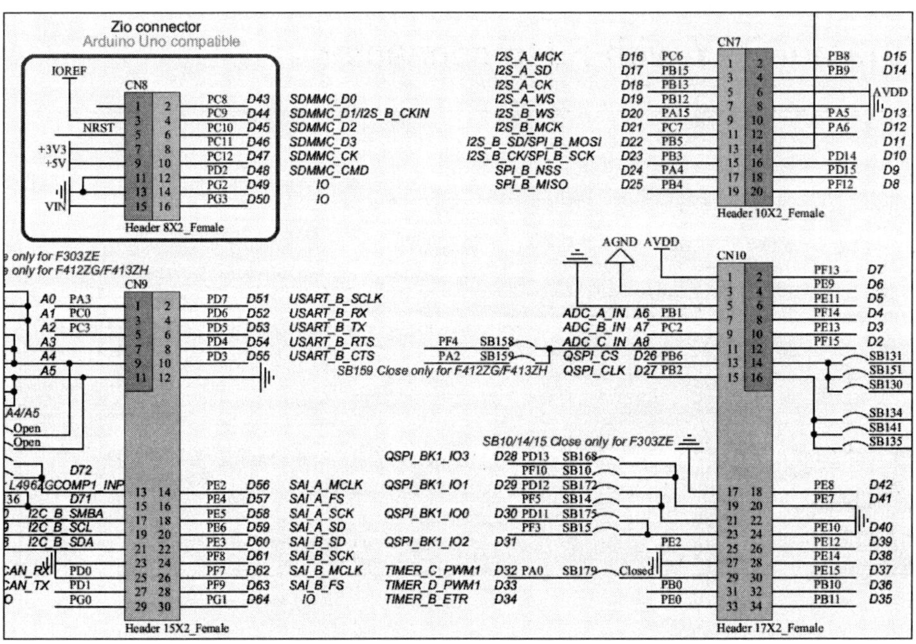

4장 STM32F429ZI 내부구조 및 clock 주파수

다음은 STM32F429ZI 시리즈의 구성도를 나타낸 것이다. 각 주변장치에 공급되는 클럭의 연결도는 매우 중요하며 시스템 클럭의 발생지와 주변장치에 공급되는 각 APB1,APB2의 클럭 주파수 값을 알아야 주기를 계산할 수 있다.

4.1 시스템 클럭

시스템 클럭 AHB1 180MHz는 각 GPIO PORT에 직접 연결되어 있고 1MB Flash 2개에 180MHz 클럭을 공급하고 있다. 또한 Ethernet MAC, USB, DMA2, DMA1, LCD TFT등에도 180MHz 클럭이 공급되고 있다.

시스템 클럭 AHB1 180MHz는 APB1, APB2로 연결되어 있음을 확인할 수 있다.

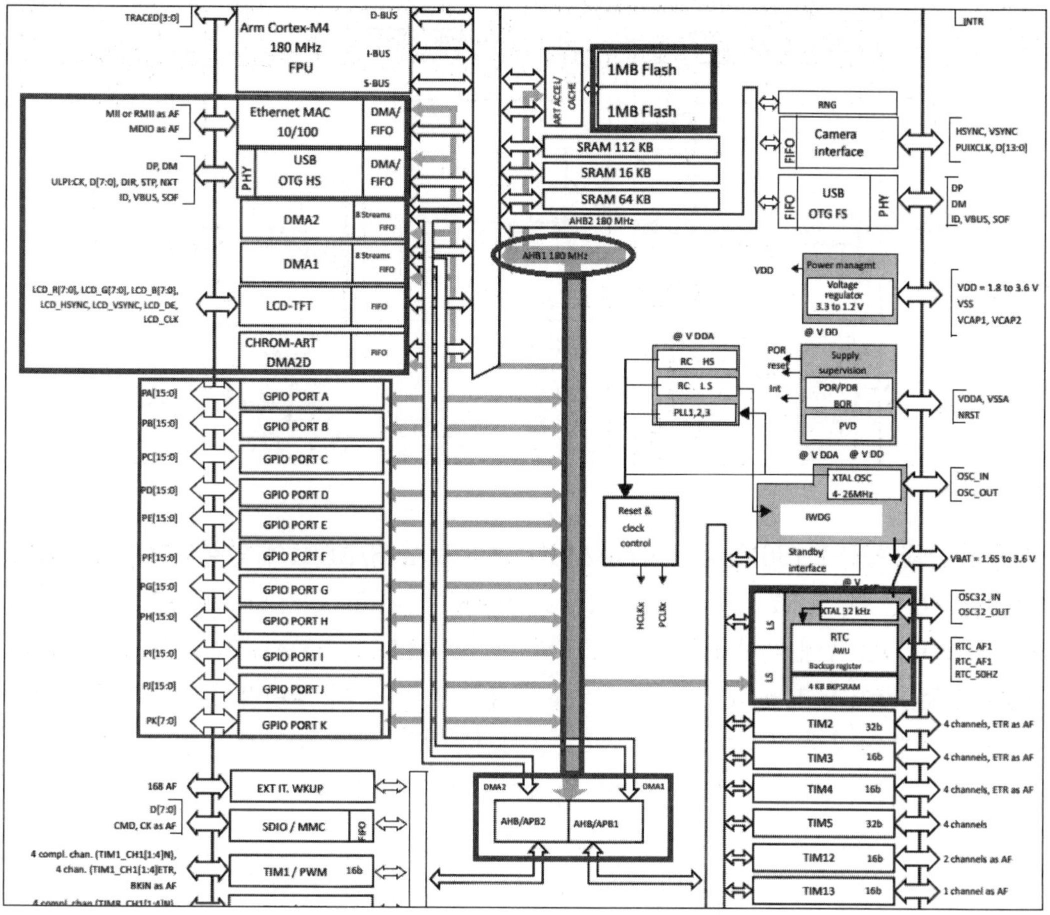

시스템 클럭 AHB2 180MHz는 Camera interface, USB OTG FS 등 180MHz 클럭이 공급되고 있다. AHB3 180MHz는 External memory controller, SRAM, SDRAM, PSRAM, NOR Flash, PC Card,NAND Flash 등에 180MHz 클럭이 공급되고 있다.

Chrom-ART DMA2D는 모니터 줄무늬를 제거하는 그래픽 가속기이다.

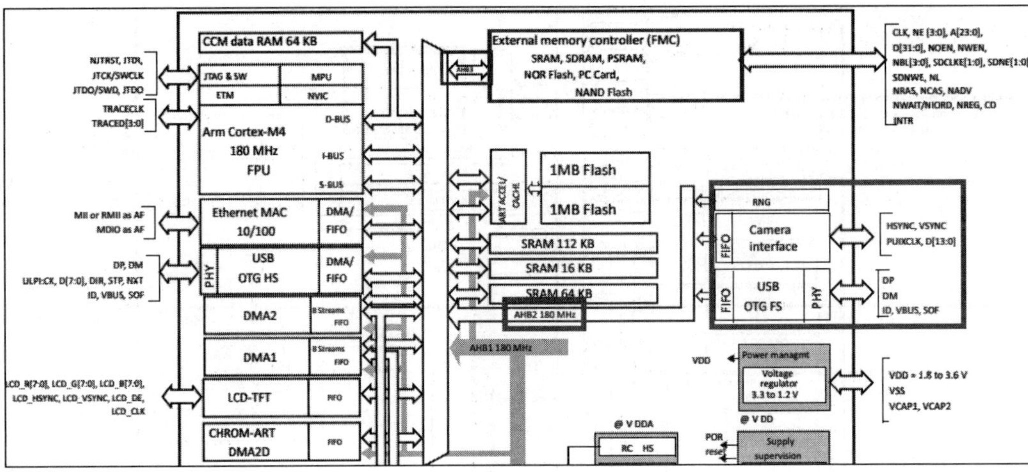

시스템 클럭 AHB1 180MHz는 AHB/APB1 그리고 AHB/APB1에 연결되어 있고 AHB/APB1은 TIM3, 4, 5, 12, 13, 14, USART2, USART3, 4, 5, 7, 8, SP2/I2S2, bxCAN1, DAC1, WWDG 등에 클럭을 공급하고 있다. AHB/APB2는 TIM1/PWM,TIM8/PWM, TIM9, USART1, SPI, ADC1 등에 클럭을 공급하고 있다. 각 주변장치에 연결되어 있는 APB1은 최대 클럭 주파수가 45MHz이고 APB2는 최대 클럭 주파수가 90MHz이다. 주변장치에 공급되는 클럭 주파수는 APB1과 APB2가 서로 다르다.

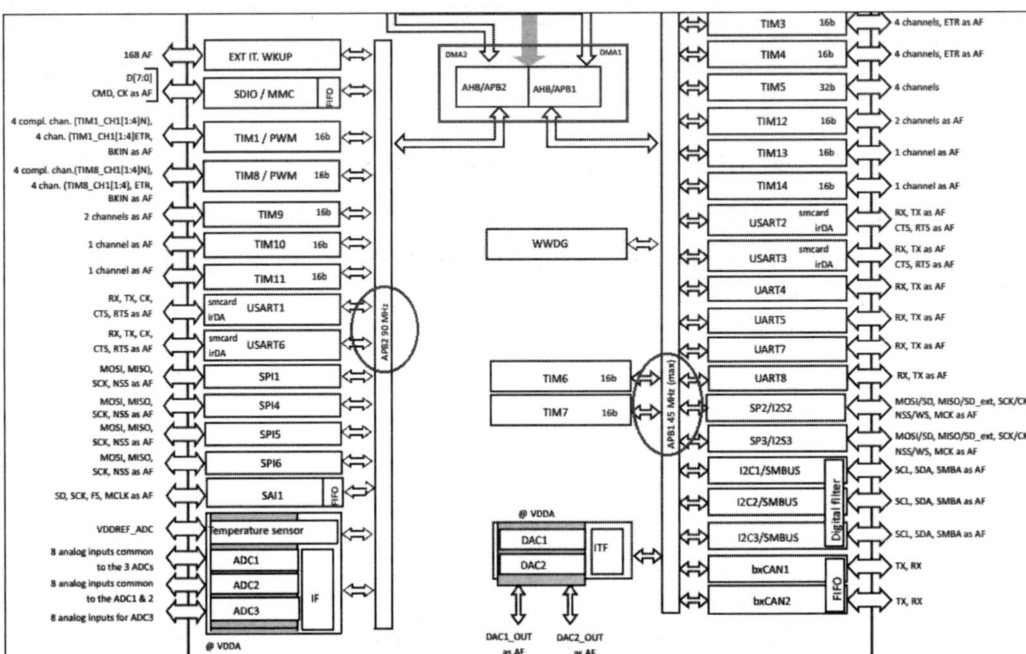

4.2 Memory mapping

다음은 STM32F429ZI 의 Memory MAP을 나타낸다.

메모리 MAP의 APB1, APB2, AHB1, AHB2, AHB3의 Boundary address값이다. 따라서 주변장치(Pheriphrel)에 대한 해당 주소값도 모두 다르게 할당되어 있다.

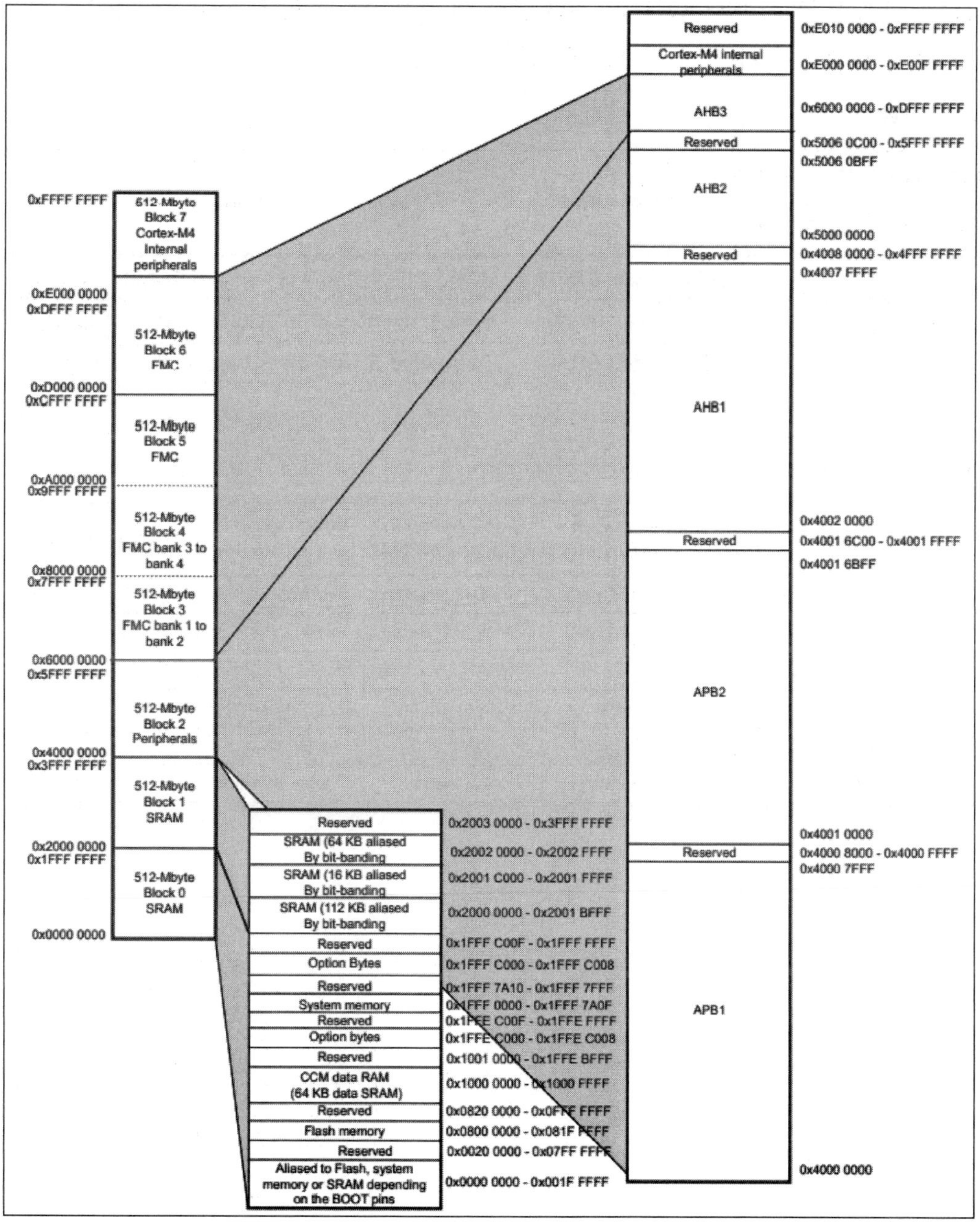

Flash memory, System memory, SRAM 영역의 **address값**을 확인해 보자.

Boot memory map은 값이 고정되어 있고 이로 인해 부트 코드영역은 ICode/DCode 버스를 통해 주소 0x00000000(접근)에서 시작되고 데이터 영역(SRAM)은 주소 0x20000000에서 시작한다. 플래시 메모리 영역은 주소 0x08000000(접근)에서 시작되고 System memory 영역은 주소 0x1FFF0000(접근)에서 시작된다.

STM32F429ZI MCU는 BOOT[1:0] 핀을 통해 세 가지 다른 부팅 모드를 선택할 수 있다.

Boot modes를 다음과 같이 설정할 수 있다.

Boot modes

Boot mode selection pins		Boot mode	Aliasing
BOOT1	BOOT0		
x	0	Main Flash memory	Main Flash memory is selected as the boot space
0	1	System memory	System memory is selected as the boot space
1	1	Embedded SRAM	Embedded SRAM is selected as the boot space

Memory mapping vs. Boot mode/physical remap

Addresses	Boot/Remap in main Flash memory	Boot/Remap in embedded SRAM	Boot/Remap in System memory	Remap in FMC
0x2002 0000 - 0x2002 FFFF	SRAM3 (64 KB)	SRAM3 (64 KB)	SRAM3 (64 KB)	SRAM3 (64 KB)
0x2001 C000 - 0x2001 FFFF	SRAM2 (16 KB)	SRAM2 (16 KB)	SRAM2 (16 KB)	SRAM2 (16 KB)
0x2000 0000 - 0x2001 BFFF	SRAM1 (112 KB)	SRAM1 (112 KB)	SRAM1 (112 KB)	SRAM1 (112 KB)
0x1FFF 0000 - 0x1FFF 77FF	System memory	System memory	System memory	System memory
0x0810 0000 - 0x0FFF FFFF	Reserved	Reserved	Reserved	Reserved
0x0800 0000 - 0x081F FFFF	Flash memory	Flash memory	Flash memory	Flash memory

4.3 메모리 Rgister boundary addresses

다음은 STM32F429ZI 의 Register boundary addresses을 나타낸다.

Bus	Boundary address	Peripheral
	0xE00F FFFF - 0xFFFF FFFF	Reserved
Cortex-M4	0xE000 0000 - 0xE00F FFFF	Cortex-M4 internal peripherals
AHB3	0xD000 0000 - 0xDFFF FFFF	FMC bank 6
	0xC000 0000 - 0xCFFF FFFF	FMC bank 5
	0xA000 1000 - 0xBFFF FFFF	Reserved
	0xA000 0000- 0xA000 0FFF	FMC control register
	0x9000 0000 - 0x9FFF FFFF	FMC bank 4
	0x8000 0000 - 0x8FFF FFFF	FMC bank 3
	0x7000 0000 - 0x7FFF FFFF	FMC bank 2
	0x6000 0000 - 0x6FFF FFFF	FMC bank 1
	0x5006 0C00- 0x5FFF FFFF	Reserved
AHB2	0x5006 0800 - 0X5006 0BFF	RNG
	0x5005 0400 - X5006 07FF	Reserved
	0x5005 0000 - 0X5005 03FF	DCMI
	0x5004 0000- 0x5004 FFFF	Reserved
	0x5000 0000 - 0X5003 FFFF	USB OTG FS

STM32F429ZI 의 Register boundary addresses (continued)

Bus	Boundary address	Peripheral
	0x4008 0000- 0x4FFF FFFF	Reserved
AHB1	0x4004 0000 - 0x4007 FFFF	USB OTG HS
	0x4002 BC00- 0x4003 FFFF	Reserved
	0x4002 B000 - 0x4002 BBFF	DMA2D
	0x4002 9400 - 0x4002 AFFF	Reserved
	0x4002 9000 - 0x4002 93FF	ETHERNET MAC
	0x4002 8C00 - 0x4002 8FFF	
	0x4002 8800 - 0x4002 8BFF	
	0x4002 8400 - 0x4002 87FF	
	0x4002 8000 - 0x4002 83FF	
	0x4002 6800 - 0x4002 7FFF	Reserved
	0x4002 6400 - 0x4002 67FF	DMA2
	0x4002 6000 - 0x4002 63FF	DMA1
	0X4002 5000 - 0X4002 5FFF	Reserved
	0x4002 4000 - 0x4002 4FFF	BKPSRAM
	0x4002 3C00 - 0x4002 3FFF	Flash interface register
	0x4002 3800 - 0x4002 3BFF	RCC
	0X4002 3400 - 0X4002 37FF	Reserved
	0x4002 3000 - 0x4002 33FF	CRC
	0x4002 2C00 - 0x4002 2FFF	Reserved
	0x4002 2800 - 0x4002 2BFF	GPIOK
	0x4002 2400 - 0x4002 27FF	GPIOJ
	0x4002 2000 - 0x4002 23FF	GPIOI
	0x4002 1C00 - 0x4002 1FFF	GPIOH
	0x4002 1800 - 0x4002 1BFF	GPIOG
	0x4002 1400 - 0x4002 17FF	GPIOF
	0x4002 1000 - 0x4002 13FF	GPIOE
	0X4002 0C00 - 0x4002 0FFF	GPIOD
	0x4002 0800 - 0x4002 0BFF	GPIOC
	0x4002 0400 - 0x4002 07FF	GPIOB
	0x4002 0000 - 0x4002 03FF	GPIOA

STM32F429ZI 의 Register boundary addresses (continued)

Bus	Boundary address	Peripheral
	0x4001 6C00- 0x4001 FFFF	Reserved
APB2	0x4001 6800 - 0x4001 6BFF	LCD-TFT
	0x4001 5C00 - 0x4001 67FF	Reserved
	0x4001 5800 - 0x4001 5BFF	SAI1
	0x4001 5400 - 0x4001 57FF	SPI6
	0x4001 5000 - 0x4001 53FF	SPI5
	0x4001 5400 - 0x4001 57FF	SPI6
	0x4001 5000 - 0x4001 53FF	SPI5
	0x4001 4C00 - 0x4001 4FFF	Reserved
	0x4001 4800 - 0x4001 4BFF	TIM11
	0x4001 4400 - 0x4001 47FF	TIM10
	0x4001 4000 - 0x4001 43FF	TIM9
	0x4001 3C00 - 0x4001 3FFF	EXTI
	0x4001 3800 - 0x4001 3BFF	SYSCFG
	0x4001 3400 - 0x4001 37FF	SPI4
	0x4001 3000 - 0x4001 33FF	SPI1
	0x4001 2C00 - 0x4001 2FFF	SDIO
	0x4001 2400 - 0x4001 2BFF	Reserved
	0x4001 2000 - 0x4001 23FF	ADC1 - ADC2 - ADC3
	0x4001 1800 - 0x4001 1FFF	Reserved
	0x4001 1400 - 0x4001 17FF	USART6
	0x4001 1000 - 0x4001 13FF	USART1
	0x4001 0800 - 0x4001 0FFF	Reserved
	0x4001 0400 - 0x4001 07FF	TIM8
	0x4001 0000 - 0x4001 03FF	TIM1

STM32F429ZI 의 Register boundary addresses (continued)

Bus	Boundary address	Peripheral
	0x4000 8000- 0x4000 FFFF	Reserved
APB1	0x4000 7C00 - 0x4000 7FFF	UART8
	0x4000 7800 - 0x4000 7BFF	UART7
	0x4000 7400 - 0x4000 77FF	DAC
	0x4000 7000 - 0x4000 73FF	PWR
	0x4000 6C00 - 0x4000 6FFF	Reserved
	0x4000 6800 - 0x4000 6BFF	CAN2
	0x4000 6400 - 0x4000 67FF	CAN1
	0x4000 6000 - 0x4000 63FF	Reserved
	0x4000 5C00 - 0x4000 5FFF	I2C3
	0x4000 5800 - 0x4000 5BFF	I2C2
	0x4000 5400 - 0x4000 57FF	I2C1
	0x4000 5000 - 0x4000 53FF	UART5
	0x4000 4C00 - 0x4000 4FFF	UART4
	0x4000 4800 - 0x4000 4BFF	USART3
	0x4000 4400 - 0x4000 47FF	USART2
	0x4000 4000 - 0x4000 43FF	I2S3ext
	0x4000 3C00 - 0x4000 3FFF	SPI3 / I2S3
	0x4000 3800 - 0x4000 3BFF	SPI2 / I2S2
	0x4000 3400 - 0x4000 37FF	I2S2ext
	0x4000 3000 - 0x4000 33FF	IWDG
	0x4000 2C00 - 0x4000 2FFF	WWDG
	0x4000 2800 - 0x4000 2BFF	RTC & BKP Registers
	0x4000 2400 - 0x4000 27FF	Reserved
	0x4000 2000 - 0x4000 23FF	TIM14
	0x4000 1C00 - 0x4000 1FFF	TIM13
	0x4000 1800 - 0x4000 1BFF	TIM12
	0x4000 1400 - 0x4000 17FF	TIM7
	0x4000 1000 - 0x4000 13FF	TIM6
	0x4000 0C00 - 0x4000 0FFF	TIM5
	0x4000 0800 - 0x4000 0BFF	TIM4
	0x4000 0400 - 0x4000 07FF	TIM3
	0x4000 0000 - 0x4000 03FF	TIM2

4.4 GPIO 레지스터(registers)

GPIO 레지스터에 대해서는 대략적인 레지스터 사용 방법만 알고 넘어가자. IDEcubemax에서 설정 방법에 대해 더 쉽게 알 수 있다. GPIO 레지스터에는 1byte(8bits), half words(16bits) or words(32bits)로 접근이 가능하다.

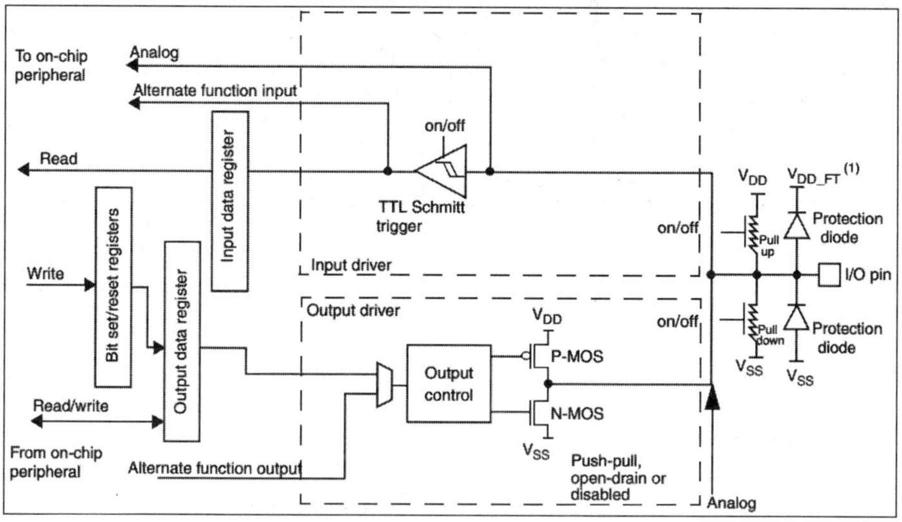

(※ ref p268)

Push pull회로 동작에 대해 간단히 설명하면 Internal signal 입력을 High를 인가해 주면 P chanel MOSFET는 동작하지 않고 N chanel MOSFET만 동작하여 Output port에는 Ground 쪽으로 연결되어 Low 출력이 된다. Internal signal에 어떤값을 입력해 주는냐에 따라 Output port는 디지 털신호로 1 또는 0을 만들어 줄 수 있다.

트랜지스터는 베이스 전류(Ib)를 흘려 컬렉터 전류(Ic)를 제어하고 FET는 게이트 전압(VGS)을 가지고 드레인 전류(Id)를 제어한다.

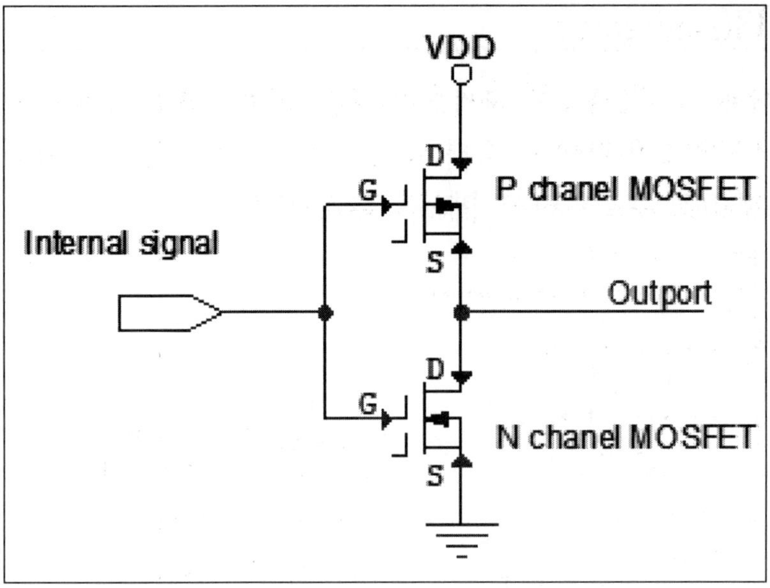

4.4.1 GPIOx_ODR

GPIO port output data register (GPIOx_ODR) Address offset: 0x14
Output=1 for high, Output=0 for low

GPIO port output data register (GPIOx_ODR) (x = A..I/J/K)

Address offset: 0x14

Reset value: 0x0000 0000

31	30	29	28	27	26	25	24	23	22	21	20	19	18	17	16
Reserved															
15	14	13	12	11	10	9	8	7	6	5	4	3	2	1	0
ODR15	ODR14	ODR13	ODR12	ODR11	ODR10	ODR9	ODR8	ODR7	ODR6	ODR5	ODR4	ODR3	ODR2	ODR1	ODR0
rw	rw	rw	rw	rw	rw	rw	rw	rw	rw	rw	rw	rw	rw	rw	rw

Bits 31:16 Reserved, must be kept at reset value.

Bits 15:0 **ODRy**: Port output data (y = 0..15)

These bits can be read and written by software.

Note: For atomic bit set/reset, the ODR bits can be individually set and reset by writing to the GPIOx_BSRR register (x = A..I/J/K).

(※ ref P283/1745)

4.4.2 GPIOx_IDR

GPIO port input data register (GPIOx_IDR) (x = A..I/J/K) Address offset: 0x10

Output=1 for high, Output=0 for low

GPIO port input data register (GPIOx_IDR) (x = A..I/J/K)

Address offset: 0x10

Reset value: 0x0000 XXXX (where X means undefined)

31	30	29	28	27	26	25	24	23	22	21	20	19	18	17	16
Reserved															
15	14	13	12	11	10	9	8	7	6	5	4	3	2	1	0
IDR15	IDR14	IDR13	IDR12	IDR11	IDR10	IDR9	IDR8	IDR7	IDR6	IDR5	IDR4	IDR3	IDR2	IDR1	IDR0
r	r	r	r	r	r	r	r	r	r	r	r	r	r	r	r

Bits 31:16 Reserved, must be kept at reset value.

Bits 15:0 **IDRy**: Port input data (y = 0..15)
These bits are read-only and can be accessed in word mode only. They contain the input value of the corresponding I/O port.

(※ ref P283/1747)

4.4.3 GPIOx_MODER

GPIO port input data register (GPIOx_MODER) (x = A..I/J/K) Address offset: 0x00

Output=1 for high, Output=0 for low

GPIO port mode register (GPIOx_MODER) (x = A..I/J/K)

Address offset: 0x00

Reset values:

- 0xA800 0000 for port A
- 0x0000 0280 for port B
- 0x0000 0000 for other ports

31	30	29	28	27	26	25	24	23	22	21	20	19	18	17	16
MODER15[1:0]		MODER14[1:0]		MODER13[1:0]		MODER12[1:0]		MODER11[1:0]		MODER10[1:0]		MODER9[1:0]		MODER8[1:0]	
rw	rw	rw	rw	rw	rw	rw	rw	rw	rw	rw	rw	rw	rw	rw	rw
15	14	13	12	11	10	9	8	7	6	5	4	3	2	1	0
MODER7[1:0]		MODER6[1:0]		MODER5[1:0]		MODER4[1:0]		MODER3[1:0]		MODER2[1:0]		MODER1[1:0]		MODER0[1:0]	
rw	rw	rw	rw	rw	rw	rw	rw	rw	rw	rw	rw	rw	rw	rw	rw

Bits 2y:2y+1 **MODERy[1:0]**: Port x configuration bits (y = 0..15)
These bits are written by software to configure the I/O direction mode.
00: Input (reset state)
01: General purpose output mode
10: Alternate function mode
11: Analog mode

(※ ref P281/1747)

※ `(GPIOB_MODER) |= (1 << 0);   // MODER0[1:0]를 01로 setting`

4.4.4 GPIOx_BSRR

GPIO port bit set/reset register (GPIOx_BSRR) (x = A..I/J/K)

Address offset: 0x18, Reset value: 0x0000 0000

31	30	29	28	27	26	25	24	23	22	21	20	19	18	17	16
BR15	BR14	BR13	BR12	BR11	BR10	BR9	BR8	BR7	BR6	BR5	BR4	BR3	BR2	BR1	BR0
w	w	w	w	w	w	w	w	w	w	w	w	w	w	w	w
15	**14**	**13**	**12**	**11**	**10**	**9**	**8**	**7**	**6**	**5**	**4**	**3**	**2**	**1**	**0**
BS15	BS14	BS13	BS12	BS11	BS10	BS9	BS8	BS7	BS6	BS5	BS4	BS3	BS2	BS1	BS0
w	w	w	w	w	w	w	w	w	w	w	w	w	w	w	w

Bits 31:16 **BRy:** Port x reset bit y (y = 0..15)

These bits are write-only and can be accessed in word, half-word or byte mode. A read to these bits returns the value 0x0000.

0: No action on the corresponding ODRx bit

1: Resets the corresponding ODRx bit

Note: If both BSx and BRx are set, BSx has priority.

Bits 15:0 **BSy:** Port x set bit y (y= 0..15)

These bits are write-only and can be accessed in word, half-word or byte mode. A read to these bits returns the value 0x0000.

0: No action on the corresponding ODRx bit

1: Sets the corresponding ODRx bit

4.4.5 RCC_AHB1ENR

RCC AHB1 peripheral clock register (RCC_AHB1ENR)

Address offset: 0x30 Reset value: 0x0010 0000 (예 GPIOBEN = bit1)

31	30	29	28	27	26	25	24	23	22	21	20	19	18	17	16
Reser-ved	OTGHSULPIEN	OTGHSEN	ETHMACPTPEN	ETHMACRXEN	ETHMACTXEN	ETHMACEN	Res.	DMA2DEN	DMA2EN	DMA1EN	CCMDATARAMEN	Res.	BKPSRAMEN	Reserved	
	rw	rw	rw	rw	rw	rw		rw	rw	rw			rw		
15	**14**	**13**	**12**	**11**	**10**	**9**	**8**	**7**	**6**	**5**	**4**	**3**	**2**	**1**	**0**
Reserved			CRCEN	Res.	GPIOKEN	GPIOJEN	GPIOIEN	GPIOHEN	GPIOGEN	GPIOFEN	GPIOEEN	GPIODEN	GPIOCEN	GPIOBEN	GPIOAEN
			rw		rw	rw	rw	rw	rw	rw	rw	rw	rw	rw	rw

(※ ref P281/1747)

Bit 1 **GPIOBEN**: IO port B clock enable, 이 비트는 s/w에 의해 설정되고 지워진다.

0: IO port B clock disabled

1: IO port B clock enabled

Bit 0 **GPIOAEN**: IO port B clock enable, 이 비트는 s/w에 의해 설정되고 지워진다.

0: IO port A clock disabled

1: IO port A clock enabled

※ GPIOAEN = 0b0000000000000001이면 *(RCC_AHB1ENR) |= (1 << 2)

연산 후 결과 → GPIOBEN = 0b0000000000000100

4.4.6 RCC APB1 peripheral clock enable register (RCC_APB1ENR)

Address offset: 0x40, Reset value: 0x0000 0000

31	30	29	28	27	26	25	24	23	22	21	20	19	18	17	16
UART8 EN	UART7 EN	DAC EN	PWR EN	Reserved	CAN2 EN	CAN1 EN	Reserved	I2C3 EN	I2C2 EN	I2C1 EN	UART5 EN	UART4 EN	USART 3 EN	USART 2 EN	Reserved
rw	rw	rw	rw		rw	rw		rw	rw	rw	rw	rw	rw	rw	
15	**14**	**13**	**12**	**11**	**10**	**9**	**8**	**7**	**6**	**5**	**4**	**3**	**2**	**1**	**0**
SPI3 EN	SPI2 EN	Reserved		WWDG EN	Reserved		TIM14 EN	TIM13 EN	TIM12 EN	TIM7 EN	TIM6 EN	TIM5 EN	TIM4 EN	TIM3 EN	TIM2 EN
rw	rw			rw			rw	rw	rw	rw	rw	rw	rw	rw	rw

(※ ref P183/1747)

Bit 1 TIM3EN: TIM3 clock enable 이 비트는 s/w에 의해 설정되고 지워진다.

0: TIM3 clock disabled

1: TIM3 clock enabled

Bit 0 TIM2EN: TIM2 clock enable 이 비트는 s/w에 의해 설정되고 지워진다.

0: TIM2 clock disabled

1: TIM2 clock enabled

4.4.7 GPIO port output type register (GPIOx_OTYPER)

GPIO port output type register (GPIOx_OTYPER)
(x = A..I/J/K)

Address offset: 0x04

Reset value: 0x0000 0000

31	30	29	28	27	26	25	24	23	22	21	20	19	18	17	16
Reserved															
15	14	13	12	11	10	9	8	7	6	5	4	3	2	1	0
OT15	OT14	OT13	OT12	OT11	OT10	OT9	OT8	OT7	OT6	OT5	OT4	OT3	OT2	OT1	OT0
rw	rw	rw	rw	rw	rw	rw	rw	rw	rw	rw	rw	rw	rw	rw	rw

Bits 31:16 Reserved, must be kept at reset value.

Bits 15:0 **OTy**: Port x configuration bits (y = 0..15)

These bits are written by software to configure the output type of the I/O port.

0: Output push-pull (reset state)

1: Output open-drain

4.4.8 GPIO port pull-up/pull-down register (GPIOx_PUPDR)

GPIO port pull-up/pull-down register (GPIOx_PUPDR)
(x = A..I/J/K)

Address offset: 0x0C

Reset values:

- 0x6400 0000 for port A
- 0x0000 0100 for port B
- 0x0000 0000 for other ports

31	30	29	28	27	26	25	24	23	22	21	20	19	18	17	16
PUPDR15[1:0]		PUPDR14[1:0]		PUPDR13[1:0]		PUPDR12[1:0]		PUPDR11[1:0]		PUPDR10[1:0]		PUPDR9[1:0]		PUPDR8[1:0]	
rw	rw	rw	rw	rw	rw	rw	rw	rw	rw	rw	rw	rw	rw	rw	rw
15	14	13	12	11	10	9	8	7	6	5	4	3	2	1	0
PUPDR7[1:0]		PUPDR6[1:0]		PUPDR5[1:0]		PUPDR4[1:0]		PUPDR3[1:0]		PUPDR2[1:0]		PUPDR1[1:0]		PUPDR0[1:0]	
rw	rw	rw	rw	rw	rw	rw	rw	rw	rw	rw	rw	rw	rw	rw	rw

5장

keil compiler 실습예제 사용방법

5장 keil compiler 실습예제 사용방법

Keil_v5의 실습 예제소스 파일을 이용하여 keil compiler 사용방법에 대해 실습하고자 한다.

먼저 제공되고 있는 예제소스폴더를 D:\ARM_F4_example\Examples_Nucleo F429 복사하여 저장한다.(PC의 다른 디렉토리에 저장하여도 상관없다.)

예제소스파일은 아래 주소창을 검색하고 다운받아 디렉토리에 저장한다.

- 예제소스 https://naver.me/I5ySeNON
- 예제소스 다운방법 http://www.bjschool.or.kr/-커뮤니티-교육용자료-ARM

먼저 Keil 프로그램 내에 주석문 사용 시 한글깨짐 증상이 발생하는데, 다음과 같이 설정하면 깨짐 증상없이 한글을 사용할 수 있다.

Edit-Configuration을 클릭하고 Korean EUC-KR을 선택한다.

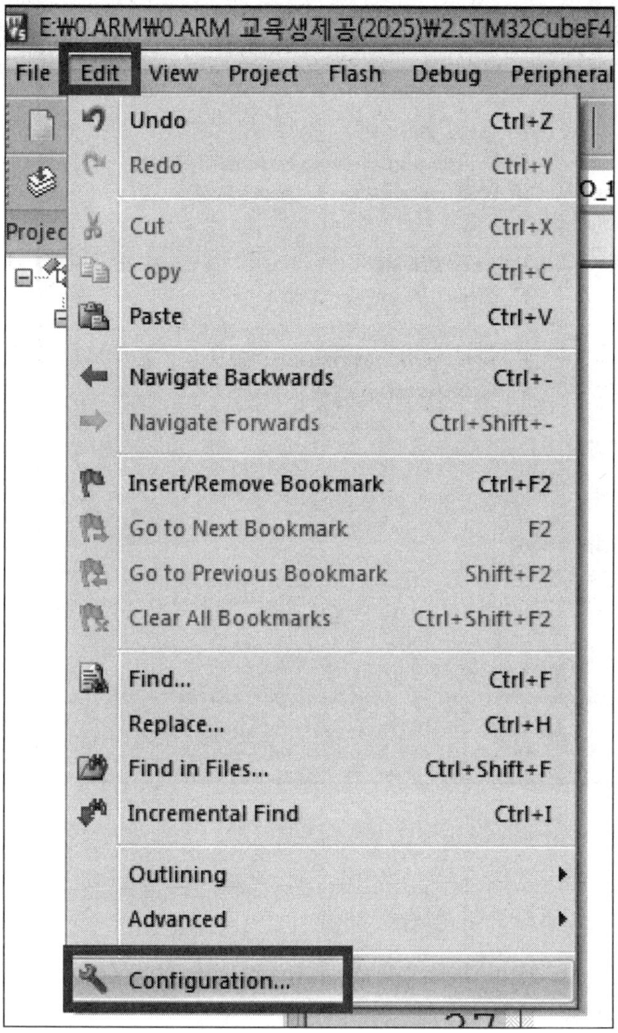

다음과 같은 속성창이 나타난다. Korean EUC-KR을 설정하면 글씨체가 바뀐다.
Korean EUC-KR을 선택하였으면 이제 주석문을 작성하여도 한글 깨짐현상은 나타나지 않는다.

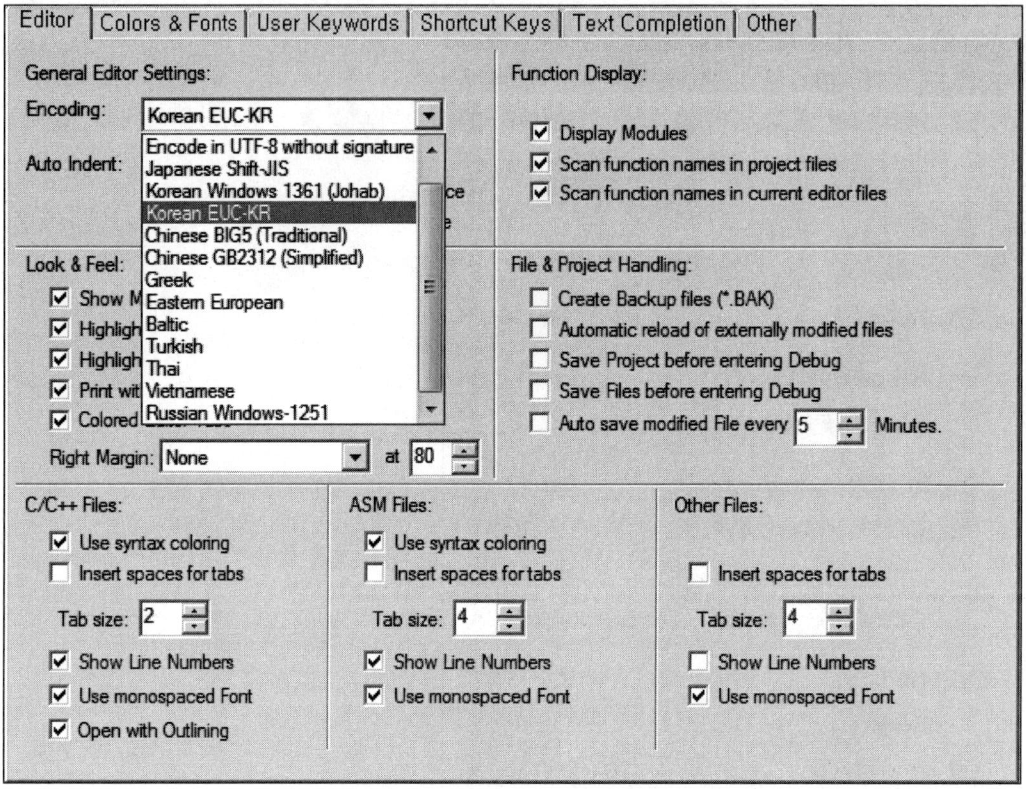

실습예제를 따라서 천천히 해보자.

빠르게 가는 것 보다 예제소스의 의미를 생각하며 실습하자.

먼저 예제 소스폴더를 D:\ARM_F4_example\Examples_Nucleo F429 복사하여 저장 후 예제 소스파일을 하나씩 실행해 보자.

5.1 GPIO 실습예제

[예제_GPIO 5.1] led 제어 실습

실습보드에 있는 led LD1, LD2, LD3 그리고 PD0~PD7을 동시에 모두 on/off 되게 프로그램을 작성하고 실행해 보자. 먼저 예제소스의 경로 위치를 확인하자.
(개인 pc마다 다르게 저장되어 있을 수 있다.)

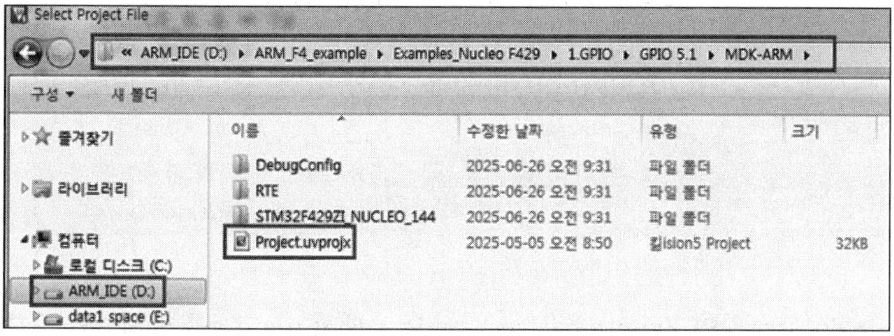

① keil μVision5 파일  을 실행한다.
② Project-Open Project 파일을 클릭한다.

③ Open Project 파일을 클릭한 후 컴퓨터 내에 저장한 예제소스 파일을 검색한다.

» D:\ARM_F4_example\Examples_Nucleo F429\1.GPIO\GPIO 5.1\MDK-ARM 파일을 선택하고 **Project.uvprojx 파일을 더블클릭해서 실행한다.**

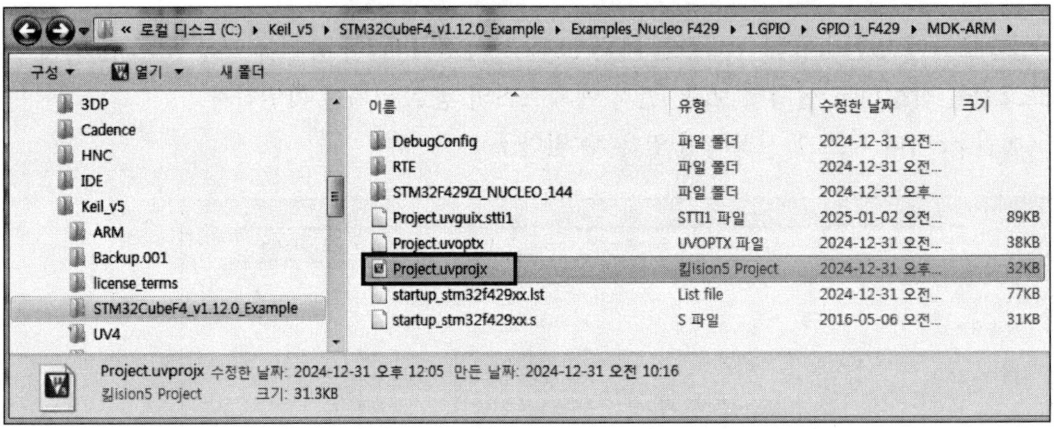

④ 왼쪽 Manager Project 창에 Example/User\ main.c 에서 main.c를 클릭하면 오른쪽 창에 예제 소스 프로그램이 표시된다.

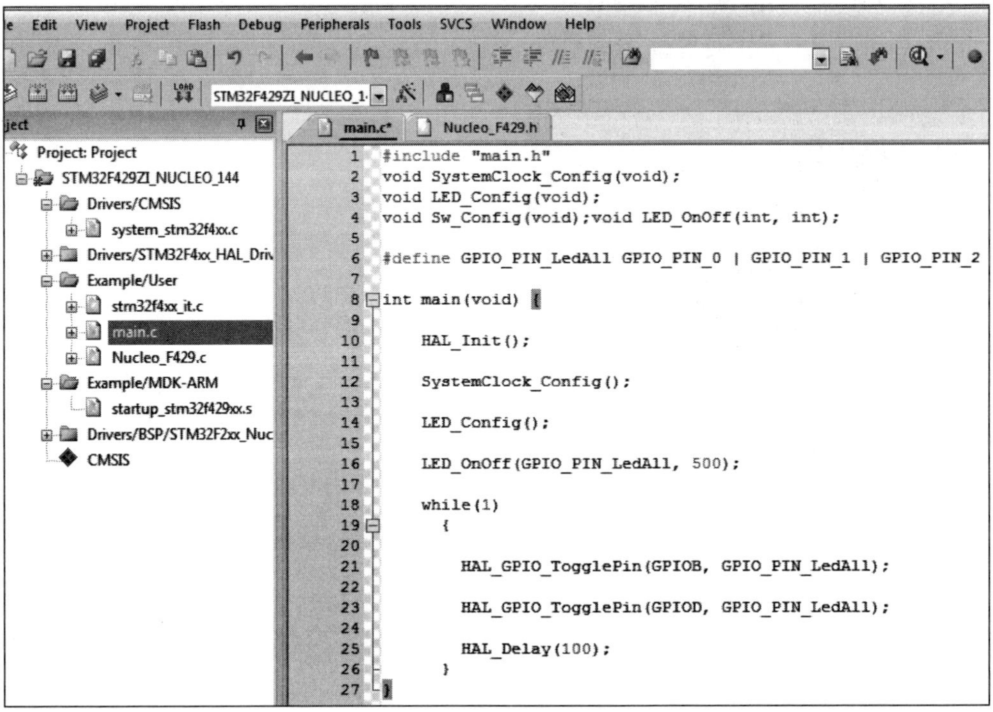

⑤ Project.uvprojx 파일이 보이지 않을 경우 오른쪽 아래에 파일이름 확장자명이 Project Files (*uvprojx, *uvproj)로 선택되어 있어야 Project.uvprojx 이 표시된다. Project.uvprojx 를 클릭한다.

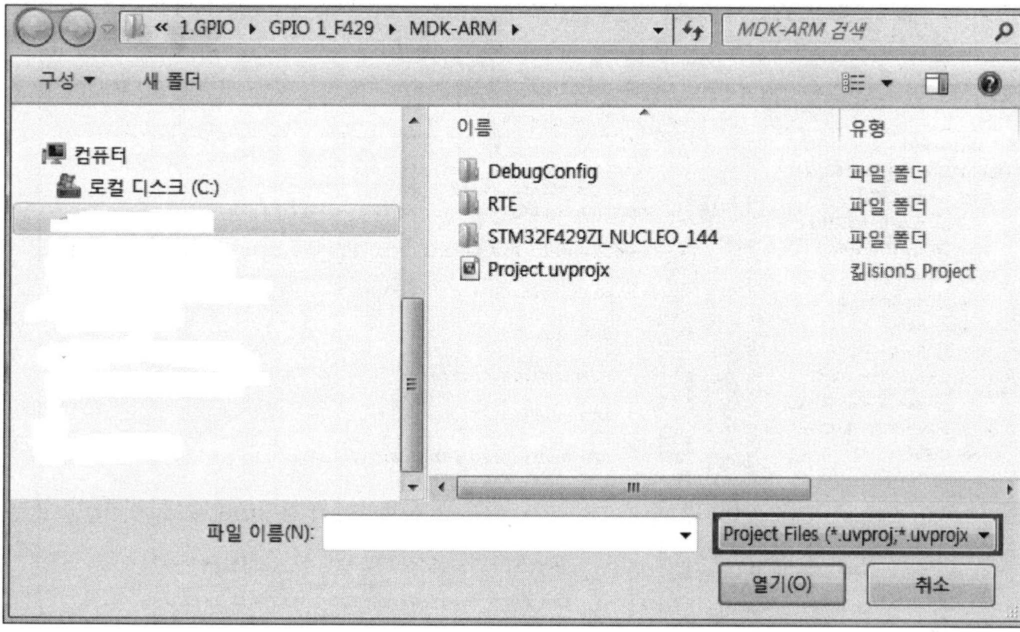

⑥ Keil μVision에서 Build[ ]-load[ ] 아이콘을 클릭하면 프로그램이 컴파일되고 실행된다.

» (또는 proect - build Target 를 선택해도 된다.)

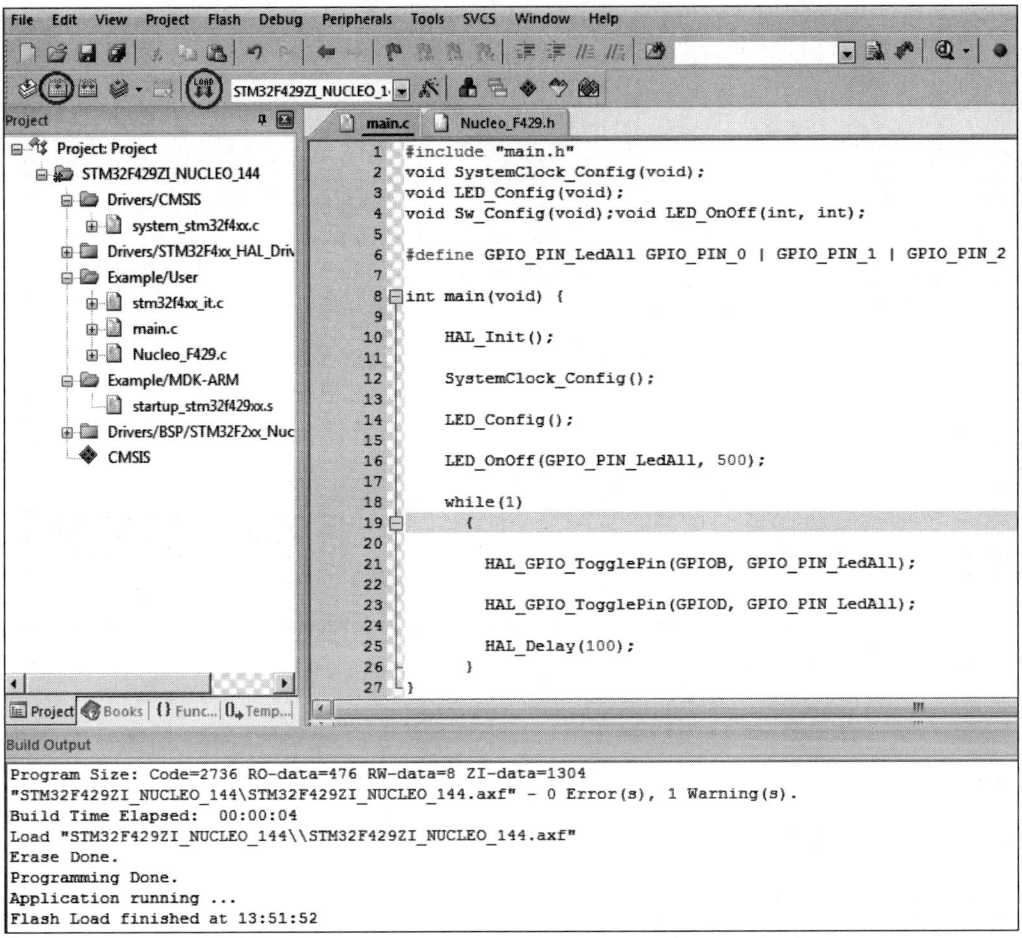

Keil μVision의 compiling, 링크(linking)과정이 에러가 없이 수행 되었다면 정상적으로 컴파일이 완성 되었고 다운로드 파일이 만들어진 것이다.

⑦ 다운로드가 완료되면 아래쪽 Build Output 창에 다음과 같이 표시되면 정상이다.

» (“Programming Done” “Verity OK” “Application running”)

```
Build Output
compiling main.c...
compiling Nucleo_F429.c...
assembling startup_stm32f429xx.s...
compiling stm32f4xx_nucleo_144.c...
linking...
Program Size: Code=2728 RO-data=476 RW-data=8 ZI-data=1304
"STM32F429ZI_NUCLEO_144\STM32F429ZI_NUCLEO_144.axf" - 0 Error(s), 0 Warning(s)
Build Time Elapsed:  00:07:44
Load "STM32F429ZI_NUCLEO_144\\STM32F429ZI_NUCLEO_144.axf"
Erase Done.
Programming Done.
Verify OK.
Application running ...
Flash Load finished at 12:10:53
Load "STM32F429ZI_NUCLEO_144\\STM32F429ZI_NUCLEO_144.axf"
Erase Done.
Programming Done.
Verify OK.
Application running ...
Flash Load finished at 12:12:09
```

⑧ 실행결과 led LD1, LD2, LD3 그리고 led1 ~ led8 모두 동시에 on/off 되면 정상적으로 프로그램이 실행되고 있는 것이다.

[예제_GPIO 5.1 소스]

```
#include "main.h"
void SystemClock_Config(void);
void LED_Config(void);
void Sw_Config(void);void LED_OnOff(int, int);
#define GPIO_PIN_LedAll GPIO_PIN_0 | GPIO_PIN_1 | GPIO_PIN_2
| GPIO_PIN_3 | GPIO_PIN_4 |  GPIO_PIN_5 | GPIO_PIN_6 | GPIO_
PIN_7
int main(void) {
	HAL_Init();
	SystemClock_Config();
```

```
LED_Config();
LED_OnOff(GPIO_PIN_LedAll, 500);
while(1) {
        HAL_GPIO_TogglePin(GPIOB, GPIO_PIN_LedAll);
        HAL_GPIO_TogglePin(GPIOD, GPIO_PIN_LedAll);
        HAL_Delay(100);
}}
```

하지만 Nucleo_F114 보드에 있는 led_LD3는 아무런 반응이 없다.

⑨ led_LD3도 동시에 on/off 되게 프로그램을 수정해 보자.

- #define 문장에서 GPIO_PIN_14 추가로 넣어준다.
- #define GPIO_PIN_LedAll GPIO_PIN_0 | GPIO_PIN_1 | GPIO_PIN_2 | GPIO_PIN_3 | GPIO_PIN_4 | GPIO_PIN_5 | GPIO_PIN_6 | GPIO_PIN_7 | GPIO_PIN_14

```
main.c
#include "main.h"
void SystemClock_Config(void);
void LED_Config(void);
void Sw_Config(void);void LED_OnOff(int, int);

#define GPIO_PIN_LedAll GPIO_PIN_0 | GPIO_PIN_1 | GPIO_PIN_2 | GPIO_PIN_3 | GPIO_PIN_4 | GPIO_PIN_5 | GPIO_PIN_6 | GPIO_PIN_7 | GPIO_PIN_14

int main(void) {

    HAL_Init();

    SystemClock_Config();

    LED_Config();

    LED_OnOff(GPIO_PIN_LedAll, 500);

    while(1)
      {

        HAL_GPIO_TogglePin(GPIOB, GPIO_PIN_LedAll);

        HAL_GPIO_TogglePin(GPIOD, GPIO_PIN_LedAll);

        HAL_Delay(100);
      }
}
```

추가로 수정된 문장을 정리하면

- #define GPIO_PIN_LedAll   GPIO_PIN_0 | GPIO_PIN_1 | GPIO_PIN_2 | GPIO_PIN_3 | GPIO_PIN_4 | GPIO_PIN_5 | GPIO_PIN_6 | GPIO_PIN_7 **| GPIO_PIN_14**
- main.c 에서 함수 LED_Config(); 라인을 한번 클릭하고 오른쪽 마우스를 누르

면 다음과 같은 창이 활성화 되는데 Go To Definition Of 'LED_Config 클릭 한다.

» void LED_Config(void) 함수 내에 **GPIO_PIN_14를 넣어준다.**

» GPIO_Init_Struct.Pin = GPIO_PIN_0 | GPIO_PIN_7 | **GPIO_PIN_14;**

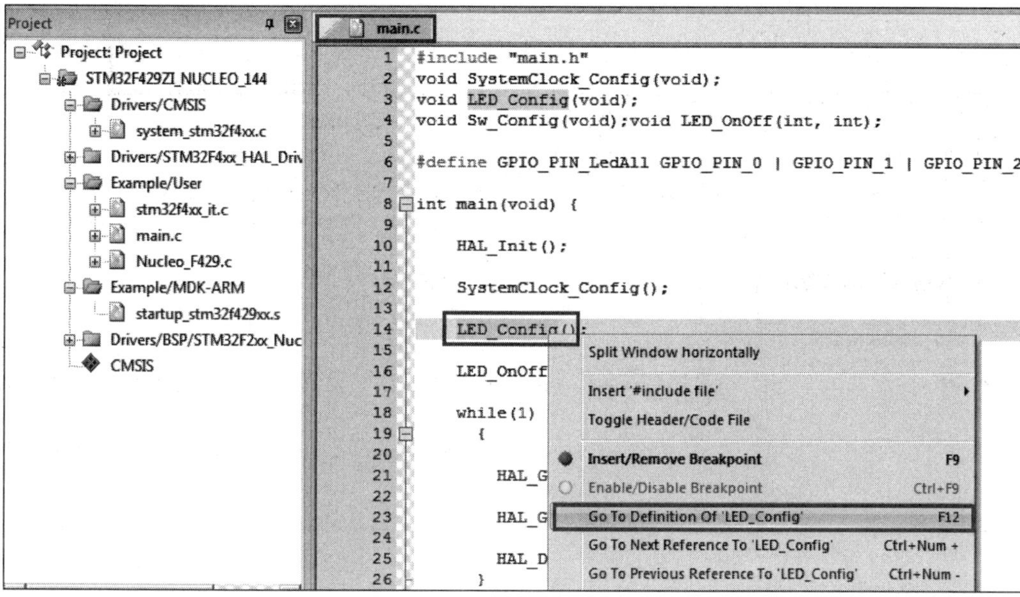

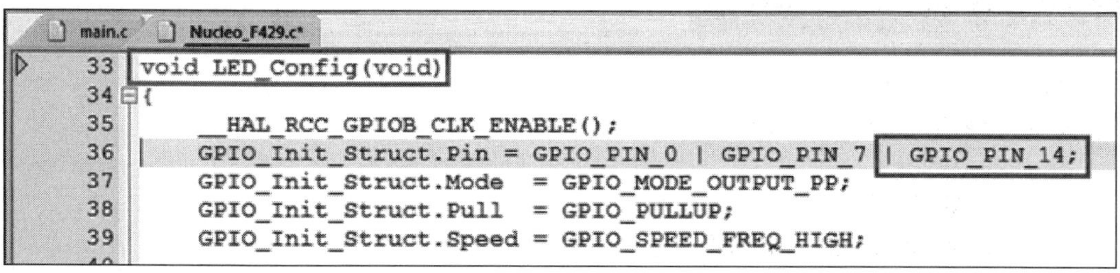

⑩ bulid( )-load( )를 클릭해서 실행해 보자.

실습보드에 있는 led LD1, LD2, LD3 그리고 PD0~PD7을 동시에 모두 on/off 된다.

[예제_GPIO 5.2] led 제어 실습

프로그램을 수정하여 ODR 레지스터를 이용하여 LD1, LD2, LD3 그리고 PD0~PD7을 동시에 모두 on/off 하는 프로그램을 작성하여 실행해 보자.

[예제_GPIO 5.1]의 main.c 에 있는 프로그램을 다음과 같이 수정하고 실행해 보자.

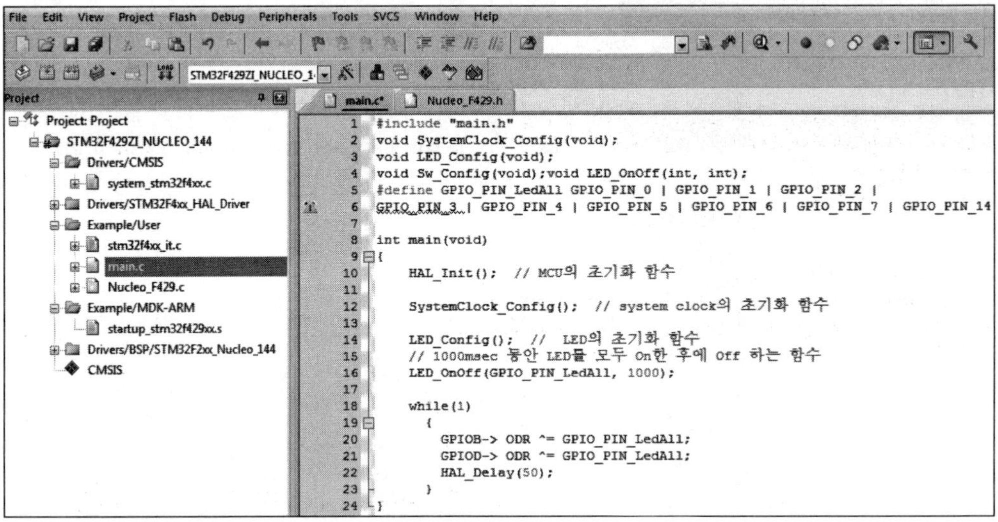

[예제_GPIO 5.2 소스]

```
#include “main.h”
#include “Nucleo_F429.h”
int main(void) {
        HAL_Init();
        SystemClock_Config();
        LED_Config();
        LED_OnOff(GPIO_PIN_LedAll, 500);
        while (1) {
                GPIOB-> ODR ^= GPIO_PIN_LedAll;
                GPIOD-> ODR ^= GPIO_PIN_LedAll;
                HAL_Delay(200);
                }}
```

[예제_GPIO 5.3] led 제어 실습

실습보드에 있는 led LD1, LD2, LD3을 왼쪽 → 오른쪽으로 그리고 오른쪽 → 왼쪽으로 순차적으로 shift 되게 프로그램을 작성하고 실행해 보자.

① keil μVision5 파일을 실행한다.
② Project-Open Project 파일을 클릭한다.

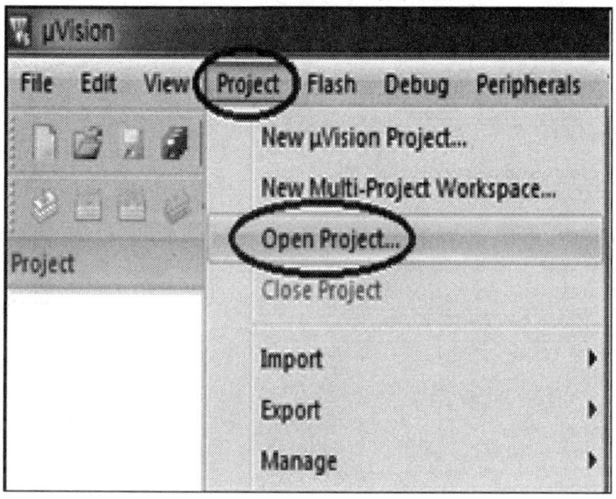

③ 예제 소스파일 지정경로를 선택하고 Project.uvprojx을 더블 클릭한다.

» D:\ARM_F4_example\Examples_Nucleo F429\1.GPIO\GPIO 5.3\MDK-ARM 클릭한다. (사용자마다 예제 소스파일 저장 경로는 다를 수 있다.)

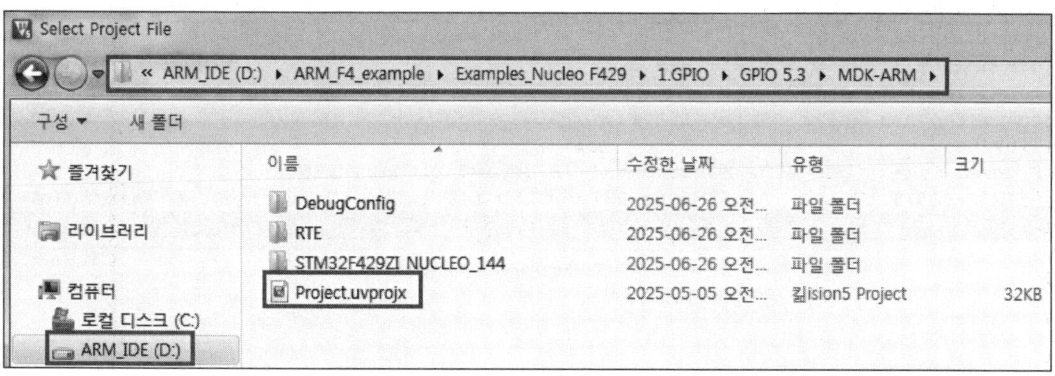

④ 실행한 main.c 프로그램이 화면에 나타나지 않을 경우 왼쪽 Manager Project 창에 main.c를 클릭하면 오른쪽 창에 프로그램이 표시된다.

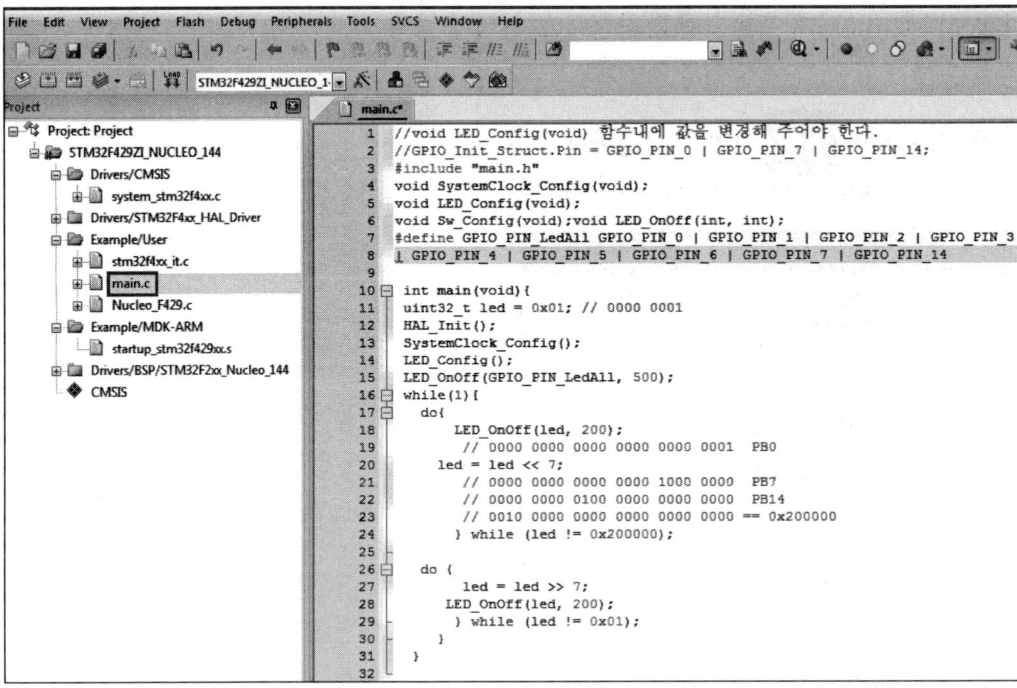

⑤ Keil μVision의 [Build] 아이콘을 클릭하면 다음과 같이 프로그램이 실행되었고 .axf 파일이 생성되었다. **(또는 proect-build Target 를 선택해도 된다.)** 성공적이다.

```
Build Output
compiling main.c...
assembling startup_stm32f429xx.s...
compiling Nucleo_F429.c...
compiling stm32f4xx_nucleo_144.c...
linking...
Program Size: Code=2732 RO-data=476 RW-data=8 ZI-data=1304
"STM32F429ZI_NUCLEO_144\STM32F429ZI_NUCLEO_144.axf" - 0 Error(s), 0 Warning(s).
Build Time Elapsed:  00:01:21
```

⑥ Build( ) 파일을 실행하고 load( )를 클릭해서 실행해 보자.

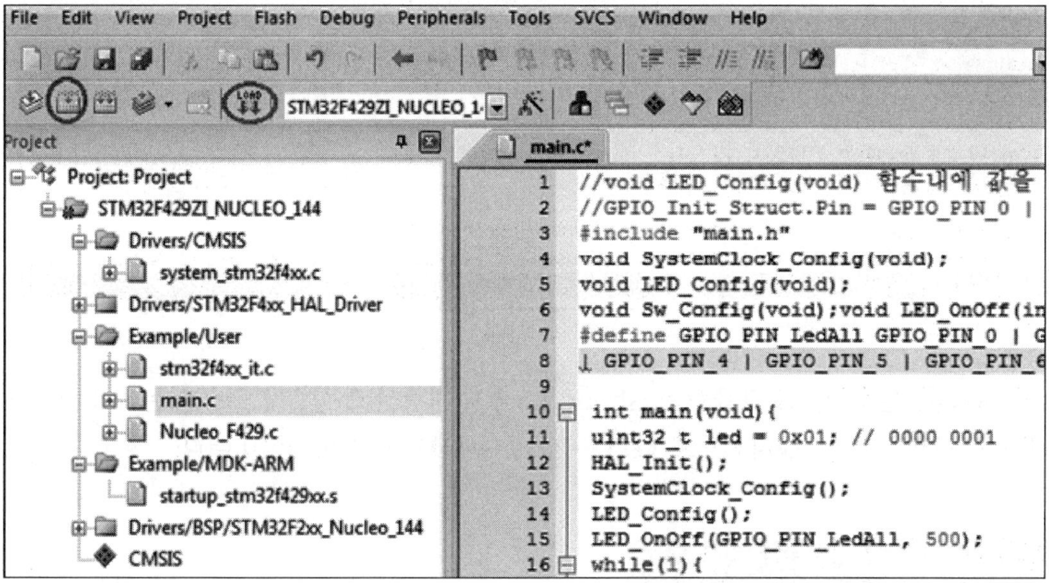

⑦ 다운로드가 완료되면 아래쪽 Build Output 창에 다음과 같이 표시되면 정상이다.

» (“Programming Done” “Verity OK” “Application running”)

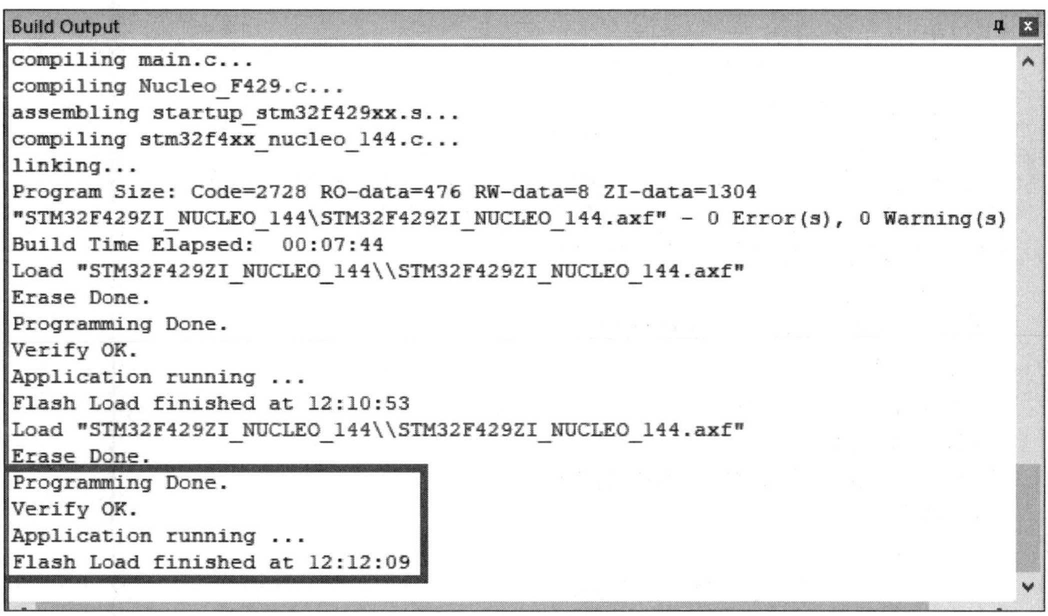

⑧ 다운로드한 프로그램을 load 하고 나면 compile이 되고 모니터 화면 아래쪽에 다음과 같이 나타난다.

```
Build Output
compiling main.c...
assembling startup_stm32f429xx.s...
compiling Nucleo_F429.c...
compiling stm32f4xx_nucleo_144.c...
linking...
Program Size: Code=2732 RO-data=476 RW-data=8 ZI-data=1304
"STM32F429ZI_NUCLEO_144\STM32F429ZI_NUCLEO_144.axf" - 0 Error(s), 0 Warning(s).
Build Time Elapsed:  00:01:21
```

[실행결과] 실행한 프로그램이 flash memory에 저장되고 실습보드에 있는 led LD1→ LD2 → LD3 그리고 순차적으로 LD3 → LD2 → LD1 좌, 우로 shift 된다.

[예제_GPIO 5.3 소스]

```
/*void LED_Config(void) 함수내에 값을 변경해 주어야 한다.
 GPIO_Init_Struct.Pin = GPIO_PIN_0 | GPIO_PIN_7 | GPIO_PIN_14;
*/

 #include “main.h”
 void SystemClock_Config(void);
 void LED_Config(void);
 void Sw_Config(void);void LED_OnOff(int, int);
 #define GPIO_PIN_LedAll GPIO_PIN_0|GPIO_PIN_1|GPIO_
PIN_2|GPIO_PIN_3|          GPIO_PIN_4|GPIO_PIN_5 | GPIO_
PIN_6 | GPIO_PIN_7 | GPIO_PIN_14
 int main(void){
 uint32_t led = 0x01; // 0000 0001
 HAL_Init();
 SystemClock_Config();
 LED_Config();
 LED_OnOff(GPIO_PIN_LedAll, 500);
 while(1){
        do{
                LED_OnOff(led, 200);
                // 0000 0000 0000 0000 0000 0001  PB0
                led = led << 7;
```

```
            // 0000 0000 0000 0000 1000 0000  PB7
            // 0000 0000 0100 0000 0000 0000  PB14
            // 0010 0000 0000 0000 0000 0000 == 0x200000
    } while (led != 0x200000);

    do {
            led = led >> 7;
            LED_OnOff(led, 200);
    } while (led != 0x01);
    }}
```

[예제_GPIO 5.4] led 제어 실습

실습보드에 있는 led PD0~PD7를 왼쪽에서 오른쪽으로 그리고 오른쪽에서 왼쪽으로 순차적으로 shift 되게 프로그램을 작성하고 실행해 보자.

① keil µVision5 파일을 실행한다.
② Project-Open Project 파일을 클릭한다.

③ 예제 소스파일 지정경로를 검색하고 Project.uvprojx을 더블 클릭한다.

» D:\ARM_F4_example\Examples_Nucleo F429\1.GPIO\GPIO 5.4\MDK-ARM 클릭한다. (사용자마다 예제 소스파일 저장 경로는 다를 수 있다.)

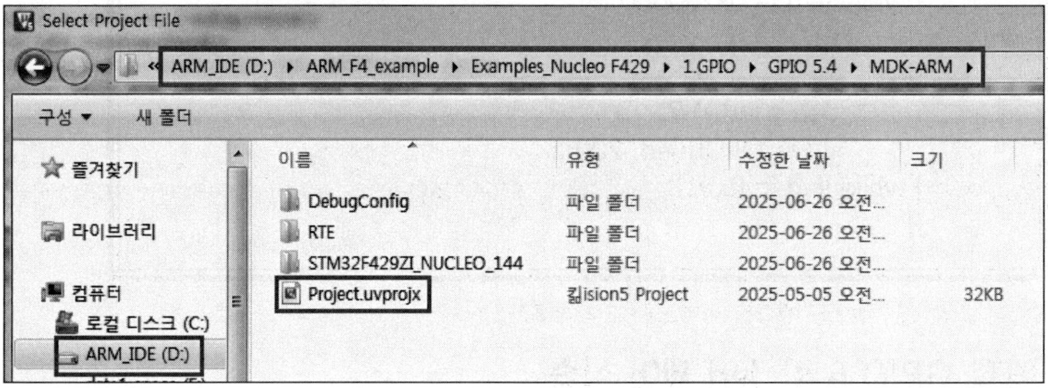

④ 실행한 main.c 프로그램이 화면에 나타나지 않을 경우 왼쪽 Manager Project 창에 main.c 를 클릭하면 오른쪽 창에 프로그램이 표시된다.

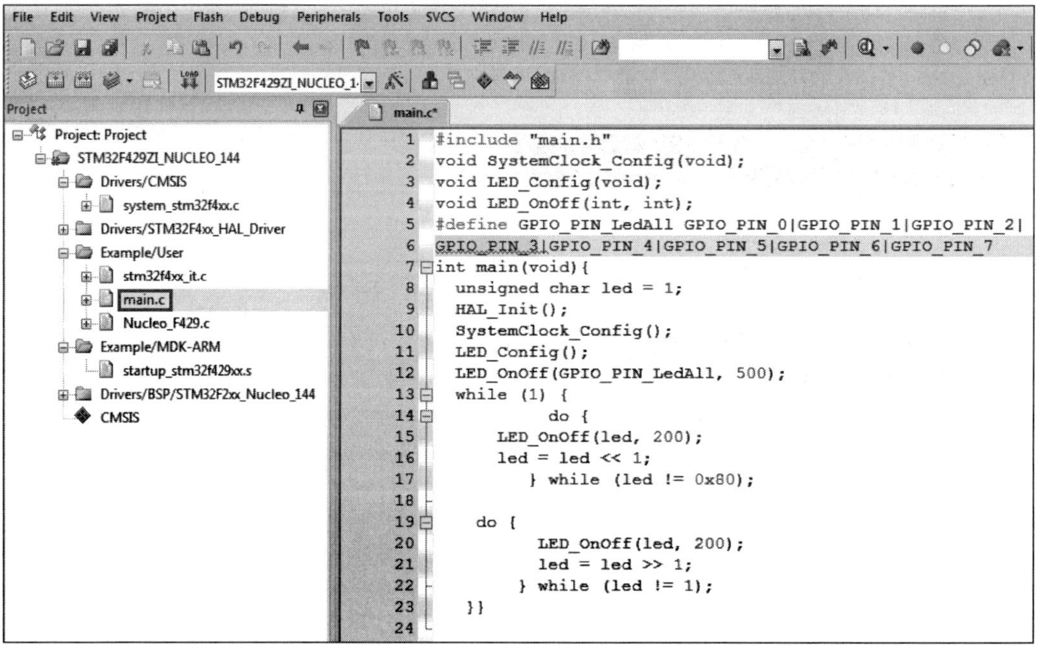

⑤ Keil μVision의 [Build] 아이콘을 클릭하면 다음과 같이 프로그램이 실행되었고 .axf 파일이 생성되었다. **(또는 proect-build Target 를 선택해도 된다.)** 성공적이다.

```
Build Output
compiling main.c...
assembling startup_stm32f429xx.s...
compiling Nucleo_F429.c...
compiling stm32f4xx_nucleo_144.c...
linking...
Program Size: Code=2732 RO-data=476 RW-data=8 ZI-data=1304
"STM32F429ZI_NUCLEO_144\STM32F429ZI_NUCLEO_144.axf" - 0 Error(s), 0 Warning(s).
Build Time Elapsed:  00:01:21
```

⑥ Build()-load()를 클릭해서 실행해 보자.

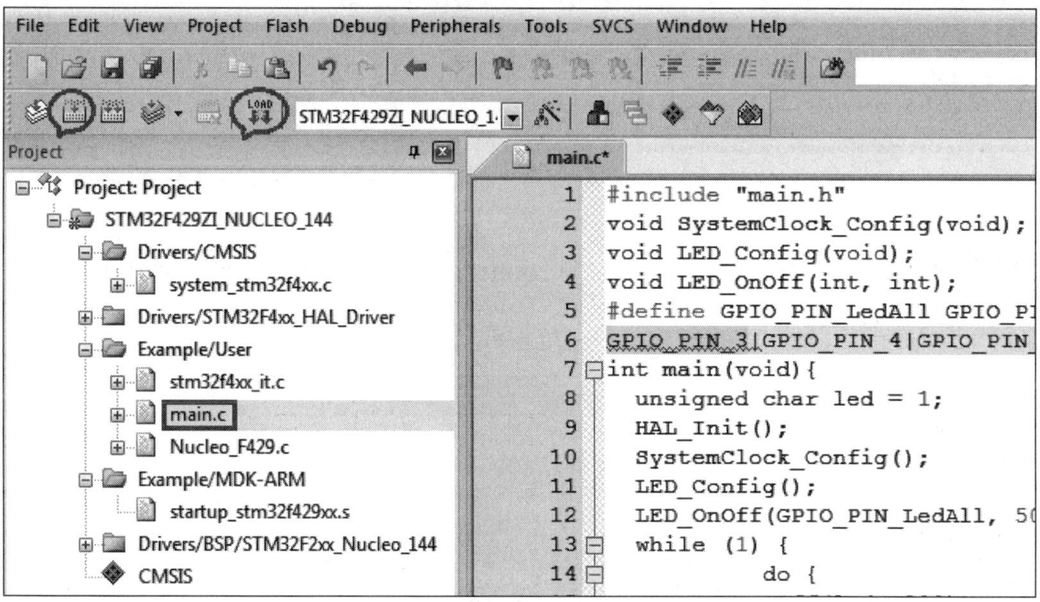

⑦ 다운로드가 완료되면 아래쪽 Build Output 창에 다음과 같이 표시되면 정상이다.

» ("Programming Done" "Verity OK" "Application running")

```
Build Output
compiling main.c...
compiling Nucleo_F429.c...
assembling startup_stm32f429xx.s...
compiling stm32f4xx_nucleo_144.c...
linking...
Program Size: Code=2728 RO-data=476 RW-data=8 ZI-data=1304
"STM32F429ZI_NUCLEO_144\STM32F429ZI_NUCLEO_144.axf" - 0 Error(s), 0 Warning(s)
Build Time Elapsed:  00:07:44
Load "STM32F429ZI_NUCLEO_144\\STM32F429ZI_NUCLEO_144.axf"
Erase Done.
Programming Done.
Verify OK.
Application running ...
Flash Load finished at 12:10:53
Load "STM32F429ZI_NUCLEO_144\\STM32F429ZI_NUCLEO_144.axf"
Erase Done.
Programming Done.
Verify OK.
Application running ...
Flash Load finished at 12:12:09
```

⑧ 다운로드한 프로그램을 load 하고 나면 compile 이 되고 모니터 화면 아래쪽에 다음과 같이 나타난다.

```
Build Output
compiling main.c...
assembling startup_stm32f429xx.s...
compiling Nucleo_F429.c...
compiling stm32f4xx_nucleo_144.c...
linking...
Program Size: Code=2732 RO-data=476 RW-data=8 ZI-data=1304
"STM32F429ZI_NUCLEO_144\STM32F429ZI_NUCLEO_144.axf" - 0 Error(s), 0 Warning(s).
Build Time Elapsed:  00:01:21
```

[실행결과] 실행한 프로그램이 flash memory에 저장되고 led가 순차적으로 좌, 우로 shift 된다.

[예제_GPIO 5.4 소스]

```
#include "main.h"
void SystemClock_Config(void);
void LED_Config(void);
void LED_OnOff(int, int);
#define GPIO_PIN_LedAll GPIO_PIN_0|GPIO_PIN_1|GPIO_PIN_2|
GPIO_PIN_3|GPIO_PIN_4|GPIO_PIN_5|GPIO_PIN_6|GPIO_PIN_7
int main(void){
	unsigned char led = 1;
	HAL_Init();
	SystemClock_Config();
	LED_Config();
	LED_OnOff(GPIO_PIN_LedAll, 500);
	while (1) {
		do {
			LED_OnOff(led, 200);
			led = led << 1;
		} while (led != 0x80);

		do {
			LED_OnOff(led, 200);
			led = led >> 1;
		} while (led != 1);

	}}
```

[예제_GPIO_segment 5.5] segment up count & led shift 제어 실습

segment 숫자가 0~9까지 up count되게 하고 led LD1 → LD2 → LD3가 한칸씩 shift 되게 프로그램을 실행해 보자.

① keil μVision5 파일을 실행한다.
② Project-Open Project 파일을 클릭한다.

③ 예제 소스파일 지정경로를 선택하고 Project.uvprojx을 더블 클릭한다.

» D:\ARM_F4_example\Examples_Nucleo F429\1.GPIO\GPIO_segment 5.5\MDK-ARM 클릭한다. (사용자마다 예제 소스파일 저장 경로는 다를 수 있다.)

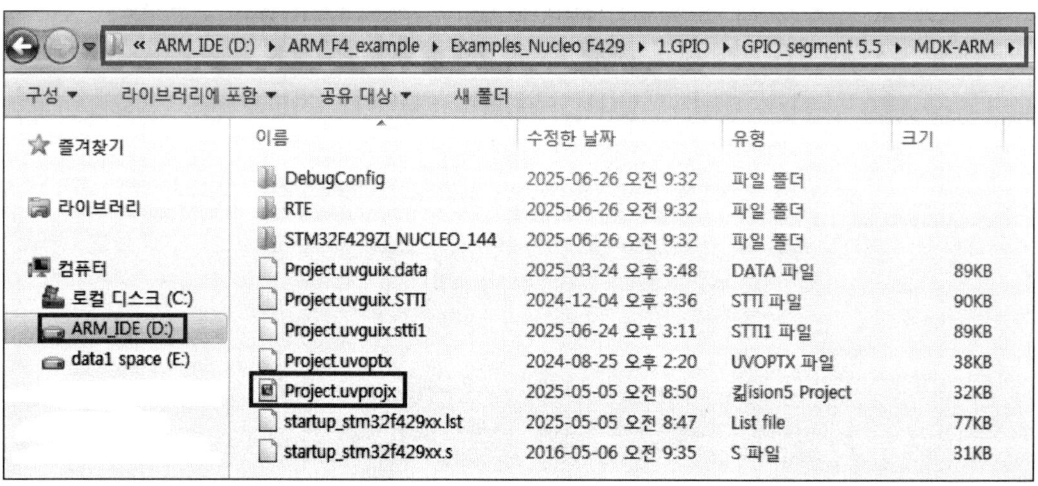

④ 실행한 main.c 프로그램이 화면에 나타나지 않을 경우 왼쪽 Manager Project 창에 main.c를 클릭하면 오른쪽 창에 프로그램이 표시된다.

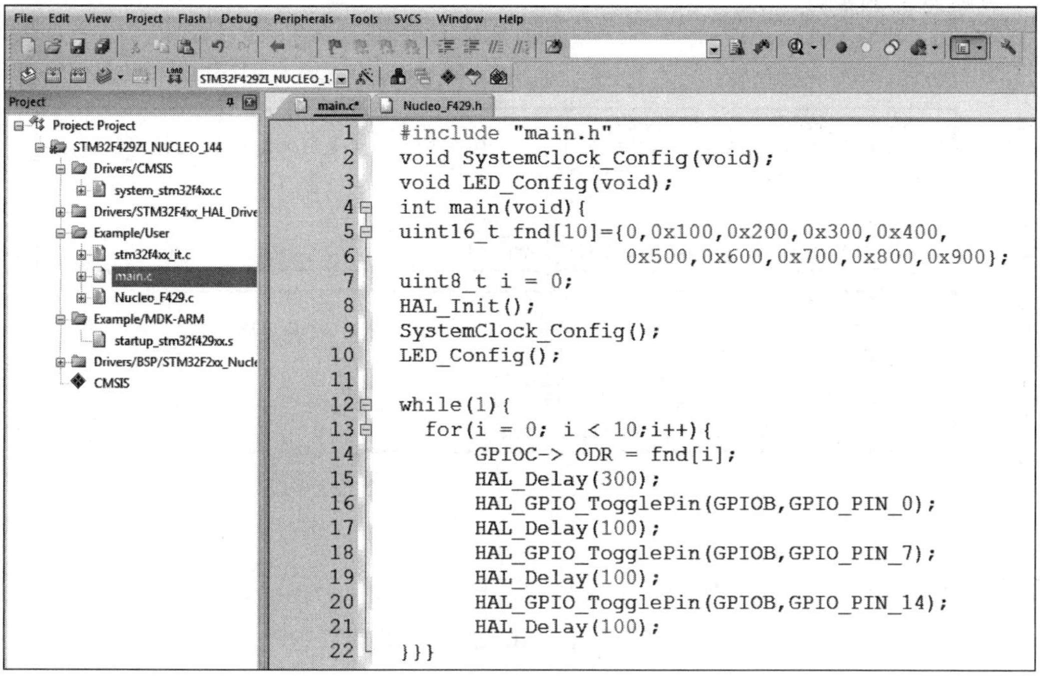

⑤ LED_Config()를 한번 클릭하고 오른쪽 마우스를 클릭하면 Go To Definition Of 'LED_Config' 창이 나타나고 한 번 클릭하자.

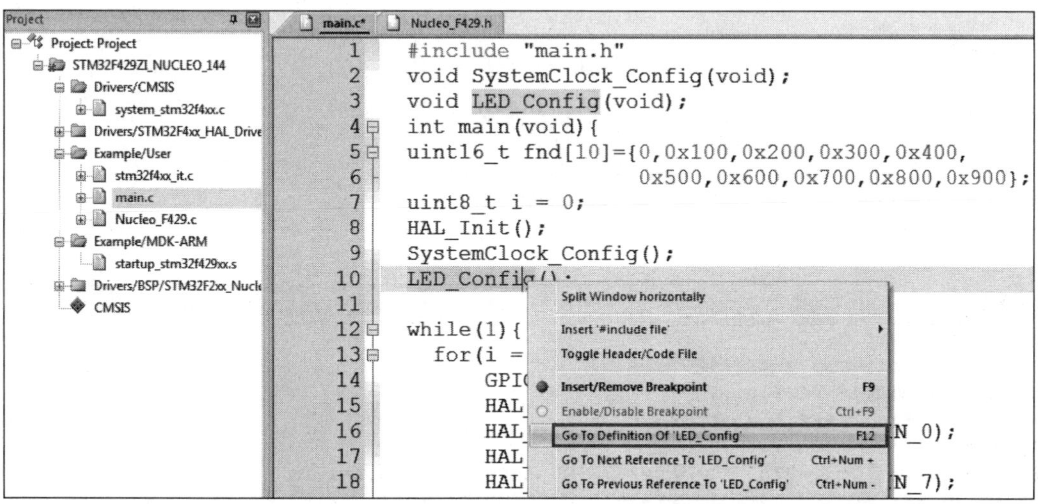

⑥ void LED_Config(void) 함수 창이 뜨는데 ST사에서 제공되는 함수 일부분이 수정되었다. ST사에서 제공하는 void LED_Config(void) 함수와 수정된 함수 일부분을 비교해 보기 바란다.

```
void LED_Config(void)
{
    __HAL_RCC_GPIOC_CLK_ENABLE();
    GPIO_Init_Struct.Pin = GPIO_PIN_8 | GPIO_PIN_9 | GPIO_PIN_10|GPIO_PIN_11;
    GPIO_Init_Struct.Mode  = GPIO_MODE_OUTPUT_PP;
    GPIO_Init_Struct.Pull  = GPIO_PULLUP;
    GPIO_Init_Struct.Speed = GPIO_SPEED_FREQ_HIGH;
    HAL_GPIO_Init(GPIOC, &GPIO_Init_Struct);

    __HAL_RCC_GPIOB_CLK_ENABLE();
    GPIO_Init_Struct.Pin = GPIO_PIN_0 | GPIO_PIN_7 | GPIO_PIN_14;
    GPIO_Init_Struct.Mode  = GPIO_MODE_OUTPUT_PP;
    GPIO_Init_Struct.Pull  = GPIO_PULLUP;
    GPIO_Init_Struct.Speed = GPIO_SPEED_FREQ_HIGH;
    HAL_GPIO_Init(GPIOB, &GPIO_Init_Struct);
}
```

⑦ Keil μVision의 [Build] 아이콘을 클릭하면 다음과 같이 프로그램이 실행되었고 .axf 파일이 생성되었다. **(또는 proect-build Target 를 선택해도 된다.)** 성공적이다.

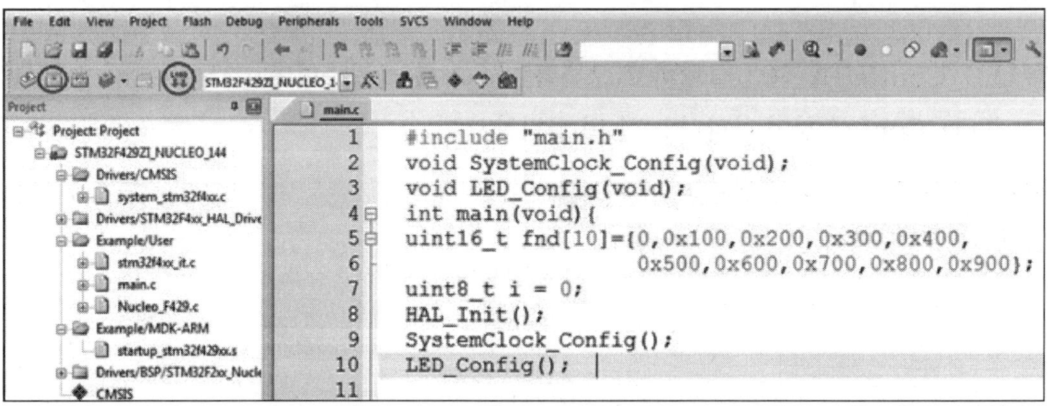


```
Build Output
compiling main.c...
assembling startup_stm32f429xx.s...
compiling Nucleo_F429.c...
compiling stm32f4xx_nucleo_144.c...
linking...
Program Size: Code=2732 RO-data=476 RW-data=8 ZI-data=1304
"STM32F429ZI_NUCLEO_144\STM32F429ZI_NUCLEO_144.axf" - 0 Error(s), 0 Warning(s).
Build Time Elapsed:  00:01:21
```

⑧ Build( ) 후 load( )를 클릭해서 실행해 보면 다운로드가 완료되고 아래쪽 Build Output 창에 다음과 같이 표시되면 정상이다.

» ("Programming Done" "Verity OK" "Application running")

```
Build Output
compiling main.c...
compiling Nucleo_F429.c...
assembling startup_stm32f429xx.s...
compiling stm32f4xx_nucleo_144.c...
linking...
Program Size: Code=2728 RO-data=476 RW-data=8 ZI-data=1304
"STM32F429ZI_NUCLEO_144\STM32F429ZI_NUCLEO_144.axf" - 0 Error(s), 0 Warning(s)
Build Time Elapsed:  00:07:44
Load "STM32F429ZI_NUCLEO_144\\STM32F429ZI_NUCLEO_144.axf"
Erase Done.
Programming Done.
Verify OK.
Application running ...
Flash Load finished at 12:10:53
Load "STM32F429ZI_NUCLEO_144\\STM32F429ZI_NUCLEO_144.axf"
Erase Done.
Programming Done.
Verify OK.
Application running ...
Flash Load finished at 12:12:09
```

⑨ 다운로드한 프로그램을 load 하고 나면 compile 이 되고 모니터 화면 아래쪽에 다음과 같이 나타난다.

```
Build Output
compiling main.c...
assembling startup_stm32f429xx.s...
compiling Nucleo_F429.c...
compiling stm32f4xx_nucleo_144.c...
linking...
Program Size: Code=2732 RO-data=476 RW-data=8 ZI-data=1304
"STM32F429ZI_NUCLEO_144\STM32F429ZI_NUCLEO_144.axf" - 0 Error(s), 0 Warning(s).
Build Time Elapsed:  00:01:21
```

[실행결과] segment에 0~9까지 up count되고 led LD1 → LD2 → LD3가 한 칸씩 shift 된다.

[예제_GPIO 5.5 소스]

```
/* void LED_Config(void) 함수내에 값을 변경해 주어야 한다.
__HAL_RCC_GPIOB_CLK_ENABLE();
GPIO_Init_Struct.Pin = GPIO_PIN_0 | GPIO_PIN_7 | GPIO_PIN_14;

HAL_GPIO_Init (GPIOB, &GPIO_Init_Struct);

__HAL_RCC_GPIOC_CLK_ENABLE();
GPIO_Init_Struct.Pin = GPIO_PIN_8 | GPIO_PIN_9 | GPIO_
PIN_10|GPIO_PIN_11;
HAL_GPIO_Init (GPIOC, &GPIO_Init_Struct); */

#include "main.h"
void SystemClock_Config(void);
void LED_Config(void);
int main(void){
uint16_t fnd[10]={0,0x100,0x200,0x300,0x400,0x500,0x600,0x700
,0x800,0x900};

uint8_t i = 0;
HAL_Init();
SystemClock_Config();
LED_Config();

while(1){
	for(i = 0; i < 10;i++){
		GPIOC-> ODR = fnd[i];
		HAL_Delay(300);
		HAL_GPIO_TogglePin(GPIOB,GPIO_PIN_0);
		HAL_Delay(100);
		HAL_GPIO_TogglePin(GPIOB,GPIO_PIN_7);
		HAL_Delay(100);
		HAL_GPIO_TogglePin(GPIOB,GPIO_PIN_14);
		HAL_Delay(100);
		}}}
```

[예제_SWITCH 6.1] SWITCH 제어 실습

PG0 스위치를 누르면(0) led는 순차적으로 왼쪽 → 오른쪽으로 이동하고, PG0 스위치를 떼면(1) 오른쪽 → 왼쪽으로 shift 되게 프로그램을 작성하여 실행해 보자.

① keil μVision5 파일을 실행한다.
② Project-Open Project 파일을 클릭한다.

③ 컴퓨터 내에 저장한 예제 소스파일을 검색한다.

» D:\ARM_F4_example\Examples_Nucleo F429\1.GPIO\SWITCH 6.1\MDK-ARM-Project.uvprojx 파일을 클릭한다.

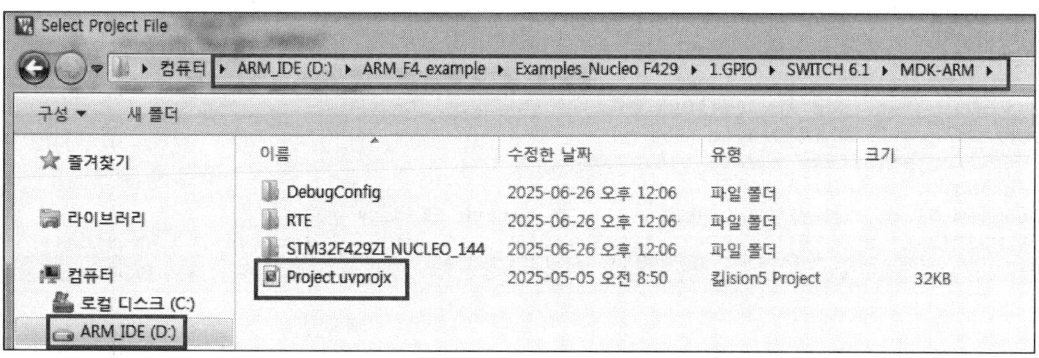

④ 실행한 main.c 프로그램이 화면에 나타나지 않을 경우 왼쪽 Manager Project 창에 main.c를 클릭하면 오른쪽 창에 프로그램이 표시된다.

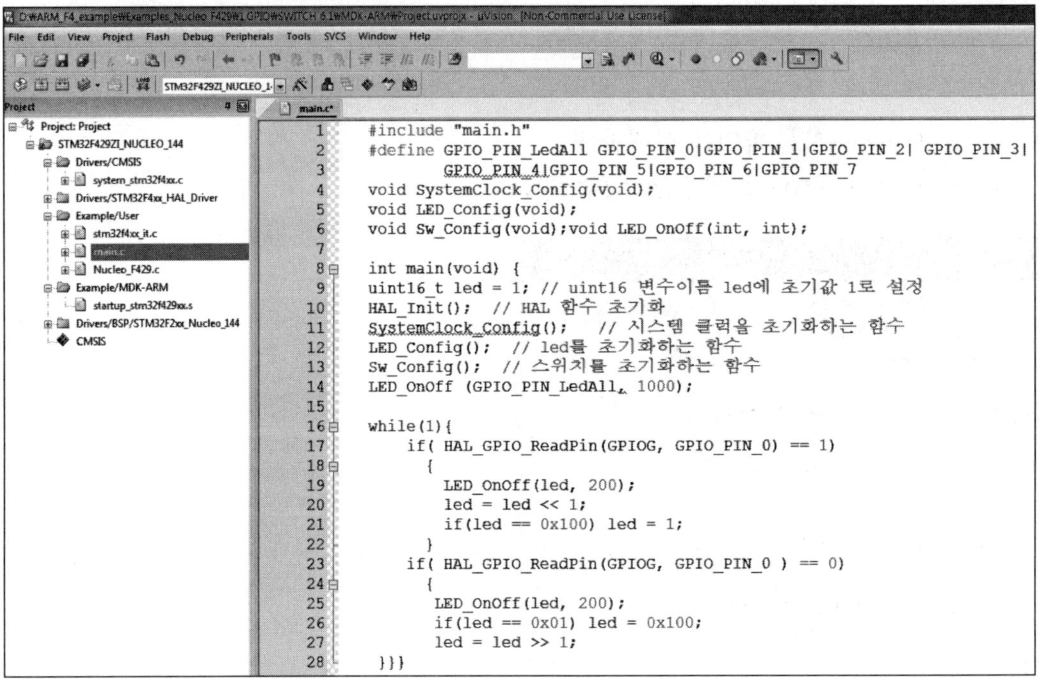

⑤ Keil μVision의 Build( ) 아이콘을 클릭(또는 F7)하면 화면 아래쪽에 프로그램이 컴파일되고 Build out 되었다. **(또는 proect – build Target 를 선택해도 된다.)** 성공적이다.

Build Output

```
compiling main.c...
assembling startup_stm32f429xx.s...
compiling Nucleo_F429.c...
compiling stm32f4xx_nucleo_144.c...
linking...
Program Size: Code=2732 RO-data=476 RW-data=8 ZI-data=1304
"STM32F429ZI_NUCLEO_144\STM32F429ZI_NUCLEO_144.axf" - 0 Error(s), 0 Warning(s).
Build Time Elapsed:  00:01:21
```

⑥ load( )를 클릭하여 실행해 보자.

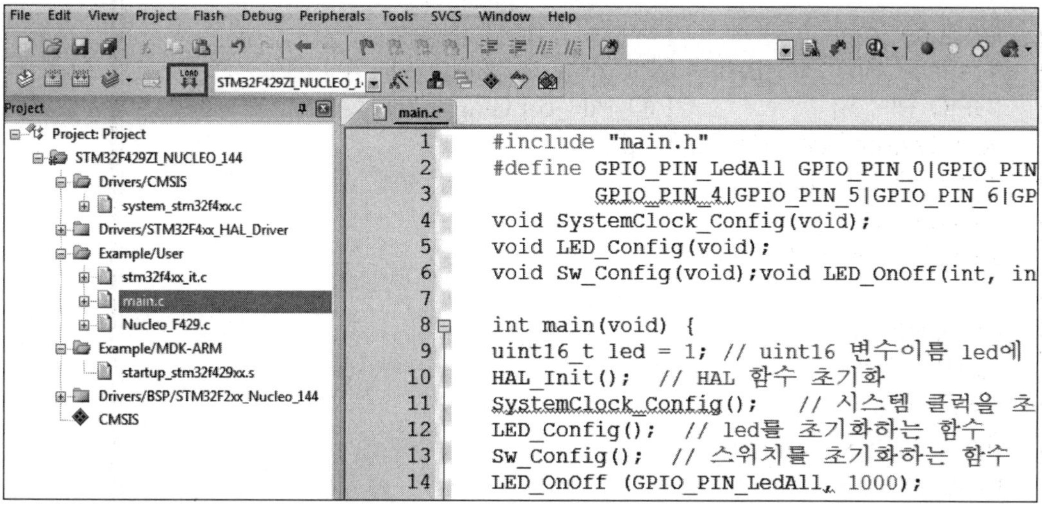

⑦ 다운로드가 완료되면 아래쪽 Build Output 창에 다음과 같이 표시되면 정상이다.

» ("Programming Done" "Verity OK" "Application running")

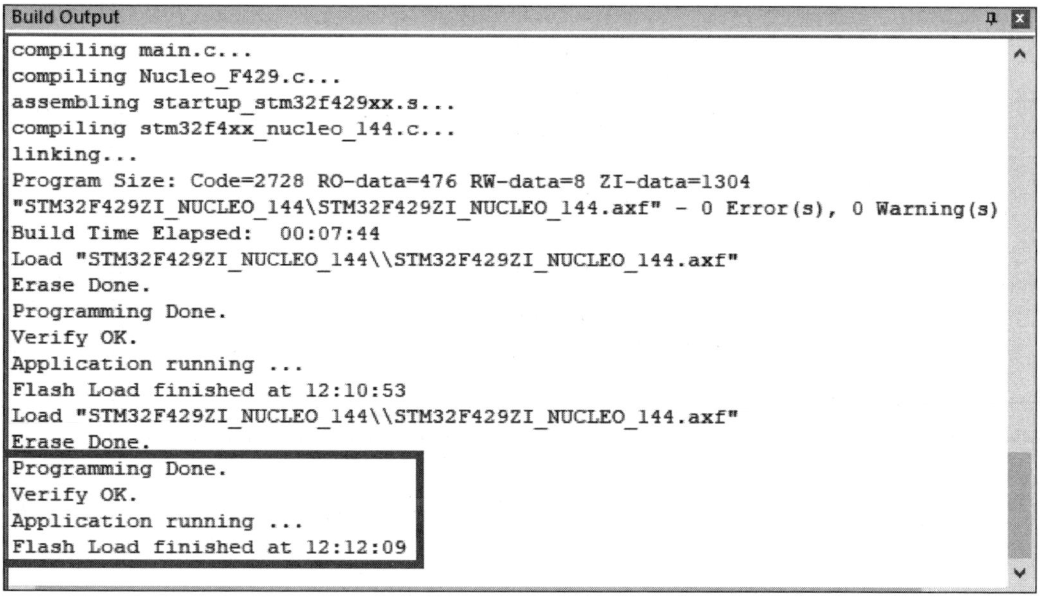

[예제_GPIO 6.1 소스]

```
#include "main.h"
#define GPIO_PIN_LedAll GPIO_PIN_0 | GPIO_PIN_1 | GPIO_PIN_2
|GPIO_PIN_5|              GPIO_PIN_6 | GPIO_PIN_7
void SystemClock_Config (void);
void LED_Config (void);
void Sw_Config (void);
void LED_OnOff (int, int);

int main(void) {
uint16_t led = 1;
HAL_Init();
SystemClock_Config();
LED_Config();
Sw_Config();
LED_OnOff (GPIO_PIN_LedAll, 1000);

        while(1){
                if( HAL_GPIO_ReadPin(GPIOG, GPIO_PIN_0) == 1)
                {
                        LED_OnOff(led, 200);
                        led = led << 1;
                        if (led == 0x100) led = 1;
                }
                if( HAL_GPIO_ReadPin(GPIOG, GPIO_PIN_0 ) == 0)
                {
                        LED_OnOff(led, 200);
                        if (led == 0x01) led = 0x100;
                        led = led >> 1;
                }}}
```

[예제_SWITCH 6.2] SWITCH 제어 실습

PG0 스위치를 누르면(0) led는 순차적으로 오른쪽 → 왼쪽으로 이동하고, PG1 스위치를 떼면(0) 왼쪽 → 오른쪽으로 shift 되게 프로그램을 작성하여 실행해 보자.

① keil uVision5 파일을 실행한다.
② Project-Open Project 파일을 클릭한다.

③ 컴퓨터 내에 저장한 예제 소스파일을 검색한다.

» D:\ARM_F4_example\Examples_Nucleo F429\1.GPIO\SWITCH 6.2\MDK-ARM-Project.uvprojx 파일을 클릭한다.

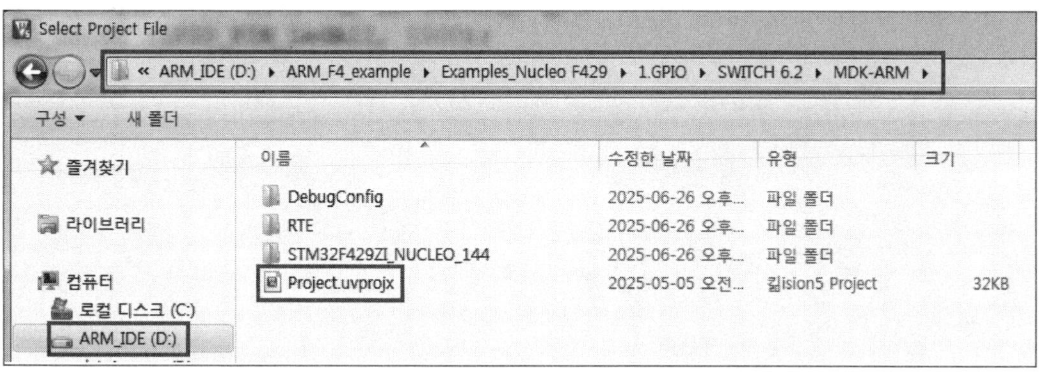

④ 실행한 main.c 프로그램이 화면에 나타나지 않을 경우 왼쪽 Manager Project 창에 main.c를 클릭하면 오른쪽 창에 프로그램이 표시된다.

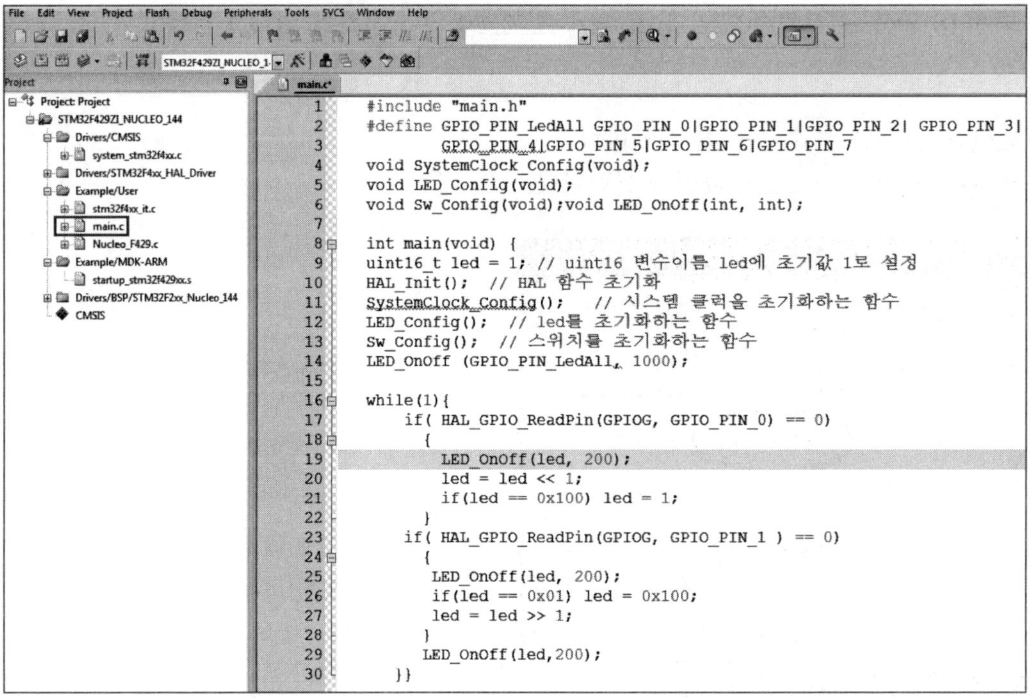

⑤ Keil uVision의 Build( )-load( )를 클릭하여 실행해 보자.

⑥ 다운로드가 완료되면 아래쪽 Build Output 창에 다음과 같이 표시되면 정상이다.

» ("Programming Done" "Verity OK" "Application running")

```
Build Output
compiling main.c...
compiling Nucleo_F429.c...
assembling startup_stm32f429xx.s...
compiling stm32f4xx_nucleo_144.c...
linking...
Program Size: Code=2728 RO-data=476 RW-data=8 ZI-data=1304
"STM32F429ZI_NUCLEO_144\STM32F429ZI_NUCLEO_144.axf" - 0 Error(s), 0 Warning(s)
Build Time Elapsed:  00:07:44
Load "STM32F429ZI_NUCLEO_144\\STM32F429ZI_NUCLEO_144.axf"
Erase Done.
Programming Done.
Verify OK.
Application running ...
Flash Load finished at 12:10:53
Load "STM32F429ZI_NUCLEO_144\\STM32F429ZI_NUCLEO_144.axf"
Erase Done.
Programming Done.
Verify OK.
Application running ...
Flash Load finished at 12:12:09
```

[예제_GPIO 6.2 소스]

```
#include "main.h"
#define GPIO_PIN_LedAll  GPIO_PIN_0 | GPIO_PIN_1 | GPIO_
PIN_2 | GPIO_PIN_3|            GPIO_PIN_4|GPIO_PIN_5|GPIO_
PIN_6|GPIO_PIN_7
void SystemClock_Config(void);
void LED_Config(void);
void Sw_Config(void);void LED_OnOff(int, int);

int main(void) {
uint16_t led = 1; // uint16 변수이름 led에 초기값 1로 설정
HAL_Init(); // HAL 함수 초기화
SystemClock_Config();         // 시스템 클럭을 초기화하는 함수
LED_Config(); // led를 초기화하는 함수
Sw_Config(); // 스위치를 초기화하는 함수
LED_OnOff (GPIO_PIN_LedAll, 1000);

      while(1){
```

```
if (HAL_GPIO_ReadPin(GPIOG, GPIO_PIN_0) == 0)
        {
                LED_OnOff(led, 200);
                led = led << 1;
                if (led == 0x100) led = 1;
        }
if (HAL_GPIO_ReadPin(GPIOG, GPIO_PIN_1 ) == 0)
        {
                LED_OnOff(led, 200);
                if (led == 0x01) led = 0x100;
                led = led >> 1;
        }
                LED_OnOff(led,200);
}}
```

6장 외부 인터럽트(EXTI)

외부 인터럽트를 구동하기 위해서는 NVIC의 인터럽트 관련 함수(HAL 드라이버)와 GPIO의 API함수(GPIO 구동용 함수)를 사용하게 된다.

- **HAL_GPIO_EXTI_IRQHandler():** EXTI 인터럽트의 핸들러 함수.
- **HAL_GPIO_EXTI_Callback():** EXTI 인터럽트를 처리하기 위한 콜백 함수.

이 함수는 EXTI 핸들러 함수 EXTIX_IRQHandler()내에서 사용 되어야 한다.

6.1 STM32F429의 GPIO PORT의 외부 인터럽트 관련 핀

외부 인터럽트 번호	연결되는 핀	발생 인터럽트
EXTI 0	PA0,PB0,PC0,PD0,PE0,PF0,PG0	EXTI 0
EXTI 1	PA1,PB1,PC1,PD1,PE1,PF1,PG1	EXTI 1
EXTI 2	PA2 ~ PG2	EXTI 2
EXTI 3	PA3 ~ PG3	EXTI 3
EXTI 4	PA4 ~ PG4	EXTI 4
EXTI 5 ~ EXTI 9	PA5,6,7,8,9 ~ PG5,6,7,8,9	**EXTI 9_5**
EXTI 10 ~ EXTI 15	PA10~15, PG10~15	**EXTI 15_10**
EXTI 16	PVD 출력	PVD 출력
EXTI 17	RTC alram	RTC alram
EXTI 18	USB wake up	USB wake up

STM32F429ZI 시리즈의 GPIO의 각 핀과 EXTI의 연결을 나타낸다.

각 포트의 0번 핀은 EXTIO에, 1번 핀은 EXTI1의 순서로 연결되며 마지막으로 15번 핀은 EXTI15에 연결된다. EXTI는 EXTernal Interrupt(외부 인터럽트)의 약자이다.

6.2 외부 인터럽트 / event GPIO mapping

외부 인터럽트 EXTIO~EXTI15는 각 GPIOPA~GPIOPK의 0번~15번 핀에 연결된다.

- SYSCFG_EXTICR1의 EXTI0[3:0]에서 0000인 경우 PA0가 선택되고 0001인 경우 PB0가 선택되어 진다.
- SYSCFG_EXTICR2의 EXTI4[7:4]에서 0000인 경우 PA0가 선택되고 0001인 경우 PB0가 선택되어 진다.
- SYSCFG_EXTICR3의 EXTI4[11:8]에서 0000인 경우 PA0가 선택되고 0001인 경우 PB0가 선택되어진다. 다음 장의 datasheet를 참고하기 바란다.

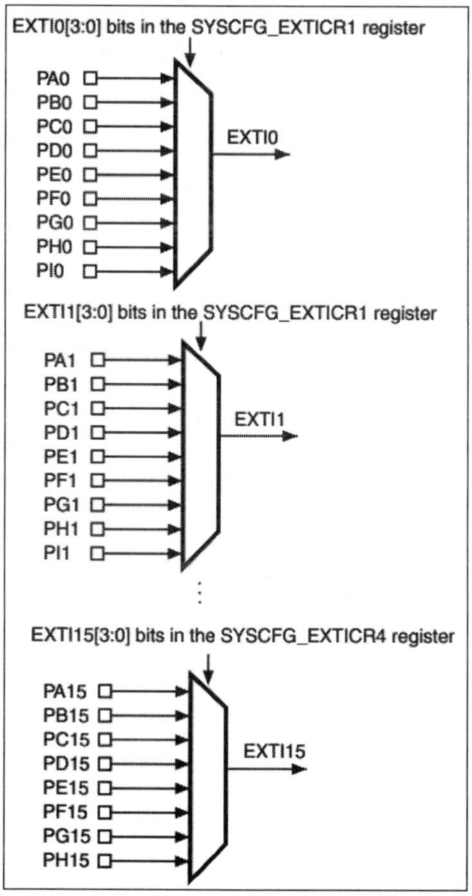

6.2.1 SYSCFG external interrupt configuration register 1(SYSCFG_EXTICR1)

Address offset: 0x08

Reset value: 0x0000 0000

31	30	29	28	27	26	25	24	23	22	21	20	19	18	17	16
Reserved															
15	14	13	12	11	10	9	8	7	6	5	4	3	2	1	0
EXTI3[3:0]				EXTI2[3:0]				EXTI1[3:0]				EXTI0[3:0]			
rw	rw	rw	rw	rw	rw	rw	rw	rw	rw	rw	rw	rw	rw	rw	rw

Bits 31:16 Reserved, must be kept at reset value.

Bits 15:0 **EXTIx[3:0]**: EXTI x configuration (x = 0 to 3)

These bits are written by software to select the source input for the EXTIx external interrupt.
0000: PA[x] pin
0001: PB[x] pin
0010: PC[x] pin
0011: PD[x] pin
0100: PE[x] pin
0101: PF[x] pin
0110: PG[x] pin
0111: PH[x] pin
1000: PI[x] pin

6.2.2 SYSCFG external interrupt configuration register 2 (SYSCFG_EXTICR2)

Address offset: 0x0C

Reset value: 0x0000 0000

31	30	29	28	27	26	25	24	23	22	21	20	19	18	17	16
Reserved															
15	14	13	12	11	10	9	8	7	6	5	4	3	2	1	0
EXTI7[3:0]				EXTI6[3:0]				EXTI5[3:0]				EXTI4[3:0]			
rw	rw	rw	rw	rw	rw	rw	rw	rw	rw	rw	rw	rw	rw	rw	rw

Bits 31:16 Reserved, must be kept at reset value.

Bits 15:0 **EXTIx[3:0]**: EXTI x configuration (x = 4 to 7)

These bits are written by software to select the source input for the EXTIx external interrupt.
0000: PA[x] pin
0001: PB[x] pin
0010: PC[x] pin
0011: PD[x] pin
0100: PE[x] pin
0101: PF[x] pin
0110: PG[x] pin
0111: PH[x] pin
1000: PI[x] pin

6.2.3 SYSCFG external interrupt configuration register 3(SYSCFG_EXTICR3)

Address offset: 0x10

Reset value: 0x0000 0000

31	30	29	28	27	26	25	24	23	22	21	20	19	18	17	16
Reserved															
15	**14**	**13**	**12**	**11**	**10**	**9**	**8**	**7**	**6**	**5**	**4**	**3**	**2**	**1**	**0**
EXTI11[3:0]				EXTI10[3:0]				EXTI9[3:0]				EXTI8[3:0]			
rw	rw	rw	rw	rw	rw	rw	rw	rw	rw	rw	rw	rw	rw	rw	rw

Bits 31:16 Reserved, must be kept at reset value.

Bits 15:0 **EXTIx[3:0]**: EXTI x configuration (x = 8 to 11)

These bits are written by software to select the source input for the EXTIx external interrupt.

0000: PA[x] pin
0001: PB[x] pin
0010: PC[x] pin
0011: PD[x] pin
0100: PE[x] pin
0101: PF[x] pin
0110: PG[x] pin
0111: PH[x] pin
1000: PI[x] pin

6.2.4 SYSCFG external interrupt configuration register 4 (SYSCFG_EXTICR4)

Address offset: 0x14

Reset value: 0x0000 0000

31	30	29	28	27	26	25	24	23	22	21	20	19	18	17	16
Reserved															
15	**14**	**13**	**12**	**11**	**10**	**9**	**8**	**7**	**6**	**5**	**4**	**3**	**2**	**1**	**0**
EXTI15[3:0]				EXTI14[3:0]				EXTI13[3:0]				EXTI12[3:0]			
rw	rw	rw	rw	rw	rw	rw	rw	rw	rw	rw	rw	rw	rw	rw	rw

Bits 31:16 Reserved, must be kept at reset value.

Bits 15:0 **EXTIx[3:0]**: EXTI x configuration (x = 12 to 15)

These bits are written by software to select the source input for the EXTIx external interrupt.

0000: PA[x] pin
0001: PB[x] pin
0010: PC[x] pin
0011: PD[x] pin
0100: PE[x] pin
0101: PF[x] pin
0110: PG[x] pin
0111: PH[x] pin

Note: PI[15:12] are not used.

6.3 외부 인터럽트 실습예제

[예제_EXTI 6.1] 외부 인터럽트 EXTI0를 이용한 led 제어 실습

PG0[EXTI0]에 있는 외부인터럽트를 이용하여 led를 제어해 보자.
PG0 스위치를 누르면 외부 인터럽트가 발생하고 led0~7의 모든 led가 on/off인다.

① keil μVision5  파일을 실행한다.
② Project-Open Project 파일을 클릭한다.

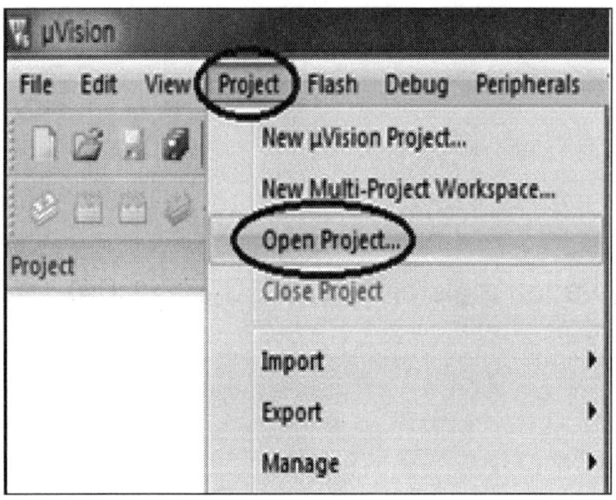

③ 예제 [EXTI 6.1]소스파일을 선택하고 Project.uvprojx을 더블 클릭한다.

» D:\ARM_F4_example\Examples_Nucleo F429\2.EXTI\EXTI 6.1\MDK-ARM 선택하고 Project.uvprojx를 클릭한다. (pc 사용자마다 저장경로는 다를 수 있다.)

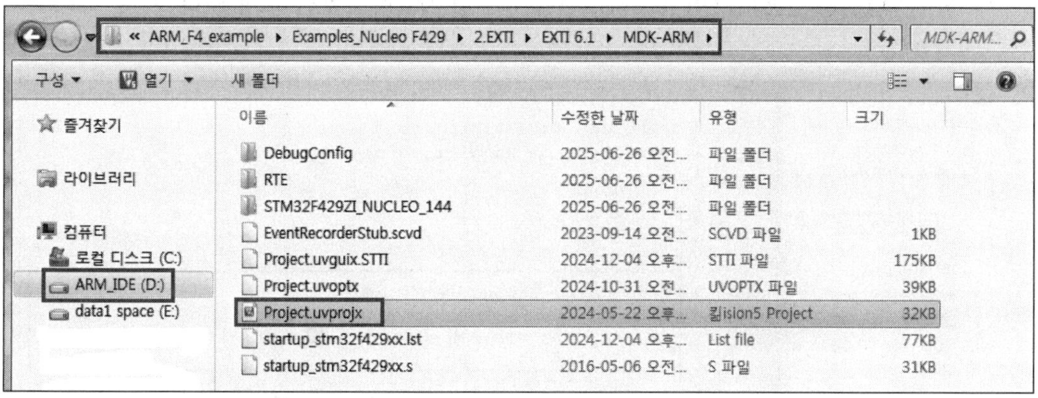

④ 실행한 main.c 프로그램이 화면에 나타나지 않을 경우 왼쪽 Manager Project창에 main.c를 클릭하면 오른쪽 창에 프로그램이 표시된다.

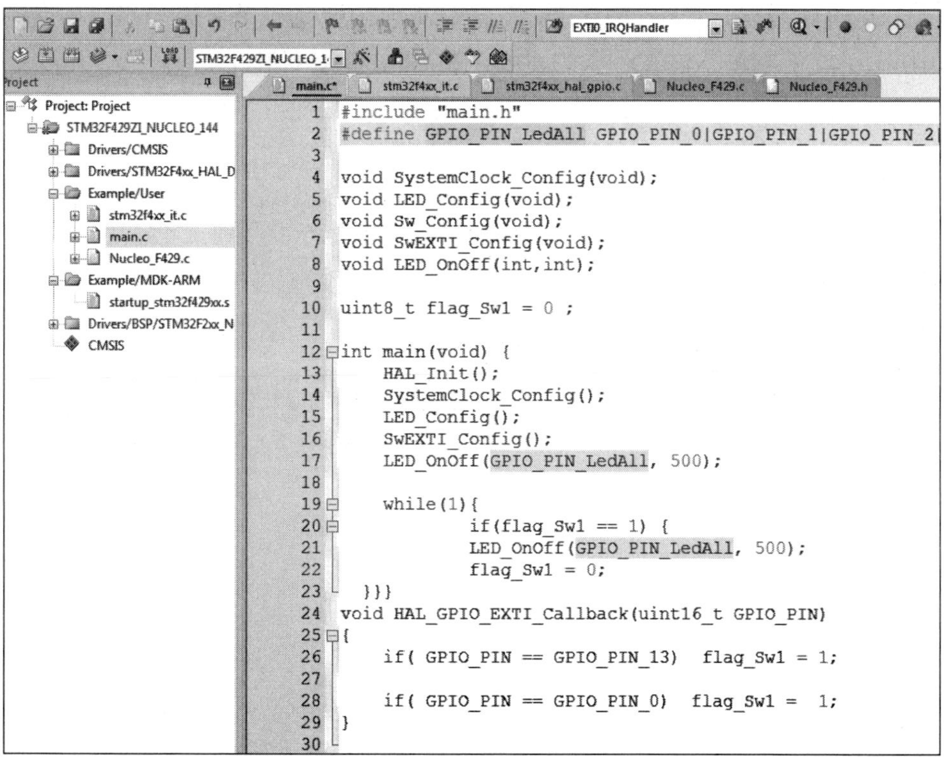

⑤ GPIO_PIN_0에서 EXTI가 발생한 경우는 함수 HAL_GPIO_EXTI_Callback(GPIO_PIN_0)를 호출하게 되는데 함수 호출 경로가 어떻게 되는지 알아보자. 먼저 Manager Project창에 stm32f4xx_it.c를 클릭하면 void EXTI0_IRQHandler(void)함수가 표시되고

» HAL_GPIO_EXTI_IRQHandler(GPIO_PIN_0)를 호출하게 된다.

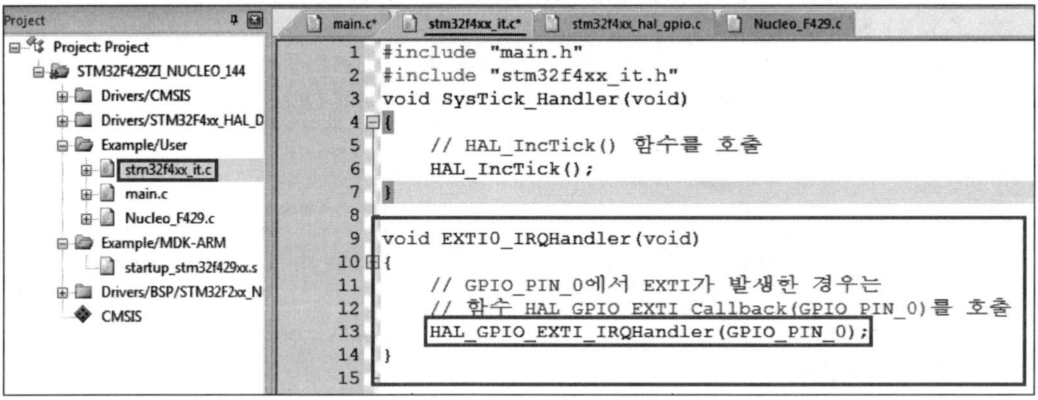

» void EXTI0_IRQHandler(void)함수에서 HAL_GPIO_EXTI_IRQHandler(GPIO_PIN_0)를 한 번 클릭하고 오른쪽 마우스를 클릭, Go TO Difinition Of 'HAL_GPIO_EXTI_IRQHandler'를 클릭한다.

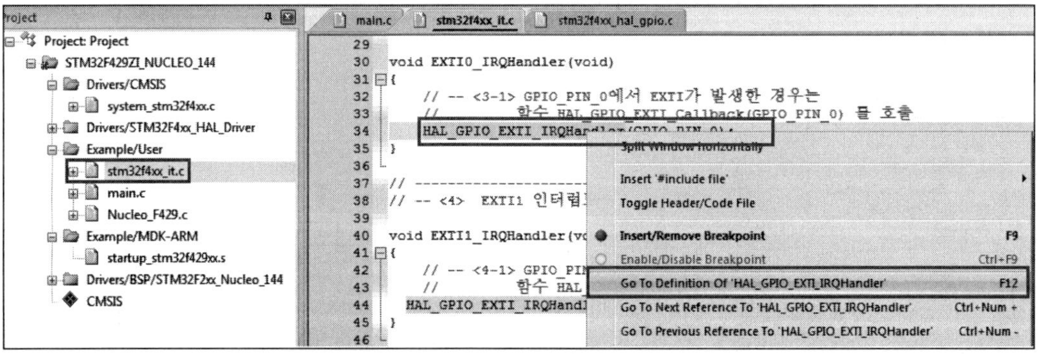

» void HAL_GPIO_EXTI_IRQHandler(uint16_t GPIO_Pin)함수가 표시되고 HAL_GPIO_EXTI_Callback(GPIO_Pin)를 다시 호출한다.

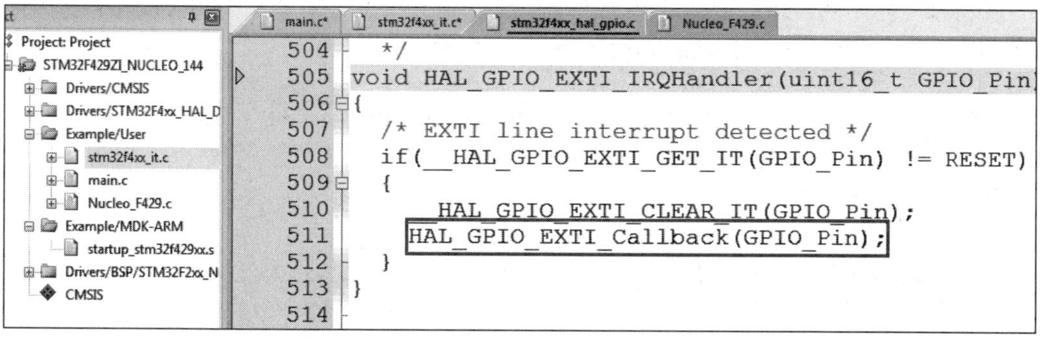

» min.c의 void HAL_GPIO_EXTI_Callback(uint16_t GPIO_PIN)가 실행된다. flag_Sw1=1이 되고 while(1)내에 LED_OnOff(GPIO_PIN_LedAll, 500) 동작되고 flag_Sw1=0 설정된다.

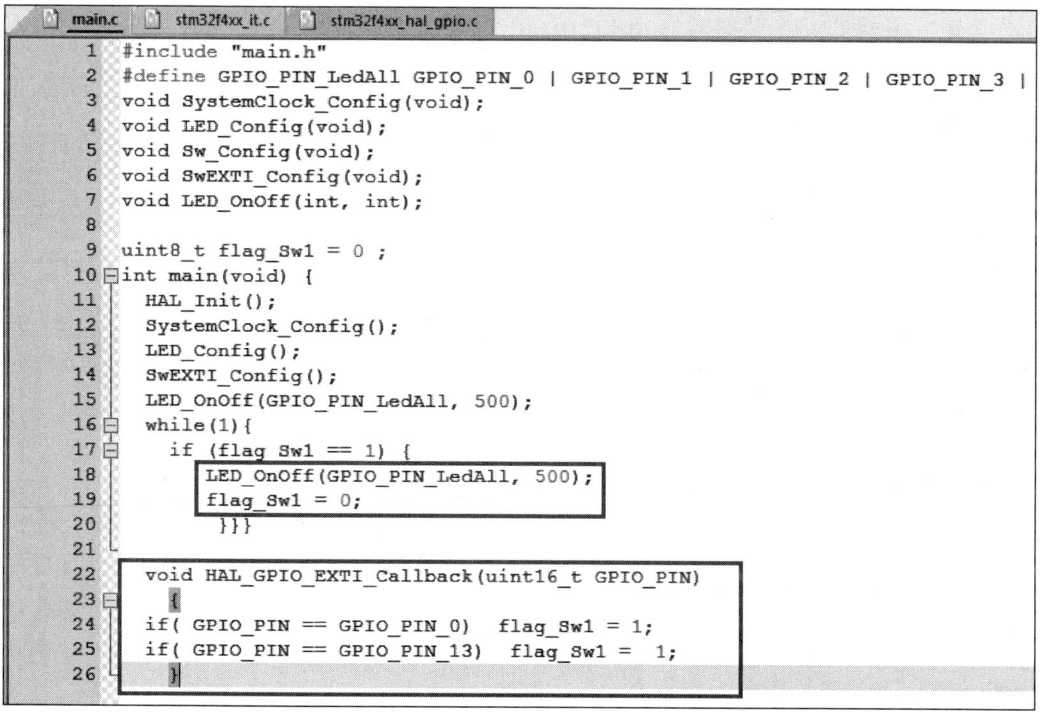

⑥ Build( ) 파일을 실행하고 load( )를 클릭해서 실행해 보자.

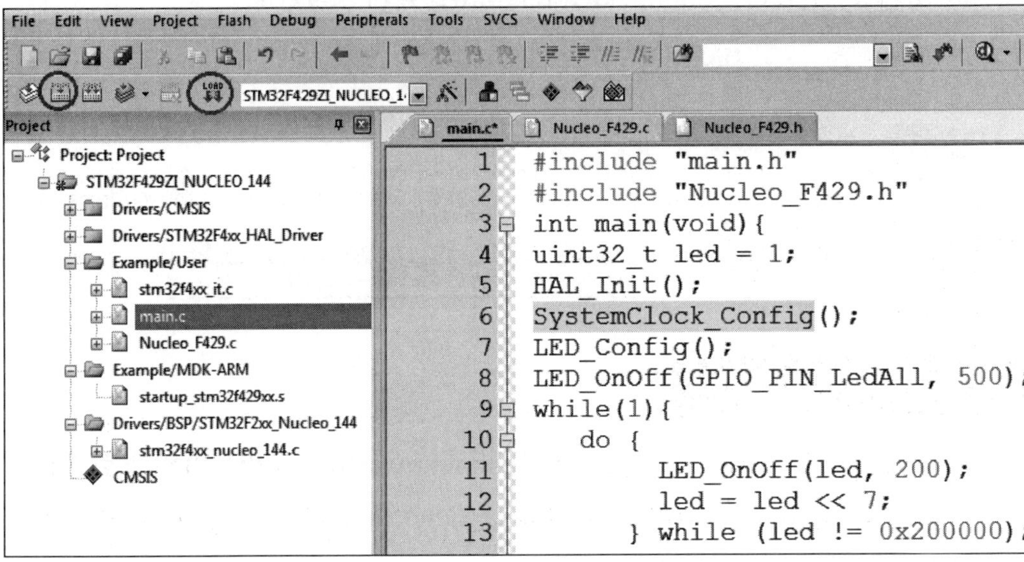

⑦ 다운로드가 완료되면 아래쪽 Build Output 창에 다음과 같이 표시되면 정상이다.

» (“Programming Done” “Verity OK” “Application running”)

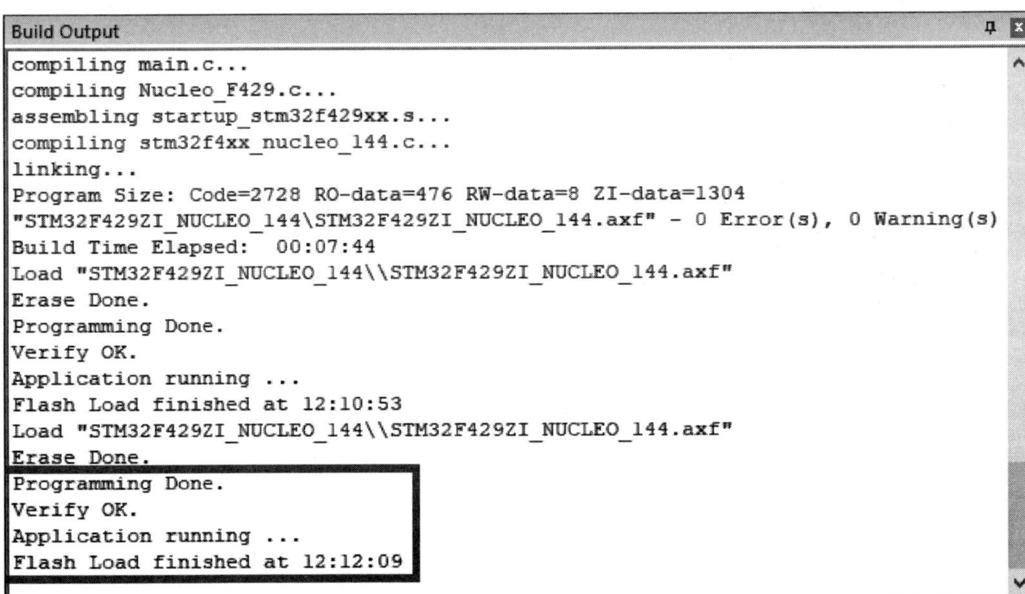

⑧ 다운로드한 프로그램을 load 하고 나면 compile 이 되고 모니터 화면 아래쪽에 다음과 같이 나타난다.

```
Build Output
compiling main.c...
assembling startup_stm32f429xx.s...
compiling Nucleo_F429.c...
compiling stm32f4xx_nucleo_144.c...
linking...
Program Size: Code=2732 RO-data=476 RW-data=8 ZI-data=1304
"STM32F429ZI_NUCLEO_144\STM32F429ZI_NUCLEO_144.axf" - 0 Error(s), 0 Warning(s).
Build Time Elapsed:  00:01:21
```

[예제_EXTI 6.1 소스]

```
#include "main.h"
#define GPIO_PIN_LedAll  GPIO_PIN_0 | GPIO_PIN_1 | GPIO_PIN_2 | GPIO_PIN_3 |                GPIO_PIN_4 | GPIO_PIN_5 | GPIO_PIN_6 | GPIO_PIN_7
void SystemClock_Config (void);
void LED_Config (void);
void Sw_Config (void);
void SwEXTI_Config(void);
void LED_OnOff (int, int);

uint8_t flag_Sw1 = 0 ;
int main(void) {
        HAL_Init ();
        SystemClock_Config ();
        LED_Config ();
        SwEXTI_Config();
        LED_OnOff (GPIO_PIN_LedAll, 500);
        while(1){
                if (flag_Sw1 == 1) {
                        LED_OnOff (GPIO_PIN_LedAll, 500);
                        flag_Sw1 = 0;
                }}}

void HAL_GPIO_EXTI_Callback (uint16_t GPIO_PIN)
        {
                if( GPIO_PIN == GPIO_PIN_0)  flag_Sw1 = 1;
                if( GPIO_PIN == GPIO_PIN_13)  flag_Sw1 =  1;
        }
```

[예제_EXTI 6.2] 외부 인터럽트 EXTI를 이용한 led 제어 실습

PG0에 있는 외부인터럽트를 이용하여 led를 제어해 보자. PG0 스위치를 누르면 외부 인터럽트가 발생하고 led0~7의 모든 led가 on되고 off 된다.

① keil μVision5 파일을 실행한다.
② Project-Open Project 파일을 클릭한다.

③ 예제 [EXTI 6.2] 소스파일을 선택하고 Project.uvprojx을 더블 클릭한다.

» D:\ARM_F4_example\Examples_Nucleo F429\2.EXTI\EXTI 6.2\MDK-ARM 클릭한다. (pc 사용자마다 저장경로는 다를 수 있다.)

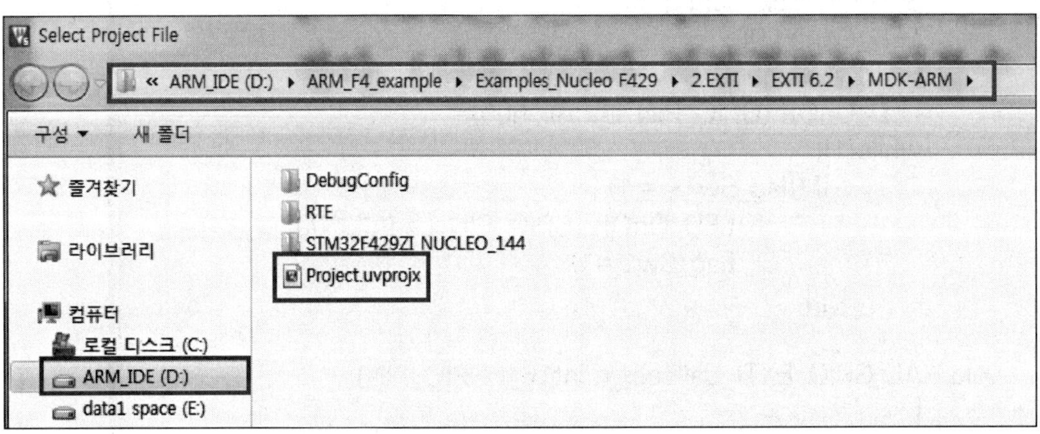

④ 다음과 같이 실행한 파일이 화면에 나타나면 왼쪽 Manager Project 창에 main.c를 클릭한다. main.c를 클릭해야 오른쪽 창에 프로그램이 표시된다.

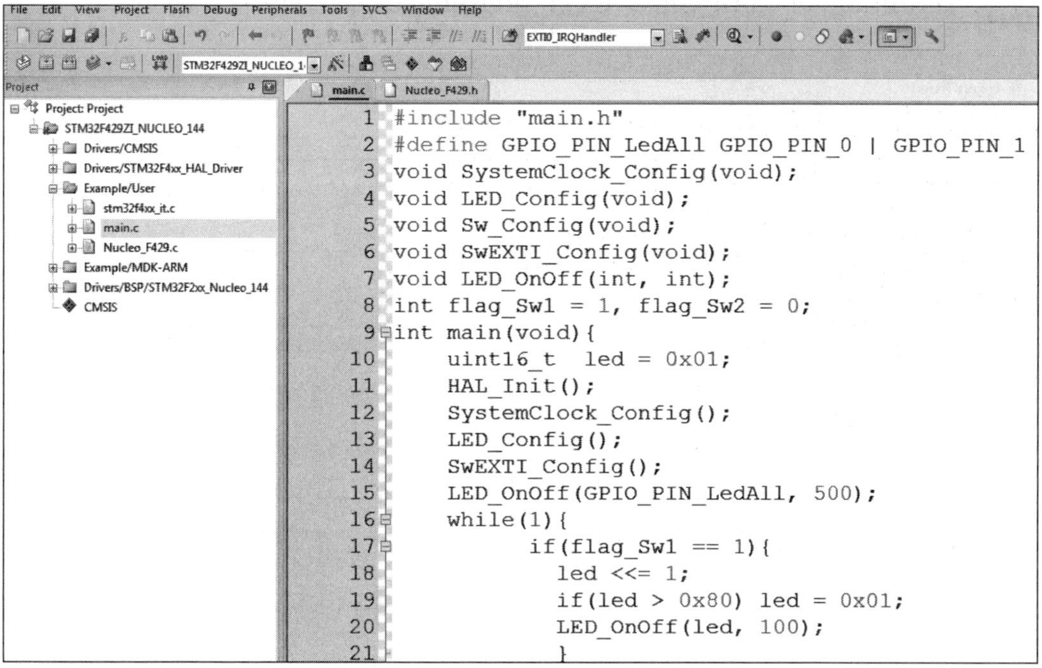

⑤ GPIO_PIN_0에서 EXTI가 발생한 경우는 함수 HAL_GPIO_EXTI_Callback(GPIO_PIN_0)를 호출하고 GPIO_PIN_1에서 EXTI가 발생한 경우에는 함수 HAL_GPIO_EXTI_Callback(GPIO_PIN_1)를 호출하게 된다. 먼저 Manager Project창에 stm32f4xx_it.c를 클릭하면 void EXTI0_IRQHandler(void) 그리고 void EXTI1_IRQHandler(void)함수가 표시되고 HAL_GPIO_EXTI_IRQHandler(GPIO_PIN_0) 또는 HAL_GPIO _ EXTI_IRQHandler(GPIO_PIN_1)를 호출하게 된다.

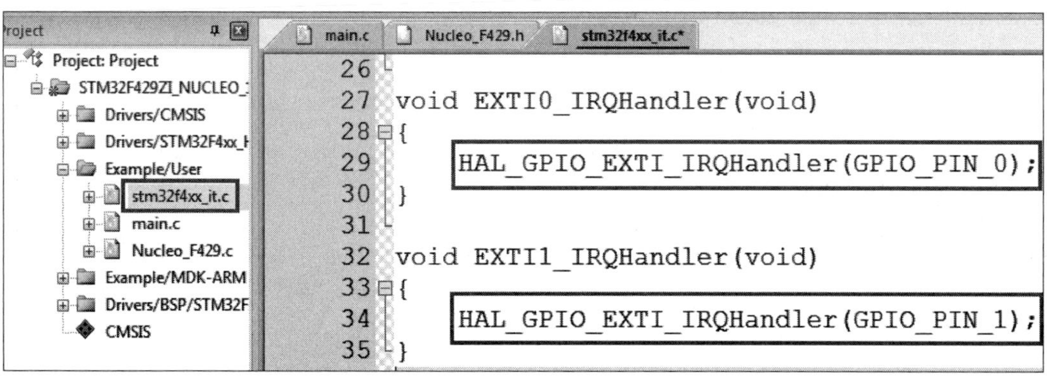

» void EXTI0_IRQHandler(void)함수에서 HAL_GPIO_EXTI_IRQHandler(GPIO_PIN_0)를 한번 클릭하고 오른쪽 마우스를 클릭하고 Go TO Difinition Of 'HAL_GPIO_EXTI_IRQHandler'를 클릭한다.

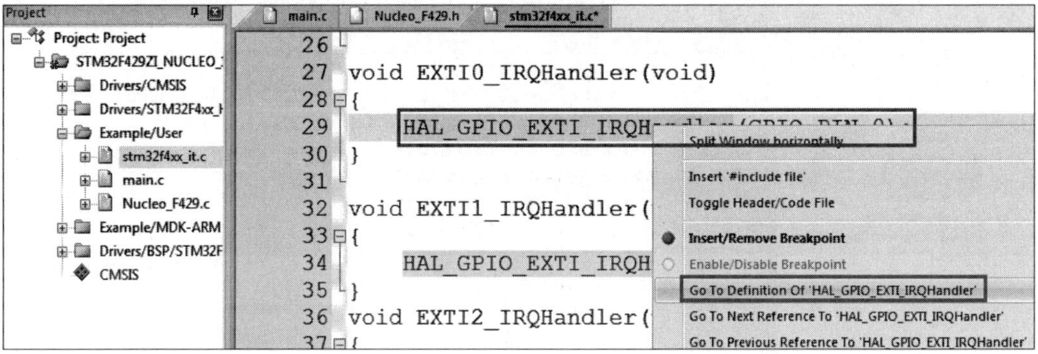

» void HAL_GPIO_EXTI_IRQHandler(uint16_t GPIO_Pin)함수가 표시되고 HAL_GPIO_EXTI_Callback(GPIO_Pin)를 다시 호출한다.

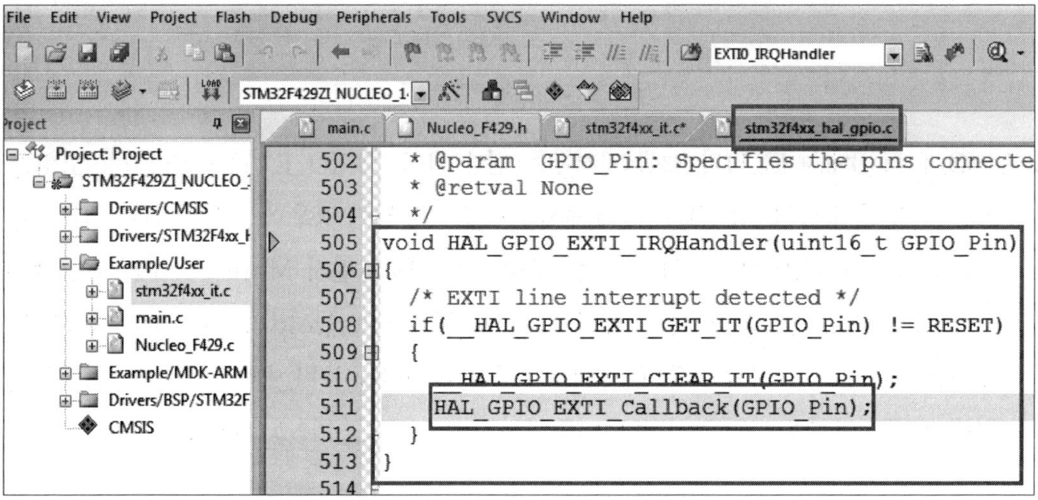

» min.c의 프로그램을 보면 void HAL_GPIO_EXTI_Callback(uint16_t GPIO_PIN)가 실행되는데 GPIO_PIN == GPIO_PIN_0이면 flag_Sw1 = 1, flag_Sw2 = 0가 되고 while(1) 내에 led는 오른쪽 → 왼쪽으로 shift 되고 GPIO_PIN == GPIO_PIN_1이면 flag_Sw1 = 0, flag_Sw2 = 1이 되고 while(1)내에 led는 왼쪽 → 오른쪽으로 shift 된다.

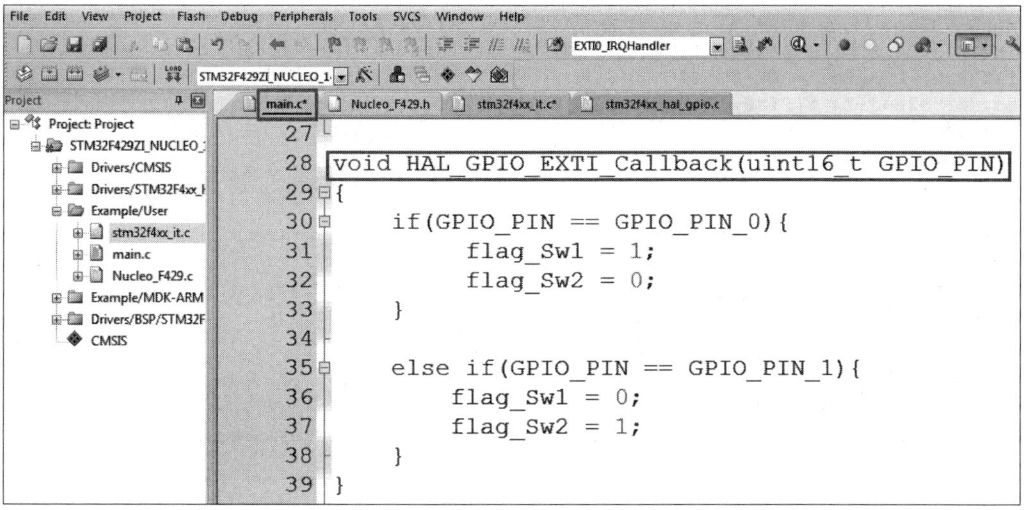

⑥ Build( ) - load( )를 클릭해서 실행해 보자.

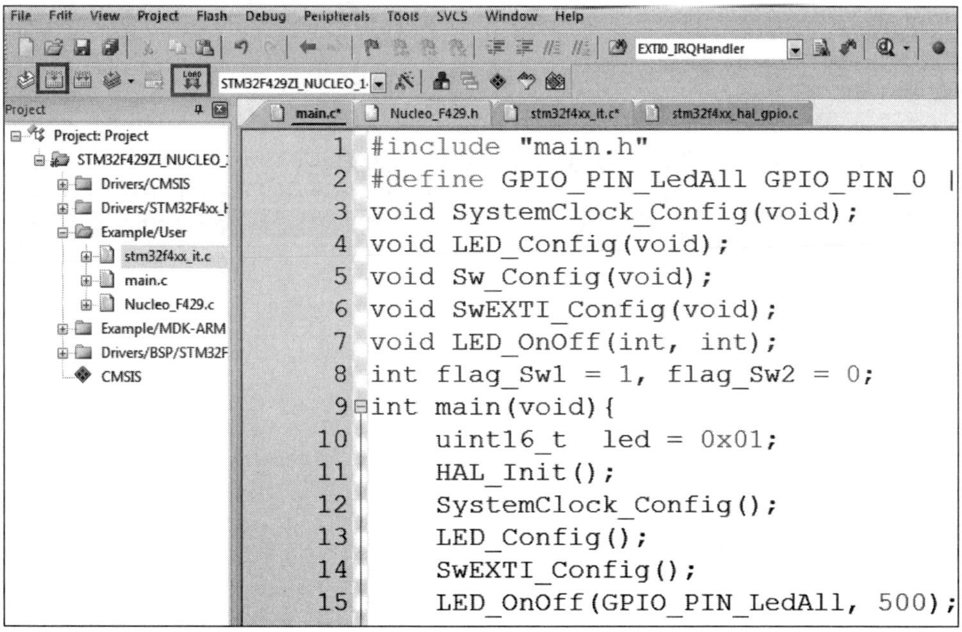

⑦ 다운로드가 완료되면 아래쪽 Build Output 창에 다음과 같이 표시되면 정상이다.

» (“Programming Done” “Verity OK” “Application running”)

Build Output

```
compiling main.c...
compiling Nucleo_F429.c...
assembling startup_stm32f429xx.s...
compiling stm32f4xx_nucleo_144.c...
linking...
Program Size: Code=2728 RO-data=476 RW-data=8 ZI-data=1304
"STM32F429ZI_NUCLEO_144\STM32F429ZI_NUCLEO_144.axf" - 0 Error(s), 0 Warning(s)
Build Time Elapsed:  00:07:44
Load "STM32F429ZI_NUCLEO_144\\STM32F429ZI_NUCLEO_144.axf"
Erase Done.
Programming Done.
Verify OK.
Application running ...
Flash Load finished at 12:10:53
Load "STM32F429ZI_NUCLEO_144\\STM32F429ZI_NUCLEO_144.axf"
Erase Done.
Programming Done.
Verify OK.
Application running ...
Flash Load finished at 12:12:09
```

⑧ 다운로드 한 프로그램을 load 하고 나면 compile이 되고 모니터 화면 아래쪽에 다음과 같이 나타난다.

Build Output

```
compiling main.c...
assembling startup_stm32f429xx.s...
compiling Nucleo_F429.c...
compiling stm32f4xx_nucleo_144.c...
linking...
Program Size: Code=2732 RO-data=476 RW-data=8 ZI-data=1304
"STM32F429ZI_NUCLEO_144\STM32F429ZI_NUCLEO_144.axf" - 0 Error(s), 0 Warning(s).
Build Time Elapsed:  00:01:21
```

[예제_EXTI 6.2 소스]

```
#include "main.h"
#define GPIO_PIN_LedAll GPIO_PIN_0 | GPIO_PIN_1 | GPIO_PIN_2
| GPIO_PIN_3 |                GPIO_PIN_4 | GPIO_PIN_5 | GPIO_
PIN_6 | GPIO_PIN_7
void SystemClock_Config(void);
void LED_Config(void);
void Sw_Config(void);
void SwEXTI_Config(void);
void LED_OnOff(int, int);
int flag_Sw1 = 1, flag_Sw2 = 0;
int main(void){
uint16_t  led = 0x01;
HAL_Init();
SystemClock_Config();
LED_Config();
SwEXTI_Config();
LED_OnOff (GPIO_PIN_LedAll, 500);
while(1){
        if (flag_Sw1 == 1){
                led <<= 1;
                if(led > 0x80) led = 0x01;
                LED_OnOff(led, 100);
        }
        else if (flag_Sw2 == 1){
                led >>= 1;
                if(led < 0x01) led = 0x80;
                LED_OnOff (led,100);
        }}}
void HAL_GPIO_EXTI_Callback(uint16_t GPIO_PIN){
        if (GPIO_PIN == GPIO_PIN_0){
                flag_Sw1 = 1;
                flag_Sw2 = 0;
                }
        else if (GPIO_PIN == GPIO_PIN_1){
                flag_Sw1 = 0;
                flag_Sw2 = 1;
        }}
```

[예제_EXTI 6.3] 외부 인터럽트 EXTI를 이용한 led 제어 실습

외부인터럽트 PG0~PG3 스위치를 이용하여 led를 on → off 하고자 한다.
falling edge로 동작되게 프로그램을 설계해 보자.

외부 인터럽트 스위치	PG0	PG1	PG2	PG3
led	PD0, PD1	PD0 ~ PD3	PD0 ~ PD5	PD0 ~ PD7

① keil μVision5 파일을 실행한다.
② Project-Open Project 파일을 클릭한다.

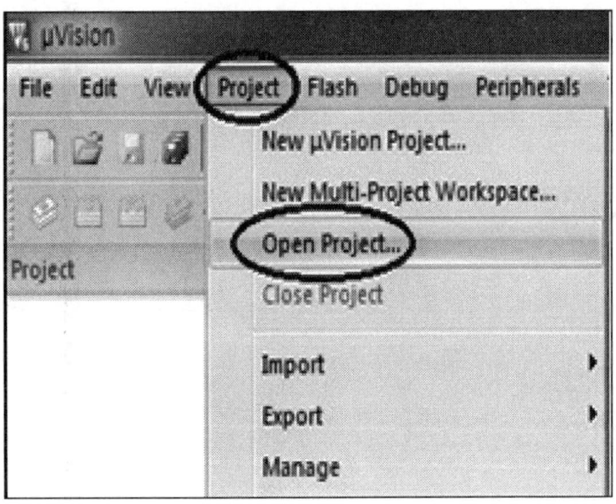

③ 예제 소스파일 지정경로를 선택하고 Project.uvprojx을 더블 클릭한다.

» D:\ARM_F4_example\Examples_Nucleo F429\2.EXTI\EXTI 6.3\MDK-ARM 클릭한다. (pc 사용자마다 저장경로는 다를 수 있다.)

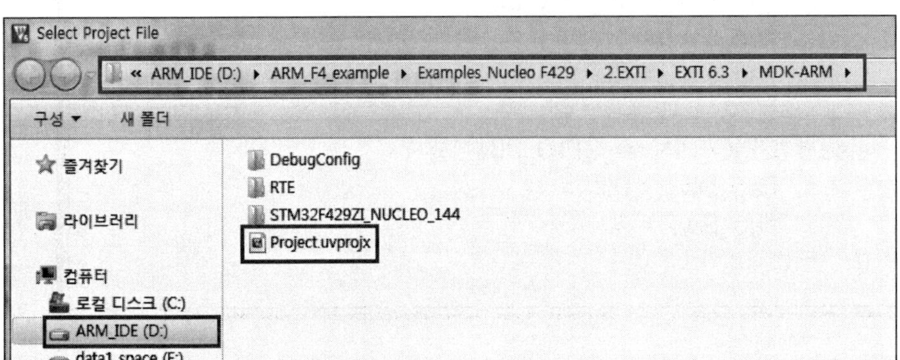

④ 다음과 같이 실행한 파일이 화면에 나타나면 왼쪽 Manager Project 창에 main.c를 클릭한다. 화면에 프로그램이 나타나지 않을 경우 main.c를 클릭해야 오른쪽 창에 프로그램이 표시된다.

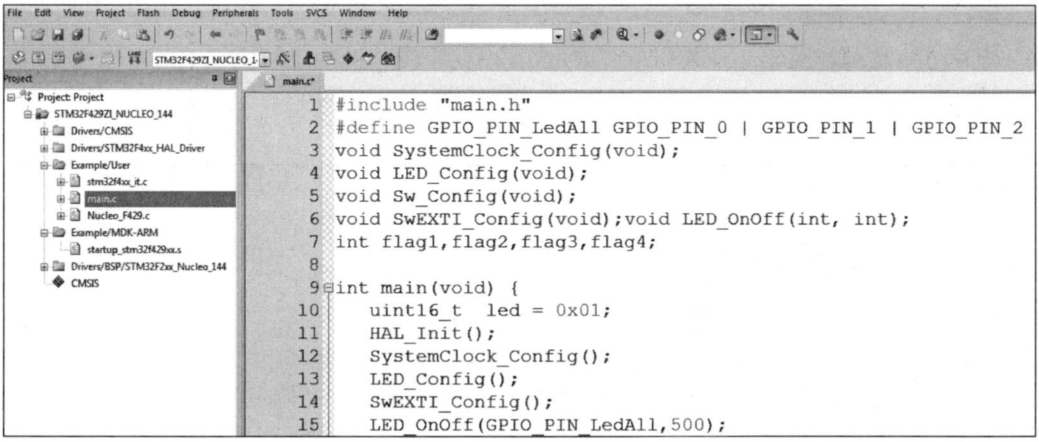

⑤ Manager Project창에 stm32f4xx_it.c를 클릭하면 void EXTI0_IRQHandler(void) 그리고 void EXTI1_IRQHandler(void),void EXTI2_IRQHandler(void),void EXTI3_IRQHandler(void)함수가 표시되고 HAL_GPIO_EXTI_IRQHandler(GPIO_PIN_0) 또는 HAL_GPIO_ EXTI_IRQHandler(GPIO_PIN_1), HAL_GPIO_ EXTI_IRQHandler(GPIO_PIN_2), HAL_GPIO_ EXTI_IRQHandler(GPIO_PIN_2) 등 해당되는 인터럽트를 호출하게 된다.

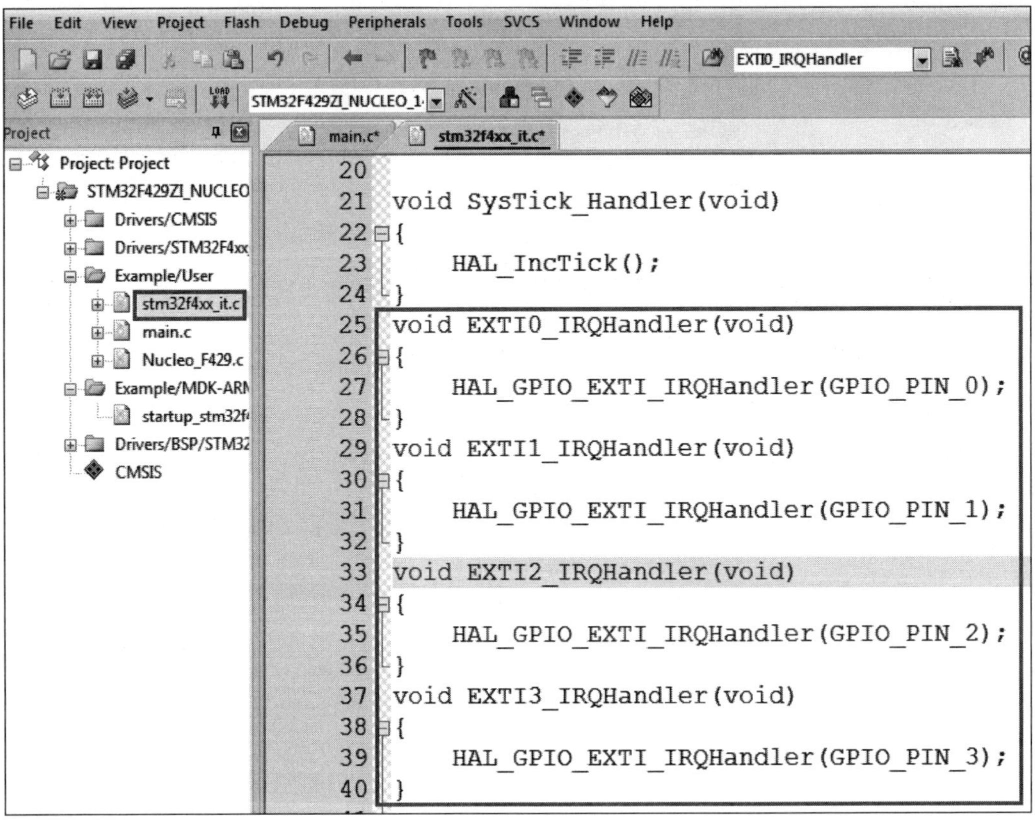

» void EXTI0_IRQHandler(void)함수에서 HAL_GPIO_EXTI_IRQHandler(GPIO_PIN_0)를 한번 클릭하고 오른쪽 마우스를 클릭하고 Go TO Difinition Of 'HAL_GPIO_EXTI_IRQHandler'를 클릭한다.

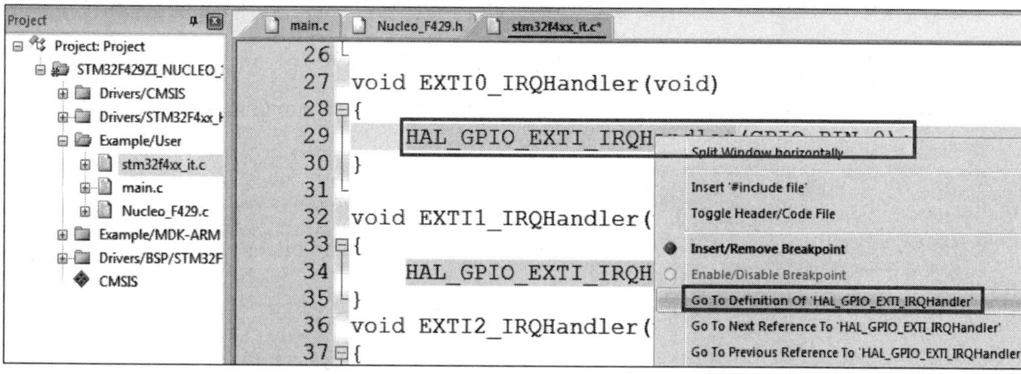

» void HAL_GPIO_EXTI_IRQHandler(uint16_t GPIO_Pin)함수가 표시되고 HAL_GPIO_EXTI_Callback(GPIO_Pin)를 다시 호출한다.

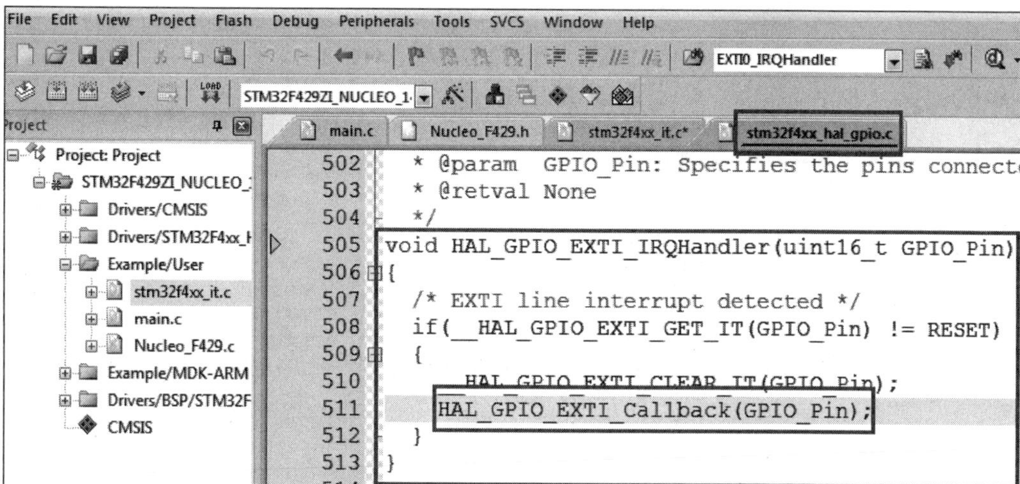

» void HAL_GPIO_EXTI_Callback(uint16_t GPIO_PIN) 함수가 호출되고 다시 min.c의 void HAL_GPIO_EXTI_Callback(uint16_t GPIO_PIN) 프로그램을 보면 GPIO_PIN == GPIO_PIN_0이면 flag1 = 1, GPIO_PIN == GPIO_PIN_1이면 flag1 = 1 되고 while(1) 내에 해당되는 flag 값이 동작된다.

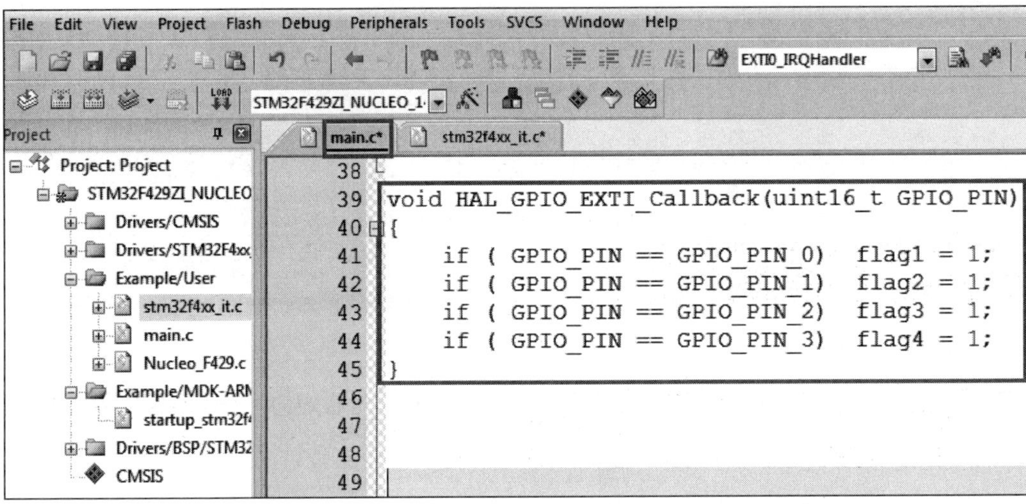

⑥ Build( ) - load( )를 클릭해서 실행해 보자.

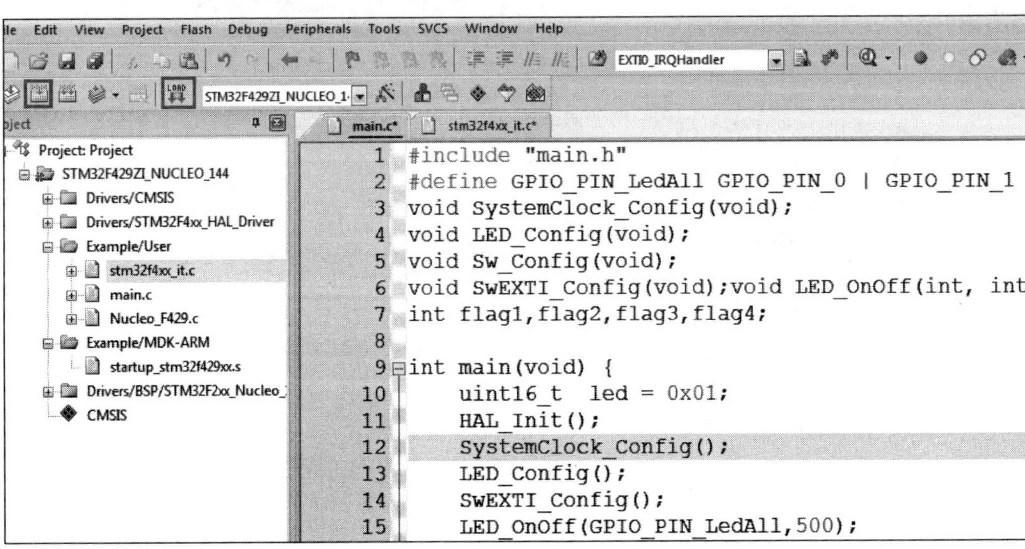

⑦ 다운로드한 프로그램을 load 하고 나면 compile이 되고 모니터 화면 아래쪽에 다음과 같이 Build Output 창이 나타난다. 성공적이다.

```
Build Output
compiling main.c...
assembling startup_stm32f429xx.s...
compiling Nucleo_F429.c...
compiling stm32f4xx_nucleo_144.c...
linking...
Program Size: Code=2732 RO-data=476 RW-data=8 ZI-data=1304
"STM32F429ZI_NUCLEO_144\STM32F429ZI_NUCLEO_144.axf" - 0 Error(s), 0 Warning(s).
Build Time Elapsed:  00:01:21
```

[예제_EXTI 6.3 소스]

```
#include "main.h"
#define GPIO_PIN_LedAll GPIO_PIN_0 | GPIO_PIN_1 | GPIO_PIN_2
| GPIO_PIN_3 |                GPIO_PIN_4 | GPIO_PIN_5 | GPIO_
PIN_6 | GPIO_PIN_7
void SystemClock_Config(void);
void LED_Config(void);
void Sw_Config(void);
void SwEXTI_Config(void);void LED_OnOff(int, int);
int flag1, flag2, flag3, flag4;

int main(void) {
        uint16_t  led = 0x01;
        HAL_Init();
        SystemClock_Config();
        LED_Config();
        SwEXTI_Config();
        LED_OnOff(GPIO_PIN_LedAll,500);
        while(1) {
                led = 0;
                if(flag1 == 1){
                        led = led | 0x03;
                        LED_OnOff(led, 300);
                        flag1 = 0;
                        }
                if(flag2 == 1){
                        led = led | 0x0c;
```

```
                LED_OnOff(led, 300);
                flag2 = 0;
        }
        if(flag3 == 1){
                led = led | 0x30;
                LED_OnOff(led, 300);
                flag3 = 0;
        }
        if(flag4 == 1){
                led = led | 0xc0;
                LED_OnOff(led, 300);
                flag4 = 0;
        }}}
void HAL_GPIO_EXTI_Callback(uint16_t GPIO_PIN)
    {
        if(GPIO_PIN == GPIO_PIN_0)  flag1 = 1;
        if(GPIO_PIN == GPIO_PIN_1)  flag2 = 1;
        if(GPIO_PIN == GPIO_PIN_2)  flag3 = 1;
        if(GPIO_PIN == GPIO_PIN_3)  flag4 = 1;
    }
```

7장

TIMER를 이용한 GPIO 제어

STM32F429의 타이머는 4가지로 구분되며 모두 14개의 타이머를 가진다.

범용(General-purpose) 타이머, 고급(Advanced) 타이머, 기본(Basic) 타이머, 채널(Channel) 타이머이다.

- **고급(Advanced)타이머**는 주로 모터 제어와 digital power conversion 등 up/down count로 동작된다.
- **범용(General-purpose)타이머**는 일반적인 타이머로 각종 센서 인터페이스 제어 타이머, encoder 등 up/down count로 동작된다.
- **기본(Basic)타이머**는 가장 기본적이 기능만 가지고 있으며 up count로만 동작된다.
- **채널(Channel)타이머**는 채널을 1~2개만 가지는 타이머로서 범용 타이머와 기능은 동일하고 up count로만 동작된다.

STM32F Family Timer Type

Timer	STM32F429	Counter Resolution	Counter type	Channels	Syschronization	
					Master config	Slave config
Advanced	TIM1 TIM8	16bit	up/down	4	yes	yes
General purpose	TIM3 TIM4	16bit	up/down	4	yes	yes
	TIM2 TIM5	32bit				
Basic(기본)	TIM6 TIM7	16bit	up	0	yes	no
1-channel	TIM10 TIM11 TIM13 TIM14	16bit	up	1	yes	no
2-channel	TIM9 TIM12	16bit	up	2	yes	yes

범용(General-purpose) 타이머 중 TIM2, TIM5는 32bit이다. 나머지는 모두 16bit이다.

7.1 TIMER 인터럽트 실습예제

[예제_TIMER 7.1] TIM2를 이용한 led 제어 실습

타이머의 TIM2를 이용하여 1초마다 업데이트 인터럽트(UI)를 발생시켜 PD0~PD7 그리고 LD1,LD2에 연결되어 있는 led를 동시에 Toggle on/off 하고자 한다. 동작 주파수를 1Hz로 하기 위해서는 시스템 clock은 180MHz, 타이머에 공급되는 clock 주파수는 90MHz, 분주비(Prescale)=8999, 주기(Period)=9999 설정한다.

TIM2 타이머 발생 주파수를 구해보자.

타이머에 공급되는 clock 주파수는 90MHz, 분주비(Prescale)=8999, 주기(Period)=9999

- TimHandler.Init.Prescaler = 8999 → 90MHz/9000 = 10000Hz
- TimHandler.Init.Period = 9999 → 10000Hz/(1+9999) = **1Hz**

TIM2 타이머 발생 주파수 = $\frac{(Time\ \ clock)/(Prescaler+1)}{(Perid+1)}$

f = $\frac{(90MHZ/8999+1)}{(9999+1)}$ = **1Hz 이다.**

① keil μVision5 파일을 실행한다.
② Project-Open Project 파일을 클릭한다.

③ 예제 소스파일 지정 경로를 선택하고 Project.uvprojx을 클릭한다.

» D:\ARM_F4_example\Examples_Nucleo F429\3.Timer\TIMER 7.1\MDK-ARM 클릭한다. (사용자 pc마다 저장 경로는 다를 수 있다.)

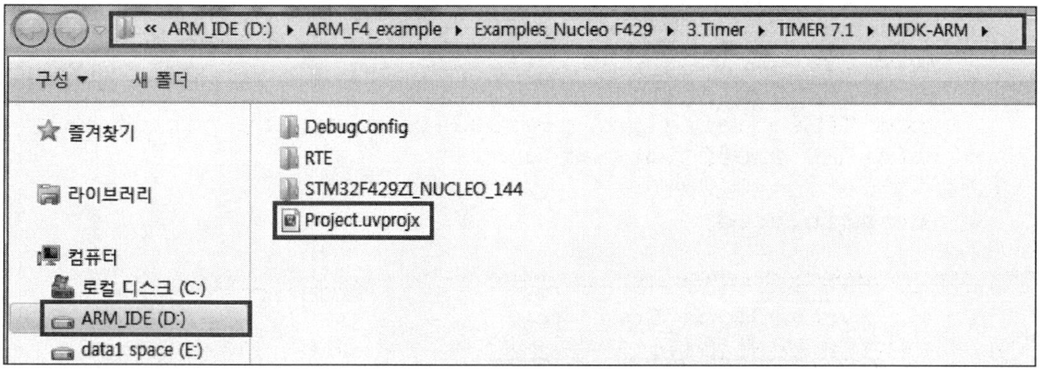

④ 다음과 같이 실행한 파일이 화면에 나타나지 않으면 왼쪽 Manager Project 창에 main.c를 클릭한다.

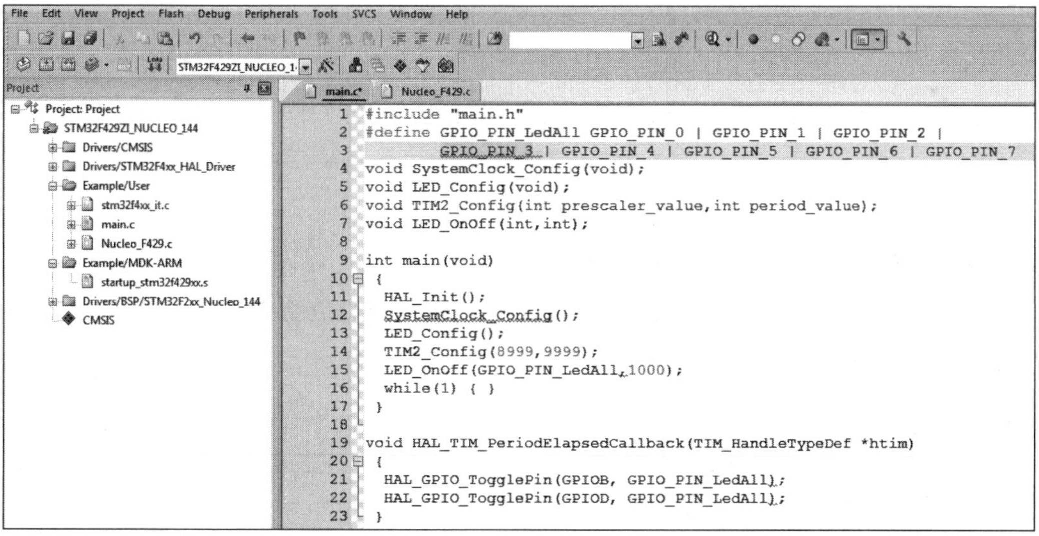

⑤ main.c에서 TIM2_Config(8999,9999)함수를 한번 클릭하고 오른쪽 마우스를 클릭하면 다음과 같은 창이 생성된다. Go TO Difinition Of 'TIM2_Config'를 클릭한다.

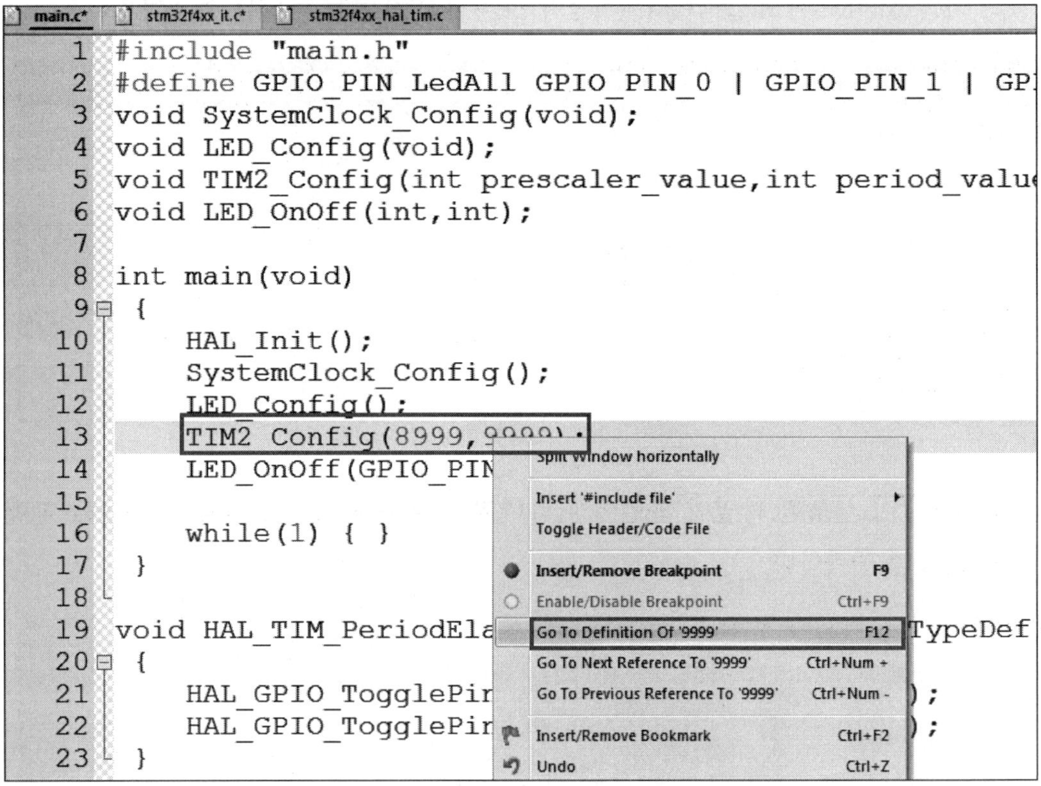

⑥ Timer의 초기설정을 위한 TIM2_Config(int prescaler_value, int period_value) 함수가 표시된다. TIM의 동작 조건설정을 설정하고 TIM2를 TimHandle에 설정된 값으로 초기화하며 TIM를 동작한다.

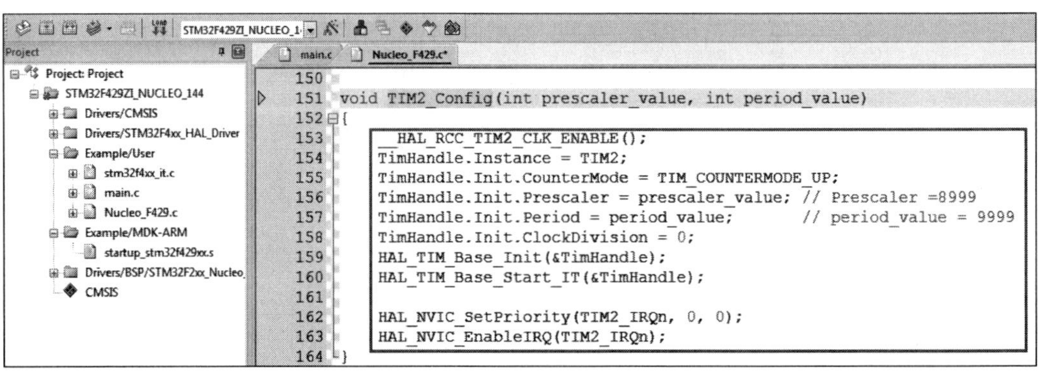

⑦ Manager Project창에 stm32f4xx_it.c를 클릭하면 TIM2_IRQHandler(void)함수가 표시되고 HAL_TIM_IRQHandler(&TimHandle)를 호출하게 된다.

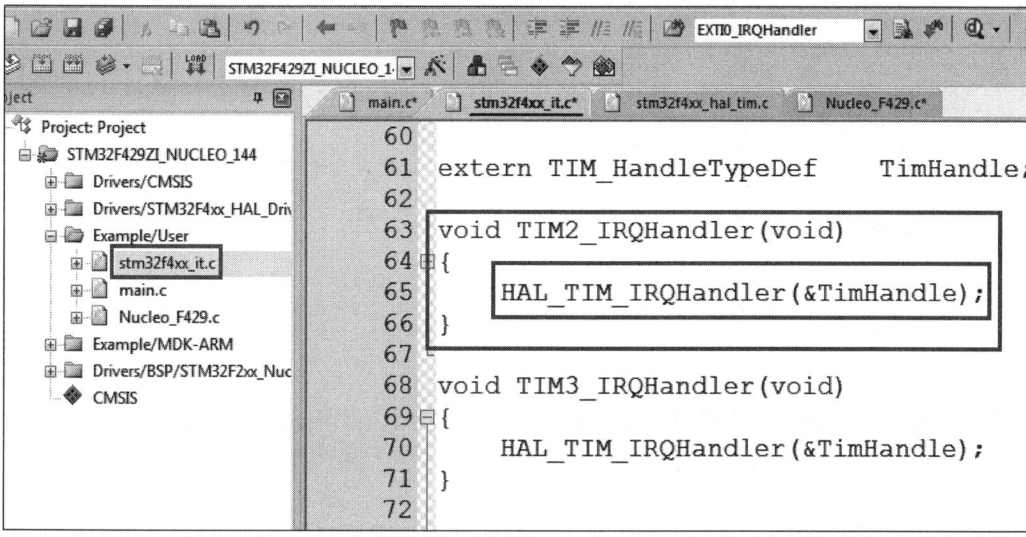

⑧ HAL_TIM_IRQHandler(&TimHandle)를 한번 클릭하고 오른쪽 마우스를 클릭하면 Go TO Difinition Of 'HAL_TIM_IRQHandler'를 클릭한다.

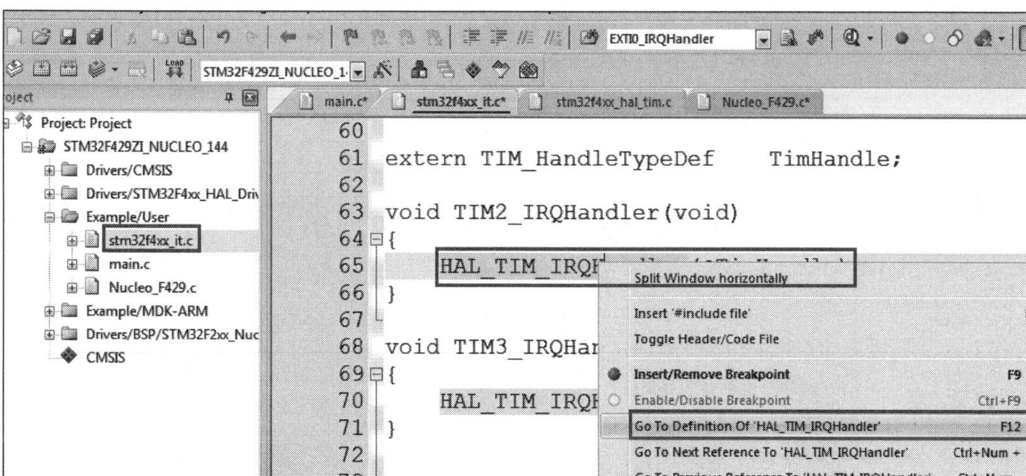

⑨ HAL_TIM_IRQHandler(TIM_HandleTypeDef *htim) 호출 되었다.

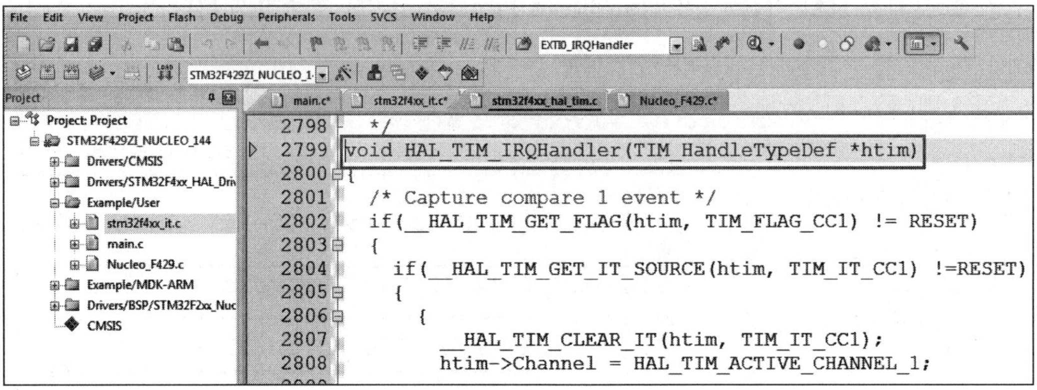

⑩ TIM Update event에서 HAL_TIM_PeriodElapsedCallback(htim)함수를 호출하게 되고 main.c 함수로 Callback 하게 된다.

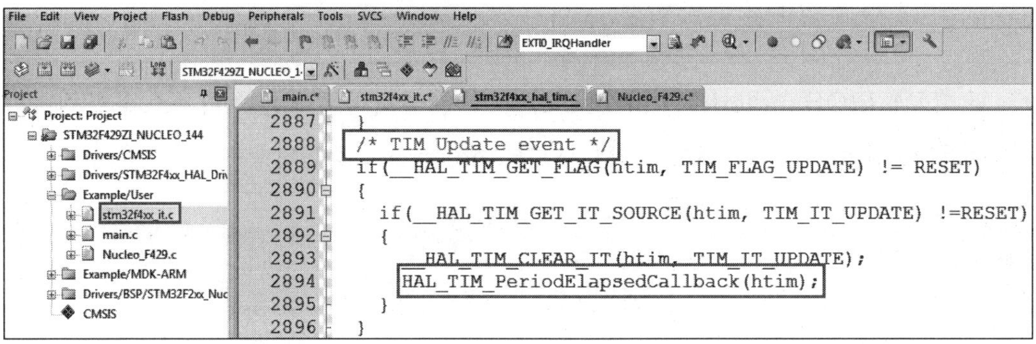

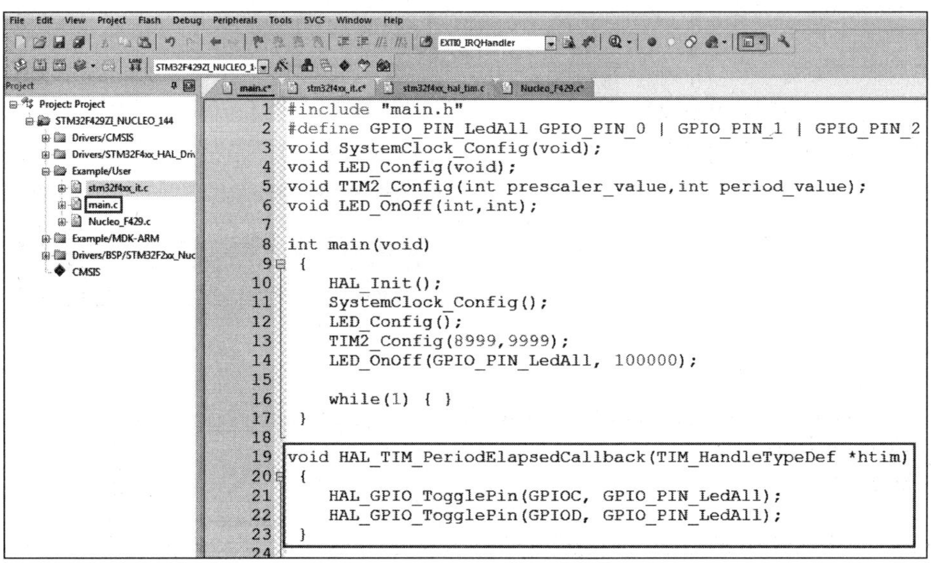

⑪ Build(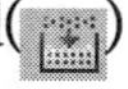) - load()를 클릭해서 실행해 보자.

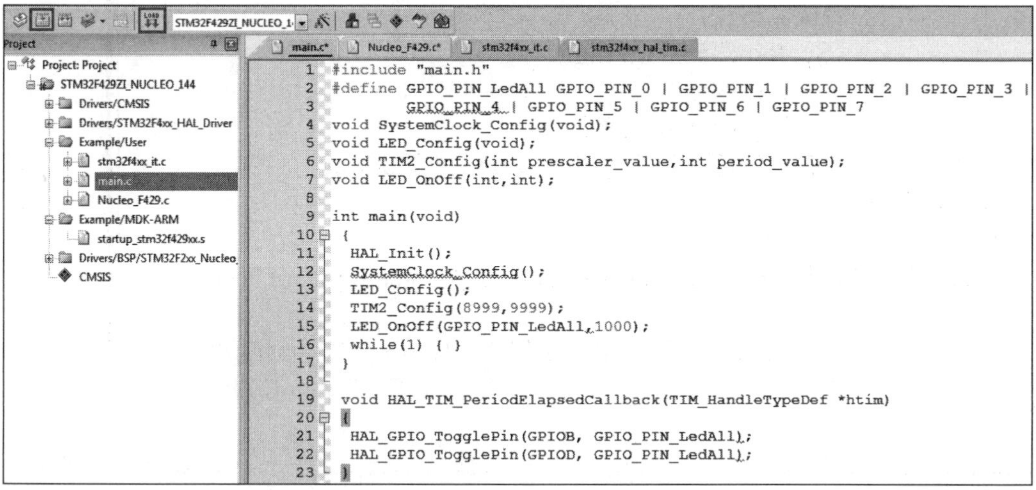

⑫ 다운로드한 프로그램을 load 하고 나면 compile이 되고 모니터 화면 아래쪽에 다음과 같이 나타난다.

Build Output

```
compiling main.c...
assembling startup_stm32f429xx.s...
compiling Nucleo_F429.c...
compiling stm32f4xx_nucleo_144.c...
linking...
Program Size: Code=2732 RO-data=476 RW-data=8 ZI-data=1304
"STM32F429ZI_NUCLEO_144\STM32F429ZI_NUCLEO_144.axf" - 0 Error(s), 0 Warning(s).
Build Time Elapsed:  00:01:21
```

[예제_TIMER 7.1 소스]

```
#include "main.h"
#define GPIO_PIN_LedAll GPIO_PIN_0 | GPIO_PIN_1 | GPIO_PIN_2
| GPIO_PIN_3 | GPIO_PIN_4 | GPIO_PIN_5 | GPIO_PIN_6 | GPIO_
PIN_7
void SystemClock_Config(void);
void LED_Config(void);
void TIM2_Config(int prescaler_value, int period_value);
void LED_OnOff(int, int);
int main(void)
```

```
	{
		HAL_Init();
		SystemClock_Config();
		LED_Config();
		TIM2_Config(8999,9999);
		LED_OnOff(GPIO_PIN_LedAll, 100000);
while(1) { }
}
void HAL_TIM_PeriodElapsedCallback(TIM_HandleTypeDef *htim)
	{
		HAL_GPIO_TogglePin(GPIOC, GPIO_PIN_LedAll);
		HAL_GPIO_TogglePin(GPIOD, GPIO_PIN_LedAll);
	}
```

[예제_TIMER 7.2] TIM2를 이용한 led 제어 실습

타이머의 TIM2를 이용하여 LD1~LD3 그리고 PD0~PD7의 led 모두를 on/off 하고자 한다. 업데이트 인터럽트가 발생하면 TIM2_Config(8999, 9999)의 분주비와 주기를 이용하여 led를 on 시키고 TIM_OC_Config(4999)의 비교 값을 이용하여 OC 인터럽트가 발생하면 led를 off 하고자 한다.

타이머 분주비와 주기는 TIM2_Config(8999, 9999)하고 TIM_OC_Config 주기는 TIM_OC_Config(4999)로 한다.

> 정리하면 시스템 clock은 180MHz, 타이머 레지스터에 공급되는 clock 주파수는 90MHz, 분주비(Prescale)=8999, 주기(Period)=9999 하고 OC_Config 주기는 4999로 설정한다.

① keil μVision5  파일을 실행한다.
② Project-Open Project 파일을 클릭한다.

③ 예제 소스파일 지정 경로를 선택하고 Project.uvprojx을 더블 클릭한다.

» D:\ARM_F4_example\Examples_Nucleo F429\3.Timer\TIMER 7.2\MDK-ARM 클릭한다. (pc 사용자마다 예제 소스파일 저장 경로는 다를 수 있다.)

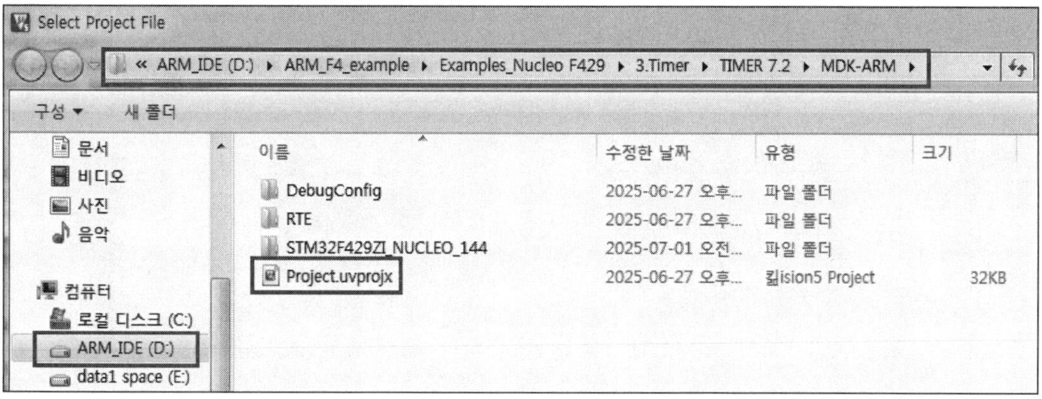

④ 다음과 같이 실행한 파일이 화면에 나타나지 않으면 왼쪽 Manager Project 창에 main.c를 클릭한다. main.c 를 클릭해야 오른쪽 창에 프로그램이 표시된다.

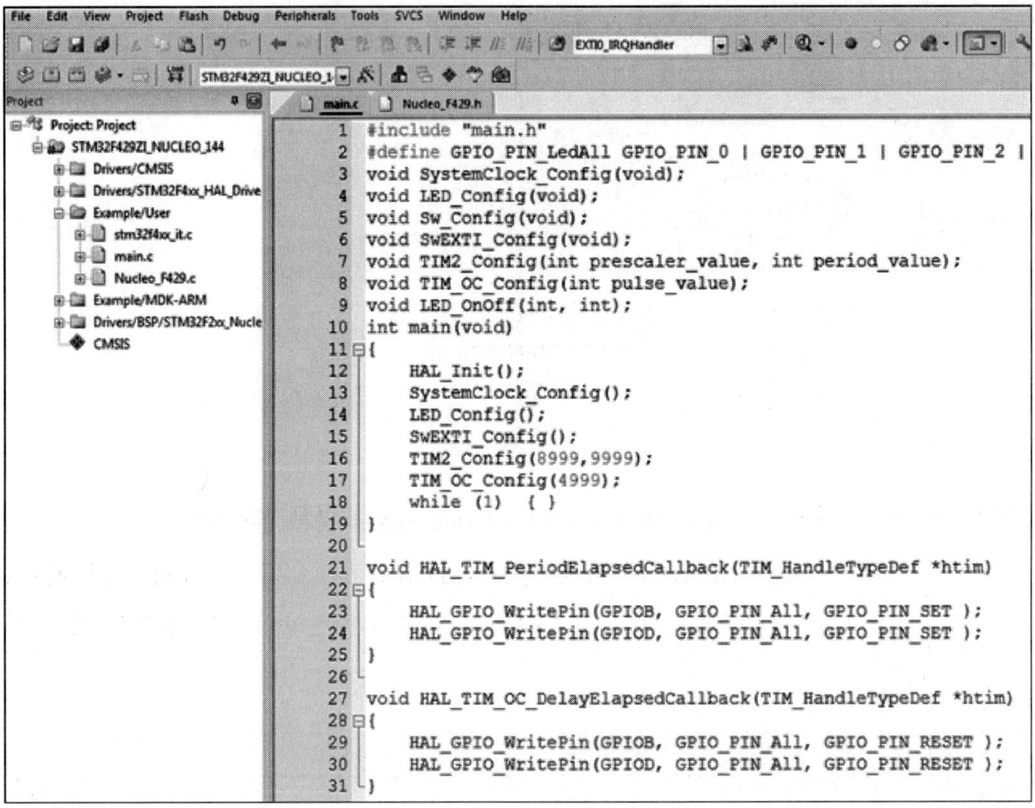

⑤ main.c에서 TIM2_Config(8999, 9999) 함수를 한 번 클릭하고 오른쪽 마우스를 클릭하면 다음과 같은 창이 생성된다. Go TO Difinition Of 'TIM2_Config'를 클릭한다.

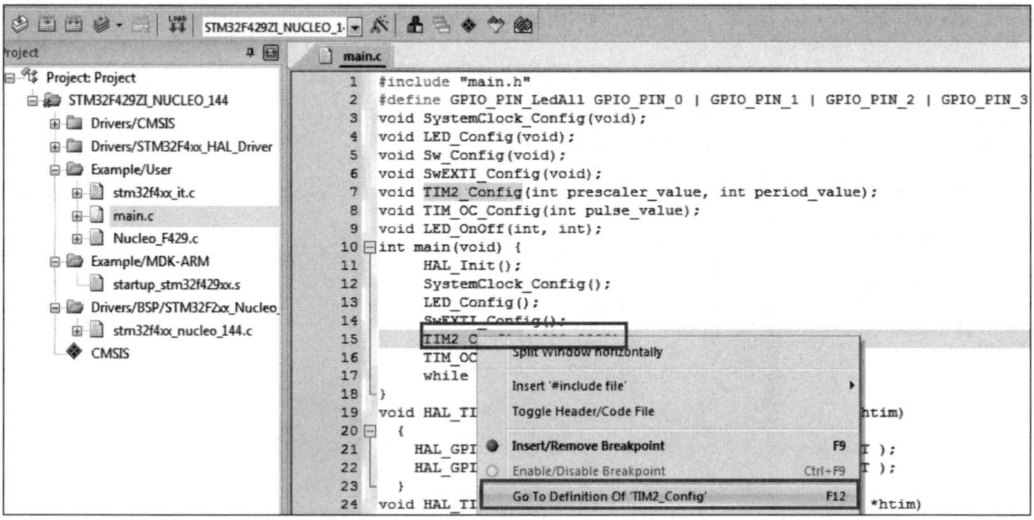

⑥ Timer의 초기설정을 위한 TIM2_Config(int prescaler_value, int period_value) 함수가 표시된다. TIM의 동작 조건설정을 설정하고 TIM2를 TimHandle에 설정된 값으로 초기화하며 TIM를 동작한다.

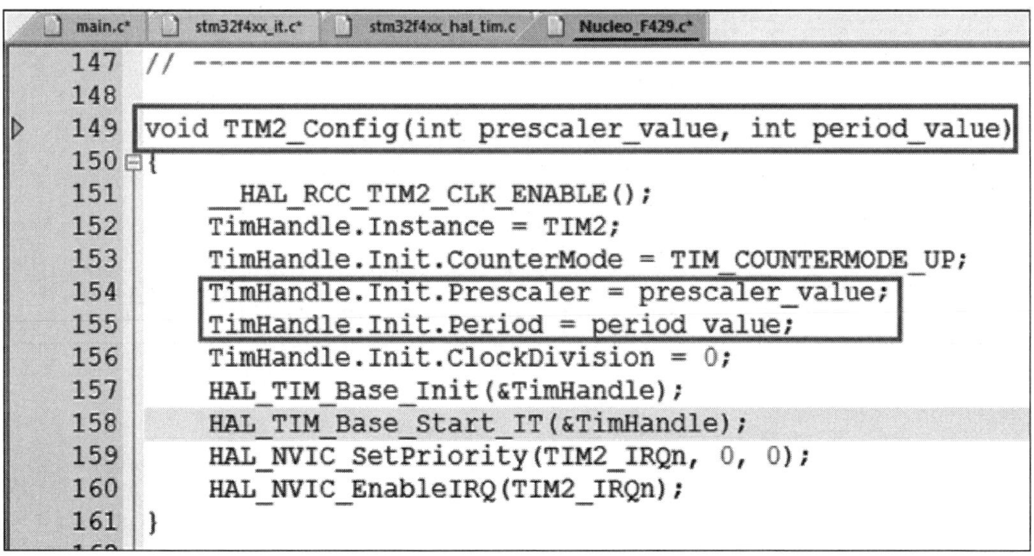

⑦ main.c에서 TIM_OC_Config(4999) 함수를 한번 클릭하고 오른쪽 마우스를 클릭하면 다음과 같은 창이 생성된다. Go TO Difinition Of 'TIM_OC_Config'를 클릭한다.

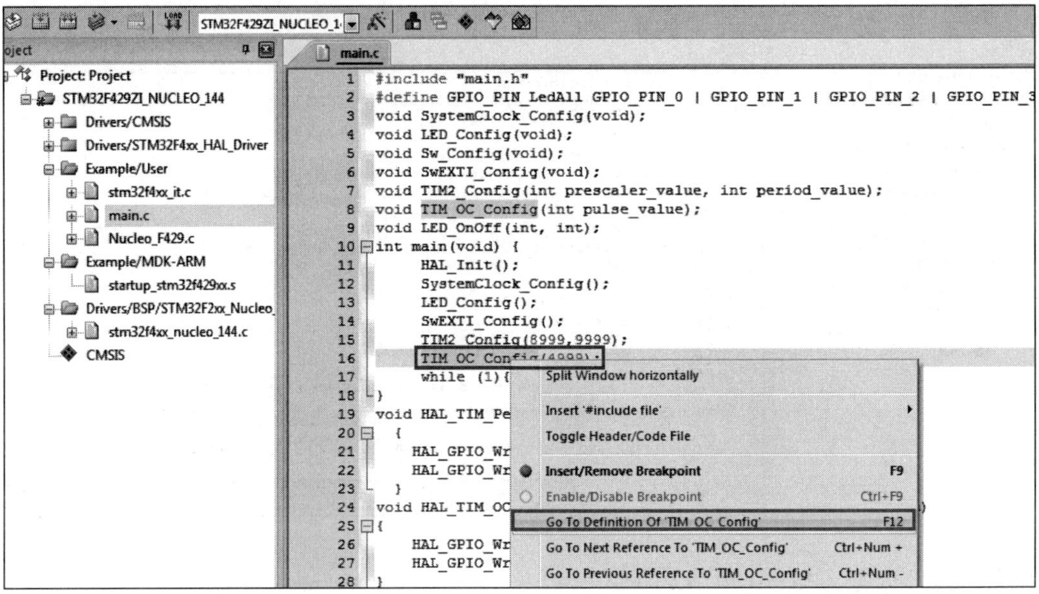

⑧ TIM_OC_Config(int pulse_value) 함수이며 Timer의 Output Compare 동작 초기설정을 위한 함수이다.

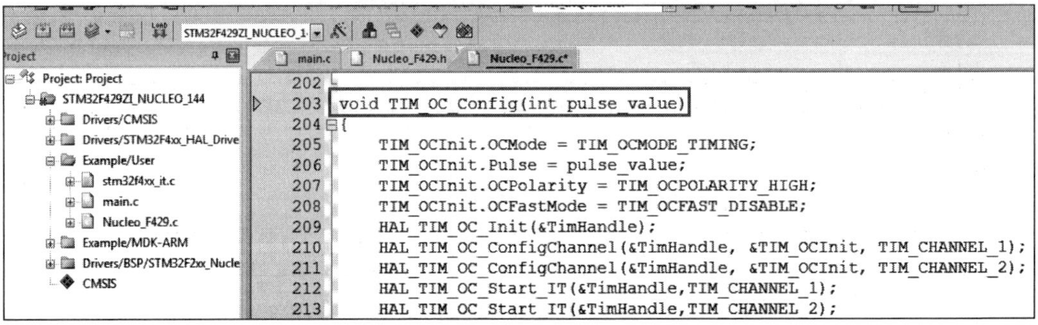

⑨ Manager Project창에 stm32f4xx_it.c를 클릭하면 TIM2_IRQHandler(void)함수가 표시되고 HAL_TIM_IRQHandler(&TimHandle)를 호출하게 된다.

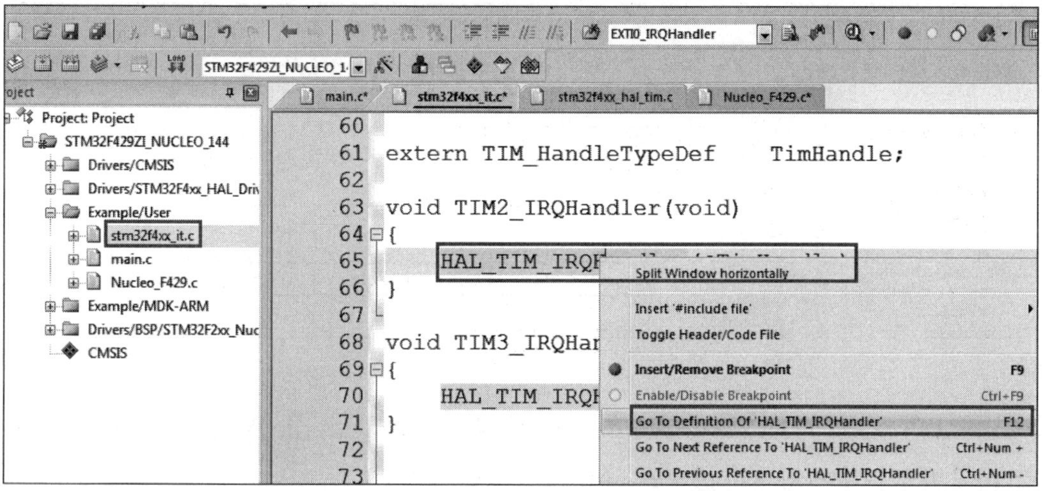

⑩ HAL_TIM_IRQHandler(TIM_HandleTypeDef *htim) 호출 되었다.

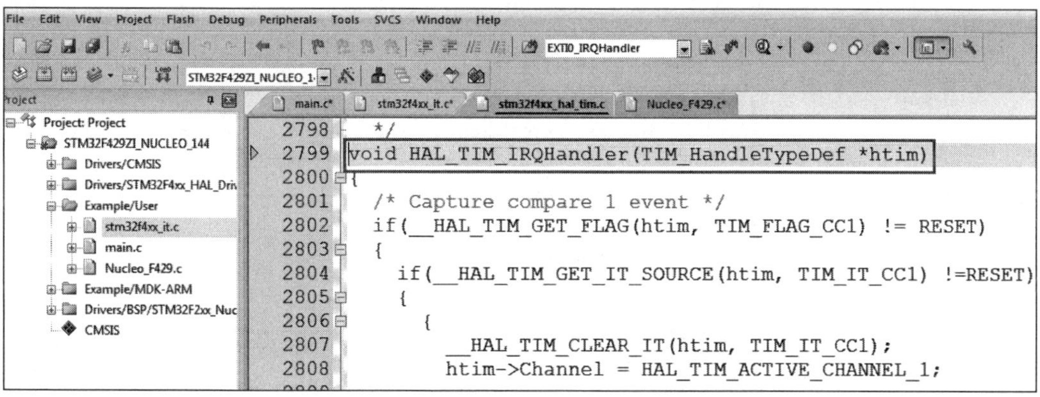

⑪ TIM Update event에서 HAL_TIM_PeriodElapsedCallback(htim)함수를 호출하면 main.c 함수로 Callback 하게 된다. 모든 led는 on 된다.

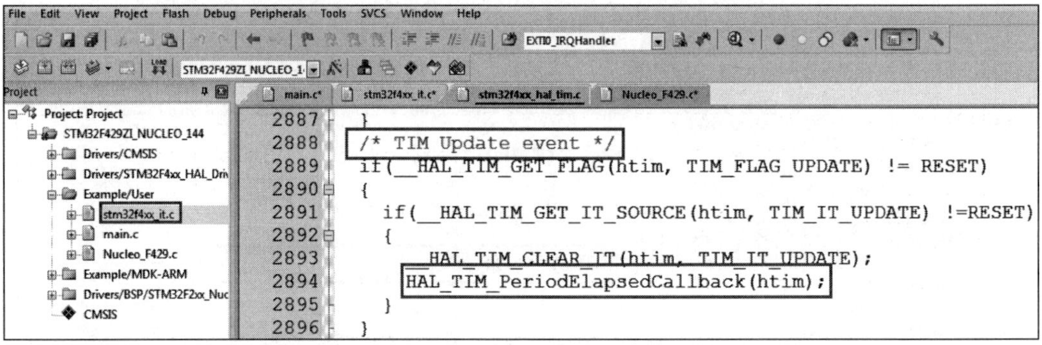

⑫ main.c의 HAL_TIM_PeriodElapsedCallback(TIM_HandleTypeDef *htim) 함수 내에 프로그램이 실행되고 모든 led는 on 된다.

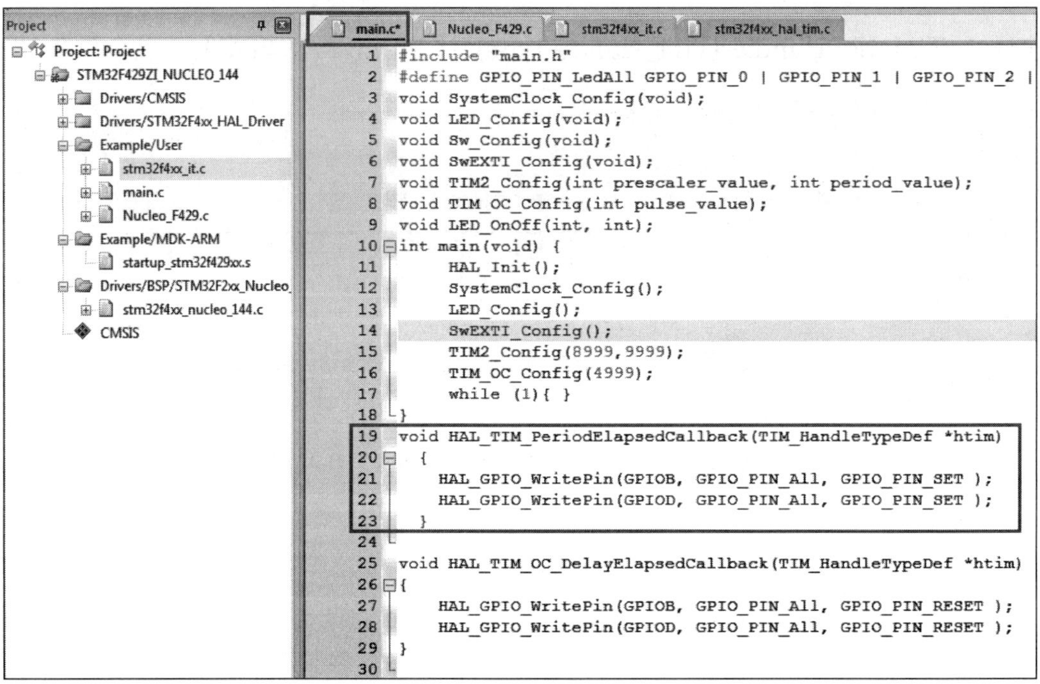

⑬ main.c의 HAL_TIM_PeriodElapsedCallback 함수가 실행 후 타이머 값은 증가되고 Capture compare 2 event가 발생하면 OC 인터럽트가 발생되는데 TIM_OC_Config(int pulse_value) 비교값이 타이머 카운터 값과 일치하면 HAL_TIM_OC_DelayElapsedCallback(htim) 함수가 동작되고 main.c의 HAL_TIM_OC_DelayElapsedCallback(TIM_HandleTypeDef *htim)를 callback 한다. led는 모두 off 된다.

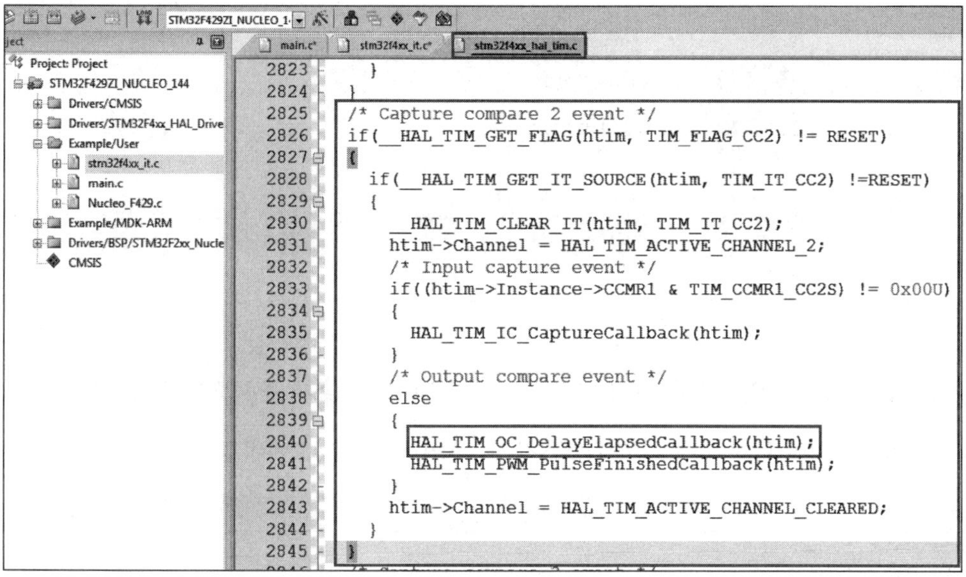

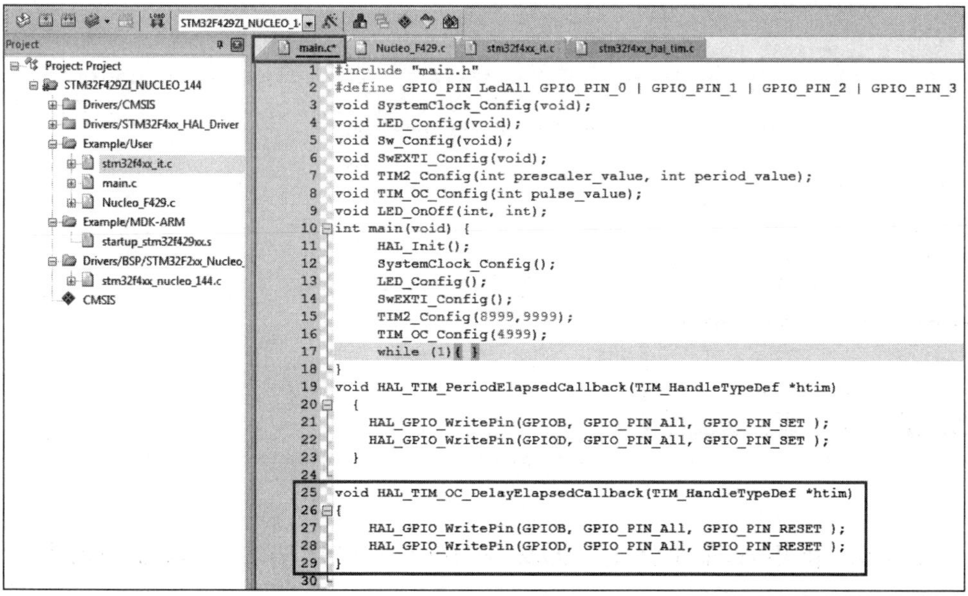

⑭ Build( ) - load( )를 클릭해서 실행해 보자.

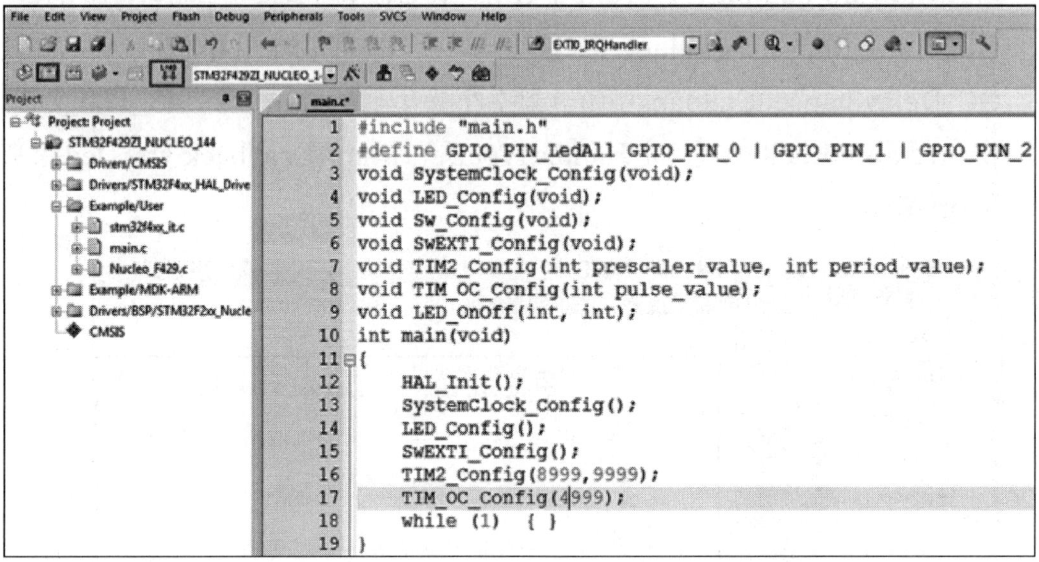

⑮ 다운로드가 완료되면 아래쪽 Build Output 창에 다음과 같이 표시되면 정상이다.

» (“Programming Done” “Verity OK” “Application running”)

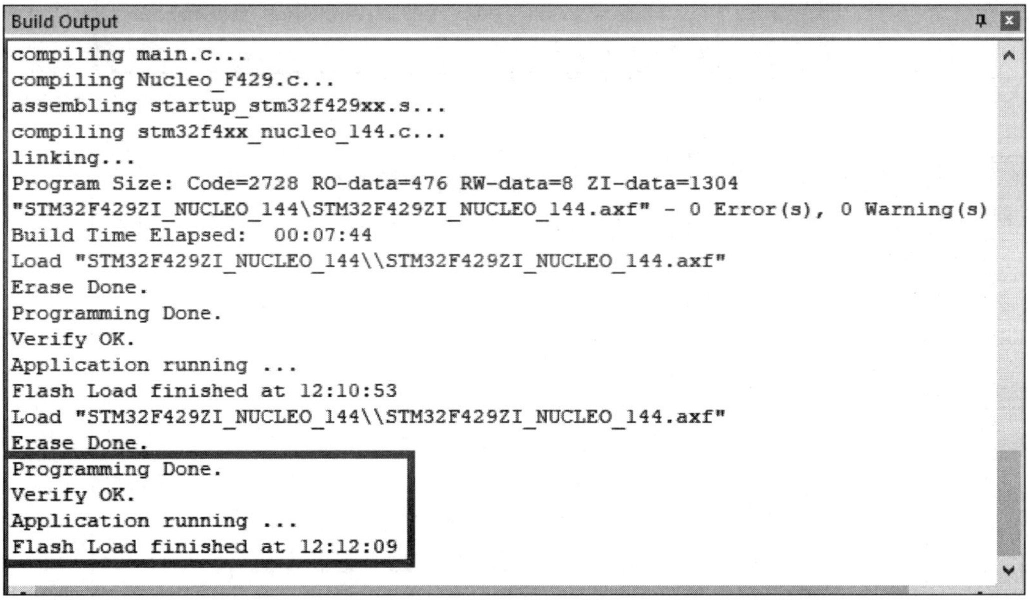

⑯ TIM_OC_Config(4999)에 4999를 999로 수정하고 실행해 보자. led의 on/off 주기가 변화는 것을 확인할 수 있다.

[예제_TIMER 7.2 소스]

```
#include "main.h"
#define GPIO_PIN_LedAll GPIO_PIN_0 | GPIO_PIN_1 | GPIO_PIN_2
| GPIO_PIN_3 | GPIO_PIN_4 | GPIO_PIN_5 | GPIO_PIN_6 | GPIO_
PIN_7
void SystemClock_Config(void);
void LED_Config(void);
void Sw_Config(void);
void SwEXTI_Config(void);
void TIM2_Config(int prescaler_value, int period_value);
void TIM_OC_Config(int pulse_value);
void LED_OnOff(int, int);
int main(void) {
        HAL_Init();
        SystemClock_Config();
        LED_Config();
        SwEXTI_Config();
        TIM2_Config(8999,9999);

        TIM_OC_Config(8999);
        while (1){ }
}
void HAL_TIM_PeriodElapsedCallback(TIM_HandleTypeDef *htim)
        {
                HAL_GPIO_WritePin(GPIOB, GPIO_PIN_All, GPIO_
PIN_SET );
                HAL_GPIO_WritePin(GPIOD, GPIO_PIN_All, GPIO_
PIN_SET );
        }
void HAL_TIM_OC_DelayElapsedCallback(TIM_HandleTypeDef
*htim)
{
        HAL_GPIO_WritePin(GPIOB, GPIO_PIN_All, GPIO_PIN_
RESET );
        HAL_GPIO_WritePin(GPIOD, GPIO_PIN_All, GPIO_PIN_
RESET );
}
```

Memo

8장

STM32cubeIDE 다운 및 설치

8장 STM32cubeIDE 다운 및 설치

ARM core를 구동하기 위해 stm32cubeIDE download 받고 사용하는 방법에 대해 알아보자.

STM32 MCU를 기반으로 하는 소프트웨어를 무료로 지원하는 통합개발환경 IDE(Integr ated Development Environment for STM32) 프로그램이다. 즉. STM32cubeIDE 소프트웨어이다.

STM32cubeIDE는 ARM CORE를 eclipse 운영체계로 사용하도록 개발 되었으며 기전에 사용되고 있던 GUI장치를 STM32MCU로 설정하고 주변장치(peripheral)들을 I/O로 정의하고 주변장치들에 대해 초기화 코드를 자동으로 생성하여 개발자가 편리하고 쉽게 접근할 수 있도록 하는 소프트웨어 장치이다.

① https://www.st.com 사이트에 접속한다. STM32cubeIDE download 한다.

② 검색창에 "stm32cubeIDE" 입력하고 검색한다. STM32CubeIDE 클릭한다.

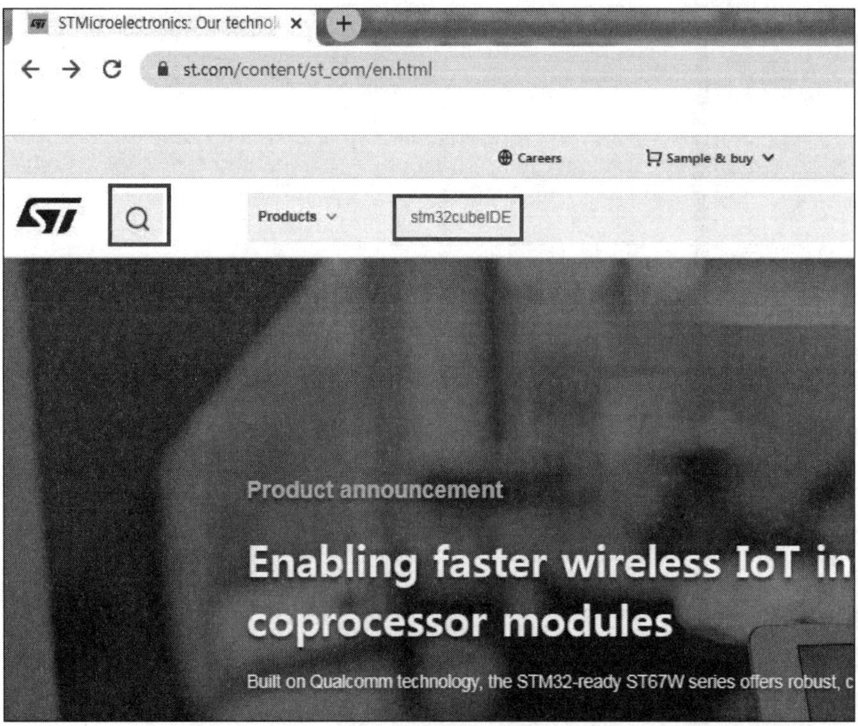

③ 검색창을 아래로 내리면 Get Software에서 Select version을 확인하고 Get latest를 클릭한다.

STM32CubeIDE-Win	STM32CubeIDE Windows Installer	1.17.0	Get latest	Select version

④ Additional License Terms for STM32CubeIDE 1.17.0에서 Accept 를 클릭하고 사용자는 Log in to MyST 처음 사용자는 Creat a MyST Account를 선택한다. 회원가입 후 Log in to MyST 한 후 다운로드 한다.

Get Software

	Part Number	General Description	Supplier	Download	All versions
+	STM32CubeIDE-DEB	STM32CubeIDE Debian Linux Installer	ST	Download latest	Select version
+	STM32CubeIDE-Lnx	STM32CubeIDE Generic Linux Installer	ST	Download latest	Select version
+	STM32CubeIDE-Mac	STM32CubeIDE macOS Installer	ST	Download latest	Select version
+	STM32CubeIDE-RPM	STM32CubeIDE RPM Linux Installer	ST	Download latest	Select version
+	STM32CubeIDE-Win	STM32CubeIDE Windows Installer	ST	Download latest	Select version

⑤ en.st-stm32cubeide_1.17.0_23558_20241125_2245_x86_64.exe 다운로드 후에 압축을 풀고 설치한다.

⑥ IDE 아이콘을 클릭한다.

» IDE 아이콘(IDE) 생성됨.

» 다음 창이 나타나면 Next를 클릭한다.

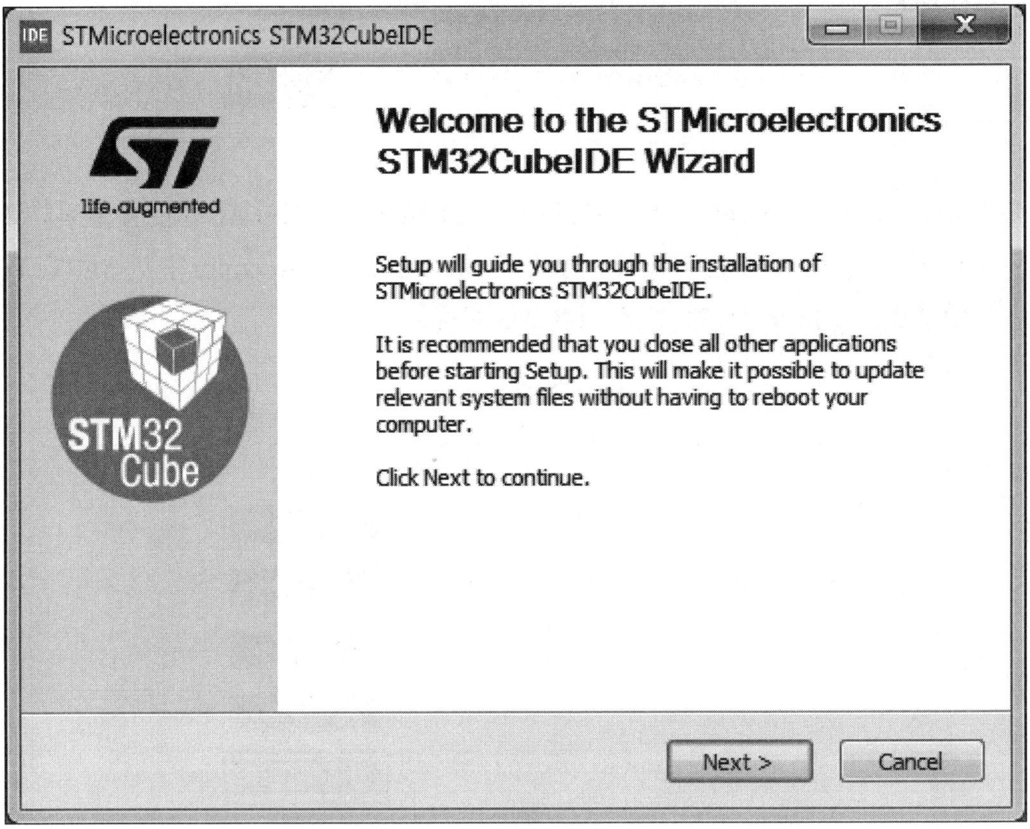

⑦ 설치 폴더 C:\ST\STM32CubeIDE_1.17.0(또는 1.14 등) 확인하고 NEXT 클릭한다. 저장위치를 변경할려면 Browse를 클릭하고 경로를 설정한다.

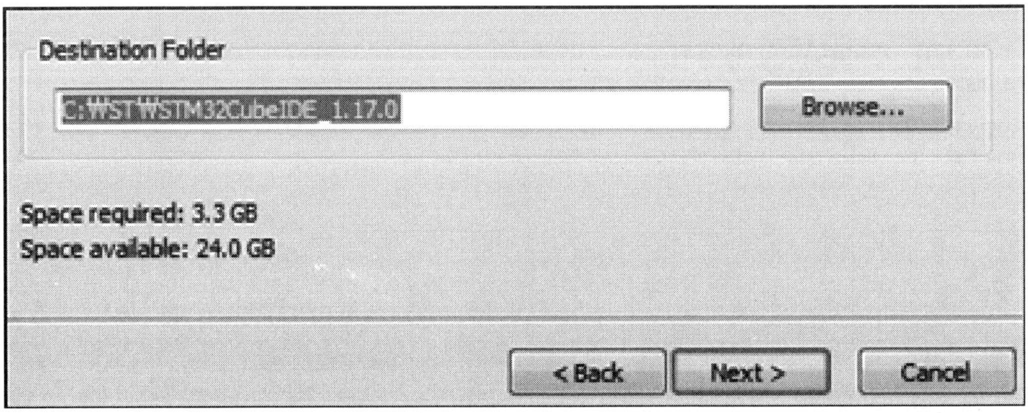

⑧ install 클릭한다. ST-LINK driver 만 체크해도 된다.

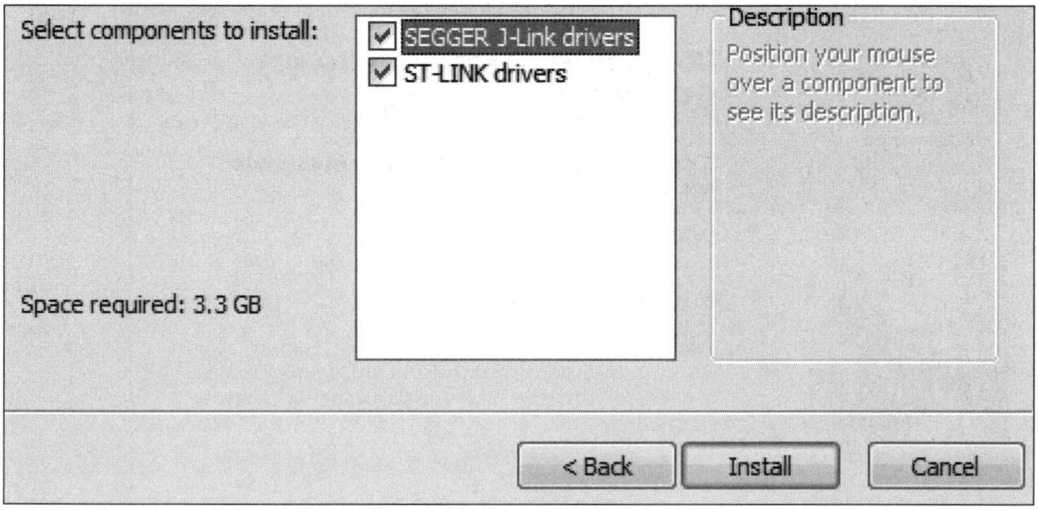

⑨ installing 중 설치가 끝나면 finish를 클릭한다.

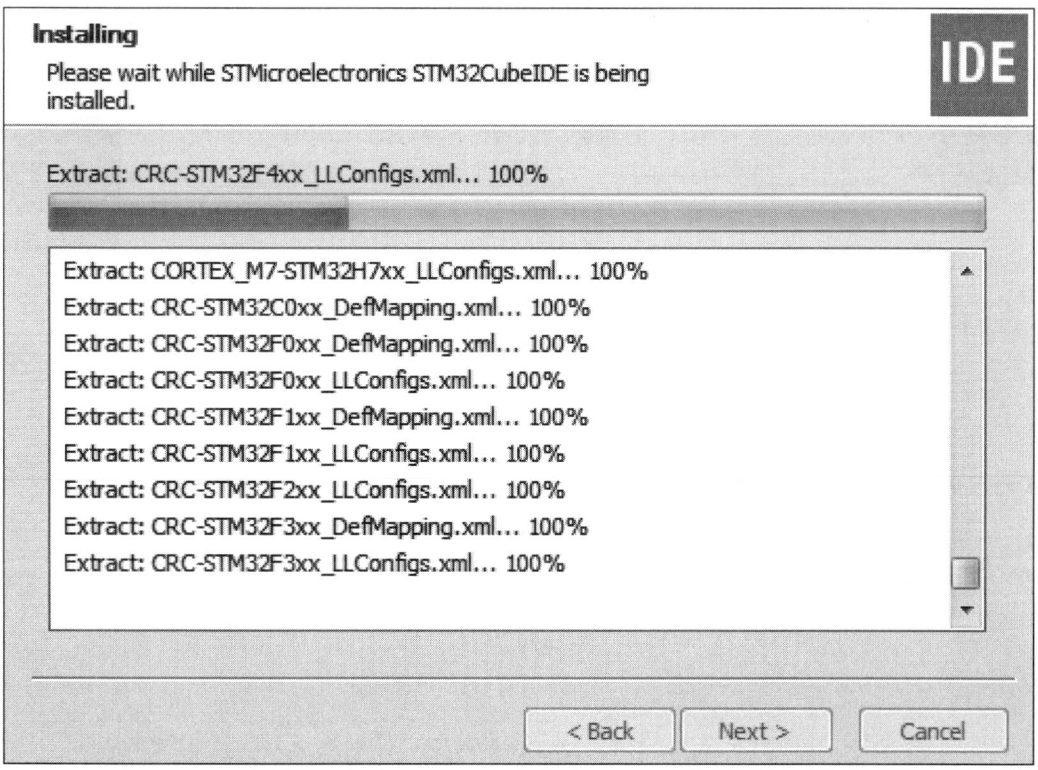

⑩ 설치완료

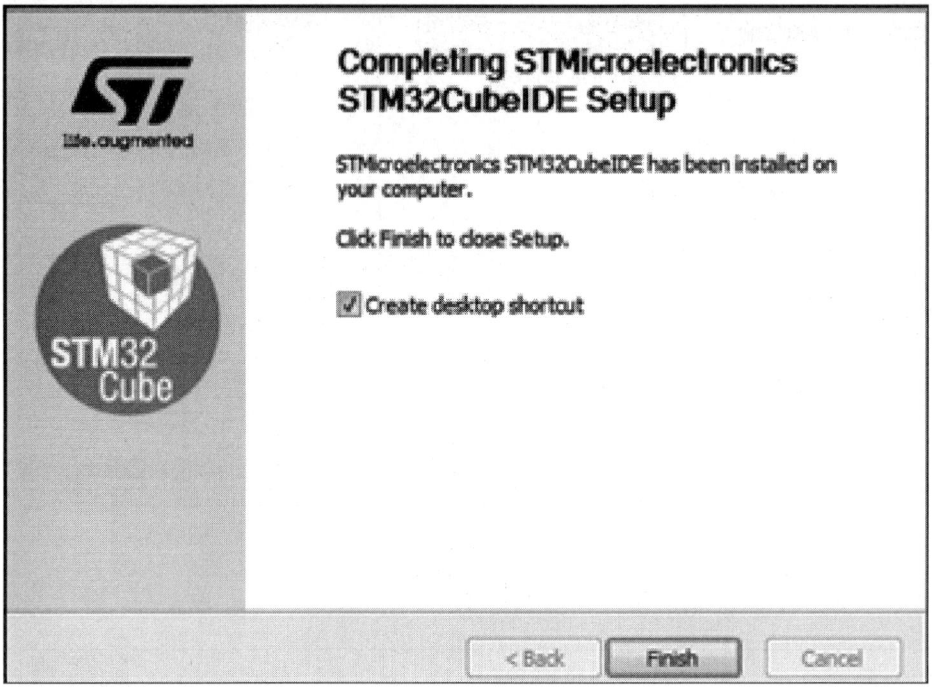

⑪ 설치 후 아이콘이 생성 되었고 설치된 버전은 STM32CubeIDE 1.17.0 이다.

⑫ IDE 단축키를 클릭하고 회원가입을 하도록 한다.

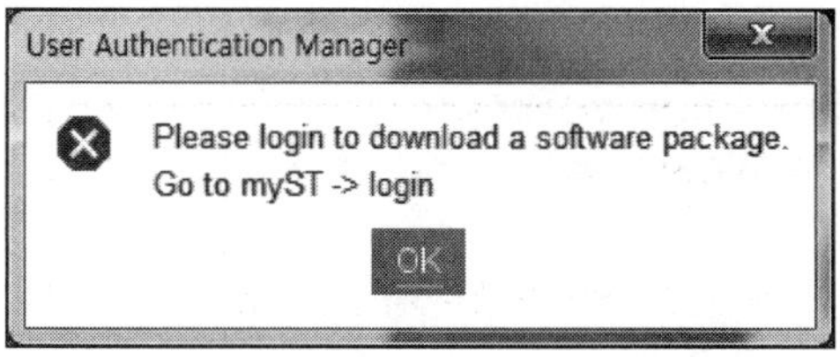

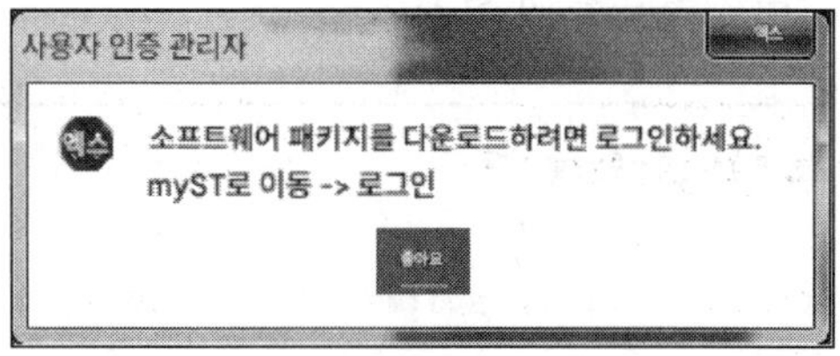

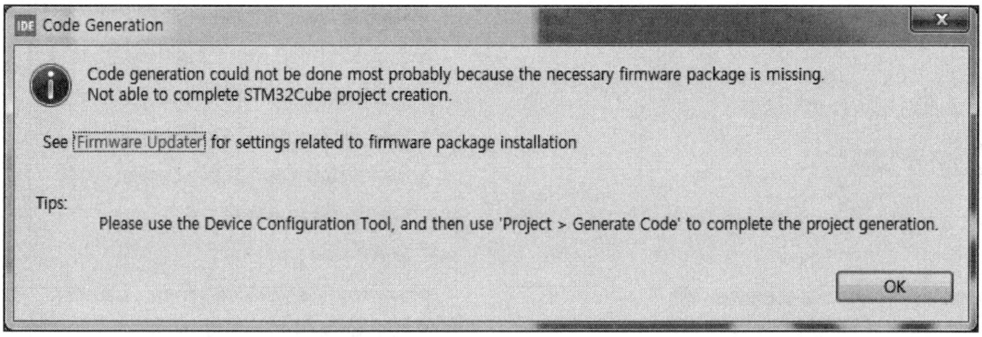

» Reset my password 클릭하면 STMicrielectronic 사(社)에서 메일을 수신하여 비밀번호를 재설정함.

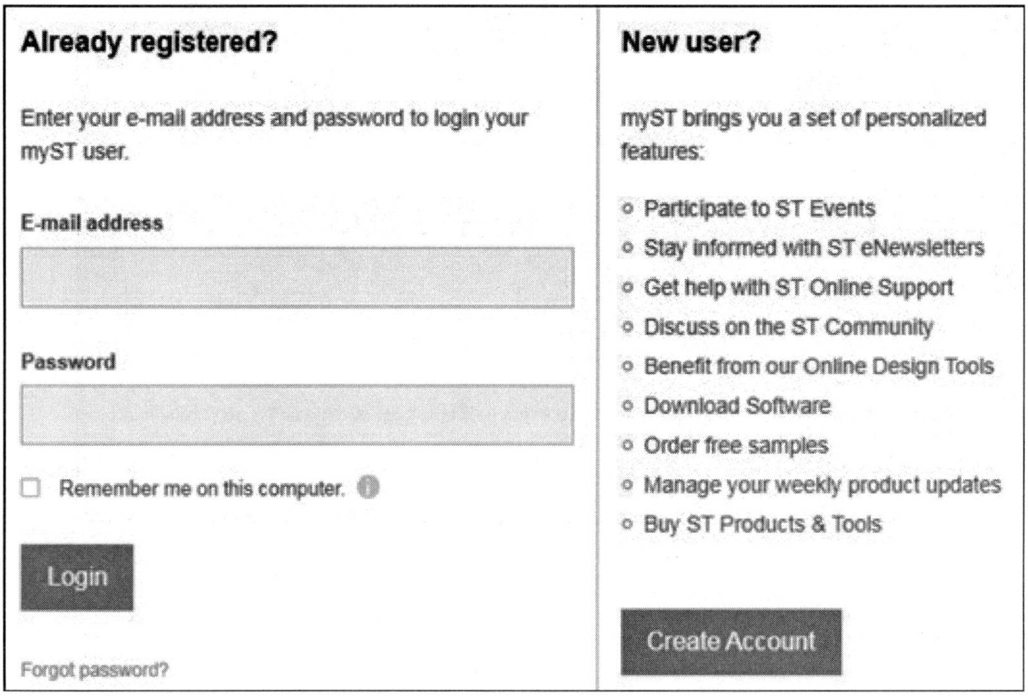

» Reset password 재설정 완료

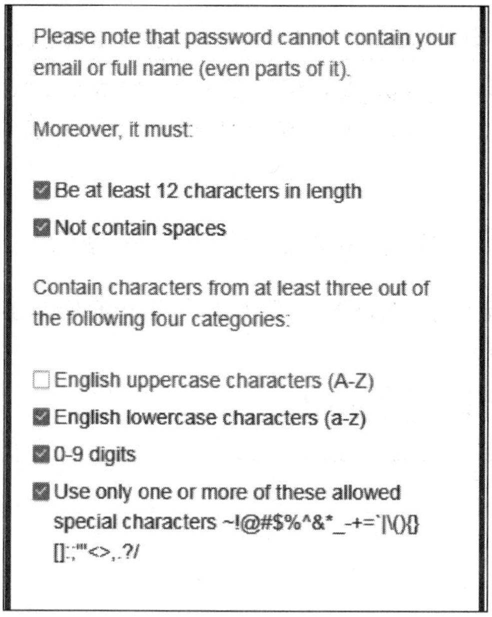

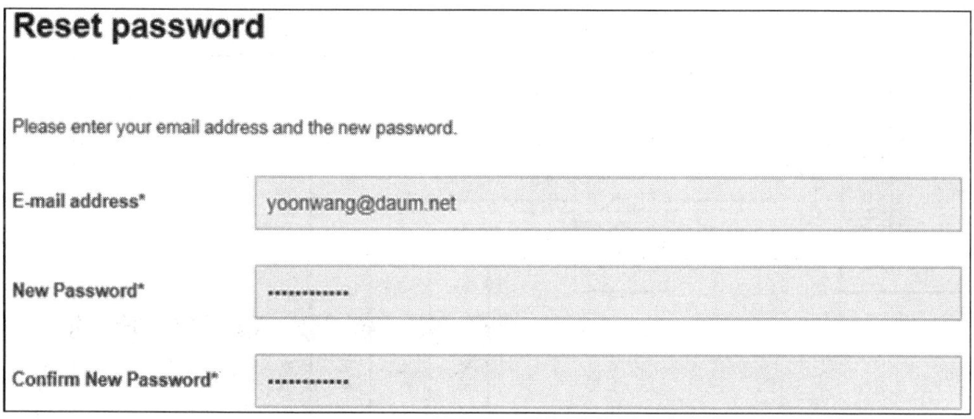

8.1 STM32CubeIDE를 이용한 실습 예제

이번 장에서는 실습 예제를 중심으로 GPIO, 인터럽트, 타이머 카운터, Dot Matrix, LCD등 STM32CubeIDE를 이용하여 MCU GPIO mode, RCC(Reset and Clock controller), Clock Configuration 값을 설정하고 구동하는 방법에 대해 실습하고자 한다.

[예제_IDE_GPIO 8.1] HAL_GPIO_TogglePin 함수를 이용한 LED on/off 실습

실습보드 MCU100A에 있는 LD1, LD2, LD3에 있는 LED를 HAL_GPIO_TogglePin 함수를 사용하여 on/off 되게 프로그램을 설계해 보자.

STM32CubeIDE 설치가 완료 되었고 폴더를 만들어 실행해 보자.

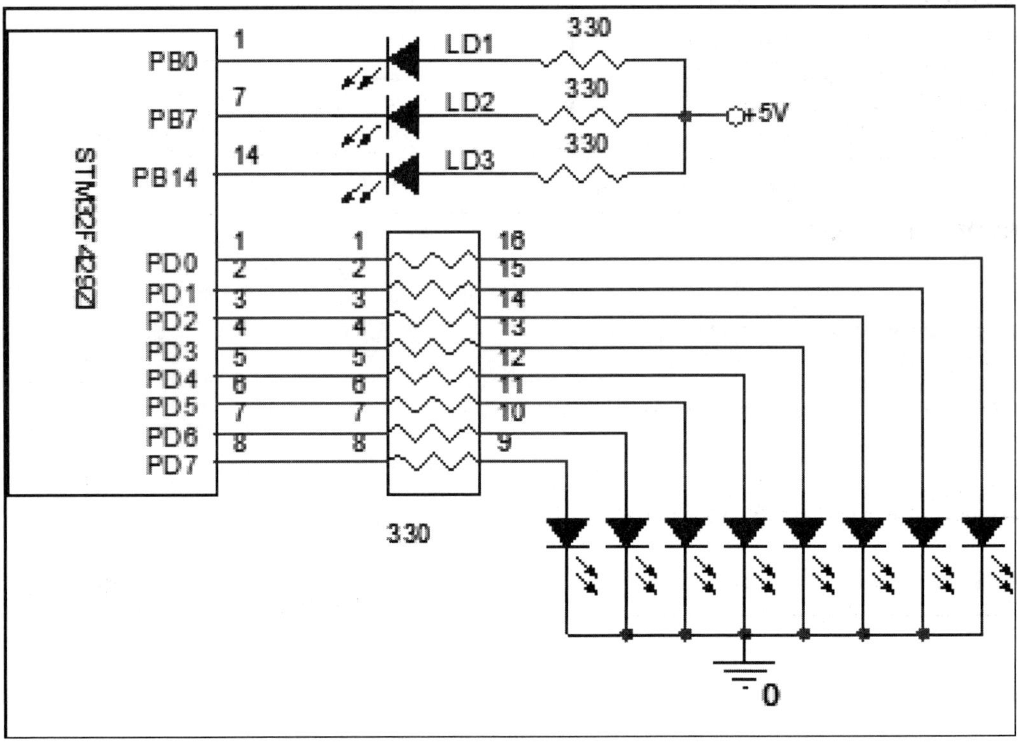

실습보드 MCU100A에 있는 LED 회로도

① '내 컴퓨터'에 다음과 같이 workspace 폴더를 만든다.(개인마다 저장위치는 다르게 해도 무관하다) 본 교재에서는 실습 예제 폴더를 C:\IDE\workspace 에 생성하였다.

② IDE 단축버튼(IDE)을 클릭하면 다음과 같은 창이 뜨는데 Browse를 클릭하여 내 컴퓨터에서 만든 C:\IDE\workspace 폴더를 선택하고 Launch(시작)를 클릭한다. 지금부터 실습한 내용들은 이 폴더에 저장된다.

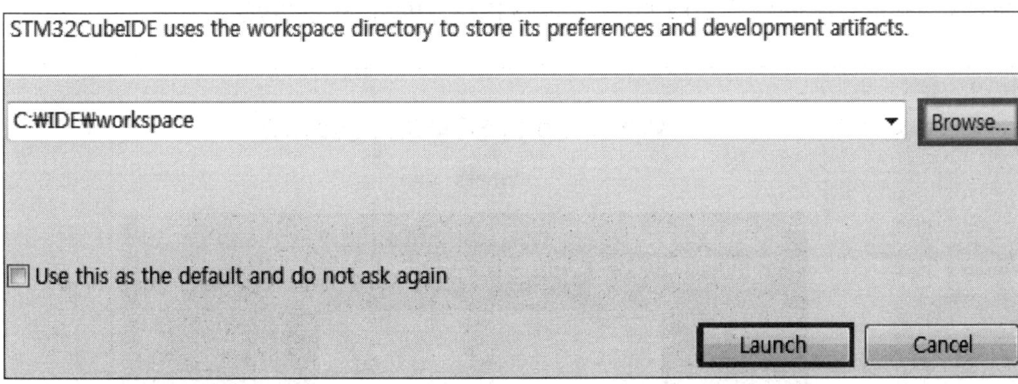

③ STM32CubeIDE 실행 중

④ 새로운 Project를 만들기 위해 Start new STM32 Project 클릭한다.

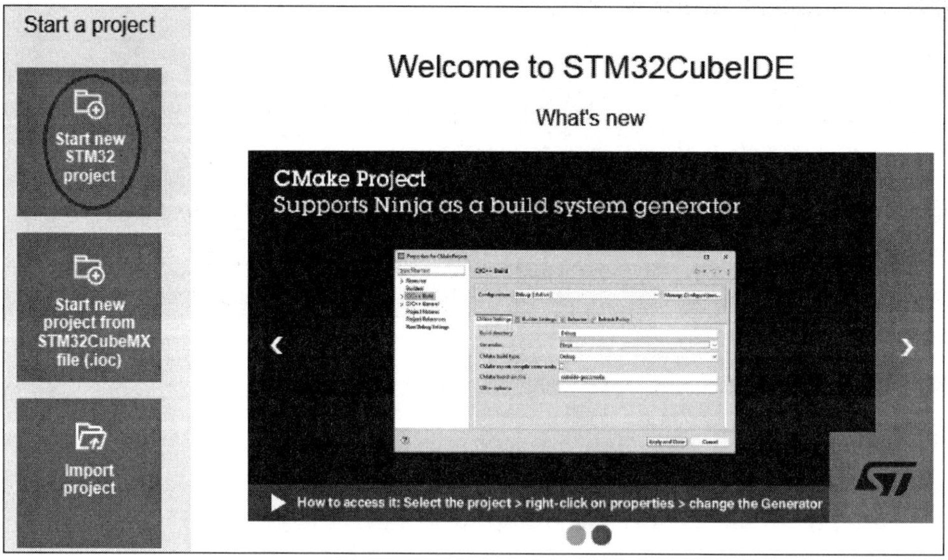

» 인터넷이 반드시 연결되어 있어야 한다.

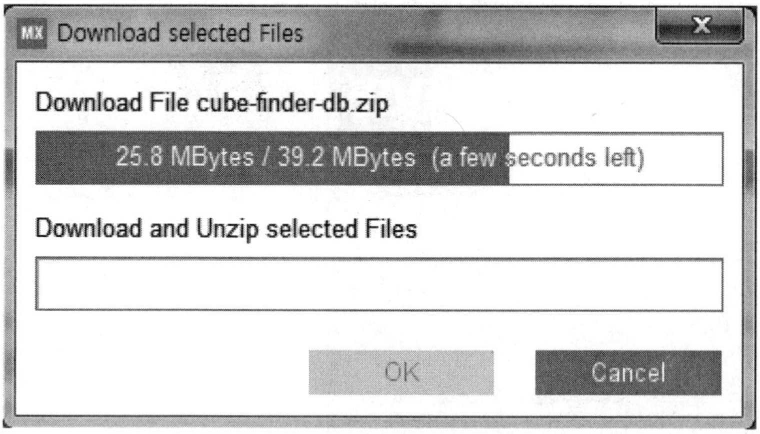

⑤ STM32 target or STM32Cube example selection is required에서 Board Selector 선택하고Commercial Part Number 창에 NUCLEO-F429ZI를 입력하고 검색 버튼을 클릭한다. ST NUCLEO-F429ZI 실습보드가 검색 되었고 오른쪽 아래에 Next 버튼을 클릭한다.

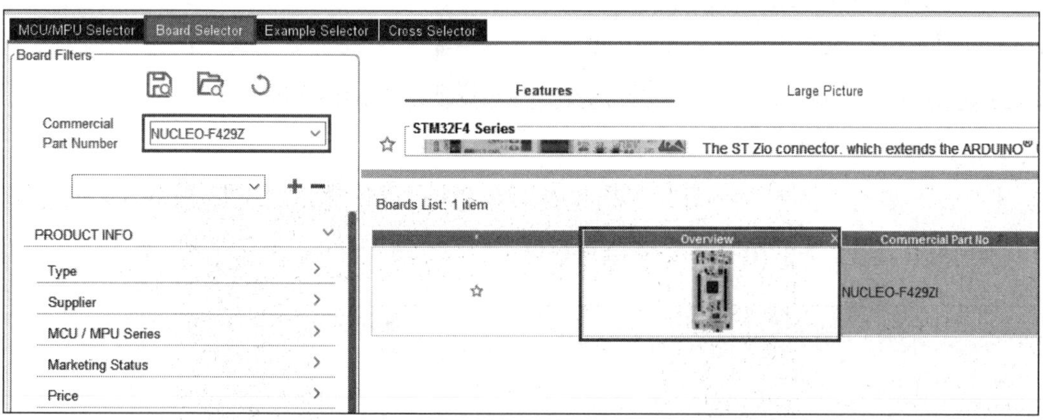

⑥ Project Name을 LD1 입력한다. C:\IDE\workspace 폴더에 LD1이 저장되었다.

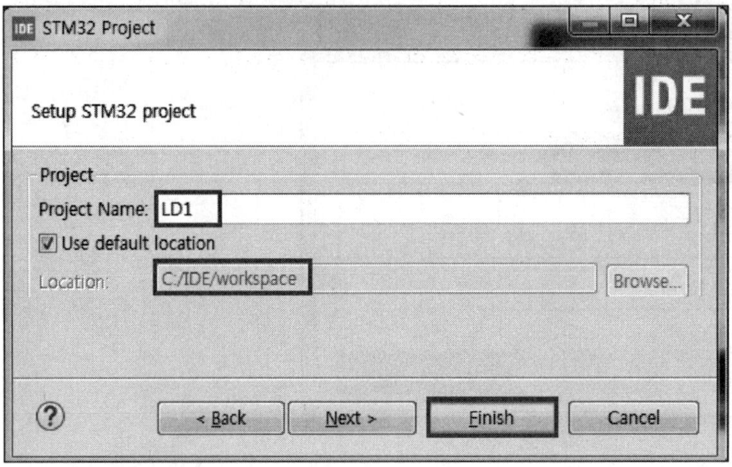

⑦ 다음과 같은 메시지 창이 뜨면 Yes를 클릭한다. 모든 주변장치들을 기본설정모드로 초기화 하는 것이다. Yes를 클릭한다.

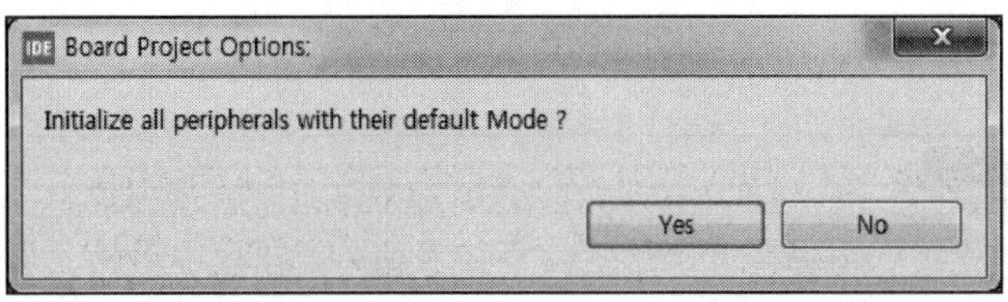

⑧ 장치도구 편집기는 장치구성도구와 연관되어 있다. 연관된 장치구성 도구를 open 할 것이냐를 묻는 내용이다. Yes를 클릭한다.

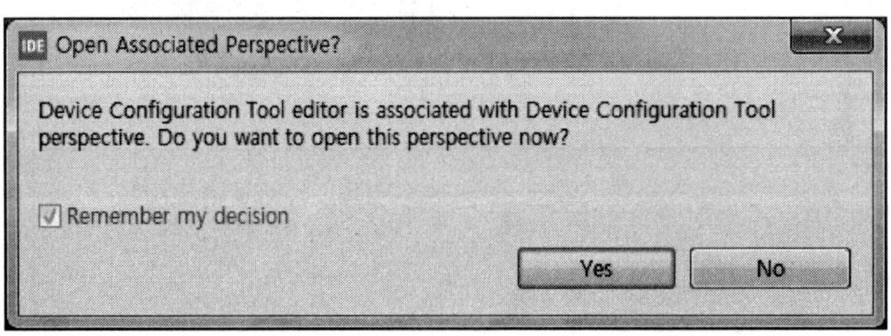

⑨ Downloading selected software package 실행 중이며 인터넷이 반드시 연결되어 있어야 한다. 실행이 끝날때까지 기다린다. 실행이 끝나면 라이센서 동의버튼을 클릭하고 Finish 를 클릭한다. 다운로드 후에 선택한 파일의 압축을 unzip 하는데 시간이 걸린다.

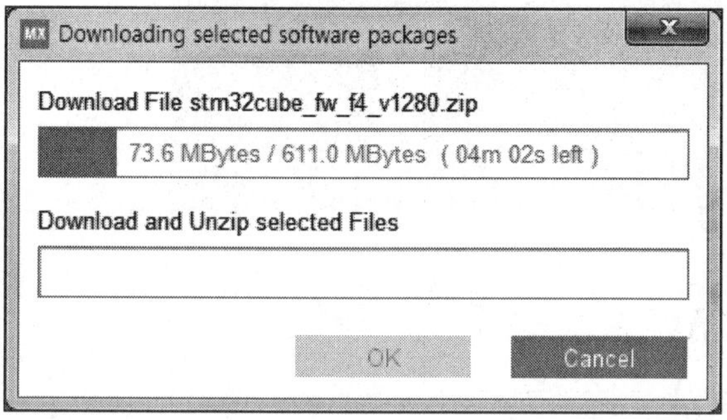

⑩ 실행이 완료되면 다음과 같은 창이 뜬다. STM32CubeIDE 버전에 따라 조금씩 다를 수 있다. 왼쪽에 Project 명 LD1이 자동생성 되었음을 알 수 있고 LD1-Core-Src-main.c가 생성되어 있다. 이제 모든 준비가 다 되었다.

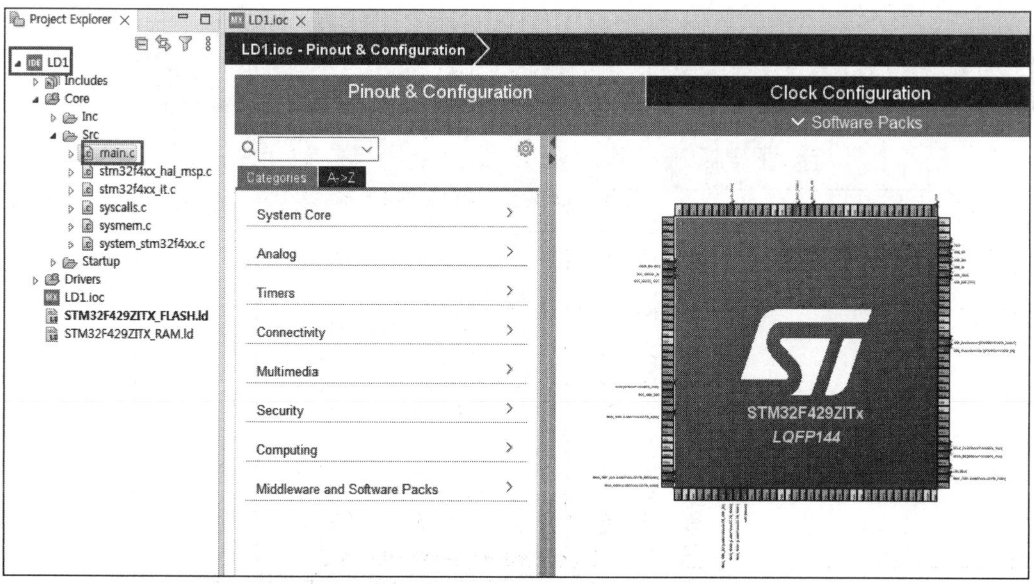

⑪ 실행이 완료되면 아래 검색창에 PB0 을 클릭하면 핀이 깜빡깜빡 하는 게 보인다.

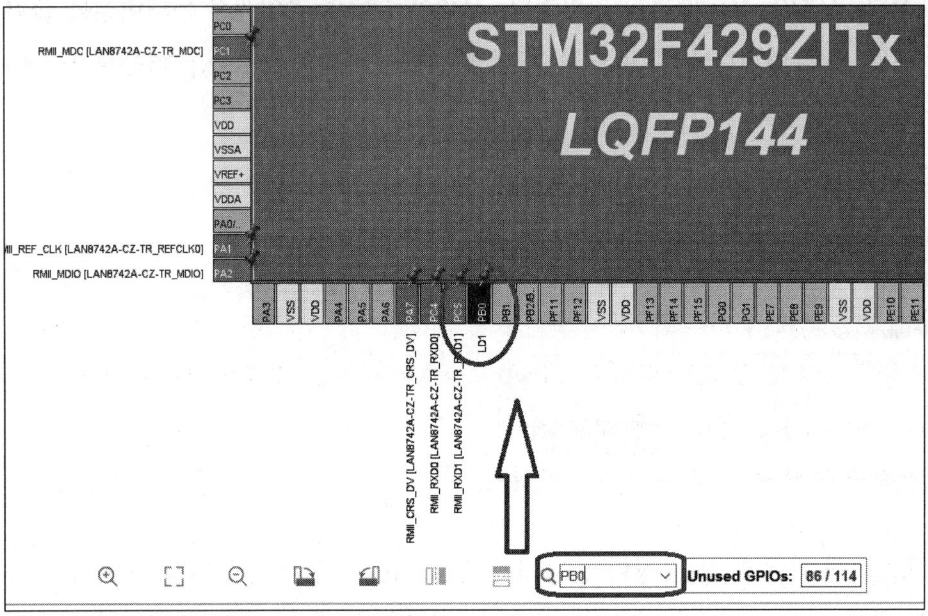

» PB0를 한번 클릭하고 GPIO_Output를 선택한다. PB0 핀은 출력으로 설정 되었다.

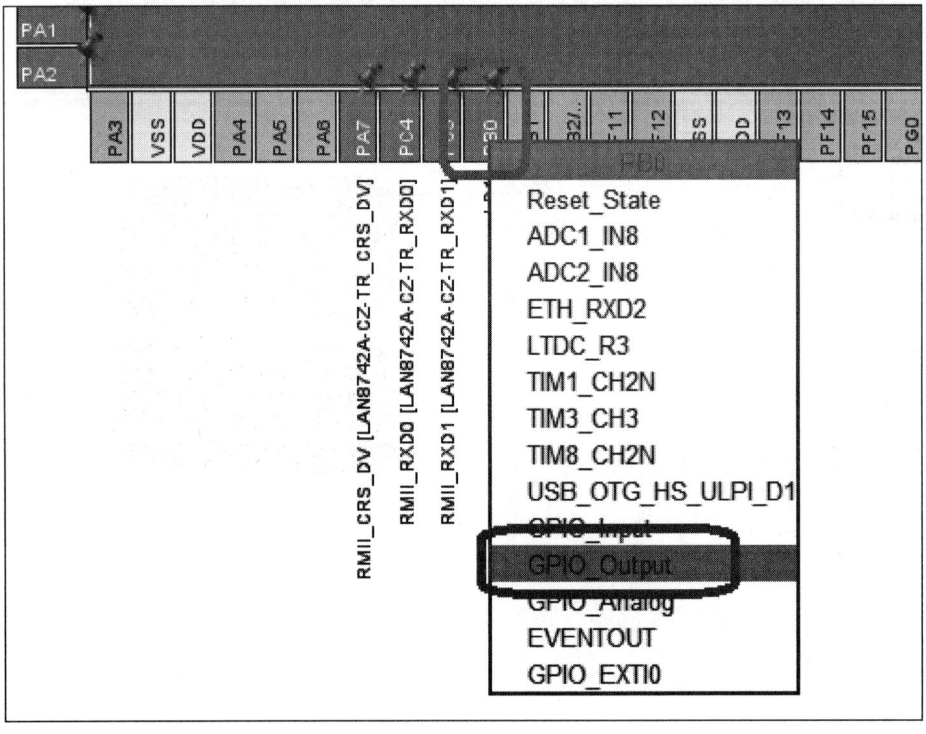

» PB0에 마우스 오른쪽 버튼을 클릭하고 Enter User Label에 LD1을 입력한다.

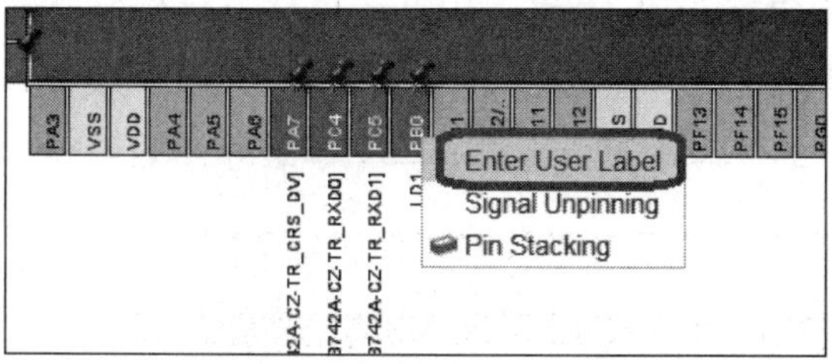

» **동일한 방법으로 PB7를 검색한다.** PB7를 한번 클릭하고 GPIO_Output 선택한다. PB7 핀은 출력으로 선택 되었다. 그리고 PB0에 마우스 오른쪽 버튼을 클릭하고 Enter User Label에 LD2를 입력한다.

» **PB14를 검색한다.** PB14를 한번 클릭하고 GPIO_Output 선택한다. PB7 핀은 출력으로 선택 되었다. 그리고 PB0에 마우스 오른쪽 버튼을 클릭하고 Enter User Label에 LD2를 입력한다.

⑫ 화면에 Pinout-&Configuration에서 GPIO를 클릭한다.

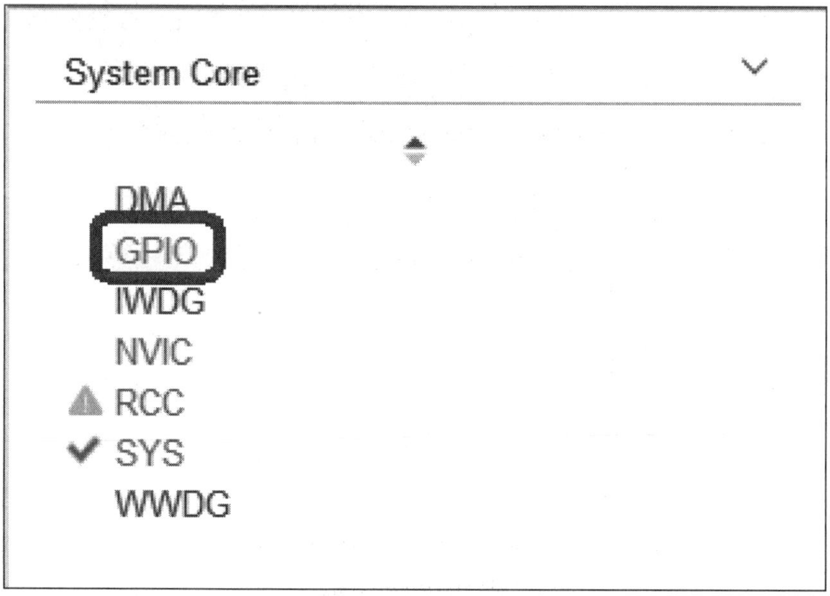

다음과 같이 설정되었음을 확인할 수 있다.

GPIO mode는 OUTPUT Push Pull 로 설정 되었고 User Label은 LD1, LD2, LD3로 설정 되었다. [참고]로 User Label이 디폴트 모드로 LD1[Green], LD2[Blue], LD3[Red] 되어 있는데 [Green], [Blue], [Red] 이것은 주석으로 처리됨으로 프로그램과 무관하다.

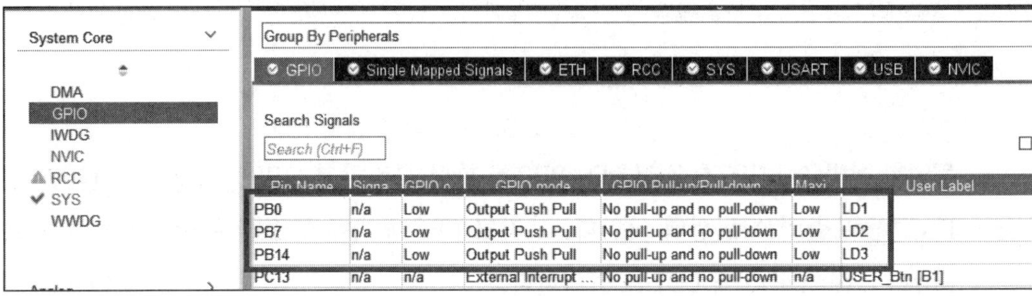

⑬ 이번에는 시스템 클럭을 설정해 보자. RCC(Reset and Clock controller)를 클릭하고 HSE(High Speed Clock)는 Crystal/Ceramic Resonator로 설정하고 LSE(Low Speed Clock)는 Disable로 설정한다.

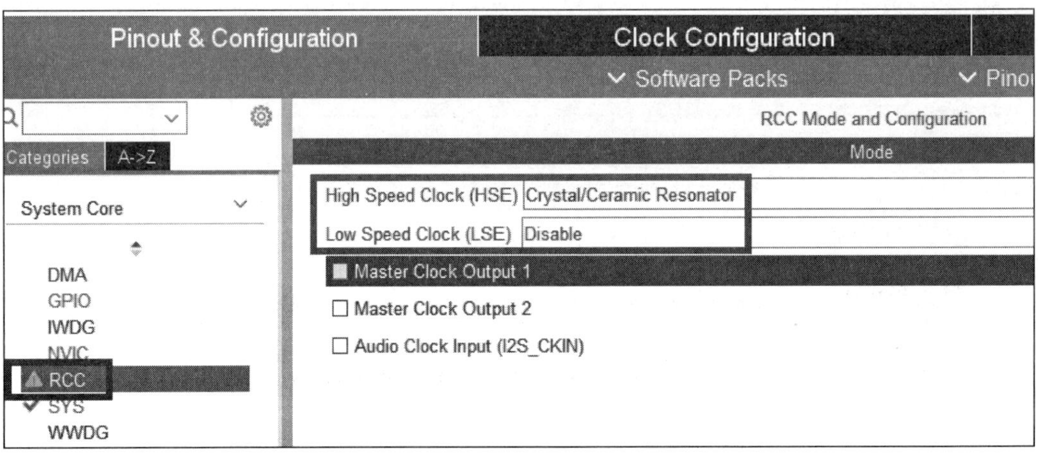

⑭ SYS는 디폴드 모드로 Debug-Serial Wire로 설정되어 있어 확인만 한다.

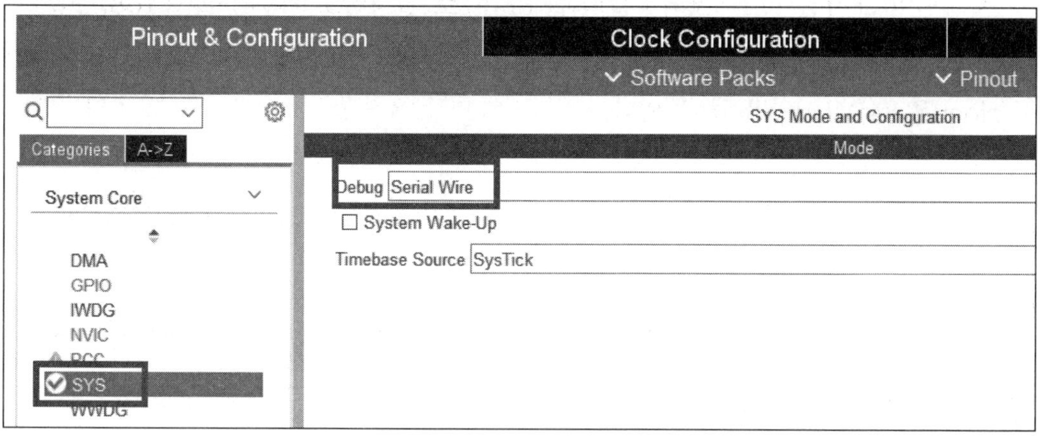

⑮ Connectivity를 클릭하면 USART3도 디폴드 모드로 설정되어 있어 확인만 한다. 디폴트 모드로 설정된 값을 보면 다음과 같다. USART3 Mode and Configuration 모드에서 Basic Parameters는 기본값이 설정 되어 있다. Basic Rate 115200[Bits/s], Word Length 8[bits], Parity None, Stop Bits 1로 설정되어 있다. NUCLEO-F429ZI 실습보드에 MPU STM32F103과 STM32F429 data 전송 통신방식이 USART3로 되어 있음을 확인할 수 있다. [회로도 참조]

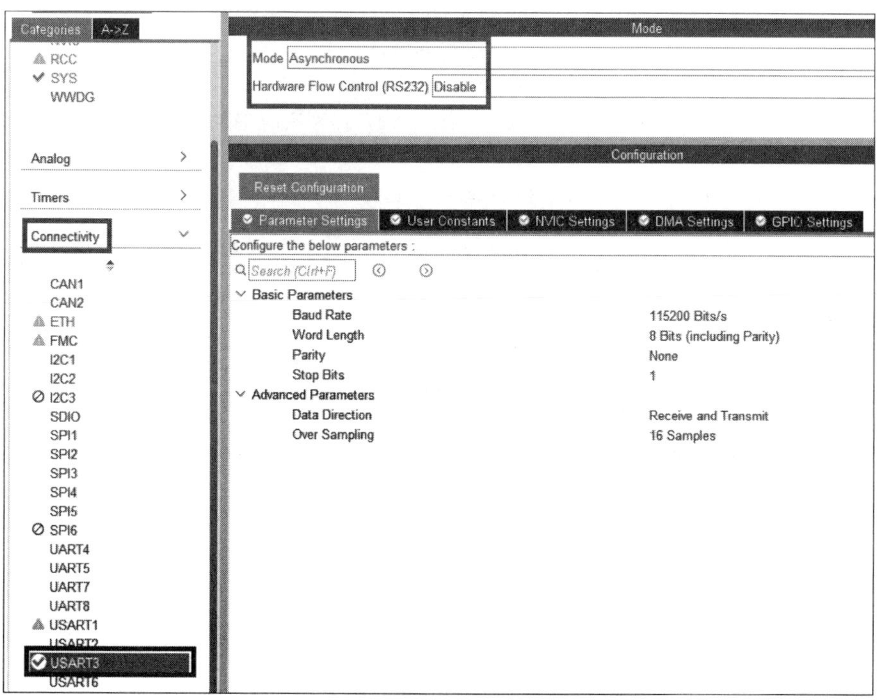

⑯ 이번에는 시스템 클럭을 설정해 보자. Clock Configuration 클릭하면 다음과 같은 화면이 표시된다. HSE(외부클럭)를 8Mhz로 설정하고 M(/4)-N(×168)-P(/2)-PLLCLK(Enable CSS) 설정하면 SYSCLK은 168[Mhz]이고 APB2 peripheral clock은 84[Mhz]임을 알 수 있다.

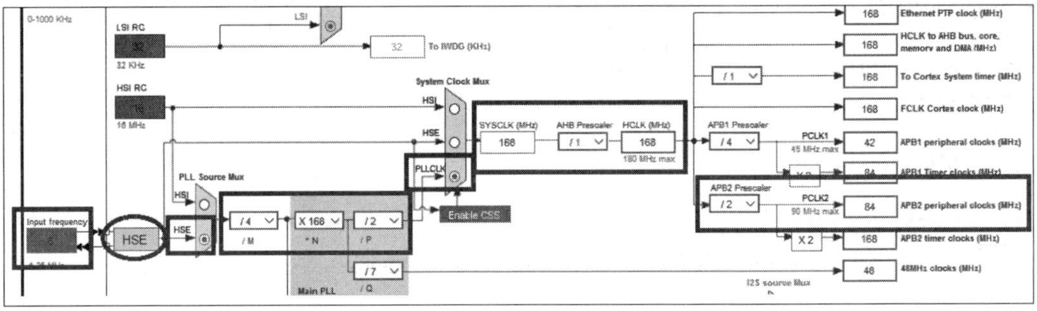

이제 모든 설정은 끝났고 설정한 configuration 값들을 코드로 전환하는 작업이 남아 있다.

⑰ 다음과 같이 Project-Generate code 를 클릭해 보자.

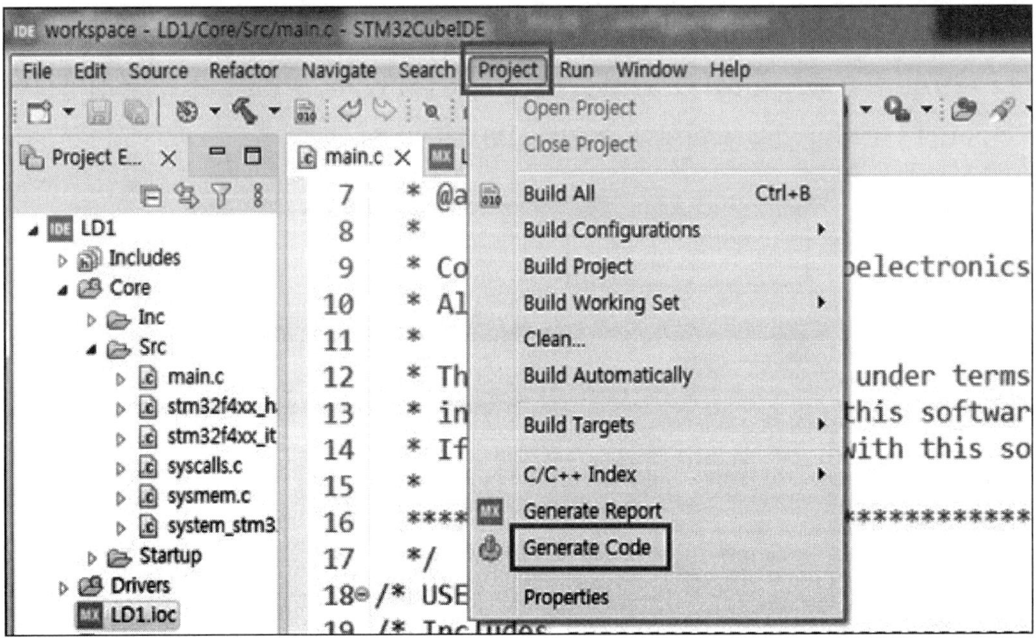

Open Associated Perspective 창이 표시되면 Yes를 클릭하자.

STM32CubeIDE는 eclipse를 기반으로 설계되어 있고 STM32CubeMX 관련 tool을 포함하고 있으며 GUI기반으로 STM32 MCU를 검색하고 주변장치들을 설정하고 초기화하며 build-load로 연결하여 코드를 자동생성 한다.

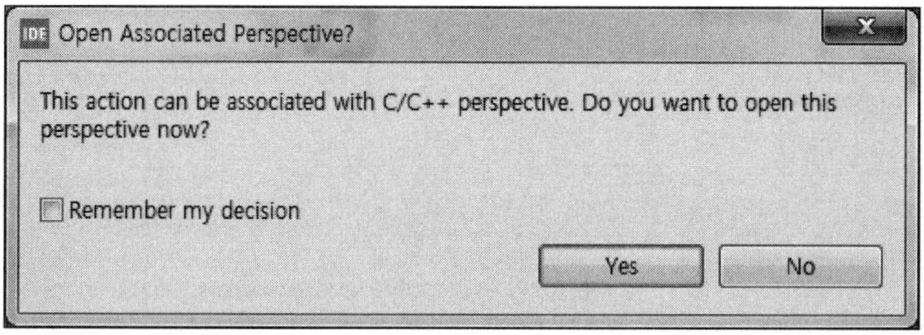

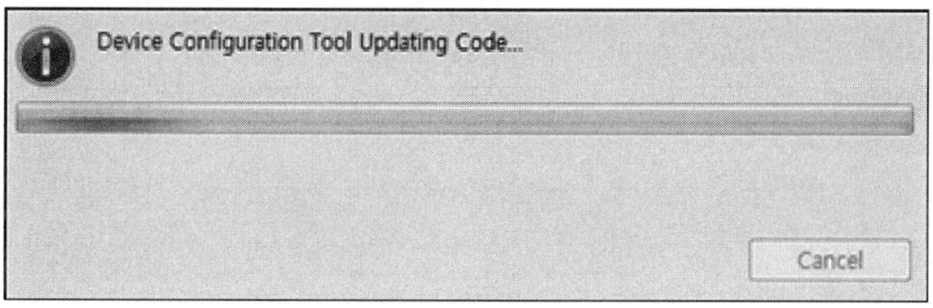

⑱ 다음과 같은 코드가 자동생성 되었다. while(1) 안에 코드를 입력해 보자.

```
/* USER CODE END Header */
/* Includes ------------------------------------------------------------------*/
#include "main.h"
#include "string.h"
void SystemClock_Config(void);
static void MX_GPIO_Init(void);
static void MX_ETH_Init(void);
static void MX_USART3_UART_Init(void);
static void MX_USB_OTG_FS_PCD_Init(void);
int main(void)
{

  /* USER CODE BEGIN 1 */

  /* USER CODE END 1 */

  /* MCU Configuration--------------------------------------------------------*/

  /* Reset of all peripherals, Initializes the Flash interface and the Systick. */
  HAL_Init();

  /* USER CODE BEGIN Init */

  /* USER CODE END Init */

  /* Configure the system clock */
  SystemClock_Config();
  MX_GPIO_Init();
  MX_ETH_Init();
  MX_USART3_UART_Init();
  MX_USB_OTG_FS_PCD_Init();
  /* USER CODE BEGIN WHILE */
  while (1)
  {
    /* USER CODE END WHILE */

    /* USER CODE BEGIN 3 */
  }
  /* USER CODE END 3 */
```

» 프로그램을 코딩할 때 주의 할 사항은 USER CODE BEGIN WHILE 와 USER CODE END WHILE 사이에 프로그램을 코딩하기 바란다. 참고로 HAL_GPIO_TogglePin(GPIOB,LD1_Pin) 를 입력할때 HAL_G 입력후에 Ctrl + space 동시에 클릭하면 조금 더 쉽게 코딩할 수 있다.

⑲ 다음과 같이 while (1)안에 프로그램을 직접 입력해 보자.

» USER CODE BEGIN WHILE 와 USER CODE END WHILE 사이에 프로그램을 입력하기 바란다.

```
/* USER CODE BEGIN WHILE */
while (1) {
        HAL_GPIO_TogglePin(GPIOB,LD1_Pin);
        HAL_Delay(200);
        HAL_GPIO_TogglePin(GPIOB,LD1_Pin);
        HAL_Delay(200);
        HAL_GPIO_TogglePin(GPIOB,LD2_Pin);
        HAL_Delay(200);
        HAL_GPIO_TogglePin(GPIOB,LD2_Pin);
        HAL_Delay(200);
        HAL_GPIO_TogglePin(GPIOB,LD3_Pin);
        HAL_Delay(200);
        HAL_GPIO_TogglePin(GPIOB,LD3_Pin);
        HAL_Delay(200);
        }
/* USER CODE END WHILE */
```

⑳ 작성한 프로그램을 실행해 보자. Project-Build Project를 클릭한다.

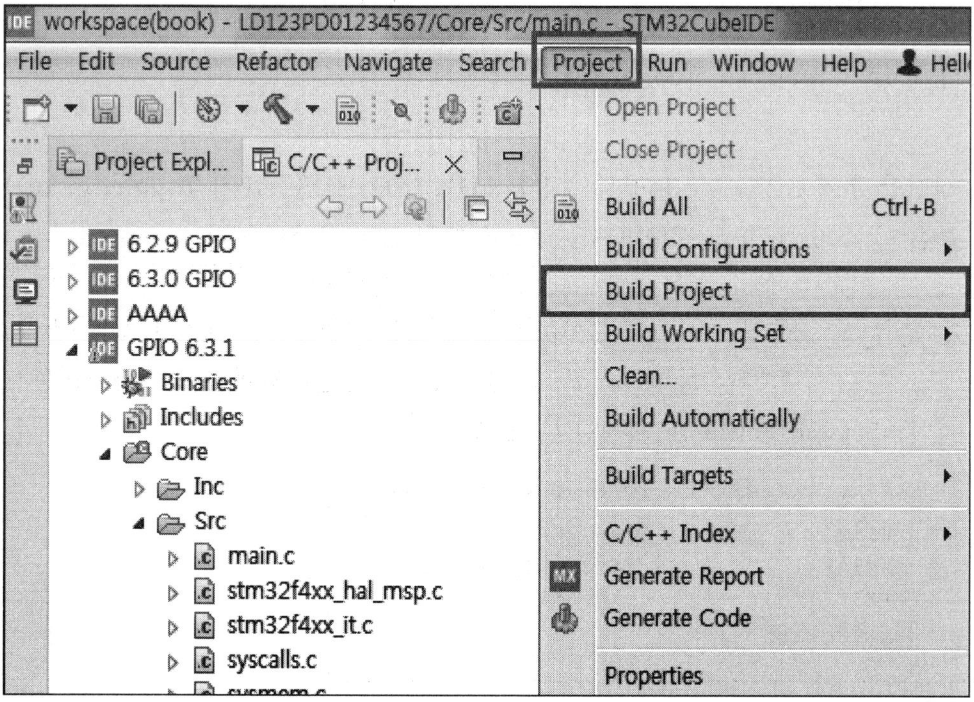

㉑ 다음화면이 표시되면 OK 버튼을 클릭한다.

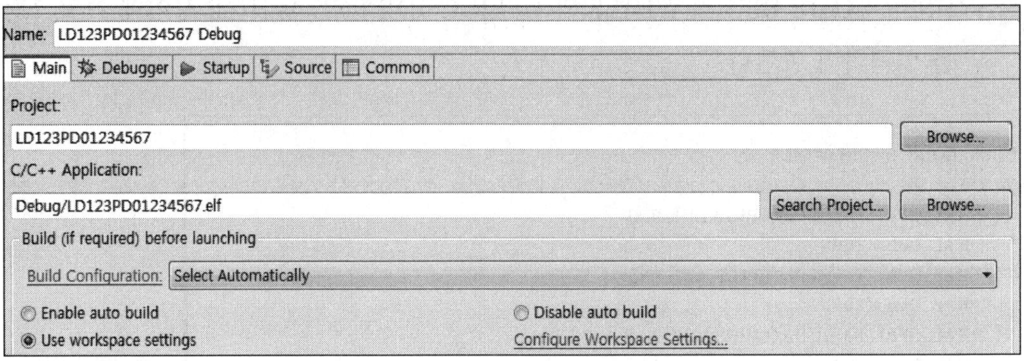


```
STMicroelectronics ST-LINK GDB server. Version 7.4.0
Copyright (c) 2023, STMicroelectronics. All rights reserved.

Starting server with the following options:
        Persistent Mode            : Disabled
        Logging Level              : 1
        Listen Port Number         : 61234
        Status Refresh Delay       : 15s
        Verbose Mode               : Disabled
        SWD Debug                  : Enabled
        InitWhile                  : Enabled

Waiting for debugger connection...
```

» 실행한 후에 GPIO Mode에서 설정한 LD1, LD2, LD3 led 가 Toggle(on/off) 됨을 알 수 있다. 또는 실행버튼을 다음과 같이 클릭 하여도 된다.

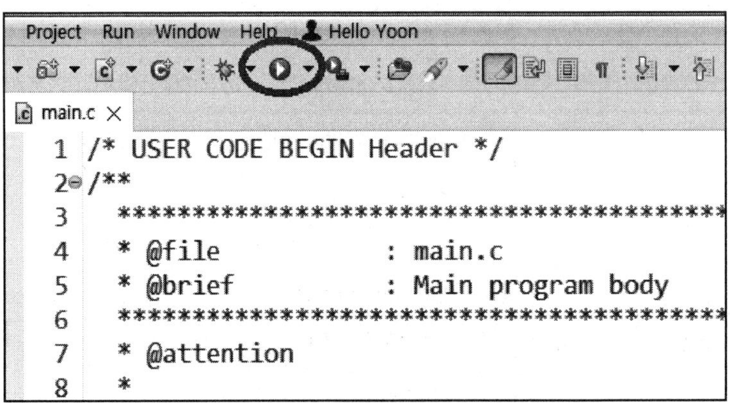

[예제_IDE_GPIO 8.2] HAL_GPIO_TogglePin 함수를 이용한 LED on/off 실습

ARM CortexM4 실습보드에 있는 LD1, LD2, LD3 그리고 PD0~PD7 있는 LED를 HAL_GPIO_TogglePin 함수를 사용하여 동시에 on/off 되게 프로그램을 설계해 보자.

① IDE 단축버튼( )을 클릭하면 다음과 같은 창이 뜨는데 Browse를 클릭하여 내 컴퓨터에서 만든 C:\IDE\workspace 폴더를 선택하고 Launch(시작)를 클릭한다. 지금부터 실습한 내용들은 이 폴더에 저장된다.

② 다음과 같은 창이 뜨면 Browse를 클릭하고 저장위치를 선택한다. Launch 를 클릭한다. 본 교재에서는 Workspace D:\Workspace(book)에 실습예제를 저장한다. (개인마다 다름)

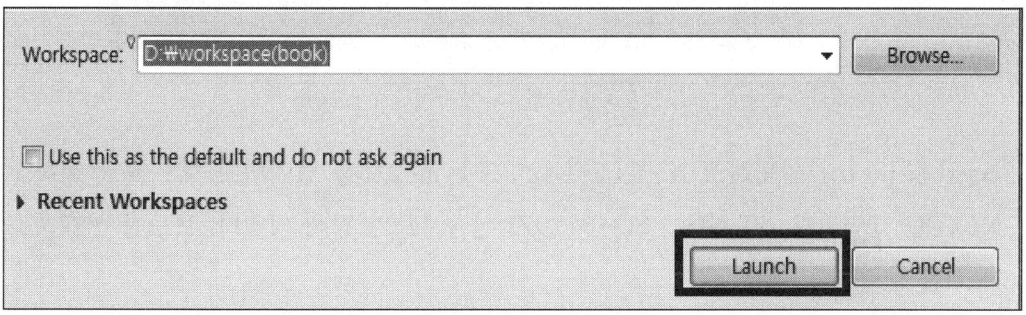

③ 새로운 Project를 만들기 위해 File-New-STM32 Project 클릭한다.

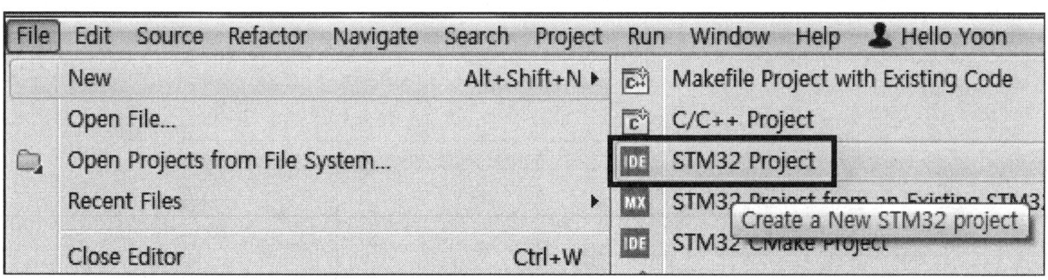

④ Start new STM32 Project 클릭한다.

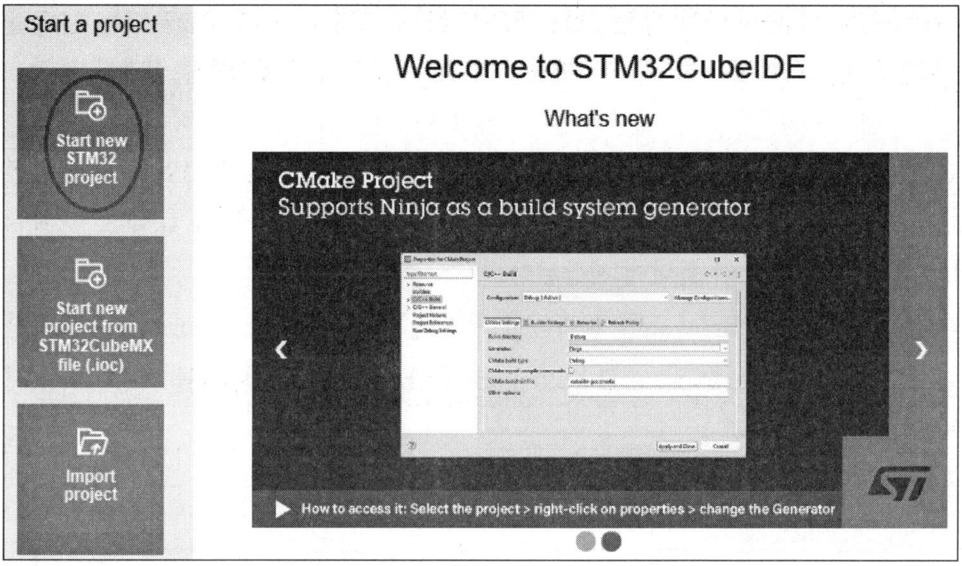

⑤ Board Selector 선택하고 NUCLE-F429(또는 F429)를 입력하고 보드를 선택하고 NEXT를 클릭한다. ST NUCLEO-F429ZI 실습보드가 검색 되었다. 보드를 선택하고 Next를 클릭한다.

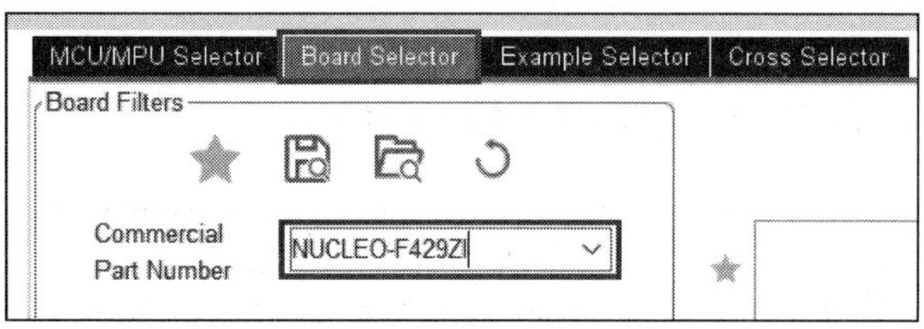

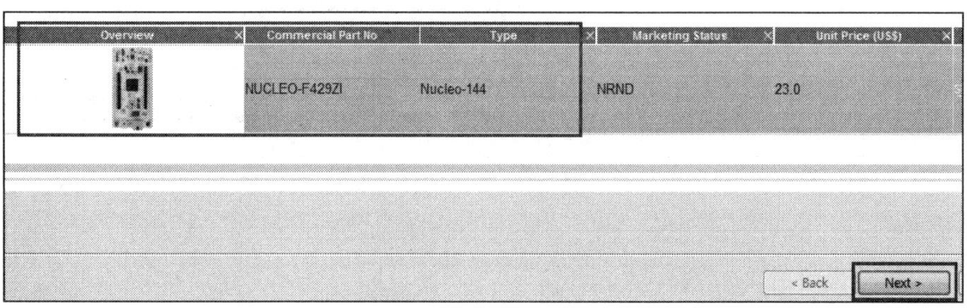

⑥ Project Name에 LD123PD01234567를 입력한다. C:\IDE\workspace 폴더에 LD123PD01234567이 저장 되었다. finish를 클릭한다.

⑦ 모든 주변장치(Peripherals)를 초기화 하고 default Mode를 선택하고 Yes를 클릭한다.

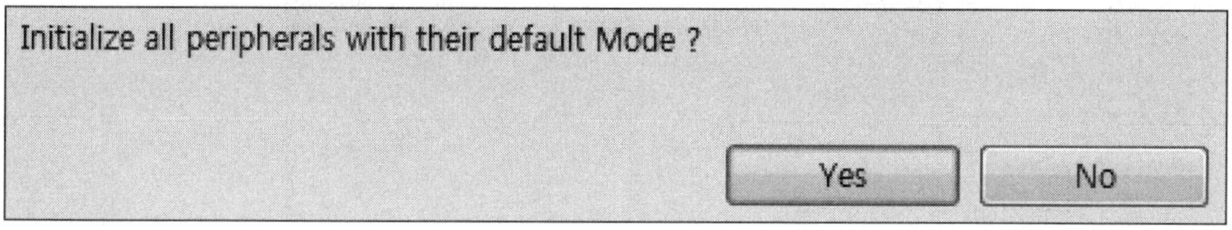

» 장치도구 편집기는 장치구성도구와 연관되어 있다. 연관된 장치구성 도구를 open 할 것이냐 를 묻는 내용이 뜨면 Yes 클릭한다.

⑧ 실행이 완료되면 다음과 같은 팝업 창이 뜬다. (STM32CubeIDE 버전에 따라 조금씩 다를 수 있다.) 왼쪽에 Project 명 LD1, 2, 3 그리고 PD0, 1, 2, 3, 4, 5, 6, 7이 자동 생성 되었음을 알 수 있고, LD123PD01234567 파일에 Core-Src -main.c가 생성 되었음을 알 수 있다.

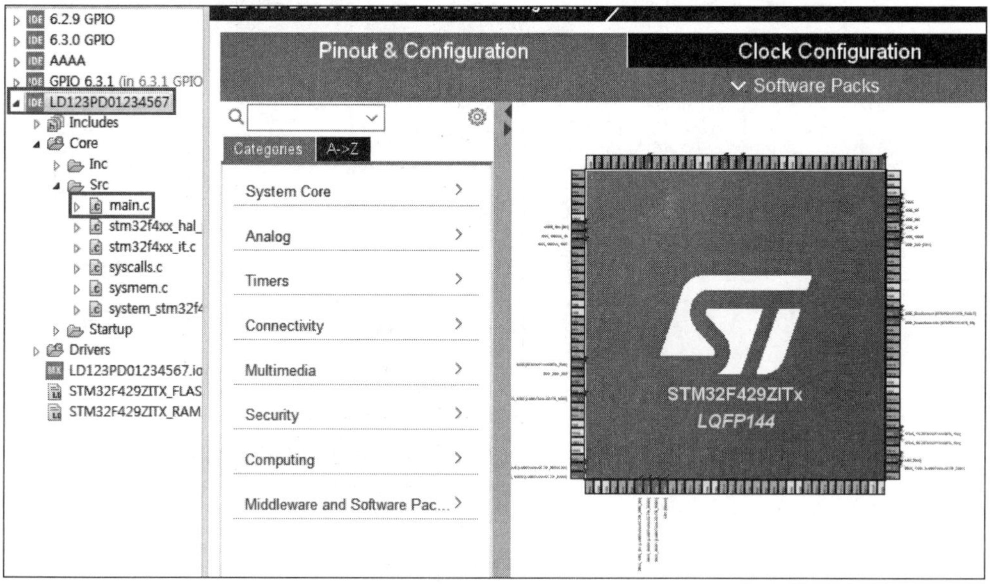

⑨ MCU 화면 오른쪽 아래 검색창에 PB0을 입력하면 핀이 깜빡깜빡 하는 게 보인다.

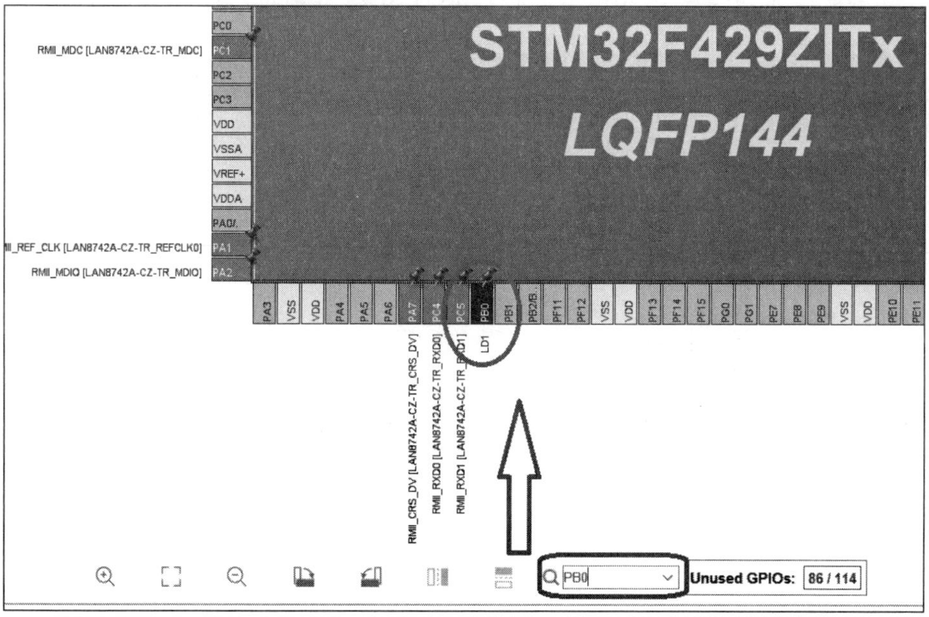

» PB0를 한번 클릭하고 GPIO_Output을 선택한다. PB0 핀은 출력으로 설정 되었다.

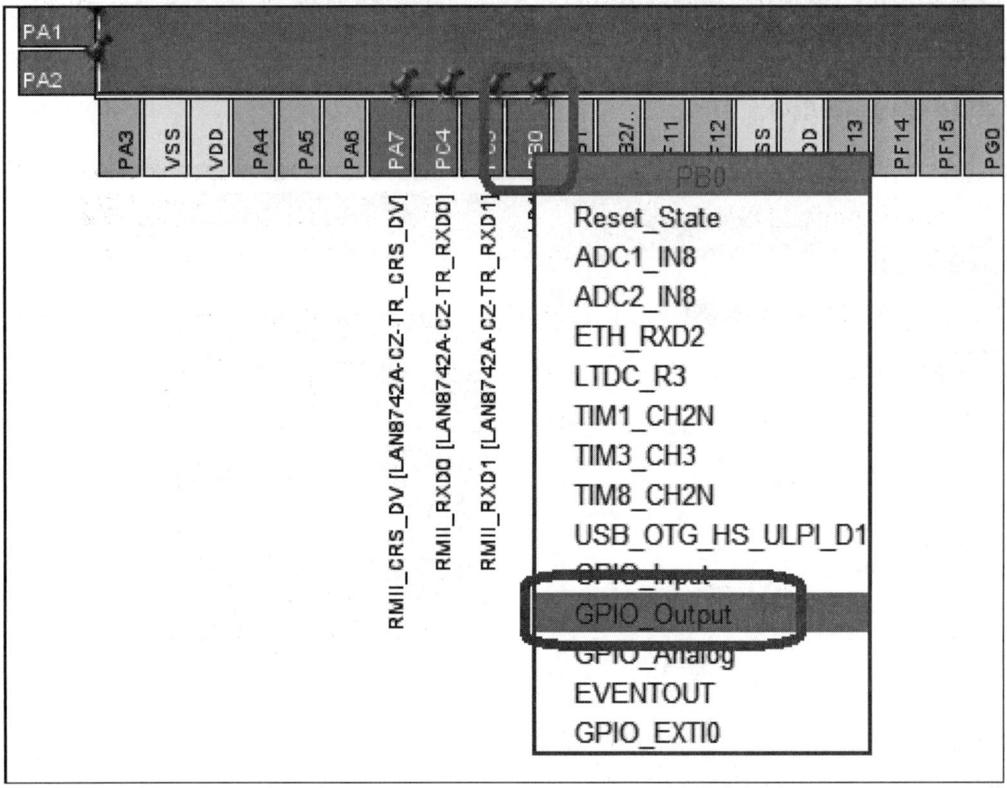

» PB0에 마우스 오른쪽 버튼을 클릭하고 Enter User Label에 LD1을 입력한다.

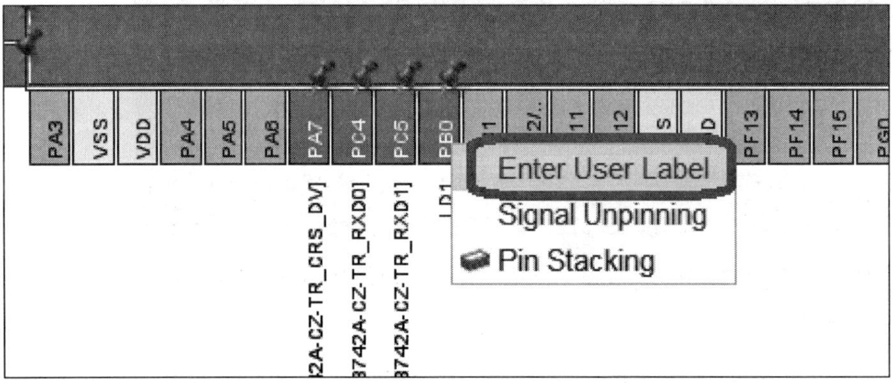

» **동일한 방법으로 PB7를 검색한다.** PB7를 한번 클릭하고 GPIO_Output 선택한다. PB7 핀은 출력으로 선택 되었다. 그리고 PB0에 마우스 오른쪽 버튼을 클릭하고 **Enter User Label에 LD2**를 입력한다.

» **PB14를 검색한다.** PB14를 한번 클릭하고 GPIO_Output 선택한다. PB14 핀은 출력으로 선택 되었다. 그리고 PB14에 마우스 오른쪽 버튼을 클릭하고 **Enter User Label에 LD3**를 입력한다.

⑩ 위와 같은 방법으로 오른쪽 아래 검색창에 PD0를 입력하면 커스가 깜빡이게 되는데 PD0를 왼쪽 마우스로 클릭하고 GPIO_Output 선택한다. PD0 오른쪽 마우스를 클릭하여 User Label을 PD0로 변경한다.

» 같은 방법으로 PD1, 2, 3, 4, 5, 6, 7 모두 GPIO_Output으로 선택한다. PD1, 2, 3, 4, 5, 6, 7 모두 하나씩 오른쪽 마우스를 클릭하여 User Label을 PD01, LD2, LD3 변경한다.

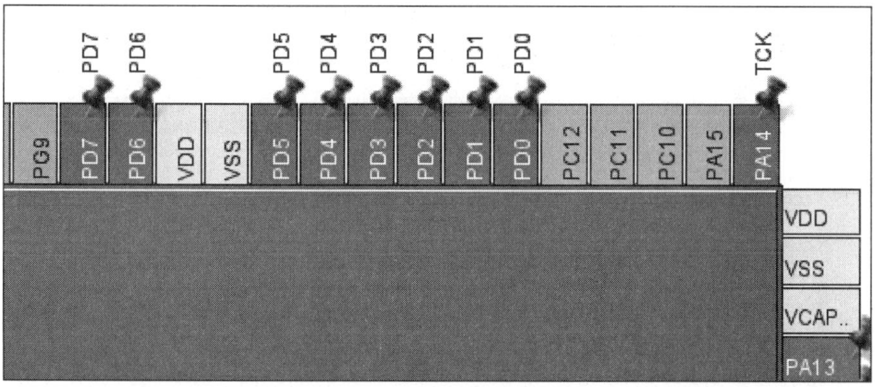

GPIO mode는 GPIO_Output으로 되었고 User Label은 각각 변경되었다.

다음을 확인하자.

GPIO mode는 OUTPUT Push Pull 로 setting 되었고 User Label은 LD1, LD2, LD3으로 변경 되었다.

또한 PD0~PD7 모두 GPIO mode는 OUTPUT Push Pull로 setting 되었고, User Label은 PD1, PD2, PD3, PD4, PD5, PD6, PD7로 변경 되었다.

⑪ Pinout-&Configuration 에서 GPIO를 클릭한다.

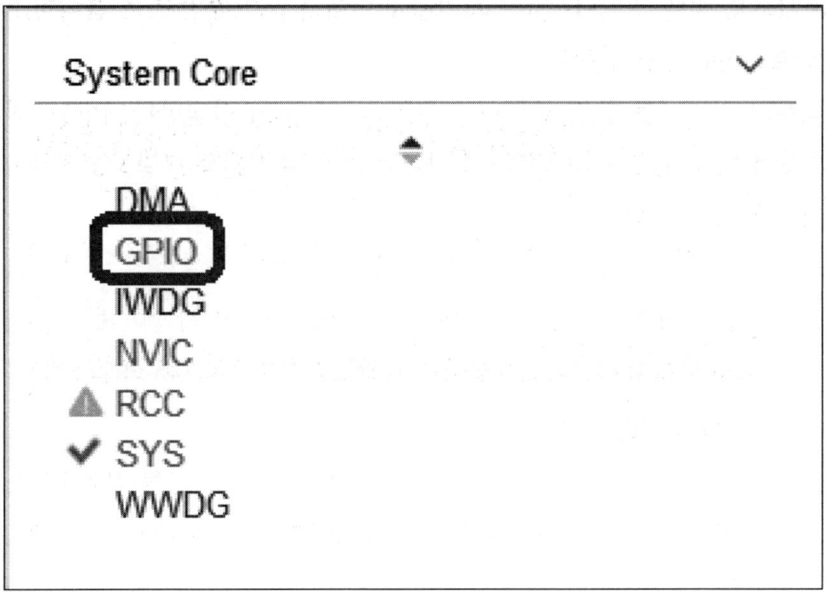

다음과 같이 setting 되었음을 확인할 수 있다.

⑫ 시스템에 클럭을 설정하기 위해 RCC(Reset and Clock controller)를 클릭하고 HSE(High Speed Clock)는 Crystal/Ceramic Resonator로 설정하고 LSE(Low Speed Clock)는 Disable로 설정한다.

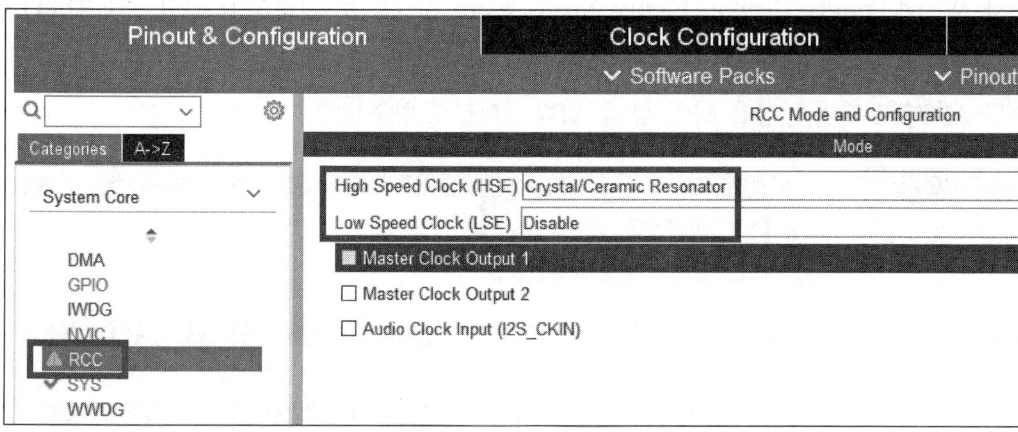

⑬ SYS는 디폴드 모드로 Debug-Serial Wire로 설정되어 있어 확인만 한다.

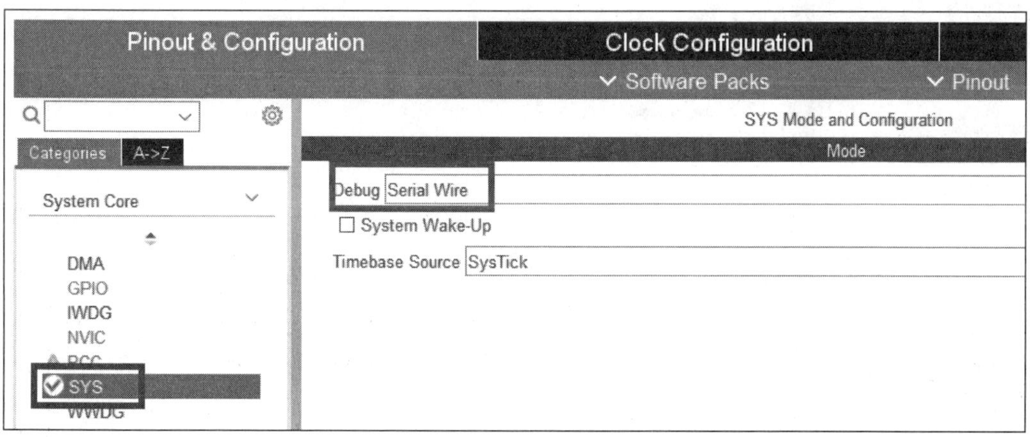

⑭ Connectivity를 클릭하면 USART3도 디폴드 모드로 설정되어 있어 확인만 한다. 디폴트 모드로 설정된 값을 보면 다음과 같다. USART3 Mode and Configuration 모드에서 Basic Parameters는 기본값이 설정되어 있다. Basic Rate 115200[Bits/s], Word Length 8[bits], Parity None, Stop Bits 1 로 설정되어 있다. NUCLEO-F429ZI 실습보드에 MPU STM32F103과 STM32F429 data 전송 통신방식이 USART3로 되어 있음을 확인 할 수 있다. [회로도 참조]

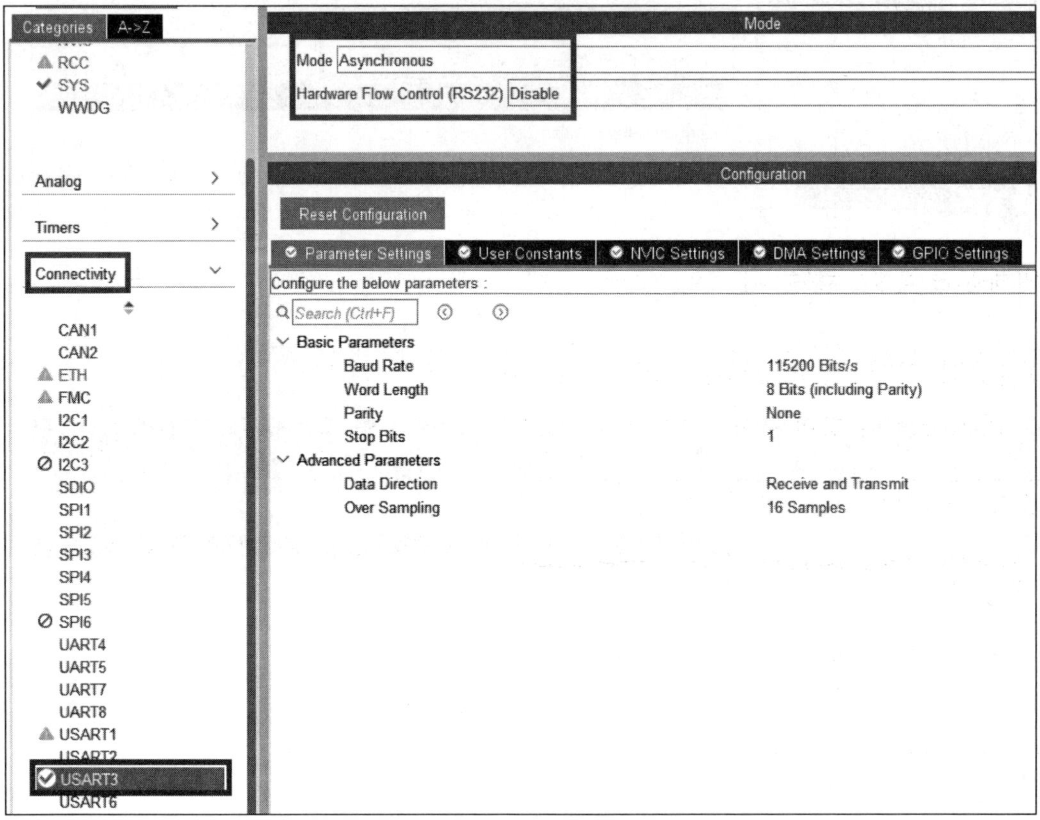

⑮ 이번에는 시스팀 클럭을 설정해 보자. Clock Configuration 클릭하면 다음과 같은 화면이 표시된다. 외부 클럭 HSE를 8Mhz 로 설정하고 M(/4)-N(×168)-P(/2)-PLLCLK(Enable CSS)로 설정하면 SYSCLK은 168[Mhz]이고 APB2 peripheral clock은 84[Mhz]임을 알 수 있다.

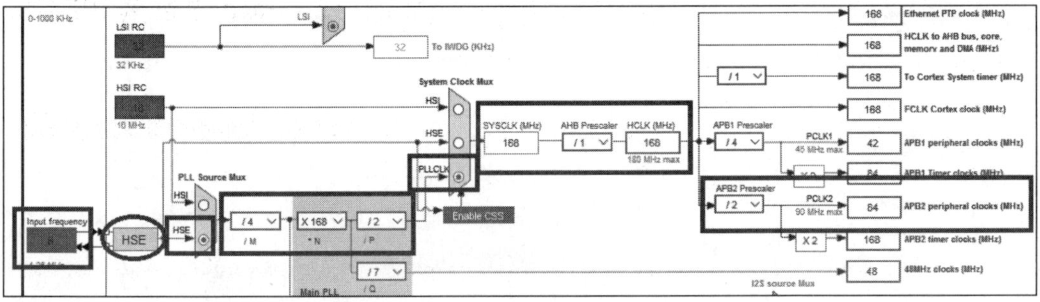

이제 모든 설정은 끝났고 설정한 configuration 값들을 코드로 전환하는 작업이 남아 있다.

⑯ 다음과 같이 Project-Generate code를 클릭해 보자. Open Associated Perspective 창이 표시되면 Yes를 클릭하자.

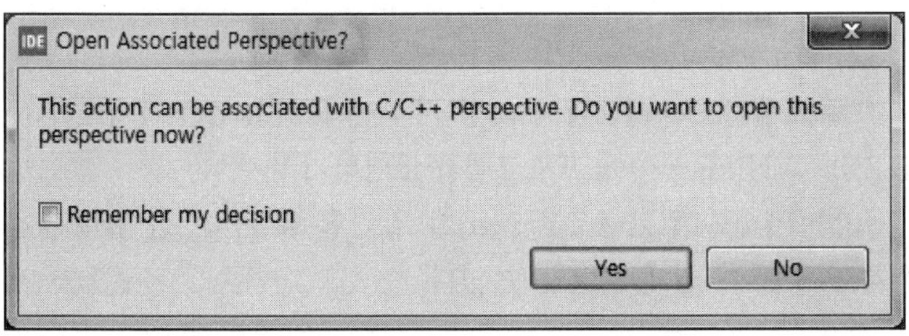

» STM32CubeIDE는 eclipse를 기반으로 설계되어 있고 STM32CubeMX 관련 tool을 포함하고 있어며 GUI기반으로 STM32 MCU를 검색하고 주변장치들을 설정하고 초기화 하며 build-load로 연결하여 코드를 자동 생성한다.

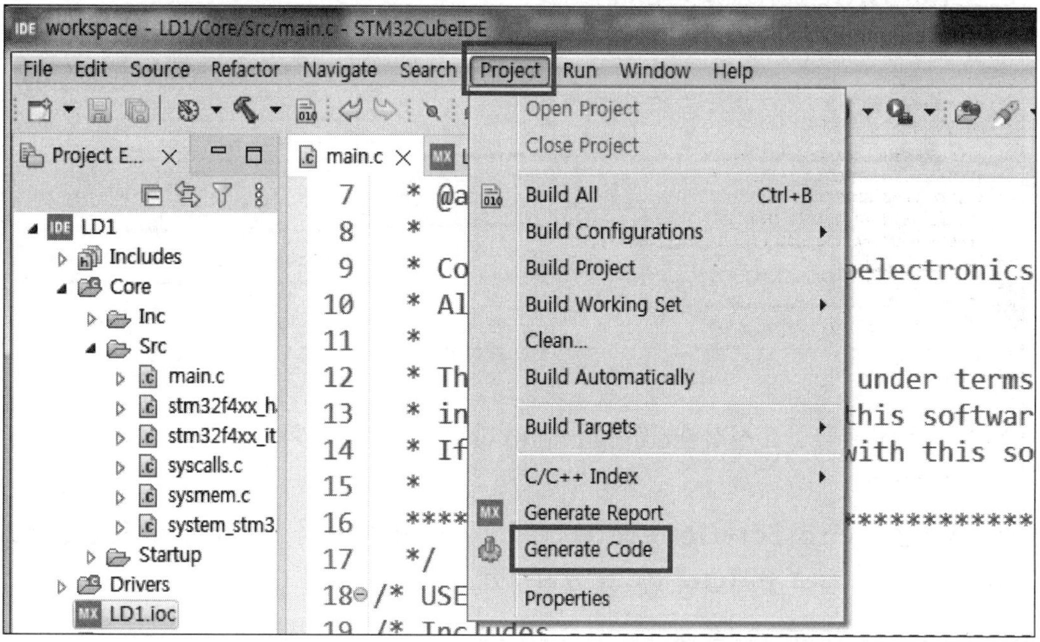

앞에서 언급 하였듯이 프로그램을 코딩할 때 주의할 사항은 USER CODE BEGIN WHILE와 USER CODE END WHILE 사이에 프로그램을 코딩하기 바란다.

참고로 HAL_GPIO_TogglePin(GPIOB,LD1_Pin)를 입력할 때 HAL_G 입력후에 Ctrl+space 동시에 클릭하면 조금 더 쉽게 코딩할 수 있다.

⑰ Generate code를 한 후 프로그램이 자동 생성 되었다. 다음과 같이 while (1)안에 프로그램을 직접 입력해 보자. USER CODE BEGIN WHILE 와 USER CODE END WHILE 사이에 프로그램을 입력하기 바란다.

```
/* USER CODE END Header */
/* Includes ------------------------------------------------------------------*/
#include "main.h"
#include "string.h"

void SystemClock_Config(void);
static void MX_GPIO_Init(void);
static void MX_ETH_Init(void);
static void MX_USART3_UART_Init(void);
static void MX_USB_OTG_FS_PCD_Init(void);

int main(void)
{

  /* USER CODE BEGIN 1 */

  /* USER CODE END 1 */

  /* MCU Configuration--------------------------------------------------------*/

  /* Reset of all peripherals, Initializes the Flash interface and the Systick. */
  HAL_Init();

  /* USER CODE BEGIN Init */

  /* USER CODE END Init */

  /* Configure the system clock */
  SystemClock_Config();

  MX_GPIO_Init();
  MX_ETH_Init();
  MX_USART3_UART_Init();
  MX_USB_OTG_FS_PCD_Init();

  /* USER CODE BEGIN WHILE */
  while (1)
  {
    /* USER CODE END WHILE */

    /* USER CODE BEGIN 3 */
  }
  /* USER CODE END 3 */
```

이제 프로그램을 구동하기 위해 다음과 같이 while(1) 문장 내에 프로그램을 코딩해 보자.

```
/* USER CODE BEGIN WHILE */
while (1) {
   HAL_GPIO_TogglePin (GPIOB, LD1_Pin | LD2_Pin | LD3_Pin);
   HAL_Delay(100);
   HAL_GPIO_TogglePin(GPIOD,PD0_Pin|PD1_Pin|PD2_Pin|PD3_Pin|PD4_Pin|PD5_Pin|PD6_Pin|PD7_Pin);
   HAL_Delay(100);
 }
/* USER CODE END WHILE */
```

while (1)안에 입력한 프로그램이 작성된 것을 확인 할 수 있다.

```
/* USER CODE BEGIN WHILE */
while (1)
  {
    HAL_GPIO_TogglePin(GPIOB,LD1_Pin|LD2_Pin|LD3_Pin);
    HAL_Delay(100);
    HAL_GPIO_TogglePin(GPIOD,PD0_Pin|PD1_Pin|PD2_Pin|PD3_Pin|PD4_Pin|PD5_Pin|PD6_Pin|PD7_Pin);
    HAL_Delay(100);
  }
    /* USER CODE END WHILE */
```

⑱ 작성한 프로그램을 실행해 보자. Project-Build Project를 클릭한다.

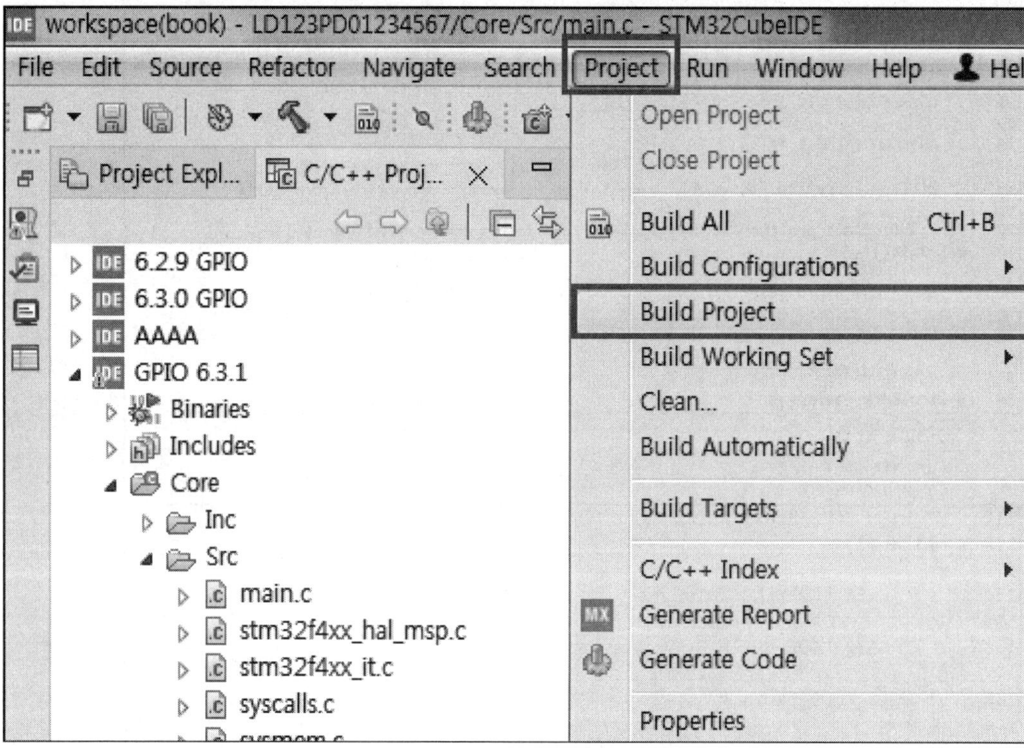

⑲ 다음화면이 표시되면 OK 버튼을 클릭한다.

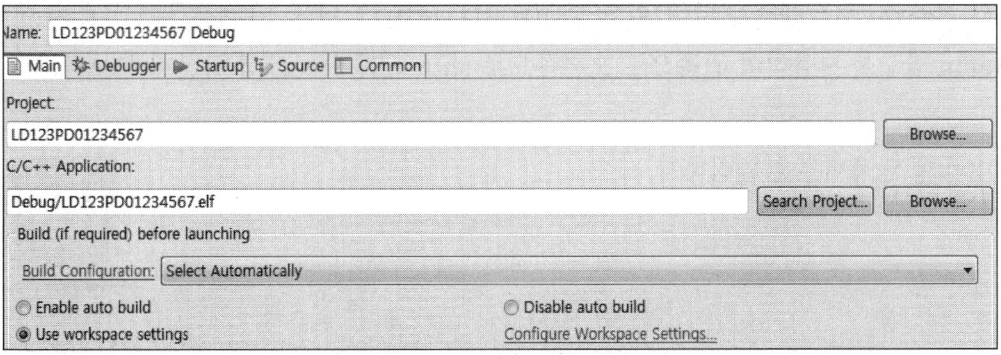


```
STMicroelectronics ST-LINK GDB server. Version 7.4.0
Copyright (c) 2023, STMicroelectronics. All rights reserved.

Starting server with the following options:
        Persistent Mode            : Disabled
        Logging Level              : 1
        Listen Port Number         : 61234
        Status Refresh Delay       : 15s
        Verbose Mode               : Disabled
        SWD Debug                  : Enabled
        InitWhile                  : Enabled

Waiting for debugger connection...
```

» 실행한 후에 GPIO Mode에서 설정한 led LD1, 2, 3 그리고 PD0, 1, 2, 3, 4, 5, 6, 7 Toggle(on/off) 됨을 알 수 있다. 또는 다음과 같이 실행버튼을 클릭하여도 된다.

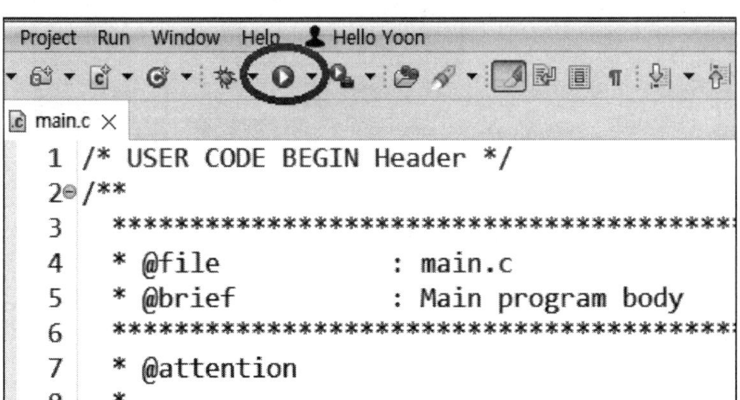

[예제_IDE_GPIO 8.3] HAL_GPIO _WritePin 함수를 이용한 LED on/off 실습

ARM CortexM4 실습보드에 있는 PD0, PD1…PD7 있는 LED를 HAL_GPIO_WritePin 함수를 사용하여 왼쪽으로 오른쪽으로 shift 되게 프로그램을 설계해 보자.

① IDE 실행 단축버튼을 클릭하자.

② 다음과 같은 창이 뜨면 Browse를 클릭하고 저장위치를 선택한다. Launch를 클릭한다. 본 교재에서는 Workspace D:\Workspace(book)에 실습예제를 저장한다. (개인마다 다름)

③ 새로운 Project를 만들기 위해 File-New-STM32 Project 클릭한다.

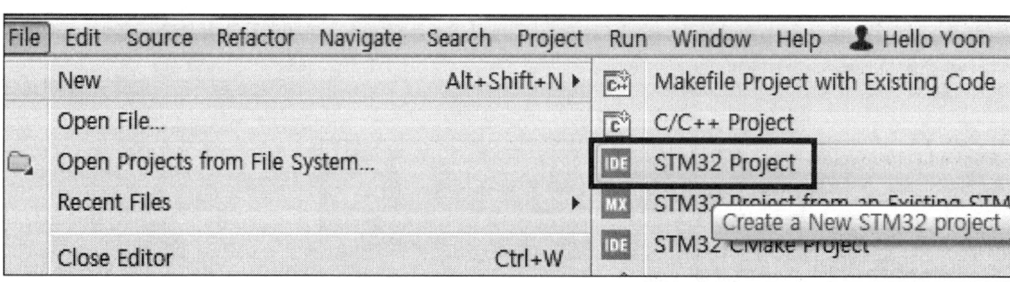

④ Board Selector 선택하고 NUCLEO-F429ZI 를 입력하고 보드를 선택하고 NEXT를 클릭한다.

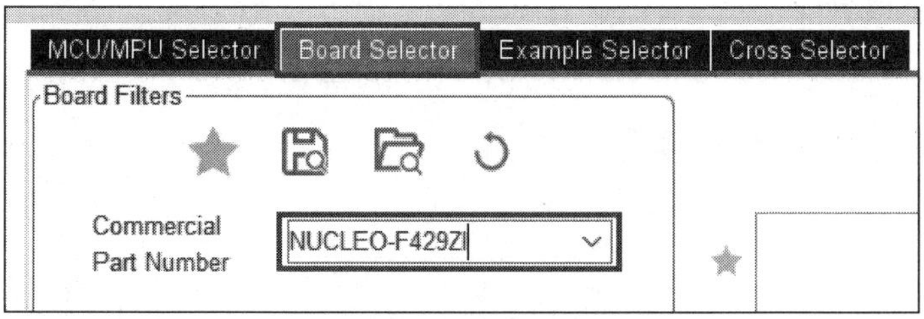

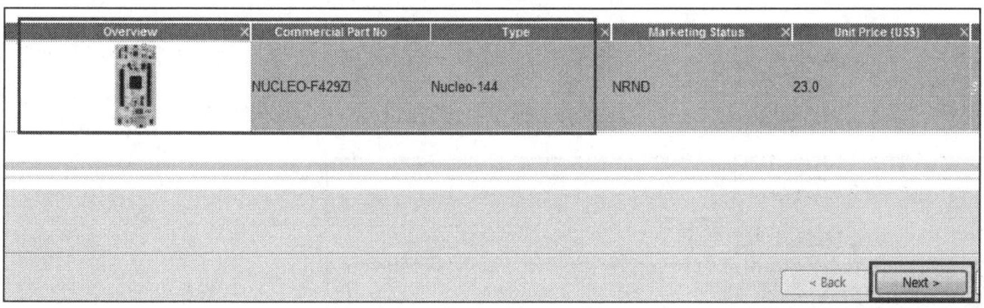

⑤ Project Name을 ex_led3 으로 입력한다. C:\IDE\workspace 폴더에 ex_led3이 저장 되었다. finish를 클릭한다.

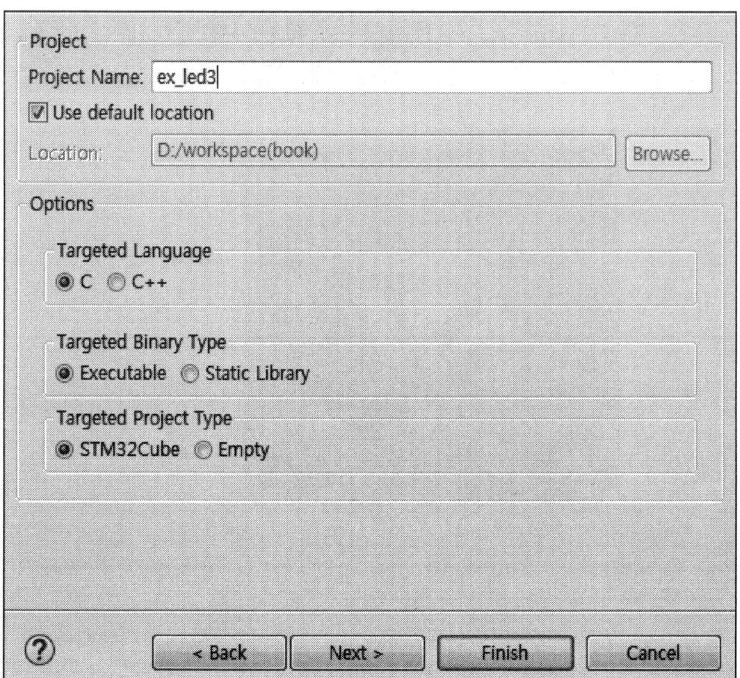

⑥ 모든 주변장치(Peripherals)를 초기화 하고 default Mode로 설정한다. 장치도구 편집기는 장치구성도구와 연관되어 있다. 연관된 장치구성 도구를 open 할 것이냐 를 묻는 내용이 뜨면 Yes를 클릭한다.

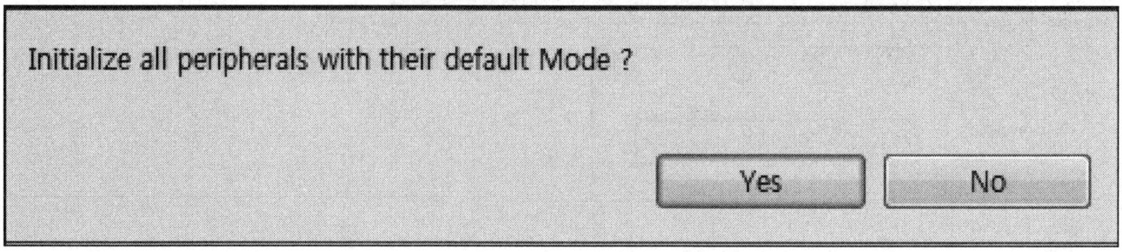

⑦ Loading IOC 중

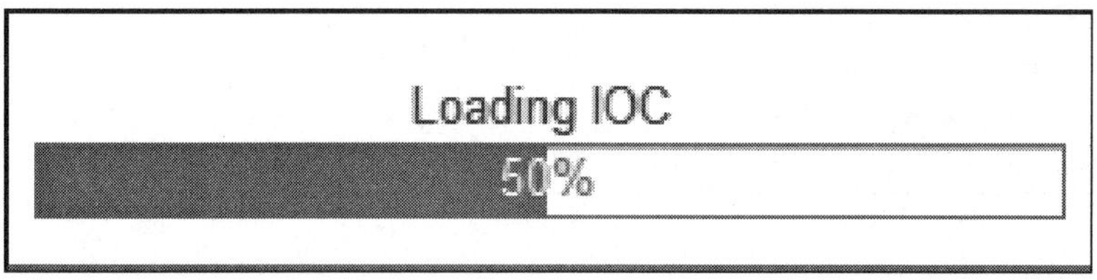

⑧ 다음과 같은 화면이 생성된다.

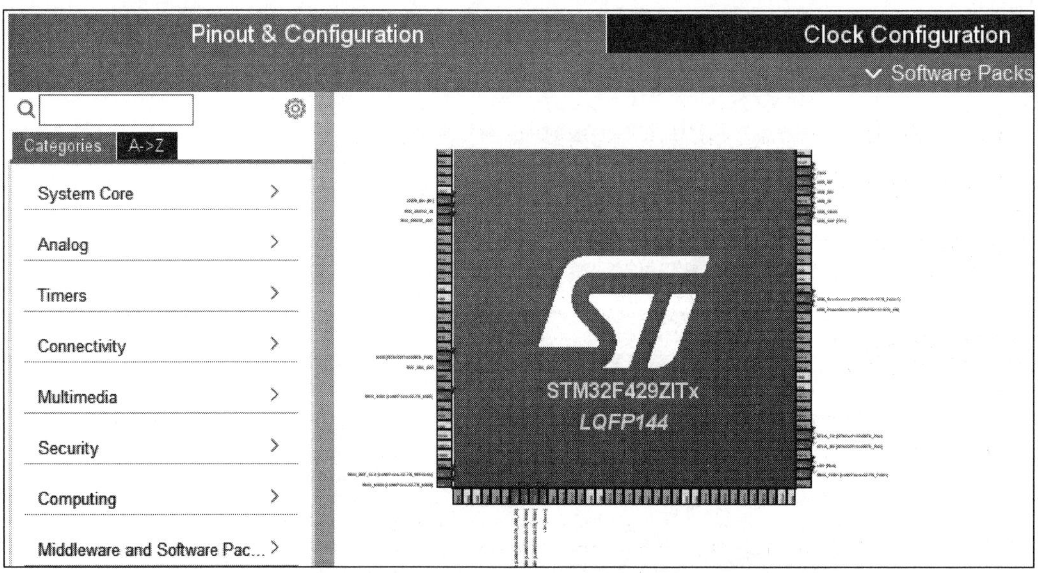

⑨ MCU 화면오른쪽 아래 검색창에 PD0를 입력하면 PD0핀에 커스가 깜빡이게 되는데 PD0에 왼쪽 마우스로 클릭하고 GPIO_Output 선택한다. 다음으로 PD0 핀에 오른쪽 마우스를 클릭하여 User Label을 PD0로 변경한다.

» 같은 방법으로 PD1, 2, 3, 4, 5, 6, 7 모두 GPIO_Output으로 선택하고 PD1, PD2, PD3, PD4, PD5, PD6, PD7핀 모두를 하나씩 오른쪽 마우스를 클릭하여 User Label 값을 PD1, PD2, PD3, PD4, PD5, PD6, PD7까지 모두 설정한다.

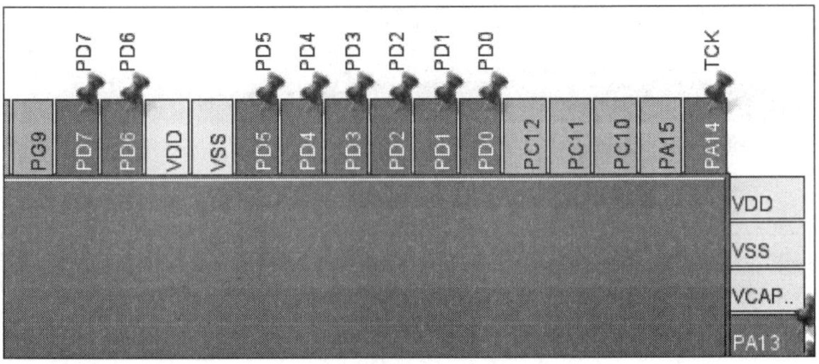

GPIO mode는 GPIO_Output으로 선택 되었고 User Label은 각각 PD1, PD2, PD3, PD4, PD5, PD6, PD7로 설정 되었다.
다음을 확인하자.

⑩ System Core-GPIO 를 클릭해 보면 PD0~PD7 모두 GPIO mode는 OUTPUT Push Pull로 setting 되었고 User Label은 PD1, PD2, PD3, PD4, PD5, PD6, PD7로 변경 되었음을 알 수 있다.

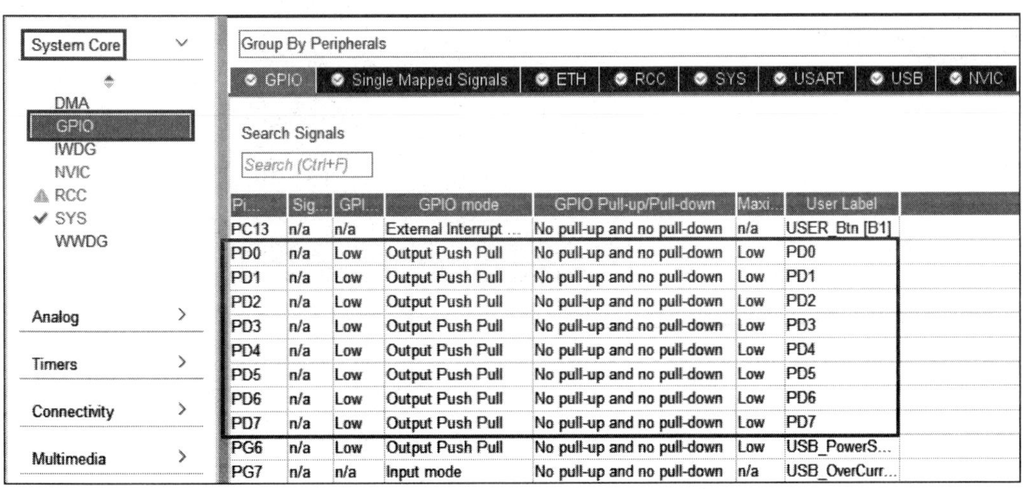

Pi...	Sig...	GPI...	GPIO mode	GPIO Pull-up/Pull-down	Maxi...	User Label
PC13	n/a	n/a	External Interrupt ...	No pull-up and no pull-down	n/a	USER_Btn [B1]
PD0	n/a	Low	Output Push Pull	No pull-up and no pull-down	Low	PD0
PD1	n/a	Low	Output Push Pull	No pull-up and no pull-down	Low	PD1
PD2	n/a	Low	Output Push Pull	No pull-up and no pull-down	Low	PD2
PD3	n/a	Low	Output Push Pull	No pull-up and no pull-down	Low	PD3
PD4	n/a	Low	Output Push Pull	No pull-up and no pull-down	Low	PD4
PD5	n/a	Low	Output Push Pull	No pull-up and no pull-down	Low	PD5
PD6	n/a	Low	Output Push Pull	No pull-up and no pull-down	Low	PD6
PD7	n/a	Low	Output Push Pull	No pull-up and no pull-down	Low	PD7
PG6	n/a	Low	Output Push Pull	No pull-up and no pull-down	Low	USB_PowerS...
PG7	n/a	n/a	Input mode	No pull-up and no pull-down	n/a	USB_OverCurr...

⑪ 시스템에 클럭을 설정하기 위해 RCC(Reset and Clock controller)를 클릭하고 HSE(High Speed Clock)는 Crystal/Ceramic Resonator로 설정하고 LSE(Low Speed Clock)는 Disable로 설정한다.

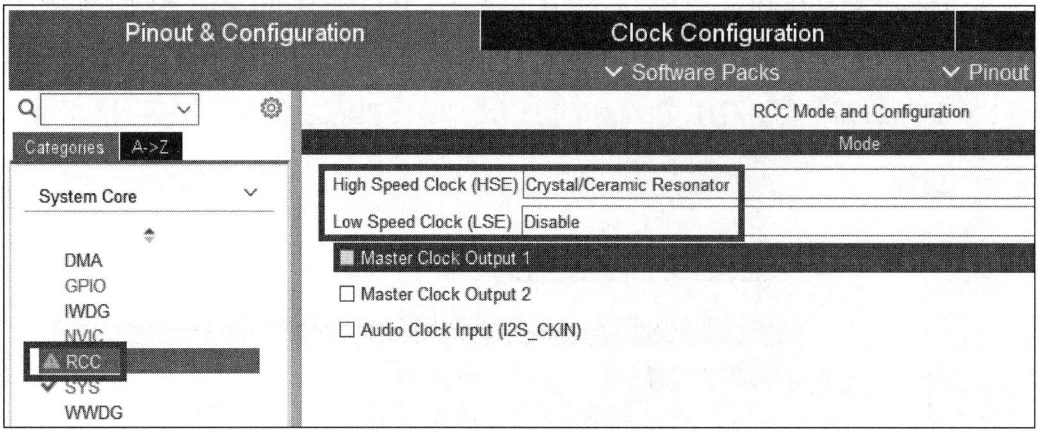

⑫ SYS는 디폴드 모드로 Debug-Serial Wire로 설정되어 있어 확인만 한다.

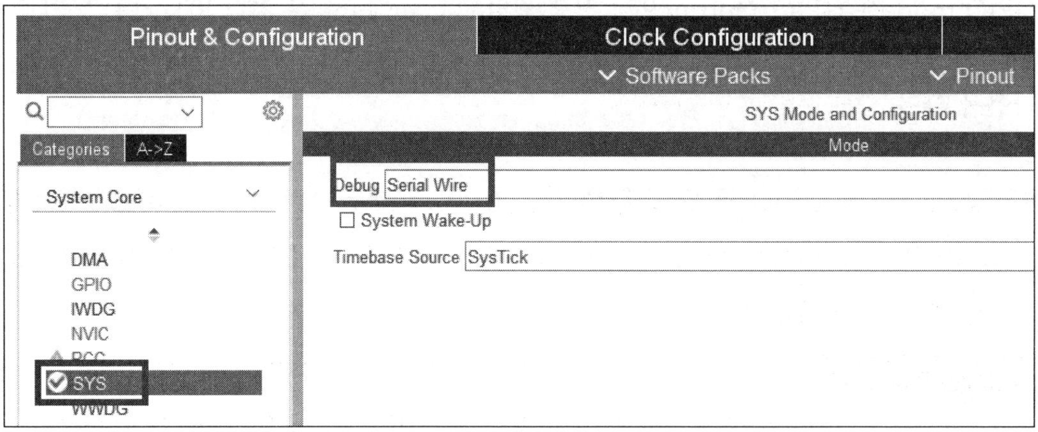

⑬ Connectivity를 클릭하면 USART3도 디폴드 모드로 설정되어 있어 확인만 한다. 디폴트 모드로 설정된 값을 보면 다음과 같다. USART3 Mode and Configuration 모드에서 Basic Parameters는 기본값이 설정되어 있다. Basic Rate 115200[Bits/s], Word Length 8[bits], Parity None, Stop Bits 1로 설정되어 있다. NUCLEO-F429ZI 실습보드에 MPU STM32F103과 STM32F429 data 전송 통신방식이 USART3로 되어 있음을 확인 할 수 있다. [회로도 참조]

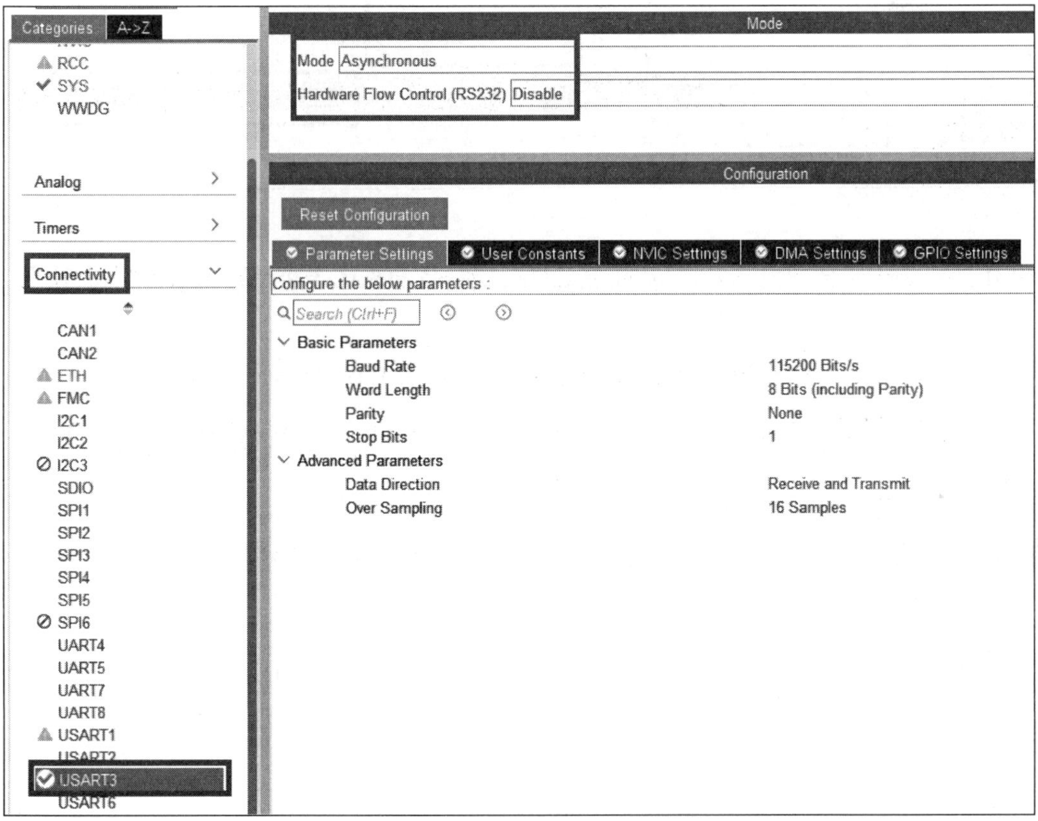

⑭ 이번에는 시스템 클럭을 설정해 보자. Clock Configuration 클릭하면 다음과 같은 화면이 표시된다. 외부 클럭 HSE를 8Mhz 로 설정하고 M(/4)-N(×168)-P(/2)-PLLCLK(Enable CSS) 설정하면 SYSCLK은 168[Mhz]이고 APB2 peripheral clock은 84[Mhz]임을 알 수 있다.

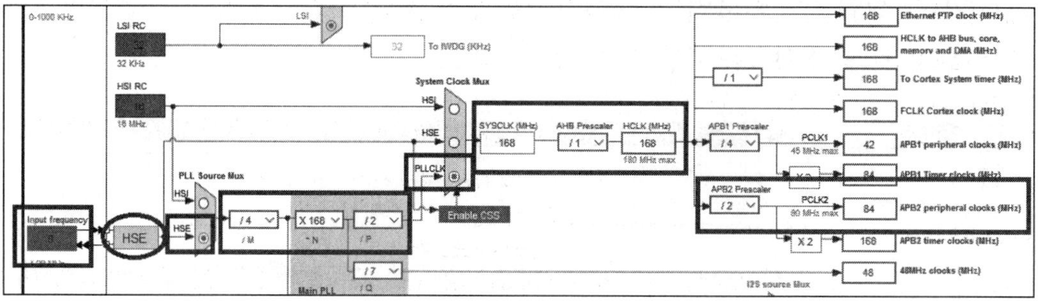

이제 모든 setting은 끝났고 setting 한 프로세스 값들을 코드로 전환하는 작업이 남아 있다.

⑮ 다음과 같이 **Project-Generate code**를 클릭해 보자. Open Associated Perspective 창이 표시되면 Yes를 클릭하자.

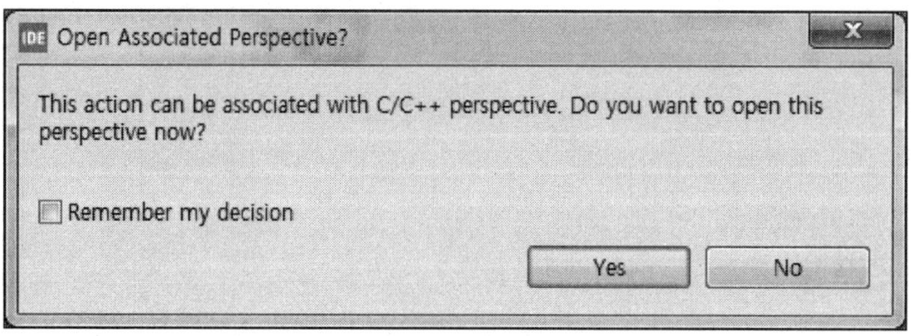

» STM32CubeIDE는 eclipse를 기반으로 설계되어 있고 STM32CubeMX 관련 tool을 포함하고 있으며 GUI기반으로 STM32 MCU를 검색하고 주변장치들을 설정하고 초기화하며 build-load로 연결하여 코드를 자동 생성 한다.

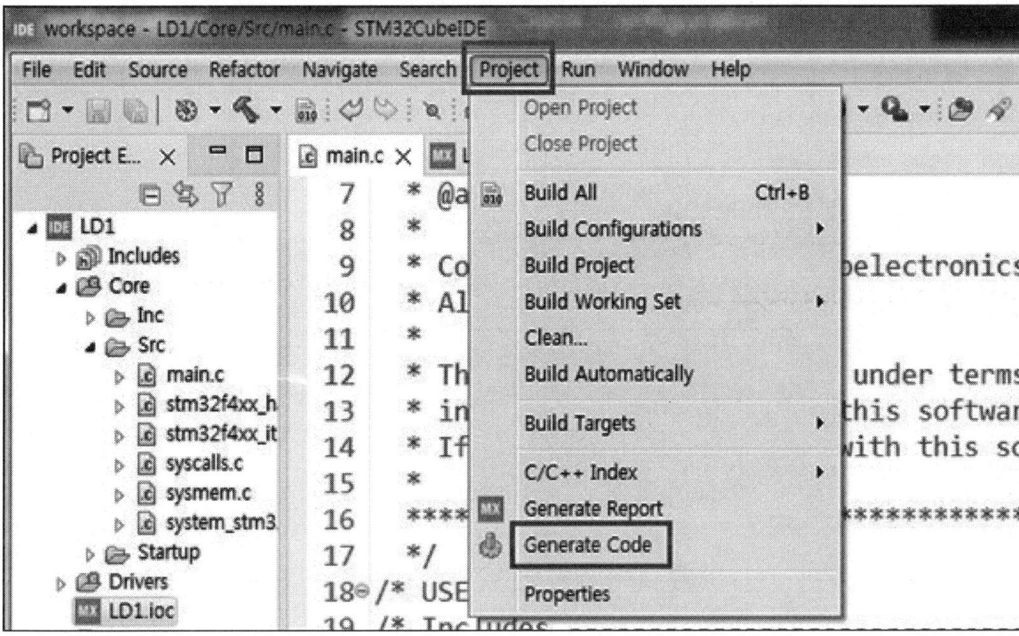

앞에서 언급 하였듯이 프로그램을 코딩할 때 주의할 사항은 USER CODE BEGIN WHILE 와 USER CODE END WHILE 사이에 프로그램을 코딩하기 바란다. 참고로 HAL_GPIO_TogglePin(GPIOB,LD1_Pin); 를 입력할 때 HAL_G 입력 후에 Ctrl + space를 동시에 클릭하면 조금 더 쉽게 코딩할 수 있다.

Generate code를 한 후 프로그램이 자동 생성 되었다. 다음과 같이 while (1) 안에 프로그램을 직접 입력해 보자. USER CODE BEGIN WHILE 와 USER CODE END WHILE 사이에 프로그램을 입력하기 바란다.

```
/* USER CODE END Header */
/* Includes ------------------------------------------------------------------*/
#include "main.h"
#include "string.h"

void SystemClock_Config(void);
static void MX_GPIO_Init(void);
static void MX_ETH_Init(void);
static void MX_USART3_UART_Init(void);
static void MX_USB_OTG_FS_PCD_Init(void);
```

```
int main(void)
{

  /* USER CODE BEGIN 1 */

  /* USER CODE END 1 */

  /* MCU Configuration--------------------------------------------------------*/

  /* Reset of all peripherals, Initializes the Flash interface and the Systick. */
  HAL_Init();

  /* USER CODE BEGIN Init */

  /* USER CODE END Init */

  /* Configure the system clock */
  SystemClock_Config();
  MX_GPIO_Init();
  MX_ETH_Init();
  MX_USART3_UART_Init();
  MX_USB_OTG_FS_PCD_Init();
  /* USER CODE BEGIN WHILE */
  while (1)
  {
    /* USER CODE END WHILE */

    /* USER CODE BEGIN 3 */
  }
  /* USER CODE END 3 */
```

이제 프로그램을 구동하기 위해 다음과 같이 while(1) 문장내에 프로그램을 코딩해 보자.

```
 /* USER CODE BEGIN WHILE */
   uint8_t led = 1;  //초기값 1로 setting
   while(1){
        do {
                HAL_GPIO_WritePin(GPIOD, led , 1);
                HAL_Delay(200);
                HAL_GPIO_WritePin(GPIOD, led , 0);
                led = led << 1;
             } while (led != 0x80);
        do {
                HAL_GPIO_WritePin(GPIOD, led, 1);
                HAL_Delay(200);
                HAL_GPIO_WritePin(GPIOD, led, 0);


          }
/* USER CODE END WHILE */
```

while (1) 안에 입력한 프로그램이 작성된 것을 확인할 수 있다.

```
  /* USER CODE BEGIN WHILE */
  uint8_t led = 1;

  while(1){
       do {
           HAL_GPIO_WritePin(GPIOD, led , 1);
           HAL_Delay(200);
           HAL_GPIO_WritePin(GPIOD, led , 0);
           led = led << 1;
         } while (led != 0x80);
       do {
           HAL_GPIO_WritePin(GPIOD, led, 1);
           HAL_Delay(200);
           HAL_GPIO_WritePin(GPIOD, led, 0);
           led = led >> 1;
         } while (led != 0x01);
       }
    /* USER CODE END WHILE */
```

⑯ 작성한 프로그램이 모두 입력 됐으면 실행해 보자. 다음(Run)을 클릭하자.

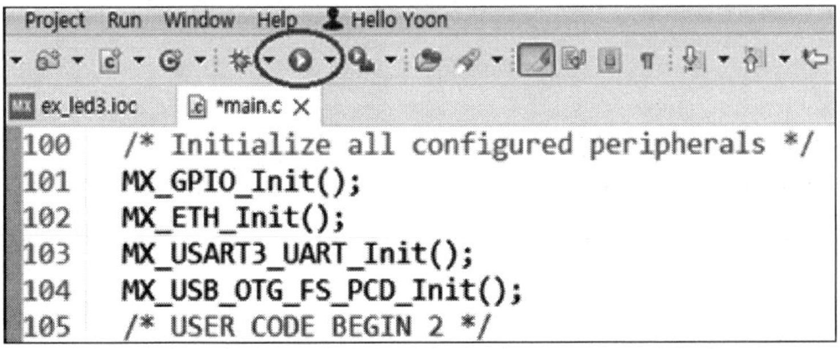

» Debug/ex_led3.elf 화면이 생성되면 ok 버튼을 클릭한다.

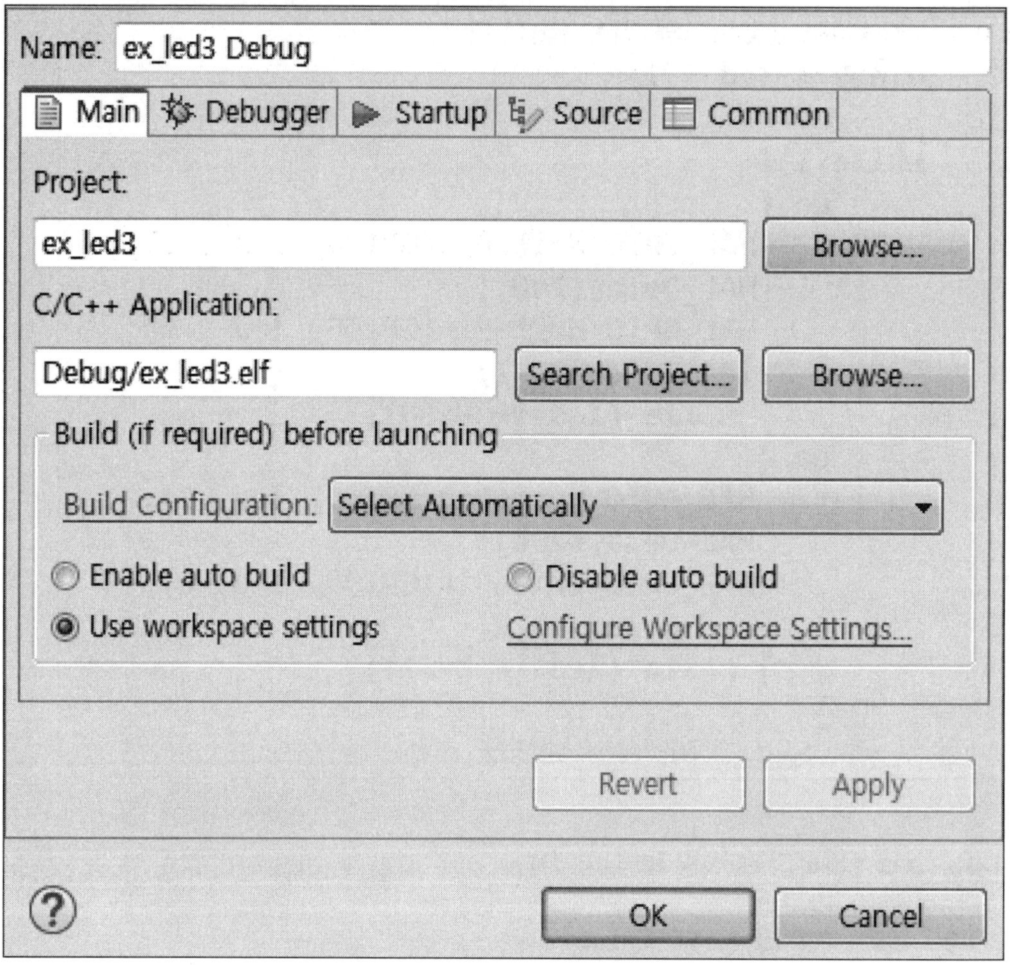

[실행 후] 실습보드에 led가 좌,우로 shift 되는 것을 확인할 수 있다.

[예제_IDE_GPIO 8.4] 레지스터 ODR를 이용한 LED shift on/off 실습

ARM CortexM4 실습보드에 있는 PD0, PD1…PD7 있는 LED를 Pinout & Configuration을 설정한 후에 ODR 레지스터를 이용하여 led를 오른쪽에서 왼쪽으로 shift 되게 프로그램을 설계해 보자.

① 다음과 같이 GPIO mode는 GPIO_Output으로 설정하고 User Label은 각각 PD1, PD2, PD3, PD4, PD5, PD6, PD7로 설정한다.

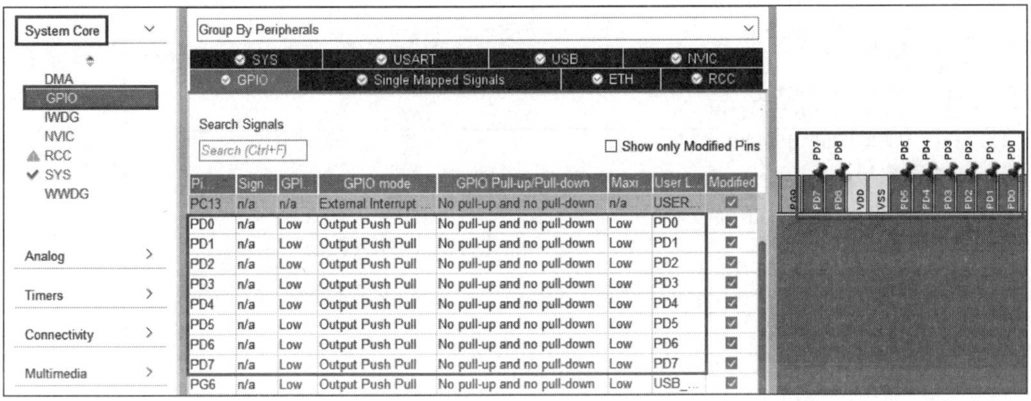

② Generate code를 한 후 프로그램이 자동 생성 되었다. 다음과 같이 while (1)안에 프로그램을 직접 입력해 보자. USER CODE BEGIN WHILE 와 USER CODE END WHILE 사이에 프로그램을 입력하기 바란다.

```
/* USER CODE END Header */
/* Includes ------------------------------------------------------------------*/
#include "main.h"
#include "string.h"

void SystemClock_Config(void);
static void MX_GPIO_Init(void);
static void MX_ETH_Init(void);
static void MX_USART3_UART_Init(void);
static void MX_USB_OTG_FS_PCD_Init(void);
```

```c
int main(void)
{

  /* USER CODE BEGIN 1 */

  /* USER CODE END 1 */

  /* MCU Configuration--------------------------------------------------------*/

  /* Reset of all peripherals, Initializes the Flash interface and the Systick. */
  HAL_Init();

  /* USER CODE BEGIN Init */

  /* USER CODE END Init */

  /* Configure the system clock */
  SystemClock_Config();
  MX_GPIO_Init();
  MX_ETH_Init();
  MX_USART3_UART_Init();
  MX_USB_OTG_FS_PCD_Init();
  /* USER CODE BEGIN WHILE */
  while (1)
  {
    /* USER CODE END WHILE */

    /* USER CODE BEGIN 3 */
  }
  /* USER CODE END 3 */
```

③ 다음과 같이 while(1) 문장내에 프로그램을 입력해 보자.

```c
/* USER CODE BEGIN WHILE */
  uint8_t i = 0;
  uint16_t led = 1;
  while(1) {
          for(i = 0; i < 8;i++) {
                  GPIOD-> ODR = led;
                  HAL_Delay(500);
                  led = led << 1;
                  if(led > 0x80) led = 1;
          }}
  /* USER CODE END WHILE */
```

④ while (1)안에 입력한 프로그램이 작성된 것을 확인할 수 있다.

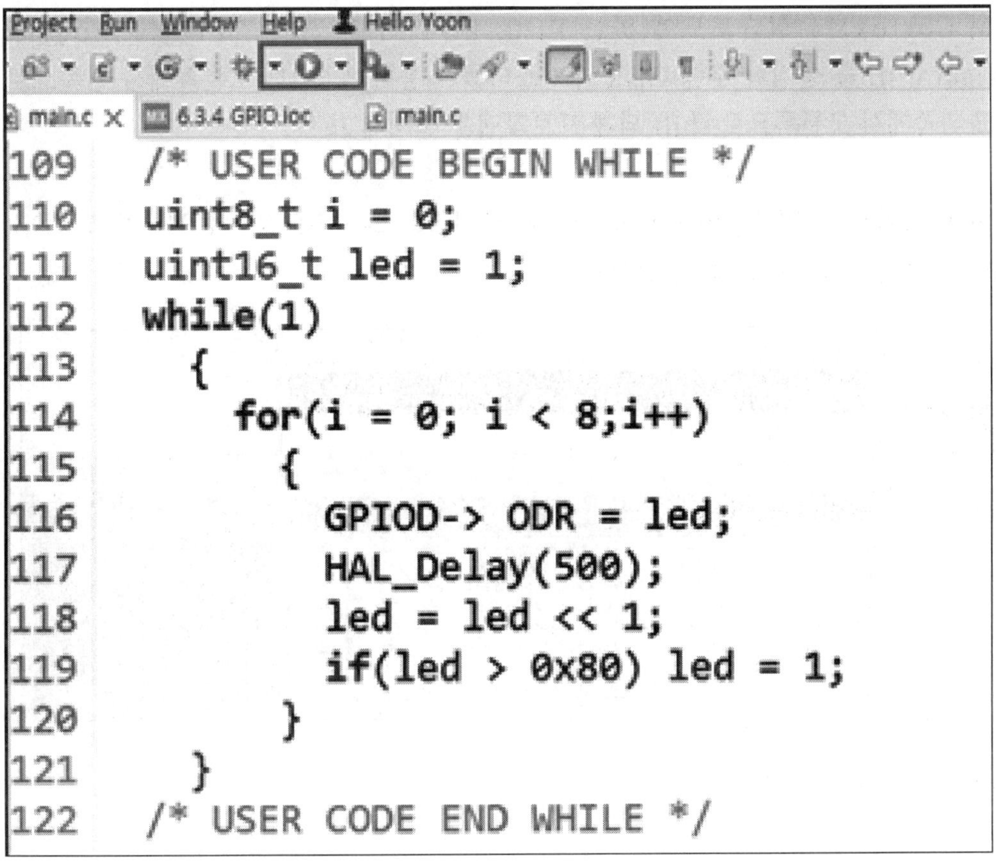

⑤ 작성한 프로그램을 모두 입력 됐으면 실행해 보자. 다음(Run)을 클릭하자.

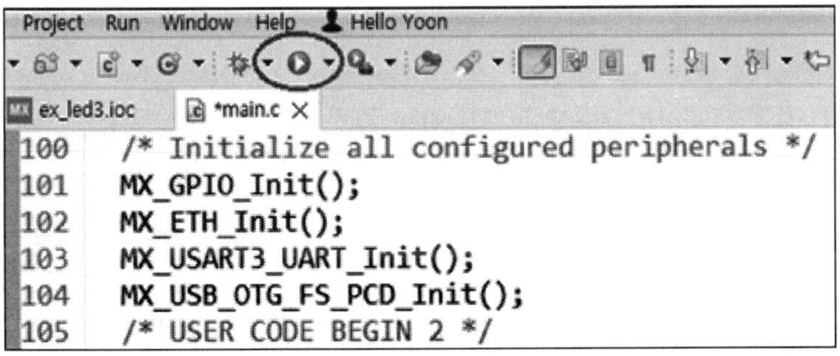

[실행 후] led가 오른쪽에서 왼쪽으로 shift 되는 것을 확인할 수 있다.

[예제_IDE_GPIO 8.5] 레지스터 ODR를 이용한 LED shift on/off 실습

ARM CortexM4 실습보드에 있는 PD0, PD1…PD7 있는 LED를 Pinout & Configuration을 설정한 후에 ODR 레지스터를 이용하여 led를 오른쪽에서 왼쪽으로 그리고 왼쪽에서 오른쪽으로 shift 되게 프로그램을 설계해 보자.

① GPIO mode는 GPIO_Output으로 설정하고 User Label은 각각 PD1, PD2, PD3, PD4, PD5, PD6, PD7로 설정한다.

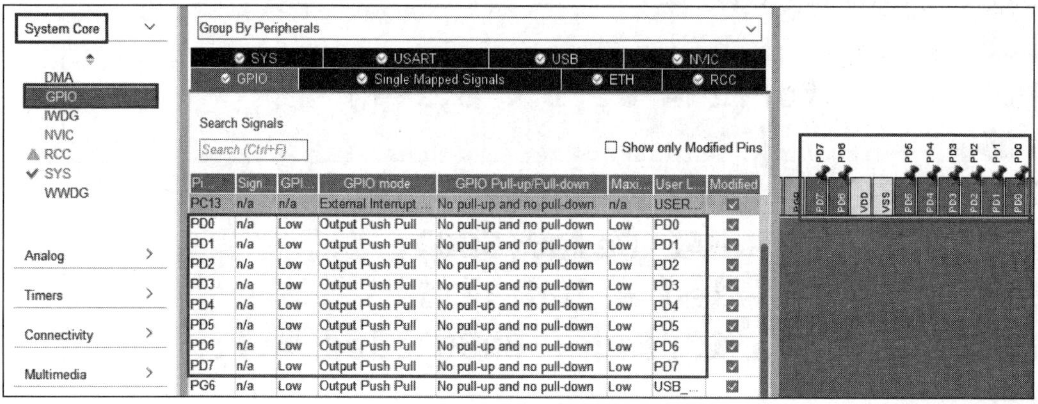

② Generate code를 한 후 프로그램이 자동생성 되었다. 다음과 같이 while (1)안에 프로그램을 직접 입력해 보자. USER CODE BEGIN WHILE 와 USER CODE END WHILE 사이에 프로그램을 입력하기 바란다. 다음과 같이 while(1) 문장 내에 프로그램을 입력해 보자.

```
/* USER CODE BEGIN WHILE */
  uint8_t i = 0;
  uint16_t led = 1;
  while(1) {
        for (i = 0; i < 8; i++)
          {
              GPIOD-> ODR = led;
              HAL_Delay(500);
              led = led << 1;
              if(led == 0x100) led = 0x40;
          }
        for (i = 1; i < 7; i++)
          {
               GPIOD-> ODR = led;
               HAL_Delay(500);
               led = led >> 1;
               if (led == 0x00) led = 0x01;
         } }
  /* USER CODE END WHILE */
```

③ while (1)안에 입력한 프로그램이 작성된 것을 확인할 수 있다. 작성한 프로그램을 모두 입력 되었으면 실행해 보자. Run을 클릭하자.

```
/* USER CODE BEGIN WHILE */
uint8_t i = 0;
uint16_t led = 1;
while(1) {
    for(i = 0; i < 8;i++) {
         GPIOD-> ODR = led;
         HAL_Delay(500);
         led = led << 1;
         if(led == 0x100) led = 0x40;
      }
    for(i = 1; i < 7;i++) {
          GPIOD-> ODR = led;
          HAL_Delay(500);
          led = led >> 1;
          if(led == 0x00) led = 0x01;
      }}
/* USER CODE END WHILE */
```

[실행 후] led가 좌,우로 shift 되는 것을 확인할 수 있다.

[예제_IDE_GPIO 8.6] HAL_GPIO_ReadPin과 ODR을 이용하여 led shift 실습

회로도를 보고 Pinout & Configuration을 setting 한 후에 HAL_GPIO_ReadPin 함수와 ODR 을 이용하여 ① PG0 스위치를 on 하면 오른쪽에서 왼쪽으로 ② PG1 스위치를 on 하면 왼쪽에서 오른쪽으로 shift 되게 프로그램을 설계해 보자.

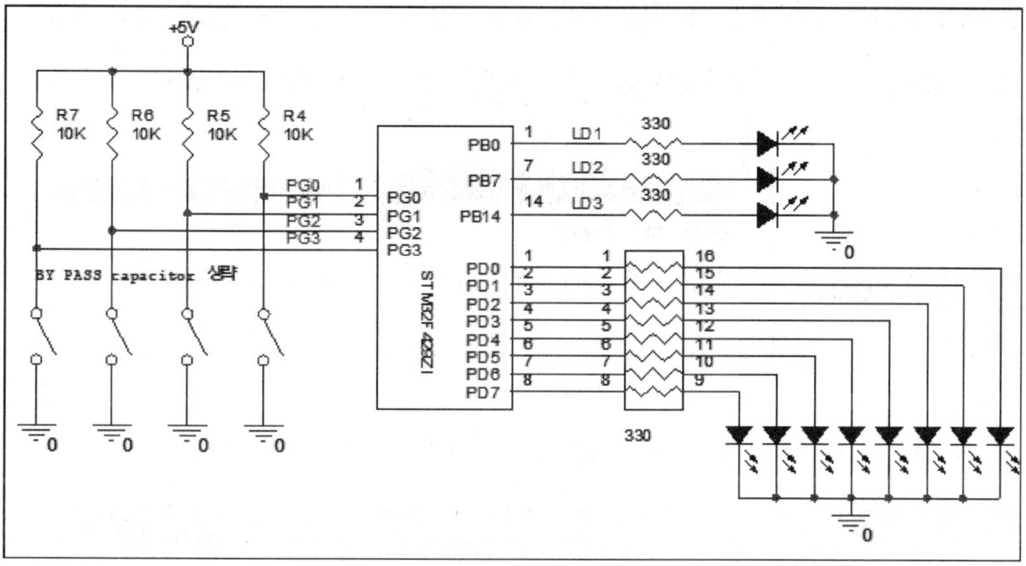

① Pinout & Configuration을 설정한 후 결과 값은 다음과 같다. GPIO mode 중에서 PG0, PG1은 input mode로 설정 되었고 User Label은 PG0, PG1로 설정 되었음을 알 수 있다. 스위치를 입력으로 설정하는 방법은 PG0, PG1 각 핀은 왼쪽마우스를 클릭하고 GPIO_input을 선택하고 오른쪽 마우스를 클릭하여 User Label은 PG0, PG1로 입력한다.

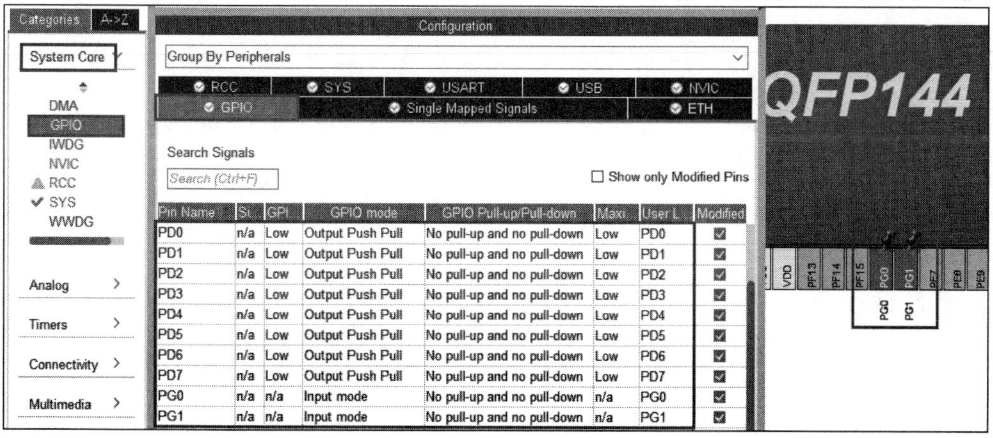

② 시스템에 클럭을 설정하기 위해 RCC(Reset and Clock controller)를 클릭하고 HSE(High Speed Clock)는 Crystal/Ceramic Resonator로 설정하고 LSE(Low Speed Clock)는 Disable로 설정한다.

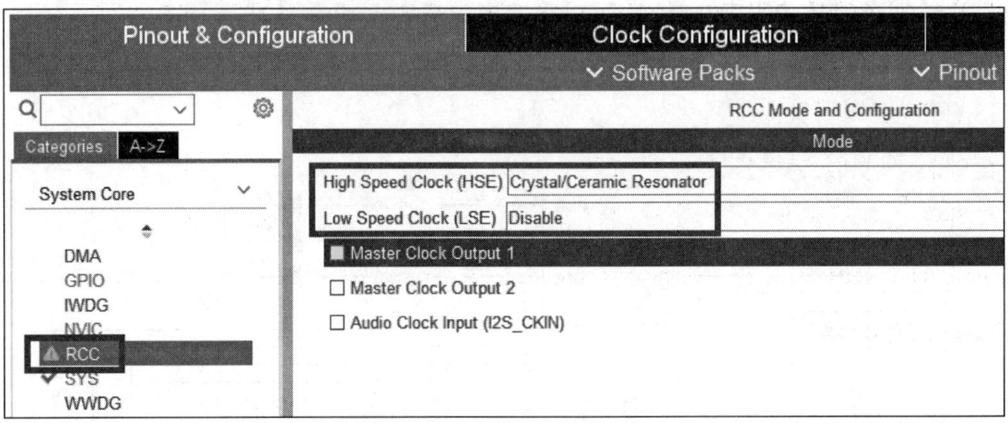

③ SYS는 디폴드 모드로 Debug-Serial Wire로 설정되어 있어 확인만 한다.

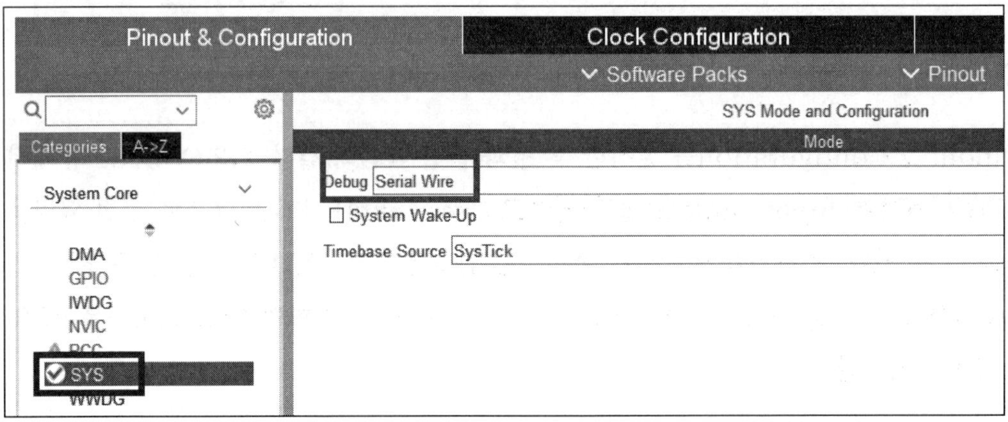

④ Connectivity를 클릭하면 USART3도 디폴드 모드로 설정되어 있어 확인만 한다. 디폴트 모드로 설정된 값을 보면 다음과 같다. USART3 Mode and Configuration 모드에서 Basic Parameters는 기본값이 설정되어 있다. Basic Rate 115200[Bits/s], Word Length 8[bits], Parity None, Stop Bits 1로 설정되어 있다. NUCLEO-F429ZI 실습보드에 MPU STM32F103과 STM32F429 data 전송 통신방식이 USART3로 되어있음을 확인할 수 있다.

⑤ 이번에는 시스템 클럭을 설정해 보자. Clock Configuration 클릭하면 다음과 같은 화면이 표시된다. 외부 클럭 HSE를 8Mhz 로 설정하고 M(/4)-N(×168)-P(/2)-PLLCLK(Enable CSS) 설정하면 SYSCLK은 168[Mhz]이고 APB2 peripheral clock은 84[Mhz]임을 알 수 있다.

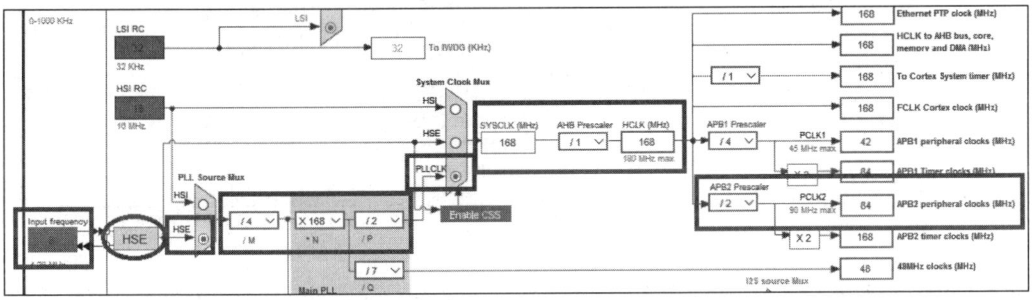

이제 모든 setting은 끝났고 setting 한 프로세스 값들을 코드로 전환하는 작업이 남아 있다.

⑥ **다음과 같이 Project-Generate code 를 클릭해 보자.** Open Associated Perspective **창이 표시되면** Yes**를 클릭하자.**

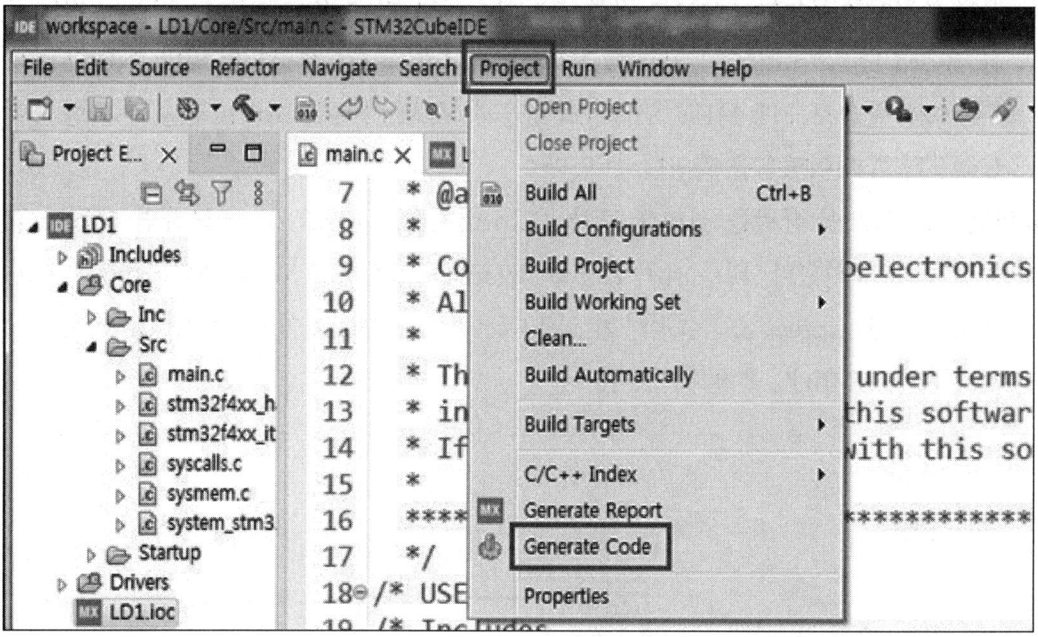

Generate code를 한 후 프로그램이 자동생성 되었다. 다음과 같이 while (1)안에 프로그램을 직접 입력해 보자. 코드를 입력할때에는 반드시 USER CODE BEGIN WHILE 와 USER CODE END WHILE 사이에 프로그램을 입력하기 바란다. 그렇게 하지 않으면 작성한 프로그램 내용이 지워진다.

이제 프로그램을 구동하기 위해 다음과 같이 while(1) 문장내에 프로그램을 코딩해 보자.

```
/* USER CODE BEGIN WHILE */
  uint8_t i = 1;
  uint16_t led = 0x01;
  while (1) {
        if (HAL_GPIO_ReadPin (GPIOG, PG0_Pin) == 0) {
             for(i = 0; i < 8;i++) {
                  GPIOD-> ODR = led;
                  HAL_Delay(300);
                  led = led << 1;
                  if(led == 0x100) led = 0x01;
             } }
        else if (HAL_GPIO_ReadPin (GPIOG, PG1_Pin) == 0){
             for(i = 0; i < 8;i++) {
                  GPIOD-> ODR = led;
                  HAL_Delay(300);
                  led = led >> 1;
                  if(led == 0x00) led = 0x80;
             } }
    /* USER CODE END WHILE */
```

while (1)안에 입력한 프로그램이 작성된 것을 확인할 수 있다.

```
  /* USER CODE BEGIN WHILE */
  uint8_t i = 1;
  uint16_t led = 0x01;

  while (1) {
      if(HAL_GPIO_ReadPin (GPIOG, PG0_Pin) == 0)
        {
          for(i = 0; i < 8;i++) {
               GPIOD-> ODR = led;
               HAL_Delay(300);
               led = led << 1;
               if(led == 0x100) led = 0x01;
             }
        }

      else if (HAL_GPIO_ReadPin (GPIOG, PG1_Pin) == 0)
        {  for(i = 0; i < 8;i++) {
               GPIOD-> ODR = led;
               HAL_Delay(300);
               led = led >> 1;
               if(led == 0x00) led = 0x80;
             }
        }
     }
    /* USER CODE END WHILE */
```

[실행 후] PG0 스위치를 누르고 있으면 led는 오른쪽에서 왼쪽으로 shift 되고 PG1 스위치를 누르고 있으면 led는 왼쪽에서 오른쪽으로 shift 되는 것을 확인할 수 있다.

[예제_IDE_EXTI 8.1] 외부 인터럽트 스위치(PG0)를 이용한 led 제어 실습

ARM Cortex_M4 실습보드에 있는 LD1, LD2, LD3의 있는 led를 PG0(GPIO_EXTI0) 버튼을 클릭하면 외부 인터럽트(External Interrupt)가 발생하여 led가 on/off 상태에서 stop 또는 run 되게 프로그램을 설계해보자.

① IDE 실행 단축버튼을 클릭하자.

② 저장위치를 선택한다. Launch를 클릭한다. 저장위치는 Workspace D:\Workspace(book) (개인pc마다 다르게 할 수 있음)

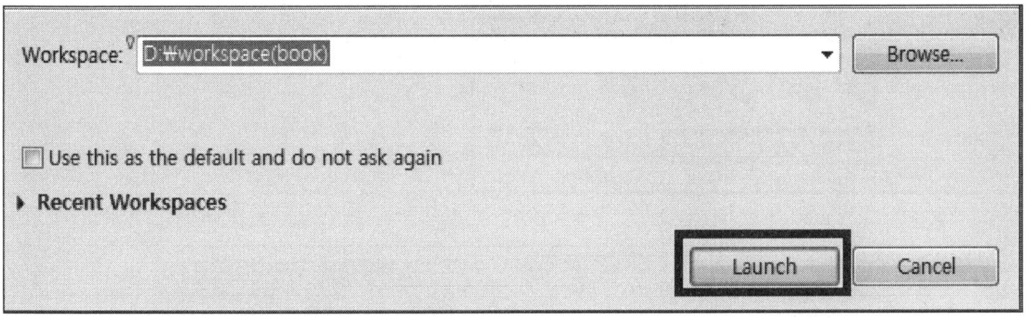

③ File-New-STM32 Project 클릭한다.

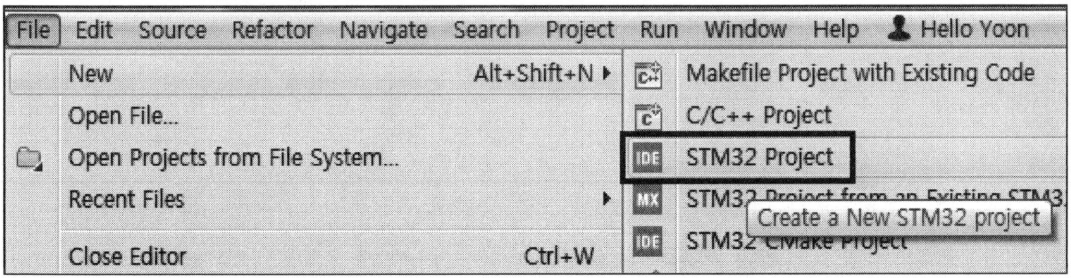

» Down File cube-finder-db zip 다운로드 중

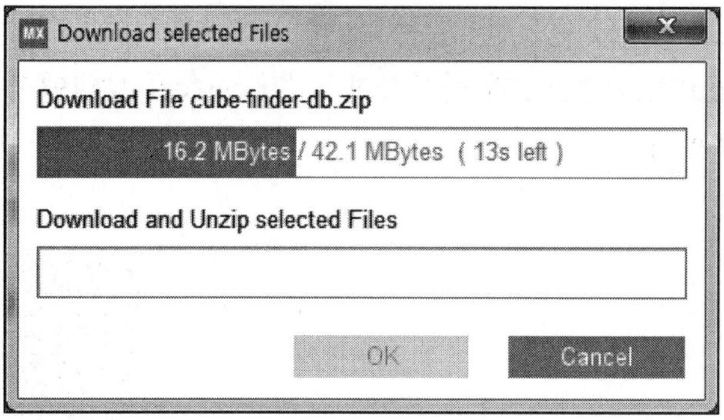

④ Board Selector 선택하고 Commercial Part Number 검색창에 **NUCLEO-F429ZI** 를 입력하고 오른쪽 아래 **NUCLEO-F429ZI ST**보드를 선택하고 **NEXT**를 클릭한다.

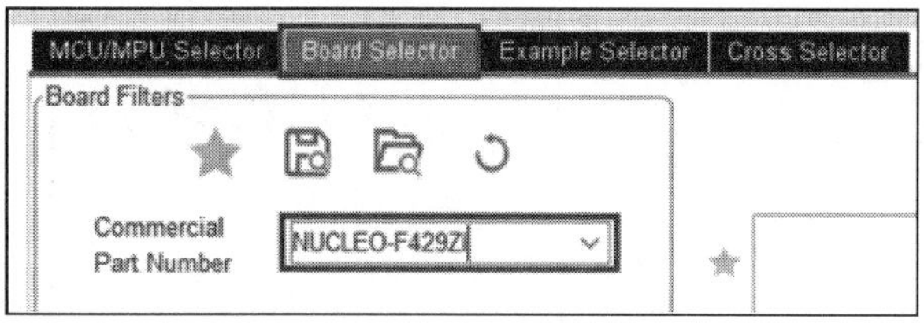

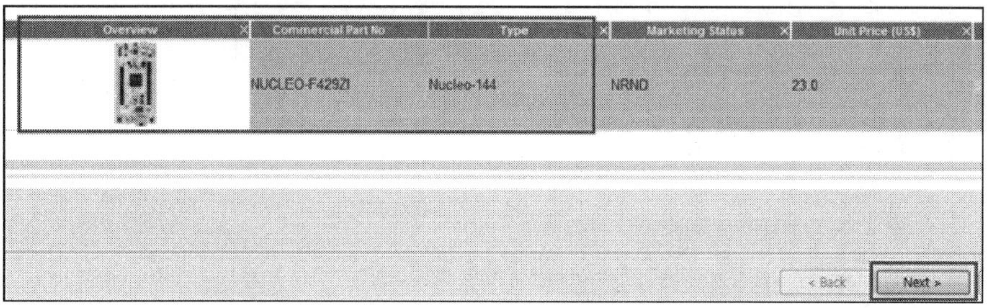

⑤ Project Name을 ex_EXTI1으로 입력한다. finish를 클릭한다.

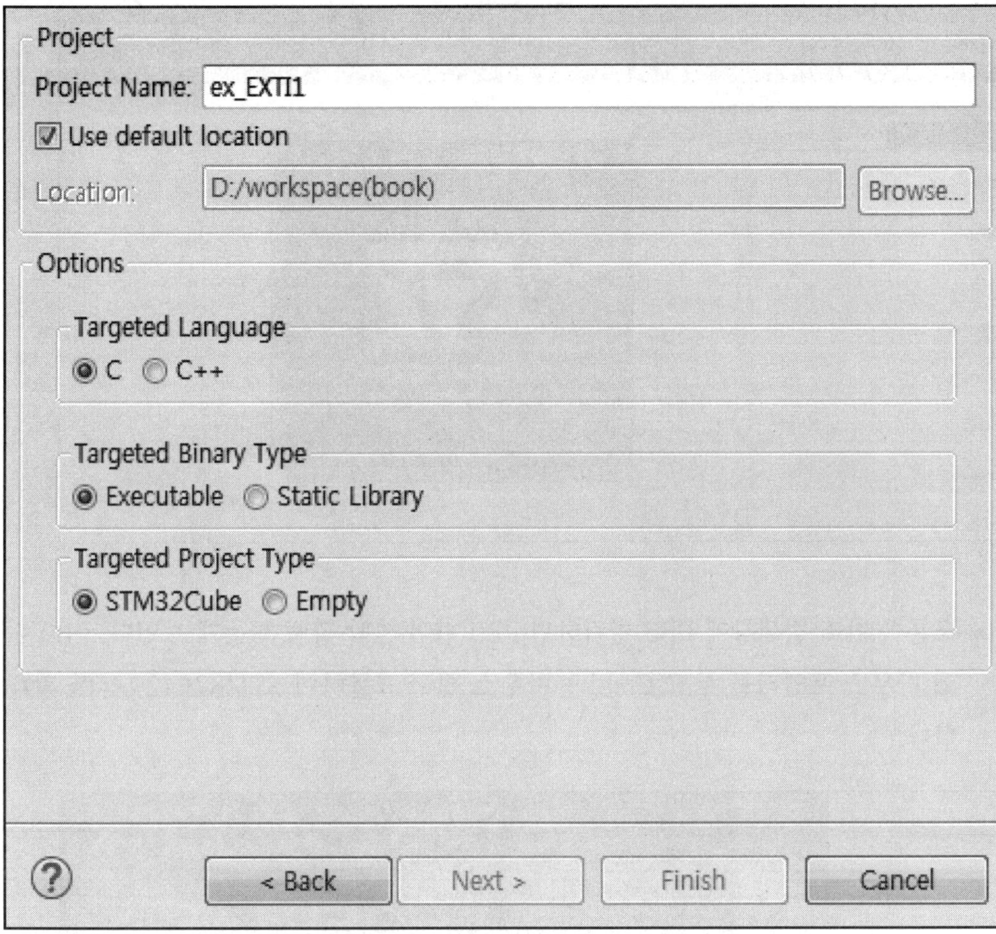

⑥ Peripherals(주변장치)를 default Mode로 설정할 것인가 물어본다. Yes를 클릭한다.

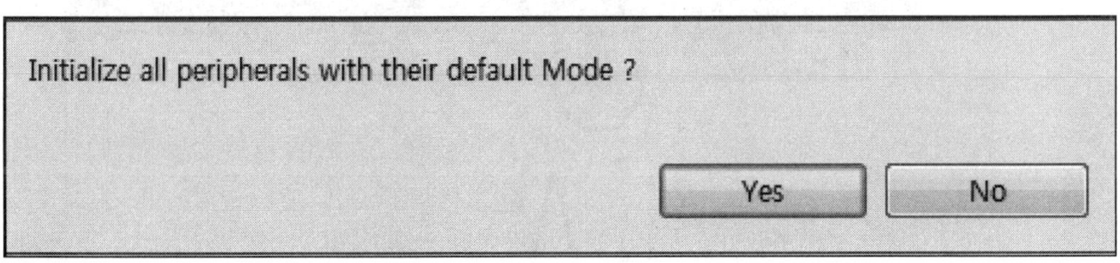

⑦ 조금 기다리면 다음과 같은 화면이 생성된다.

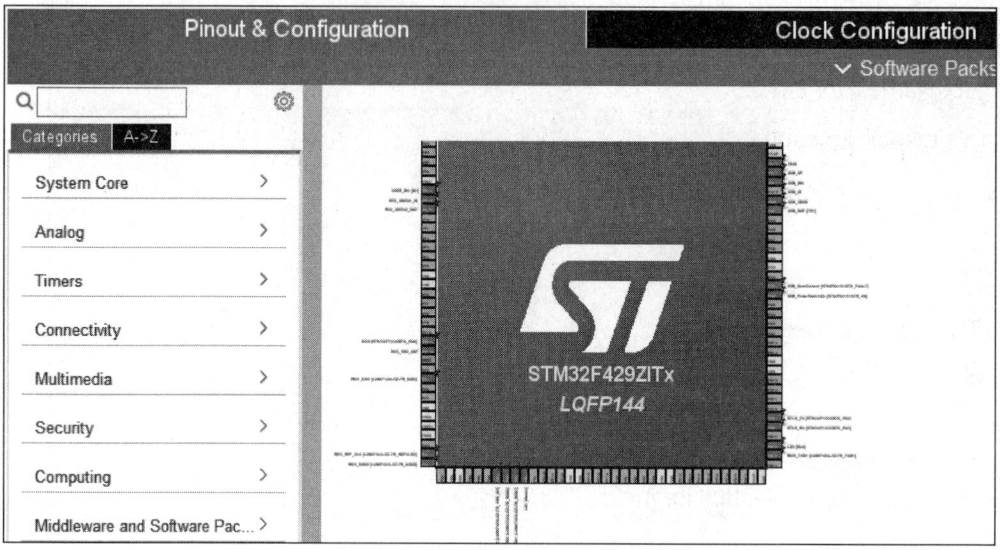

» 오른쪽 아래 검색창에 PB0 클릭하면 PB0 핀이 깜빡 깜빡 하는게 보인다. PB0 핀에 마우스 포인터를 두고 Ctrol + 마우스 휠 스크롤하여 STM32F429ZITx 확대한다.

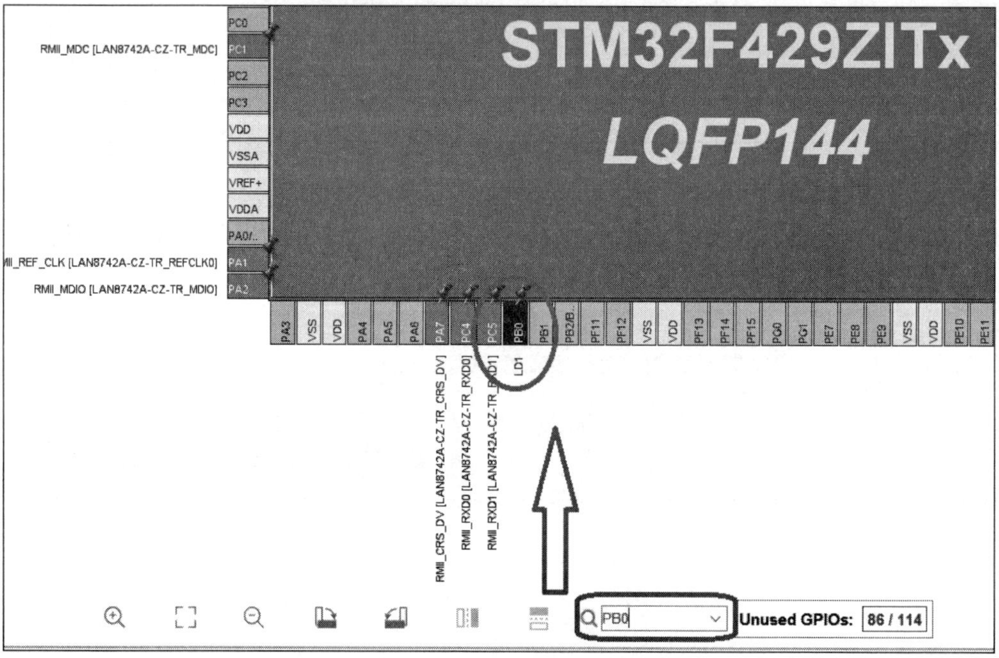

⑧ PB0를 마우스 왼쪽버튼을 한 번 클릭하고 GPIO_Output 선택한다. PB0 핀은 출력으로 설정되었다.

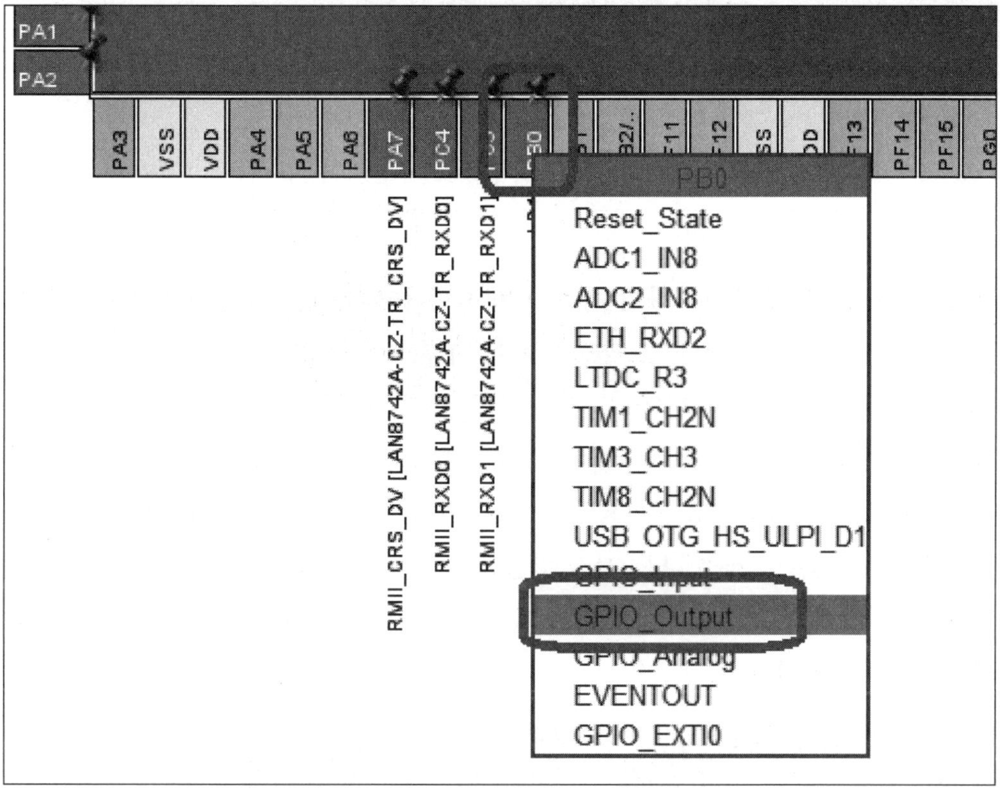

⑨ PB0에 마우스 오른쪽 버튼을 클릭하고 Enter User Label에 LD1을 입력한다.

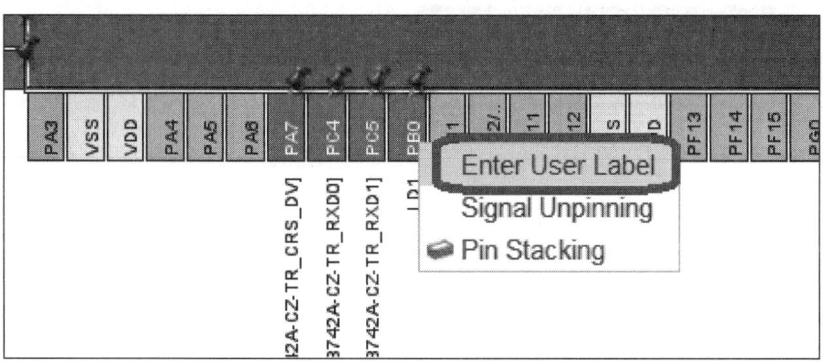

» Enter User Label이 LD1으로 설정되었다.

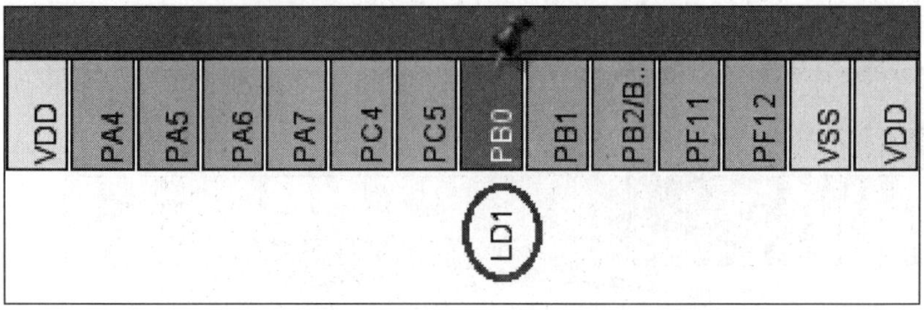

⑩ **동일한 방법으로 PB7를 검색**한다. PB7를 한번 클릭하고 GPIO_Output 선택한다. PB7 핀은 출력으로 선택 되었다. 그리고 PB0에 마우스 오른쪽 버튼을 클릭하고 Enter User Label에 **LD2**를 입력한다.

» **동일한 방법으로 PB14를 검색**한다.PB14를 한번 클릭하고 GPIO_Output 선택한다. PB7 핀은 출력으로 선택되었다. 그리고 PB0에 마우스 오른쪽 버튼을 클릭하고 Enter User Label에 **LD3**를 입력한다.

⑪ 이번에는 PG0를 외부 인터럽트 모드로 설정해 보자. 다음과 같이 PG0를 검색하면 PG0가 깜빡 깜빡한다.

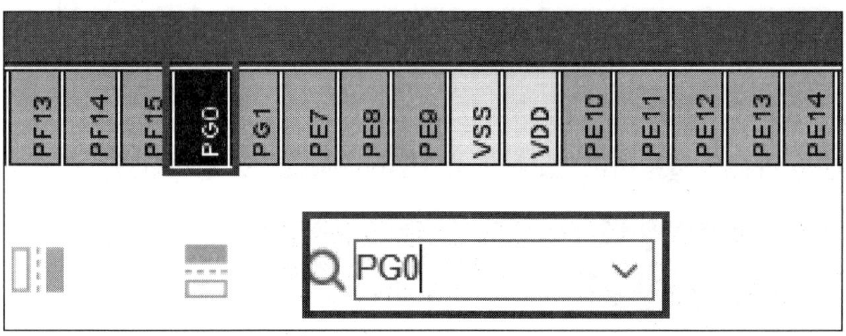

⑫ 마우스 왼쪽 버튼을 클릭한다. PG0에 GPIO_EXTI0를 선택한다. PG0는 외부 인터럽트 GPIO_EXTI0로 설정 되었다. PG0에 마우스 오른쪽 버튼을 클릭하고 Enter User Label에 EXTI_PG0를 입력한다.

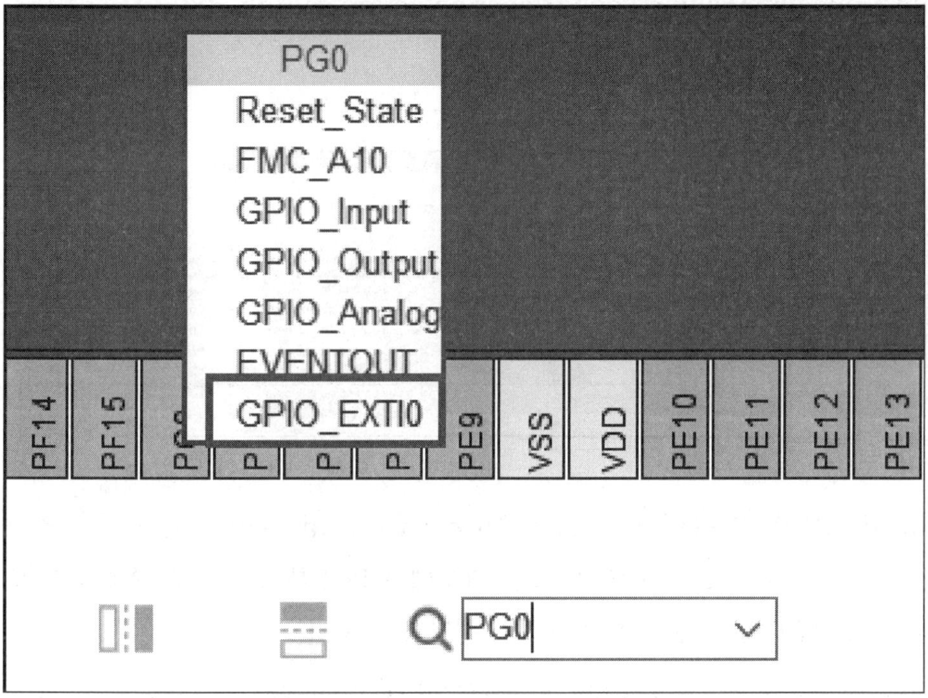

⑬ PG1도 동일한 방법으로 설정한다.(이번 예제에서는 사용하지 않지만 설정해본다.) PG1에 GPIO_EXTI1를 선택한다. PG1는 외부인터럽트 GPIO_EXTI1로 설정 되었다. PG1에 마우스 오른쪽 버튼을 클릭하고 Enter User Label에 EXTI_PG1를 입력한다.

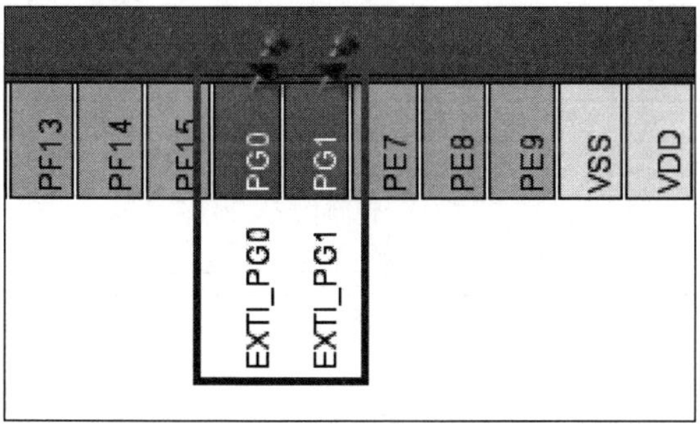

⑭ Pinout-&Configuration에서 다음과 같이 setting 되었음을 확인할 수 있다. GPIO mode PB0,PB7,PB14는 OUTPUT Push Pull 로 setting 되었고 User Label 은 LD1, LD2, LD3이 setting 되었다. GPIO mode PG0, PG1은 각각 External interrup Mode with Falling edge trigger detection setting 되었고 User Label 은 EXTI_PG0, EXTI_PG1로 setting 되었다.

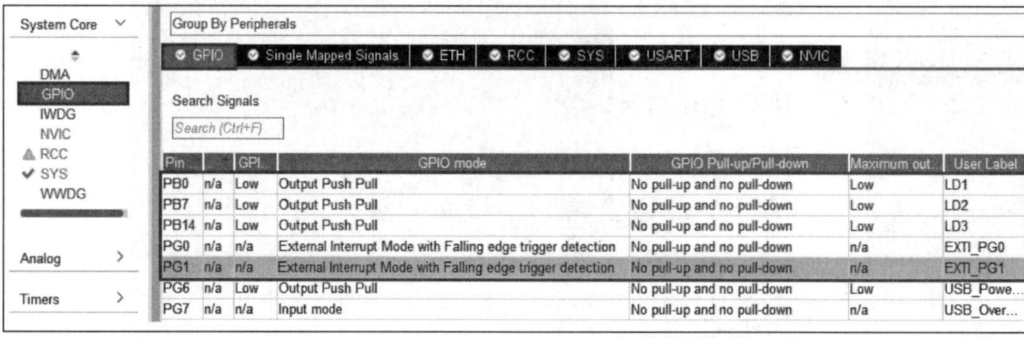

⑮ GPIO mode PG0, PG1이 External interrup Mode with Falling edge trigger detection로 setting 되지 않은 경우에는 PG0를 클릭하고 아래에 PG0 Configuration에 GPIO mode를 클릭하여 설정할 수 있다.

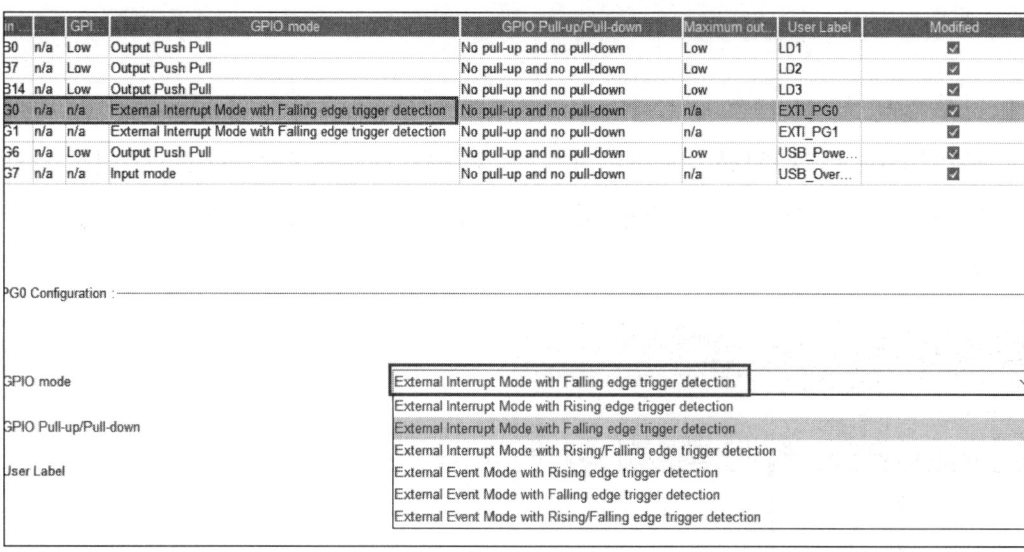

⑯ 이제 외부 인터럽트를 Enable로 설정해 보자. Pinout & Configuration에서 NVIC을 클릭한다. EXTI line0 interrupt에 Enable 을 체크한다. EXTI line1 interrupt도 Enable로 체크한다.

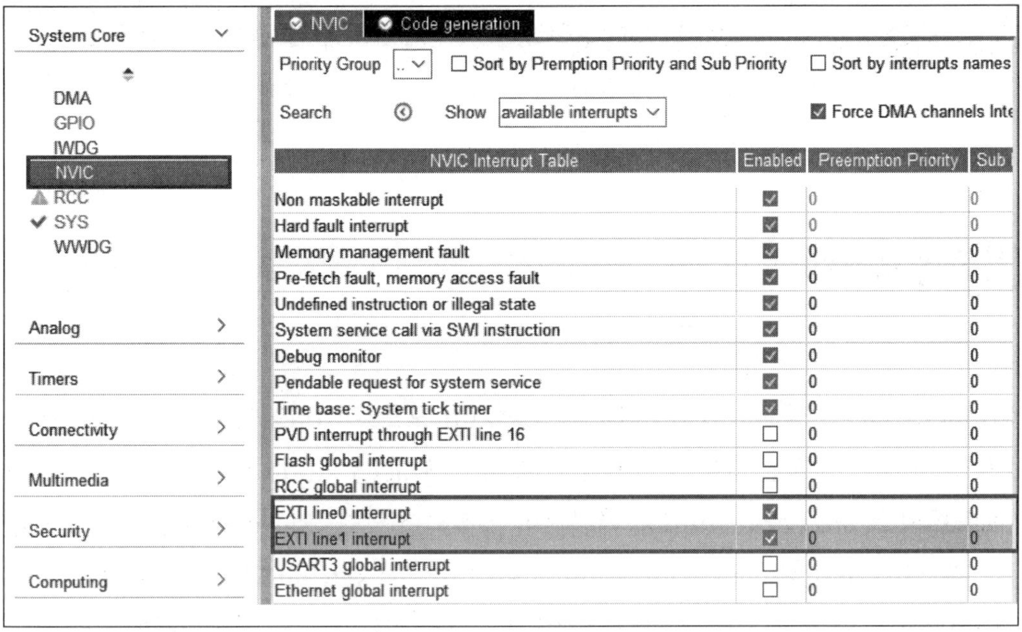

⑰ 이번에는 RCC(Reset and Clock controller)를 클릭하고 다음과 같이 setting 한다. High Speed Clock(HSE)는 Crystal/Ceramic Resonator로 설정하고 Low Speed Clock(LSE) Disable로 설정한다.

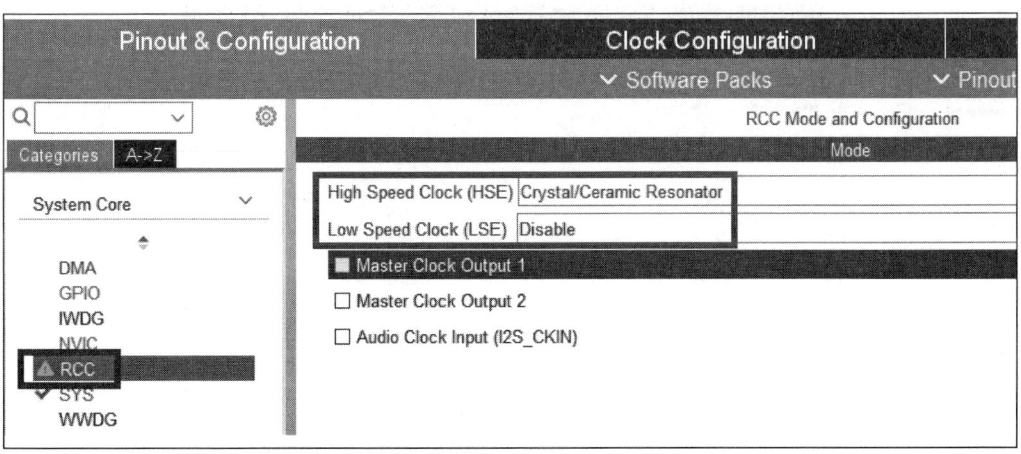

⑱ SYS는 디폴드 모드로 설정되어 있어 확인만 한다.

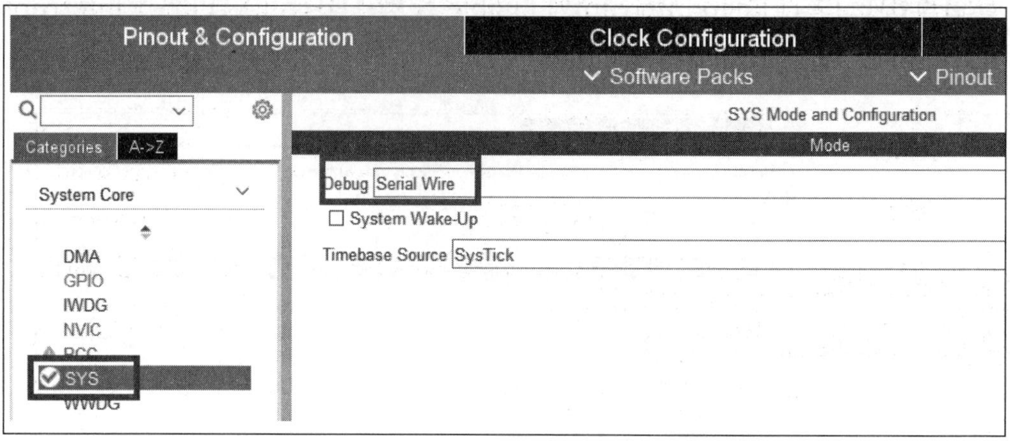

⑲ Connectivity를 클릭하면 USART3도 default 모드로 설정되어 있어 확인만 한다. default 모드 설정된 값을 보면 다음과 같다. USART3 Mode and Configuration 모드에서 Basic Parameters는 기본값이 설정되어 있다. Basic Rate 115200Bits/s, Word Length 8bits,Parity None, Stop Bits 1로 setting 되어 있다. NUCLEO-F429ZI 보드회로에 MPU STM32F103과 STM32F429 data 전송방식이 USART3으로 되어 있음을 확인할 수 있다. [회로도 참조]

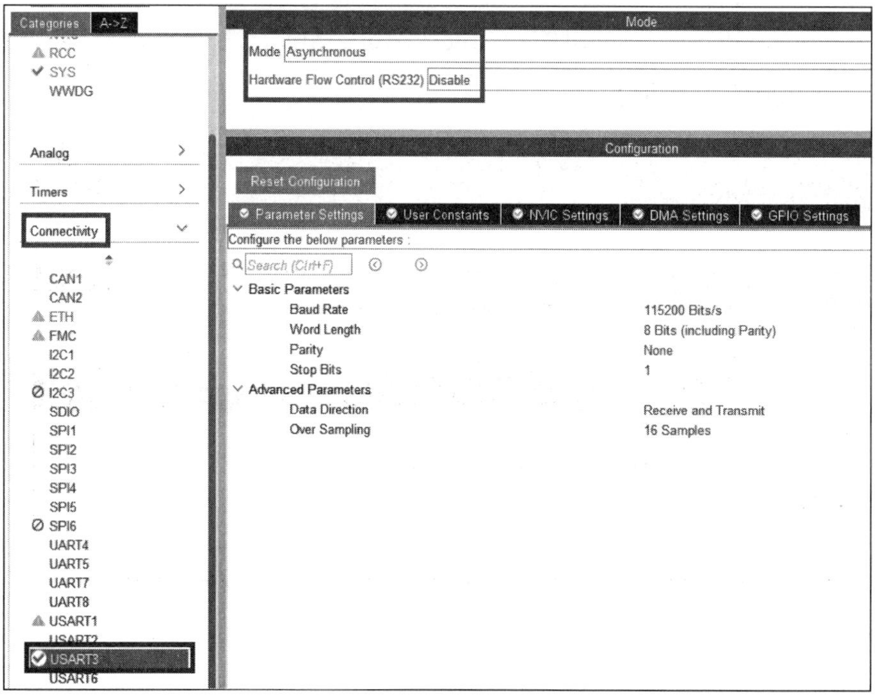

⑳ 이번에는 Clock Configuration 클릭하면 다음과 같은 화면이 표시된다. 외부 클럭 HSE를 8Mhz로 설정하고 M(/4)-N(×168)-P(/2)-PLLCLK(Enable CSS)설정하면 SYSCLK은 168[Mhz]이고 APB2 peripheral clock은 84[Mhz]임을 알 수 있다.

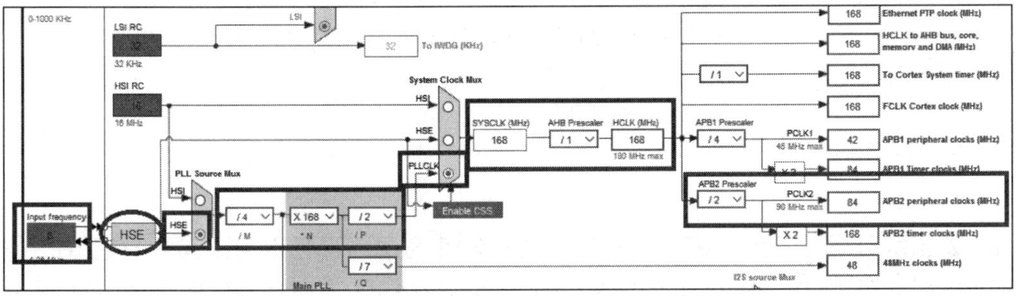

이제 모든 설정은 끝났고 설정한 프로세스 값들을 Generate code로 전환하는 작업이 남아있다.

㉑ Project-Generate code를 클릭하여 코드를 생성해 보자.

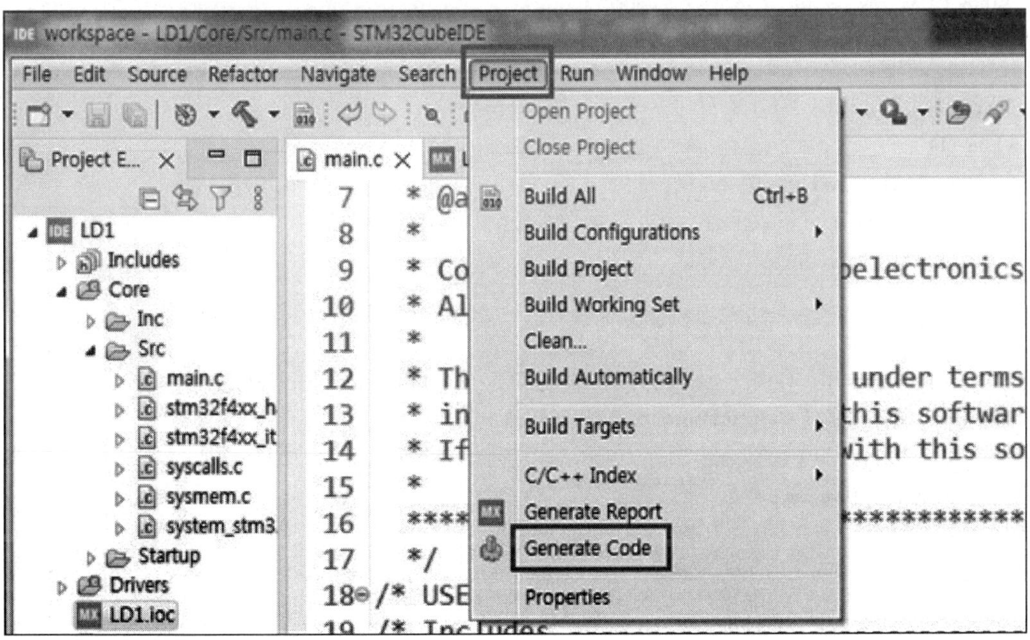

» Open Associated Perspective 창이 표시되면 Yes를 클릭하자.

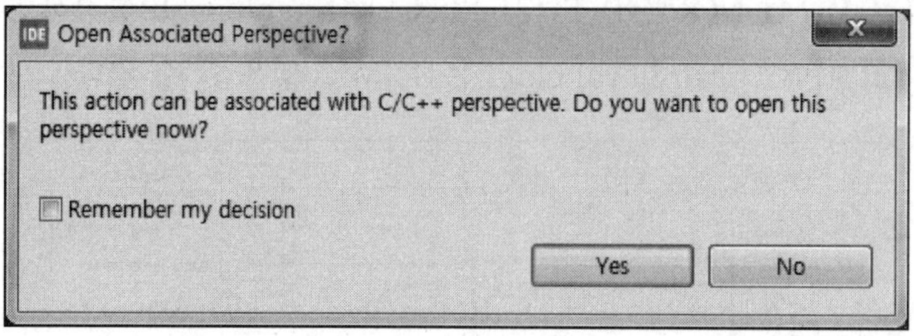

STM32CubeIDE는 eclipse를 기반으로 설계되어 있고 STM32CubeMX 관련 tool을 포함하고 있으며 GUI 기반으로 STM32 MCU를 검색하고 주변장치들을 설정하고 초기화 하며 build-load로 연결하여 코드를 자동생성 해 준다.

㉒ Generate code가 자동생성되면 다음과 같이 프로그램을 입력해 보자.

```
/* USER CODE BEGIN 0 */
   uint8_t flag_sw1 = 0;  /전역변수로 선언
/* USER CODE END 0 */

/* USER CODE BEGIN WHILE */
  while (1) {
           if (flag_sw1 == 0) {
           HAL_GPIO_TogglePin(GPIOB, LD1_Pin|LD2_Pin|LD3_Pin);
           HAL_Delay(500);
       }
   }
/* USER CODE BEGIN 4 */
  void HAL_GPIO_EXTI_Callback(uint16_t GPIO_Pin)
    {
      flag_sw1 = flag_sw1 ^ 1;
    }
/* USER CODE END 4 */
```

㉓ 프로그램를 입력한 후 Run버튼을 클릭해 보자.

```
/* USER CODE BEGIN PV */
   uint8_t flag_sw1 = 0;
/* USER CODE END PV */

  /* USER CODE BEGIN WHILE */
  while (1)
  {
    if(flag_sw1 == 0) {
       HAL_GPIO_TogglePin(GPIOB, LD1_Pin|LD2_Pin|LD3_Pin);
       HAL_Delay(500);
      }
  }
    /* USER CODE END WHILE */

/* USER CODE BEGIN 4 */
void HAL_GPIO_EXTI_Callback(uint16_t EXTI0_SW0_Pin)
{
   flag_sw1 = flag_sw1 ^ 1;
}
/* USER CODE END 4 */
```

[실행 후] LD1, LD2, LD3의 led가 동시에 on/off 되고 PG0 스위치를 누르면 led는 일시 정지된다.

즉 led가 on/off running되고 있을 때 인터럽트 버튼(PG0)을 누르면 on/off 정지됨을 알 수 있다.

㉔ 외부 인터럽트가 정상 동작되지 않을 때 다음을 확인하자. Pinout-&Configuration 에서 NVIC을 클릭하여 Enable이 체크 되었는지 확인한다.

» EXTI line0 interrupt Enable 체크하고 -2 EXTI line1 interrupt Enable 정상체크 되었다면 다음을 확인하자.

» Core-Src-stm32f4xx_it.c를 클릭하면 다음과 같이 EXTI0_IRQHandler 함수 그리고 EXTI1_IRQHandler 함수가 생성되었음을 알 수 있다.

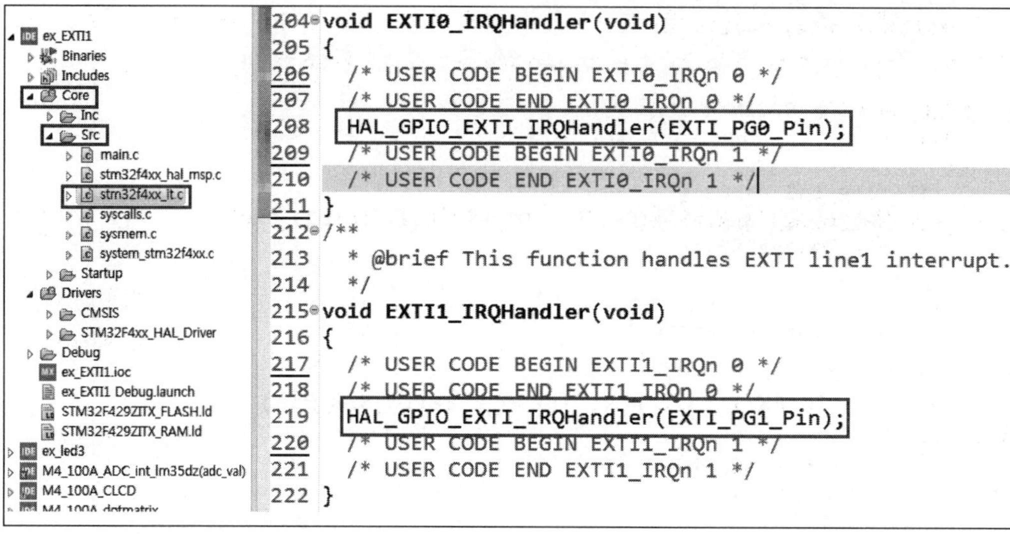

User Label에서 EXTI_PG0와 EXTI_PG1 설정되었고 EXTI0_IRQHandler 함수와 EXTI1_IRQHandler 함수안에 HAL_GPIO_EXTI_IRQ handler(EXTI_PG0_Pin), HAL_GPIO_EXTI_IRQ handler(EXTI_PG1 _Pin) 설정됨을 알 수 있다.

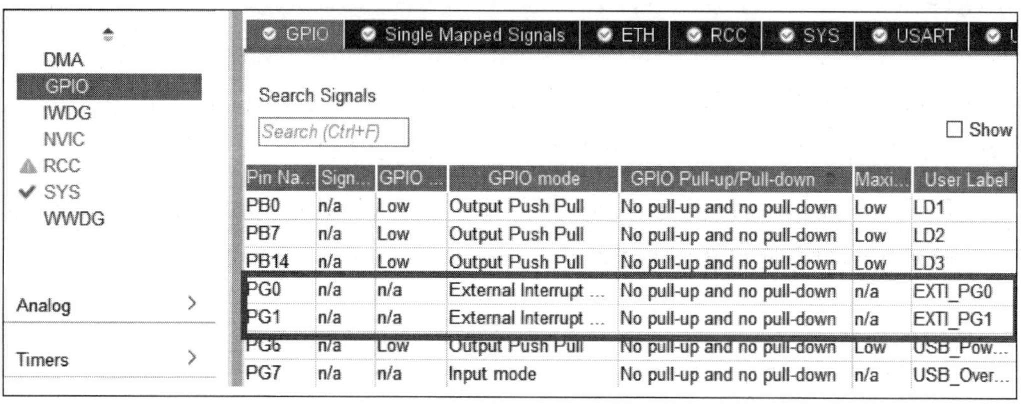

Pin Na...	Sign...	GPIO ...	GPIO mode	GPIO Pull-up/Pull-down	Maxi...	User Label
PB0	n/a	Low	Output Push Pull	No pull-up and no pull-down	Low	LD1
PB7	n/a	Low	Output Push Pull	No pull-up and no pull-down	Low	LD2
PB14	n/a	Low	Output Push Pull	No pull-up and no pull-down	Low	LD3
PG0	n/a	n/a	External Interrupt ...	No pull-up and no pull-down	n/a	EXTI_PG0
PG1	n/a	n/a	External Interrupt ...	No pull-up and no pull-down	n/a	EXTI_PG1
PG6	n/a	Low	Output Push Pull	No pull-up and no pull-down	Low	USB_Pow...
PG7	n/a	n/a	Input mode	No pull-up and no pull-down	n/a	USB_Over...

[예제 IDE_EXTI 8.2] 외부 인터럽트 스위치(PG0)를 이용한 led 제어 실습

외부 인터럽트 PG0 스위치를 이용하여 GPIO PORTD에 연결되어 있는 led 모두가 깜빡이고 있을 때 PG0 스위치를 클릭하면 외부 인터럽트(External Interrupt)가 발생하고 LD1, LD2, LD3 그리고 PD0~PD7의 led 모두가 동시에 일시정지 또는 run 되게 프로그램을 설계해 보자

① IDE 실행 단축버튼을 클릭하자.

② 저장위치를 선택한다. Launch를 클릭한다. 저장위치는 Workspace D:\Workspace(book) (개인pc마다 다르게 할 수 있음)

③ File-New-STM32 Project 클릭한다.

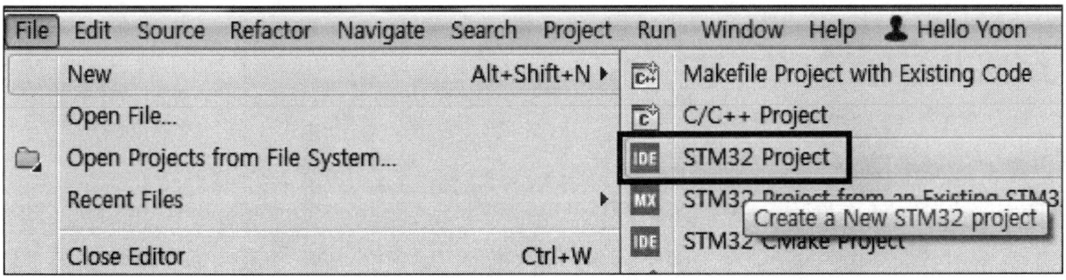

④ Board Selector 선택하고 NUCLEO-F429ZI를 입력하고 보드를 선택하고 NEXT를 클릭한다.

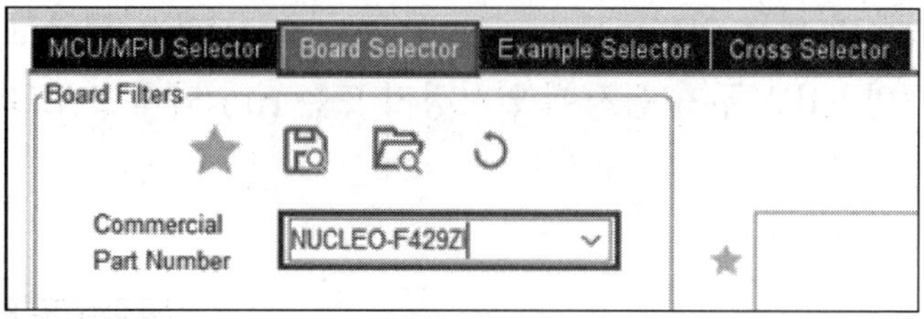

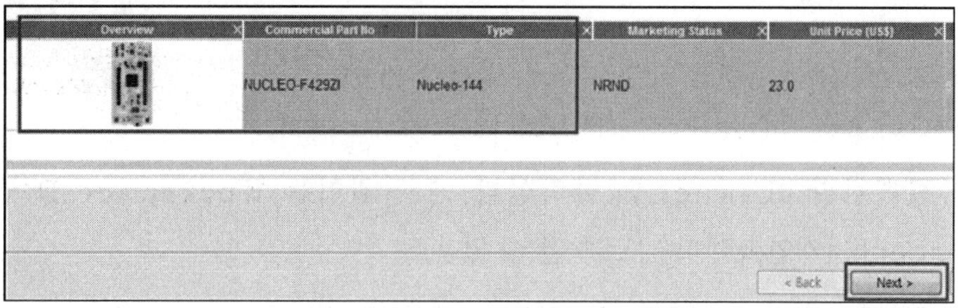

⑤ Project Name을 ex_EXTI2로 입력한다. finish를 클릭한다.

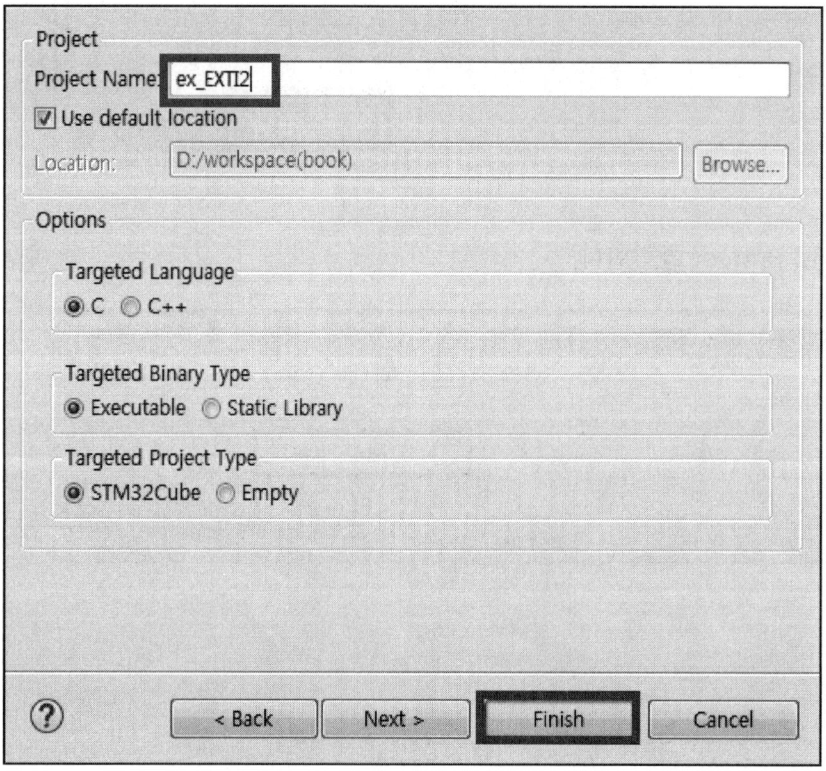

⑥ 모든 주변장치를 default Mode로 설정한다. Yes를 클릭한다.

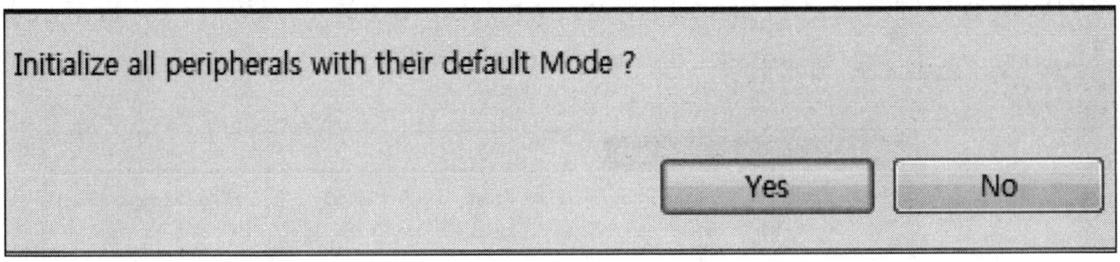

⑦ 다음과 같은 화면이 생성된다.

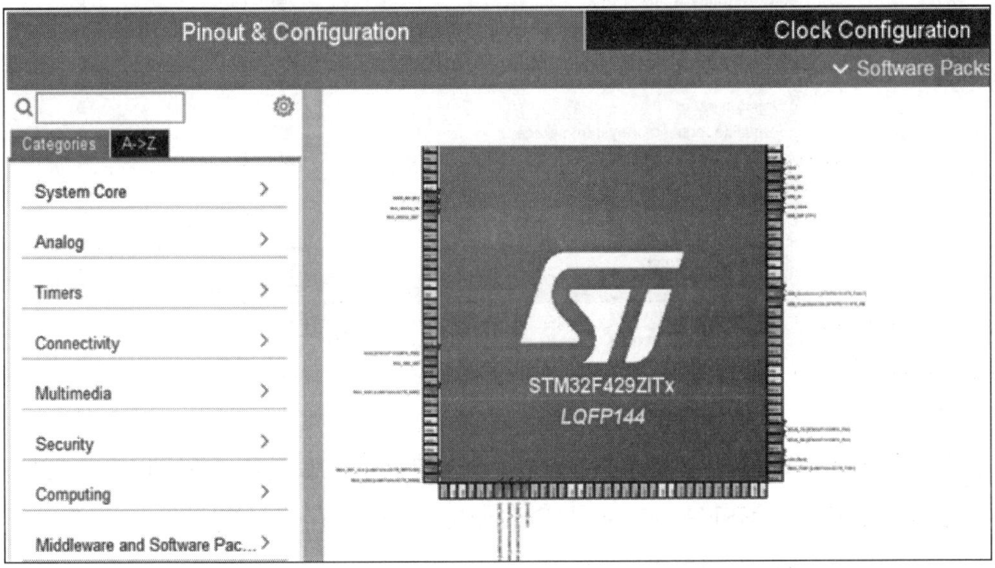

⑧ GPIO mode와 User Label 값을 아래와 같이 setting 한다.

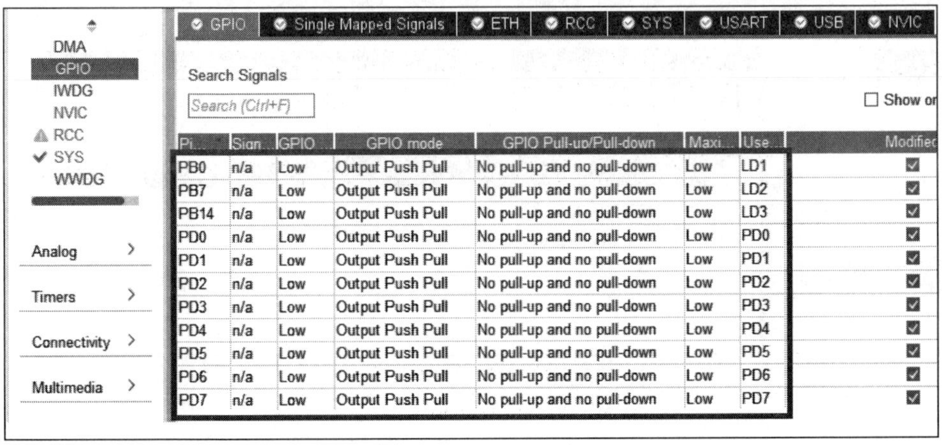

Pi...	Sign...	GPIO ...	GPIO mode	GPIO Pull-up/Pull-down	Maxi...	Use...	Modifiec
PB0	n/a	Low	Output Push Pull	No pull-up and no pull-down	Low	LD1	☑
PB7	n/a	Low	Output Push Pull	No pull-up and no pull-down	Low	LD2	☑
PB14	n/a	Low	Output Push Pull	No pull-up and no pull-down	Low	LD3	☑
PD0	n/a	Low	Output Push Pull	No pull-up and no pull-down	Low	PD0	☑
PD1	n/a	Low	Output Push Pull	No pull-up and no pull-down	Low	PD1	☑
PD2	n/a	Low	Output Push Pull	No pull-up and no pull-down	Low	PD2	☑
PD3	n/a	Low	Output Push Pull	No pull-up and no pull-down	Low	PD3	☑
PD4	n/a	Low	Output Push Pull	No pull-up and no pull-down	Low	PD4	☑
PD5	n/a	Low	Output Push Pull	No pull-up and no pull-down	Low	PD5	☑
PD6	n/a	Low	Output Push Pull	No pull-up and no pull-down	Low	PD6	☑
PD7	n/a	Low	Output Push Pull	No pull-up and no pull-down	Low	PD7	☑

⑨ NVIC 즉 외부 인터럽트를 Enable로 설정해 보자. Pinout & Configuration 에서 NVIC을 클릭한다. EXTI line0 interrupt에 Enable을 체크한다. EXTI line1 interrupt도 Enable로 체크한다.

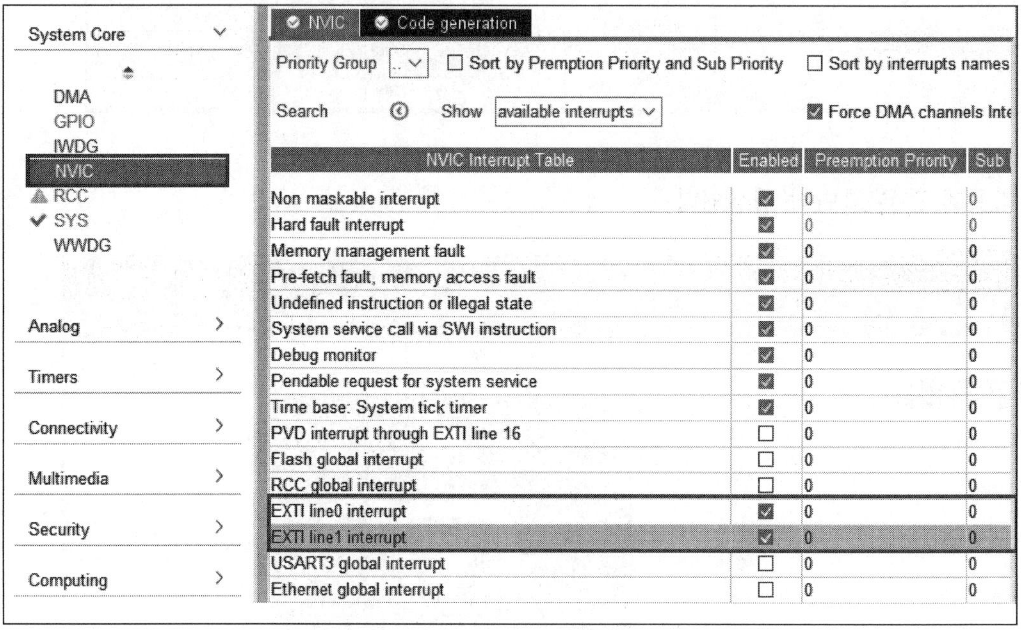

⑩ 이번에는 RCC(Reset and Clock controller)를 클릭하고 다음과 같이 setting 한다. High Speed Clock(HSE)는 Crystal/Ceramic Resonator로 설정하고 Low Speed Clock(LSE) Disable로 설정한다.

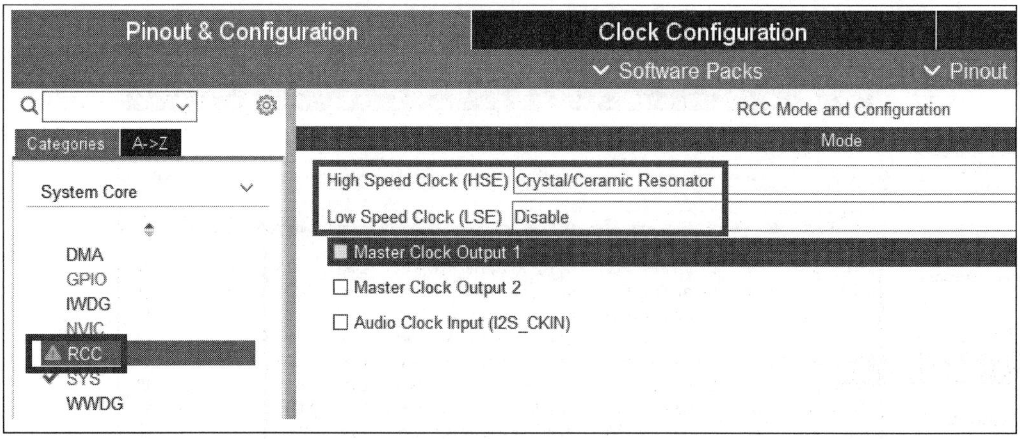

⑪ SYS는 default mode(디폴드 모드)로 설정되어 있어 확인만 한다.

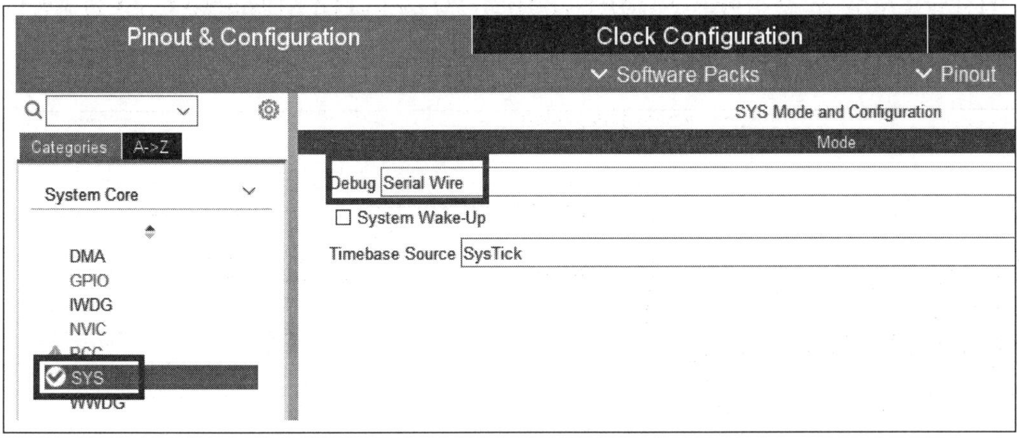

⑫ Connectivity를 클릭하면 USART3도 디폴드 모드로 설정되어 있어 확인만 한다. default mode(디폴드 모드) 설정된 값을 보면 다음과 같다.

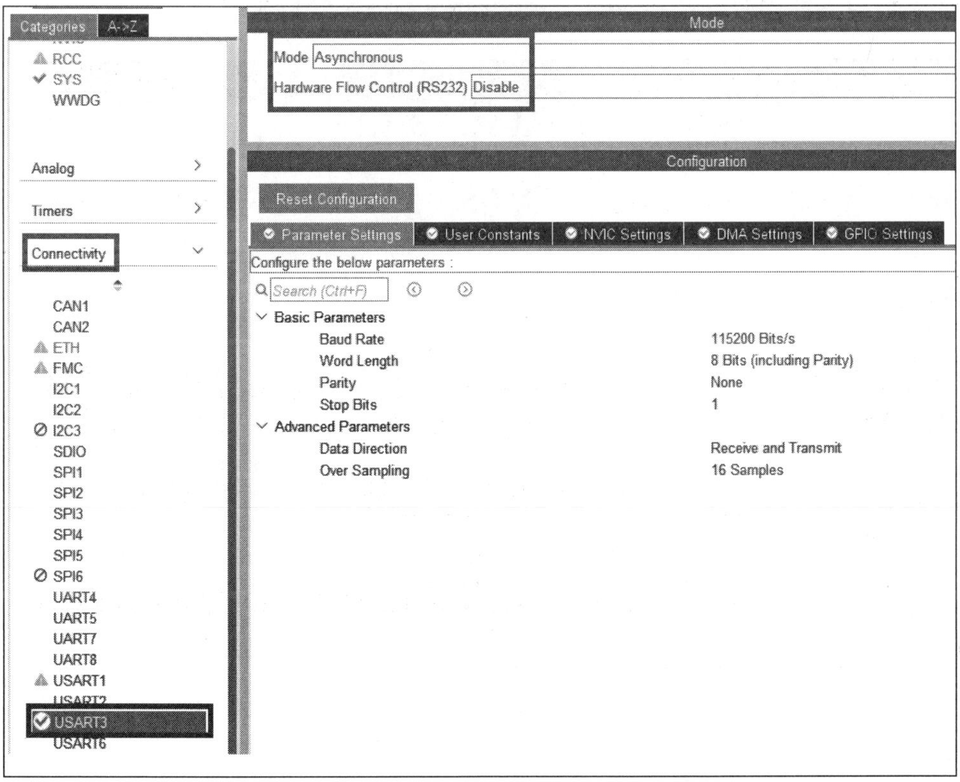

⑬ 다음은 Clock Configuration 클릭하면 다음과 같은 화면이 표시된다. 외부 클럭 HSE를 8Mhz 로 설정하고 M(/4)-N(×168)-P(/2)-PLLCLK(Enable CSS) 설정하면 SYSCLK은 168[Mhz]이고 APB2 peripheral clock은 84[Mhz]임을 알 수 있다.

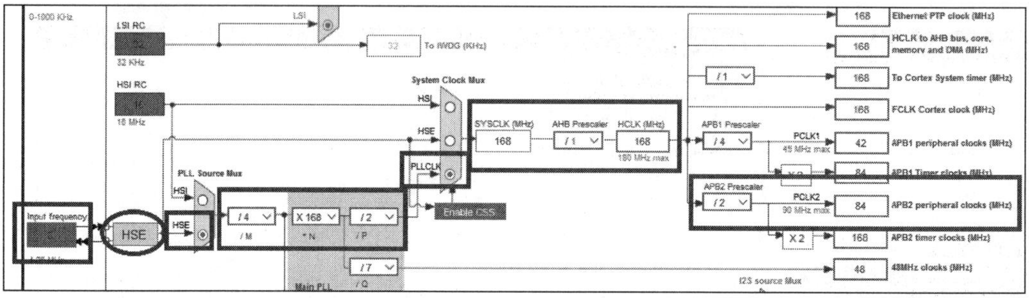

이제 모든 setting은 완료되었고 설정한 프로세스 값들을 Generate code로 전환하는 작업이 남아 있다.

⑭ 다음과 같은 화면이 생성되면 Project-Generate code를 클릭해 보자.

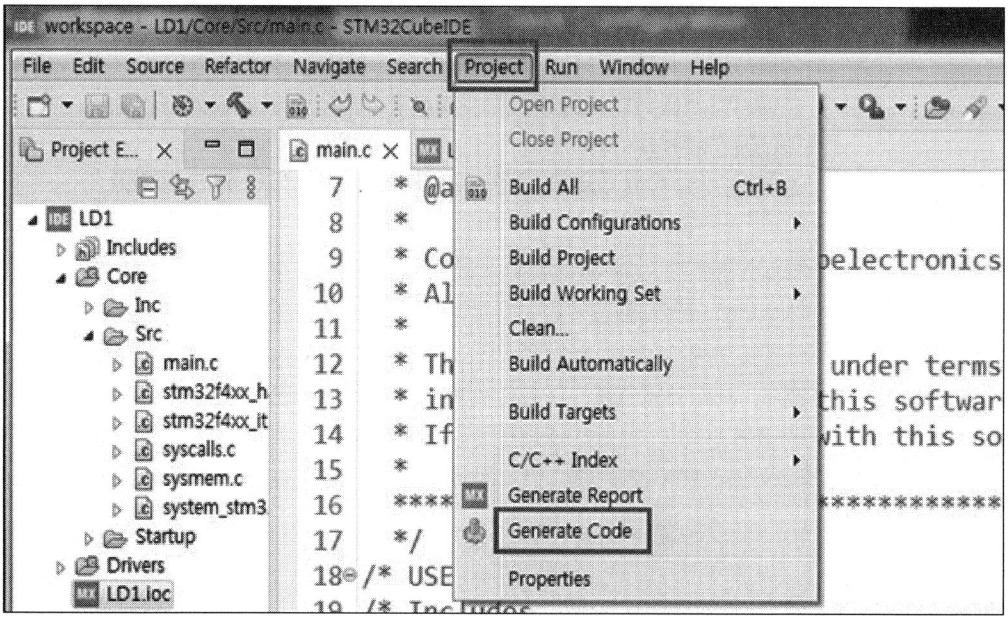

⑮ Open Associated Perspective 창이 표시되면 Yes를 클릭하자.

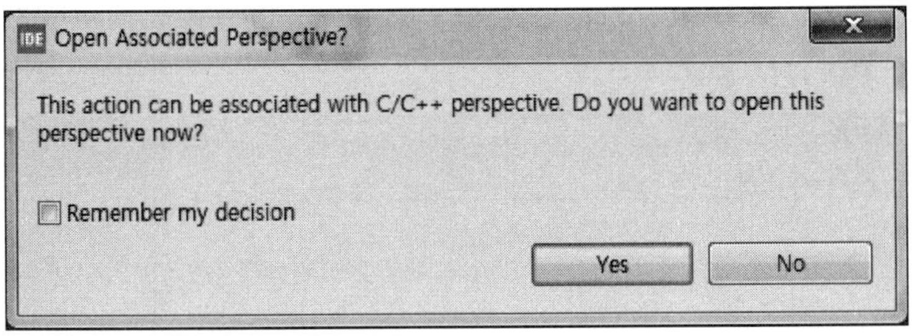

STM32CubeIDE는 eclipse를 기반으로 설계되어 있고 STM32CubeMX 관련 tool을 포함하고 있으며 GUI 기반으로 STM32 MCU를 검색하고 주변장치들을 설정하고 초기화 하며 build-load로 연결하여 코드를 자동생성 해 준다.

⑯ Generate code가 자동생성되면 다음과 같이 프로그램을 입력해 보자.

```
/* USER CODE BEGIN PV */
  uint8_t flag1 = 0;
/* USER CODE END PV */
/* USER CODE BEGIN WHILE */
  while (1) {
      if (flag1 == 0) {
          HAL_GPIO_TogglePin(GPIOD,PD0_Pin|PD1_Pin|PD2_Pin|PD3_Pin|PD4_Pin|PD5_Pin|
                                   PD6_Pin|PD7_Pin);
          HAL_GPIO_TogglePin(GPIOB,LD1_Pin|LD2_Pin|LD3_Pin);
          HAL_Delay(500);
      }
  }
/* USER CODE END WHILE */
/* USER CODE BEGIN 4 */
void HAL_GPIO_EXTI_Callback(uint16_t GPIO_Pin)
{
  flag1 = flag1 ^ 1;
}
/* USER CODE END 4 */
```

⑰ 프로그램를 입력한 후 Run버튼을 클릭해 보자.

```
/* USER CODE BEGIN PV */
   uint8_t flag1 = 0;
/* USER CODE END PV */
```

```
/* USER CODE BEGIN WHILE */
  while (1)
    {
      if(flag1 == 0)
      {
        HAL_GPIO_TogglePin(GPIOD,PD0_Pin|PD1_Pin|PD2_Pin|PD3_Pin|PD4_Pin|
                                 PD5_Pin|PD6_Pin|PD7_Pin);
        HAL_GPIO_TogglePin(GPIOB,LD1_Pin|LD2_Pin|LD3_Pin);
        HAL_Delay(500);
      }
    }
/* USER CODE END WHILE */
```

```
/* USER CODE BEGIN 4 */
void HAL_GPIO_EXTI_Callback(uint16_t GPIO_Pin)
{
    flag1 = flag1 ^ 1;
}
/* USER CODE END 4 */
```

[실행 후] 변수 flag1 = 1로 초기화 되어 있음으로 led는 모두 on/off 되면서 깜빡 깜빡 이고 있다.

PG01 외부 인터럽트를 누르면 led는 일시정지(pause) 또는 running 된다.

인터럽트 HAL_GPIO_EXTI_Callback 함수에서 flag1 = flag1 ^ 1 로 되어 있다.

[예제 IDE_EXTI 8.3] 외부 인터럽트 스위치(PG0, PG1)를 이용한 led 제어 실습

PG0 버튼을 클릭하면 외부 인터럽트(External Interrupt)가 발생하고 led가 오른쪽에서 왼쪽으로, PG1 버튼을 클릭하면 외부 인터럽트(External Interrupt)가 발생하여 led가 왼쪽에서 오른쪽으로 shift 되게 프로그램을 설계해 보자.

① IDE 실행 단축버튼을 클릭하자.

② 저장위치를 선택한다. Launch를 클릭한다. 저장위치는 Workspace D:\ Workspace(book) (개인pc마다 다르게 할 수 있음)

③ File-New-STM32 Project 클릭한다.

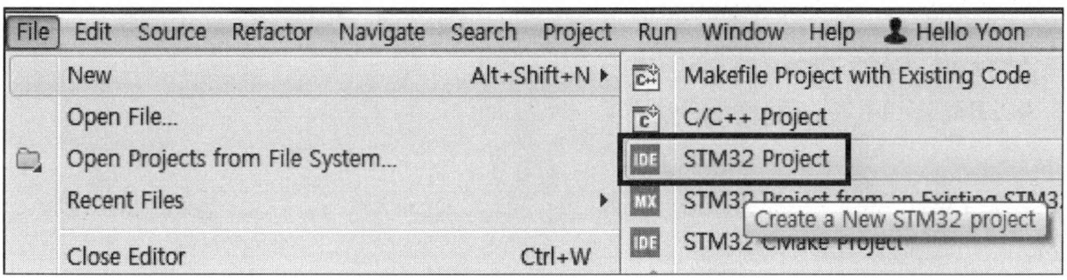

④ Board Selector 선택하고 NUCLEO-F429ZI를 입력하고 보드를 선택하고 NEXT를 클릭한다.

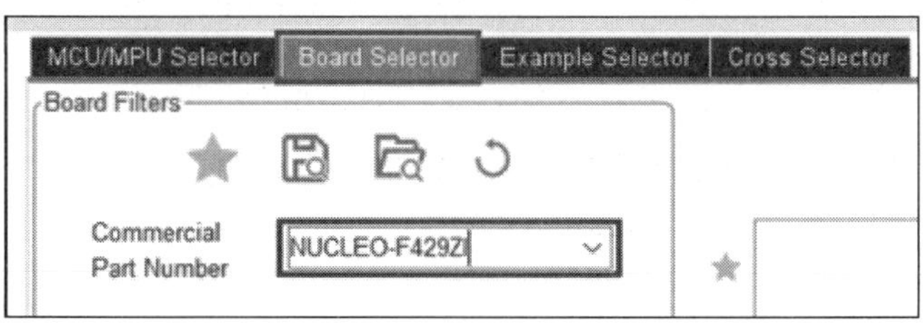

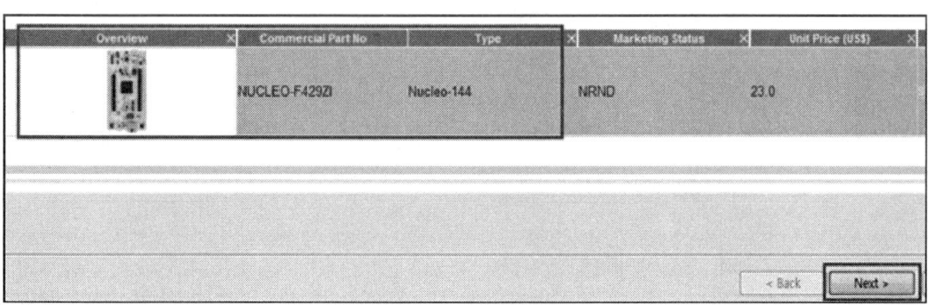

⑤ Project Name을 ex_EXTI3으로 입력하고 finish를 클릭한다.

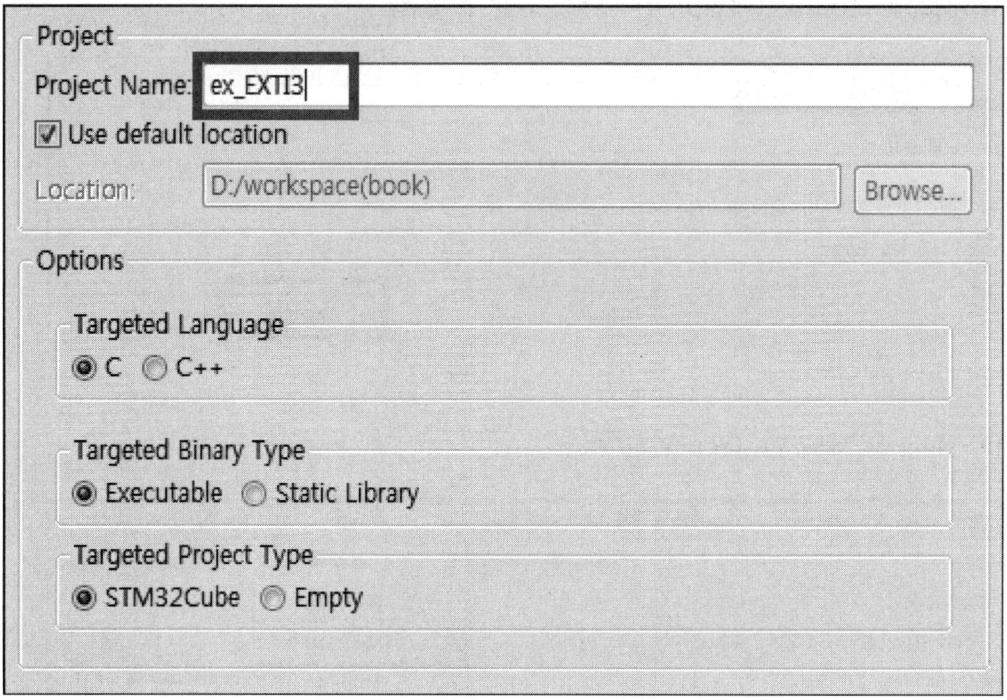

⑥ 모든 주변장치를 default Mode로 설정한다. Yes를 클릭한다.

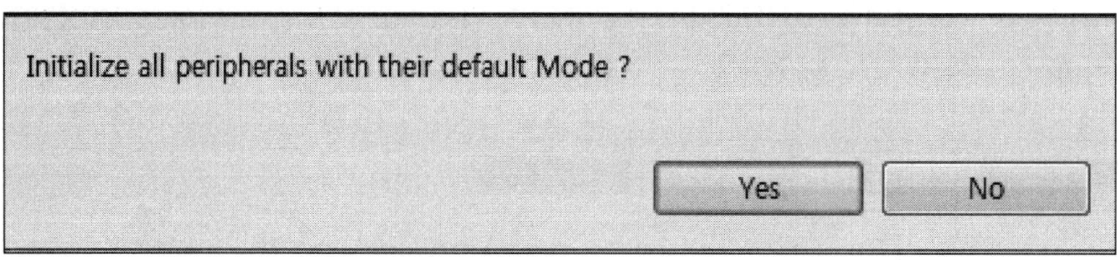

⑦ 다음과 같은 화면이 생성된다.

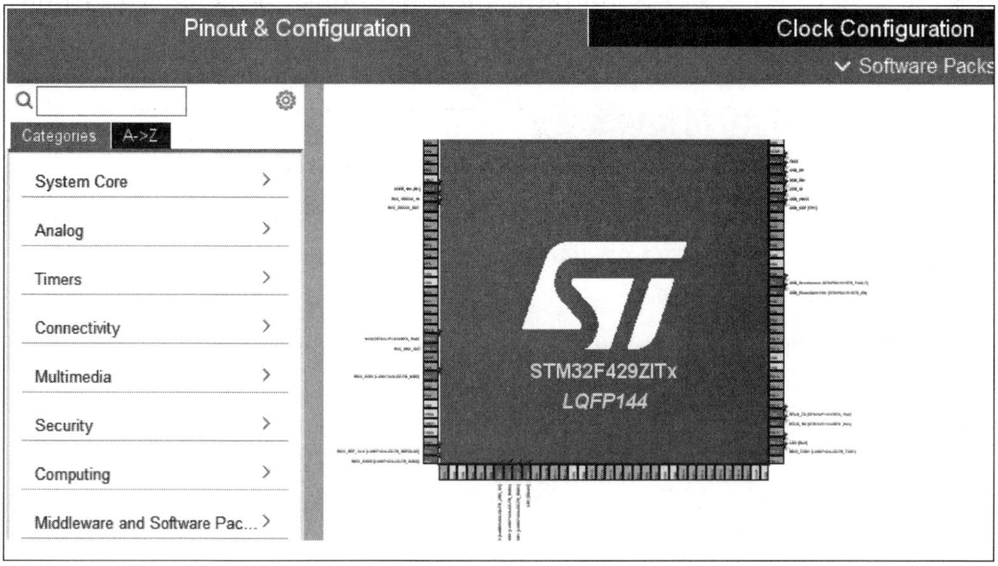

⑧ GPIO mode와 User Label 값을 아래와 같이 설정한다.

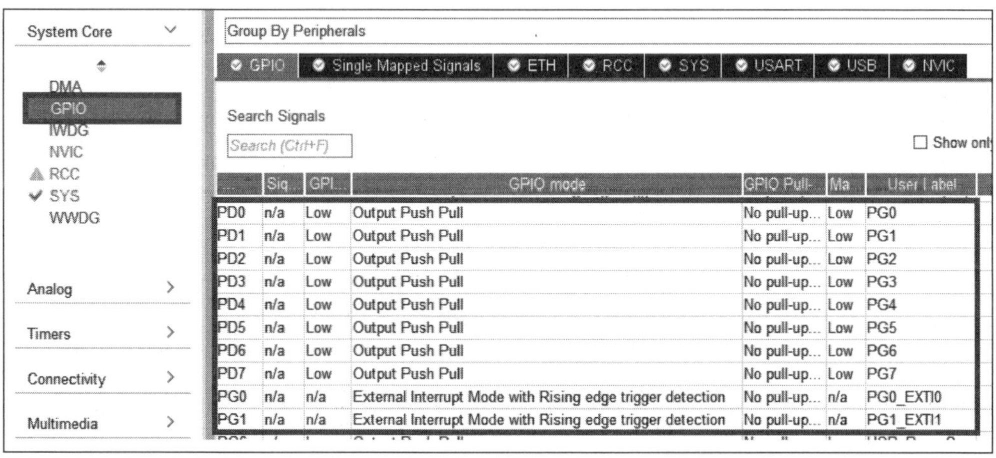

⑨ NVIC 즉 외부 인터럽트를 Enable로 설정해 보자. Pinout & Configuration 에서 NVIC을 클릭한다. EXTI line0 interrupt에 Enable을 체크한다. EXTI line1 interrupt도 Enable로 체크한다.

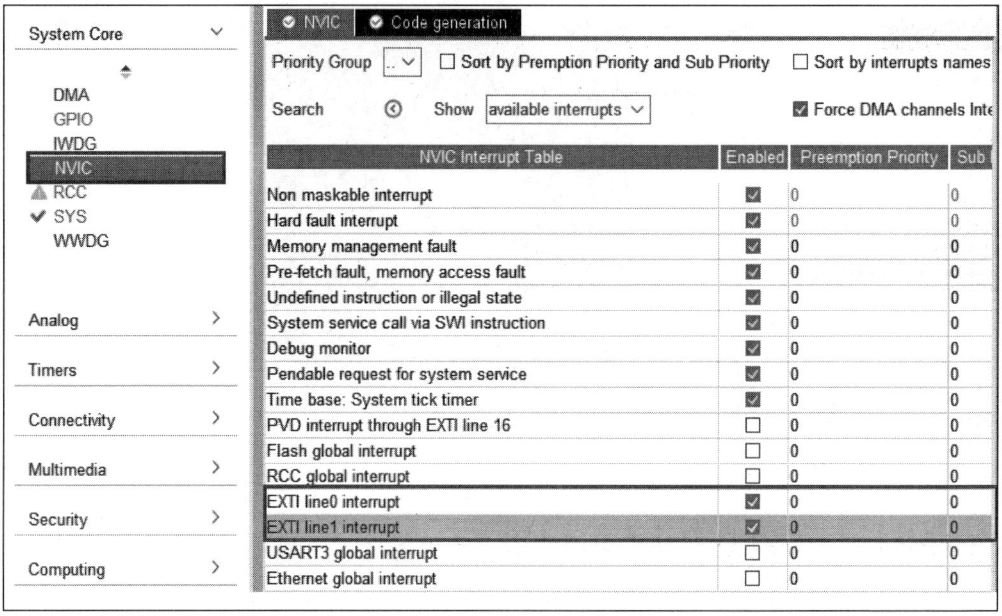

⑩ 이번에는 RCC(Reset and Clock controller)를 클릭하고 다음과 같이 setting 한다. High Speed Clock(HSE)는 Crystal/Ceramic Resonator로 설정하고 Low Speed Clock(LSE) Disable로 설정한다.

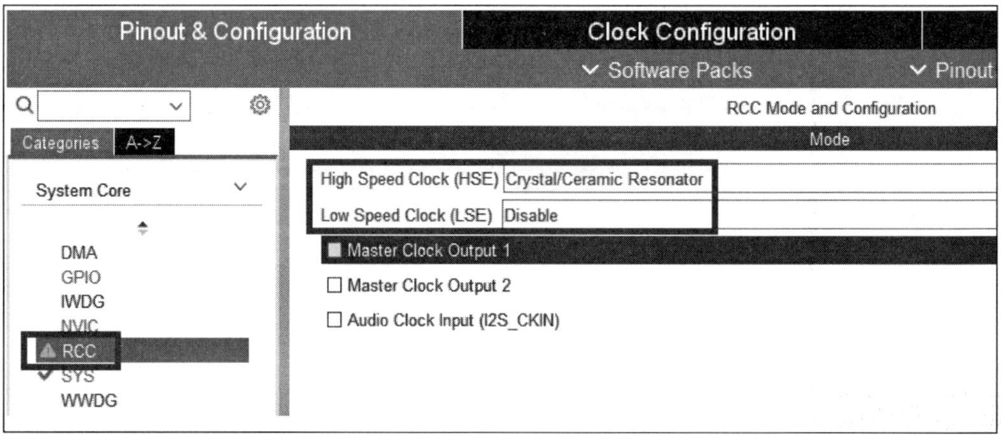

⑪ SYS는 디폴드 모드로 설정되어 있어 확인만 한다.

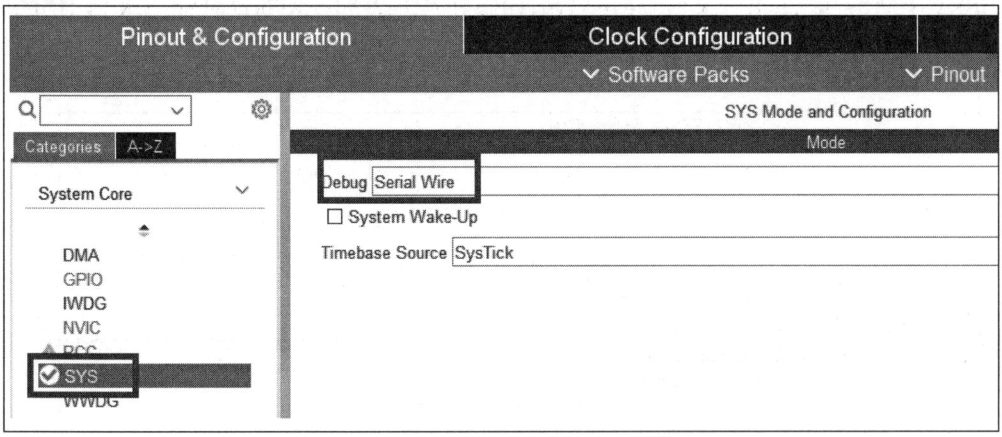

⑫ Connectivity를 클릭하면 USART3도 디폴드 모드로 설정되어 있어 확인만 한다. 디폴트 모드 설정된 값을 보면 다음과 같다.

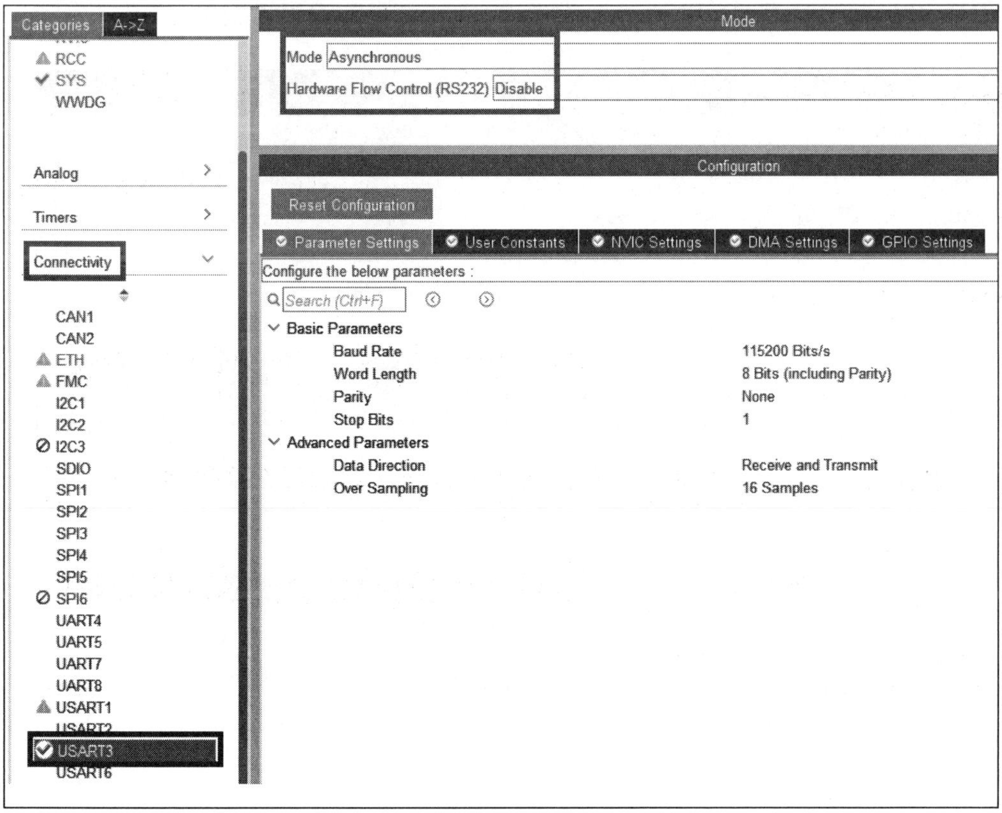

⑬ 다음은 Clock Configuration 클릭하면 다음과 같은 화면이 표시된다. 외부 클럭 HSE를 8Mhz 로 설정하고 M(/4)-N(×168)-P(/2)-PLLCLK(Enable CSS) 설정하면 SYSCLK은 168[Mhz]이고 APB2 peripheral clock은 84[Mhz]임을 알 수 있다.

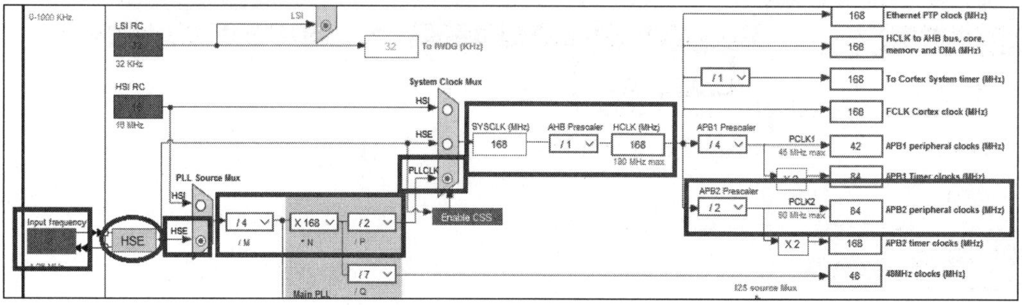

이제 모든 setting은 끝났고 setting 한 프로세스 값들을 Generate code로 전환하는 작업이 남아 있다.

⑭ 다음과 같은 화면이 생성되면 Project-Generate code를 클릭해 보자.

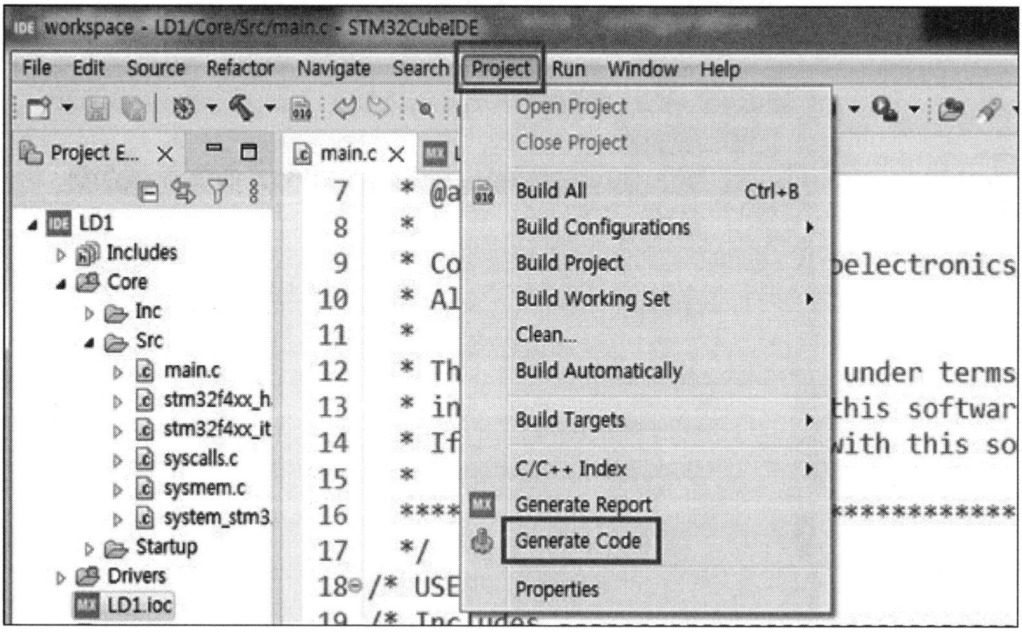

⑮ Open Associated Perspective 창이 표시되면 Yes를 클릭하자.

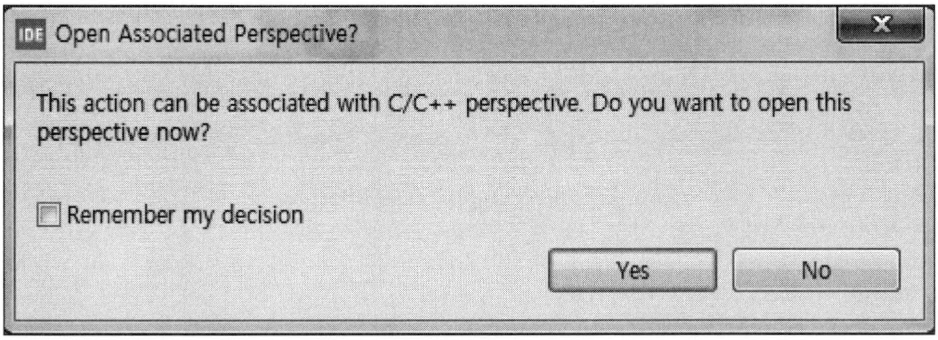

⑯ 다음과 같은 ex_EXTI3 Debug 창이 표시되면 Yes를 클릭하자.

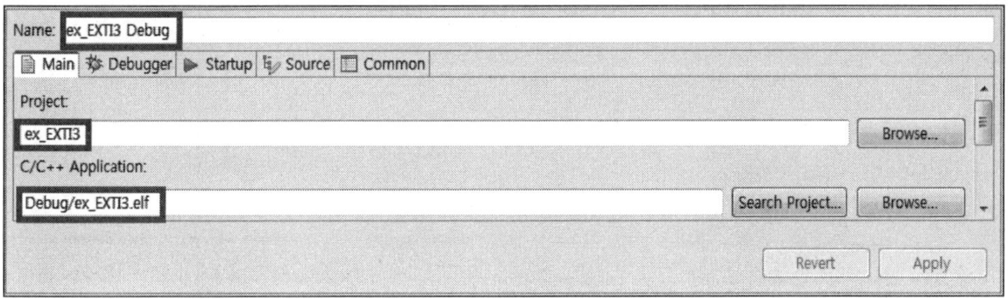

STM32CubeIDE는 eclipse를 기반으로 설계되어 있고 STM32CubeMX 관련 tool을 포함하고 있으며 GUI기반으로 STM32 MCU를 검색하고 주변장치들을 설정하고 초기화 하며 build-load로 연결하여 코드를 자동생성 한다.

⑰ Generate code가 자동 생성되면 다음과 같이 프로그램을 입력해 보자.

```
/* USER CODE BEGIN 0 */
  uint16_t flag_Sw1 = 1, flag_Sw2 = 0;
/* USER CODE END 0 */
/* USER CODE BEGIN 2 */
    uint16_t led = 1;
/* USER CODE END 2 */
/* USER CODE BEGIN WHILE */
  while (1) {
        if (flag_Sw1 == 1) {
                led <<= 1;
                if(led > 0x80) led = 0x01;
                HAL_GPIO_WritePin(GPIOD, led, GPIO_PIN_SET );
                HAL_Delay(200);
                HAL_GPIO_WritePin(GPIOD, led, GPIO_PIN_RESET );
              }
        if (flag_Sw2 == 1)
              {
                led >>= 1;
                if(led <  1) led = 0x80;
                HAL_GPIO_WritePin(GPIOD, led, GPIO_PIN_SET );
                HAL_Delay(200);
                HAL_GPIO_WritePin(GPIOD, led, GPIO_PIN_RESET );
              }
        }
  /* USER CODE END WHILE */
  /* USER CODE BEGIN 4 */
  void HAL_GPIO_EXTI_Callback(uint16_t GPIO_PIN)
       {
          if (GPIO_PIN == PG0_Pin)
              {
                 flag_Sw1 = 1;
                 flag_Sw2 = 0;
              }
       else if (GPIO_PIN == PG1_Pin)
              {
                 flag_Sw1 = 0;
                 flag_Sw2 = 1;
              }
        }
  /* USER CODE END 4 */
```

⑱ 프로그램을 입력한 후 Run버튼을 클릭해 보자.

```
/* USER CODE BEGIN 0 */
uint16_t flag_Sw1 = 1, flag_Sw2 = 0;
/* USER CODE END 0 */
```

```
  /* USER CODE BEGIN 2 */
     uint16_t led = 1;
  /* USER CODE END 2 */
```

```
  /* USER CODE BEGIN WHILE */
  while (1)
    {
      if (flag_Sw1 == 1)
              {
                led <<= 1;
                if(led > 0x80) led = 0x01;
                HAL_GPIO_WritePin(GPIOD, led, GPIO_PIN_SET );
                HAL_Delay(200);
                HAL_GPIO_WritePin(GPIOD, led, GPIO_PIN_RESET );
              }
          if (flag_Sw2 == 1)
              {
                led >>= 1;
                if(led <  1) led = 0x80;
                HAL_GPIO_WritePin(GPIOD, led, GPIO_PIN_SET );
                HAL_Delay(200);
                HAL_GPIO_WritePin(GPIOD, led, GPIO_PIN_RESET );
              }
    }
    /* USER CODE END WHILE */
```

```
/* USER CODE BEGIN 4 */
void HAL_GPIO_EXTI_Callback(uint16_t GPIO_PIN)
    {
     if (GPIO_PIN == PG0_Pin)
       {
         flag_Sw1 = 1;
         flag_Sw2 = 0;
       }

else if (GPIO_PIN == PG1_Pin)
      {
         flag_Sw1 = 0;
         flag_Sw2 = 1;
      }
    }
/* USER CODE END 4 */
```

[실행 후] 변수 flag_Sw1=1, flag_Sw2=0; 초기화 되어 있음으로 led는 오른쪽에서 왼쪽으로 running 되고 있다. PG1 외부 인터럽트를 누르면 led는 왼쪽에서 오른쪽으로 이동되고 PG0 외부 인터럽트를 누르면 led는 오른쪽에서 왼쪽으로 이동된다.

[예제 IDE_TIM2_9.1] TIM2를 이용한 led on/off 제어 실습

TIM2를 이용하여 1초 주기의 타이머 인터럽트가 발생하여 LD1, LD2, LD3의 led를 on/off 되게 하고자 한다. TIM2 clock 주파수(APB1 Timer clocks)를 84MHz를 공급하고 Prescaler=8399, Period= 9999로 설정해 보자.

① File-New-STM32 Project 클릭한다.

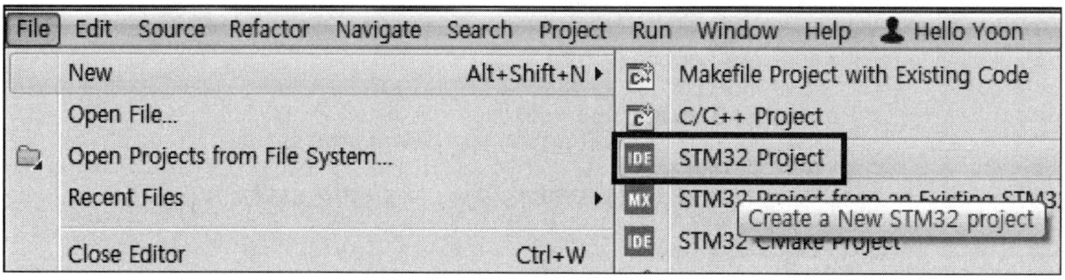

② Board Selector 선택하고 NUCLEO-F429ZI를 입력하고 보드를 선택하고 NEXT를 클릭한다.

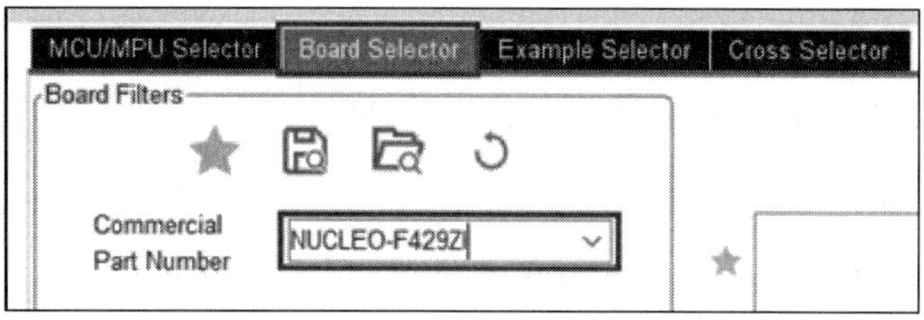

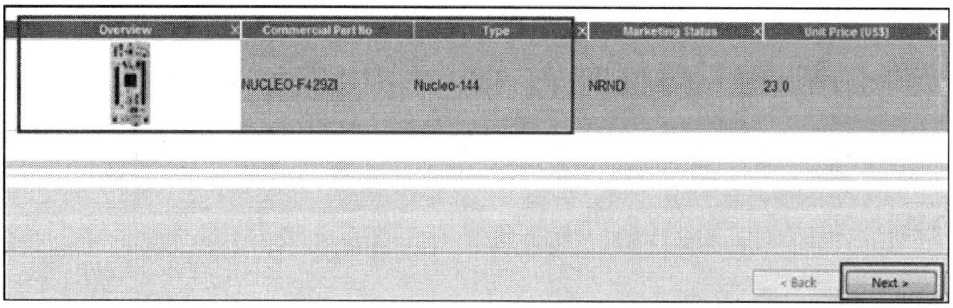

③ Project Name을 ex_TIM2_1 으로 입력한다. finish를 클릭한다.

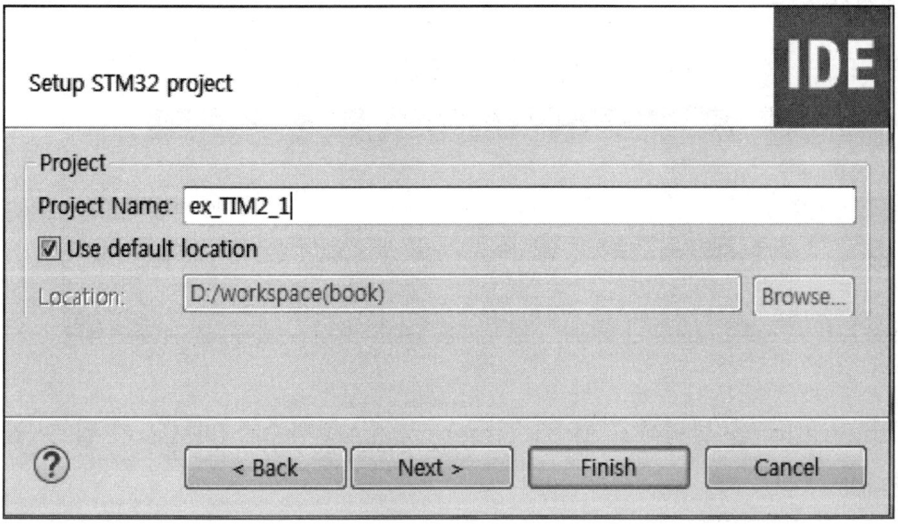

타이머는 Clock 주파수에 영향을 받기 때문에 타이머 설정 이전에 Clock 설정값을 먼저 한다.

④ Pinout & Configuration 에서 RCC 값을 HSE는 Crystal/Ceramic Resonator 설정하고 LSE는 Disable로 설정한다.

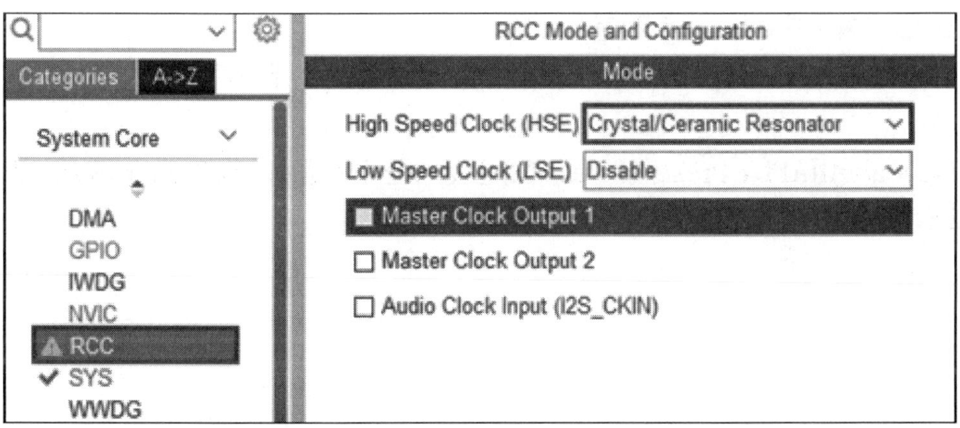

⑤ GPIO mode는 Output PushPull로 설정하고 User Label은 LD1, LD2, LD3로 아래와 같이 설정한다.

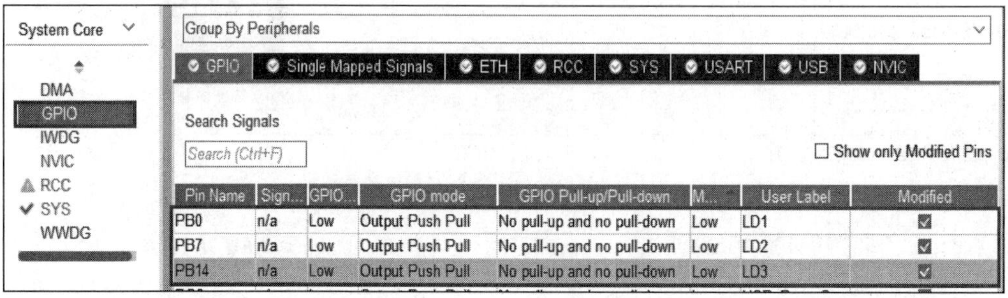

⑥ Clock Configuration을 클릭하고 APB1 Timer clocks 주파수를 84MHz가 될 수 있게 설정한다.

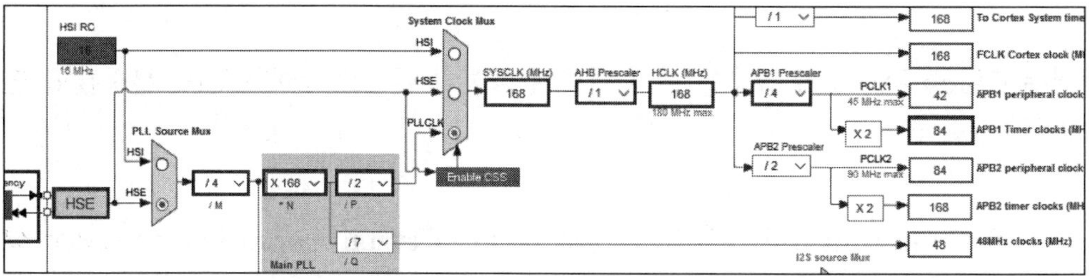

이제 clocks 주파수가 84MHz로 설정 되었다.

Pinout & Configuration을 설정하기 전에 MCU 클럭 주파수에 대해 다음사항을 확인해 보자.

APB1 Prescaler(ifAPBx Presc=1*1 else*2)를 통과한 클럭을 APBx Timer clocks로 사용하고 있다.

⑦ TIM2에 있는 Mode를 설정해 보자.

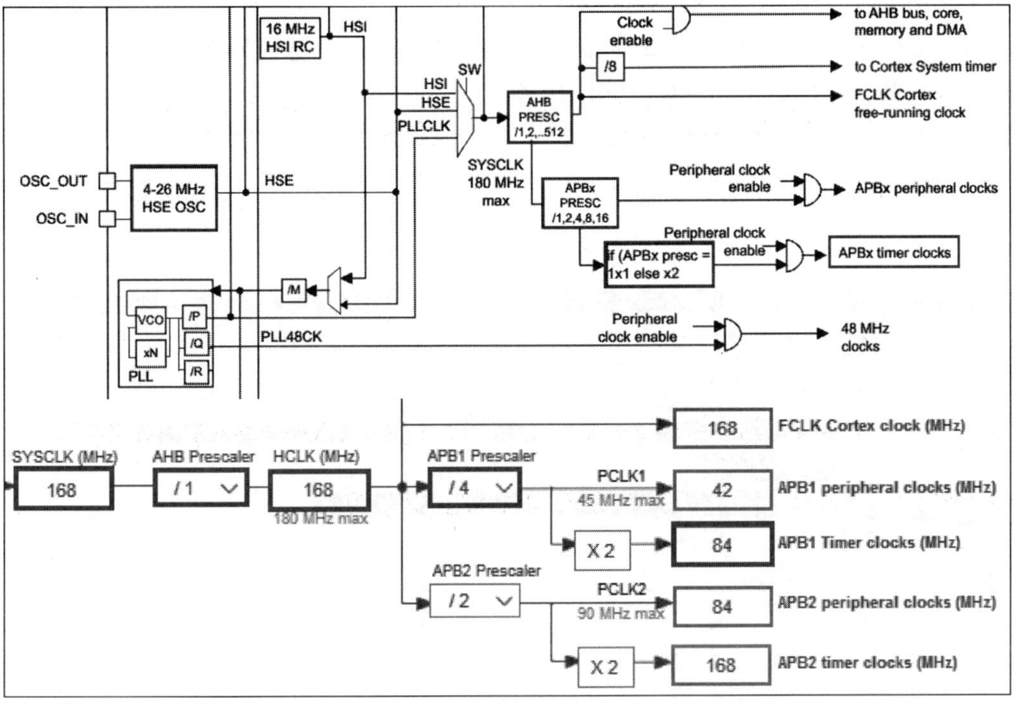

Timers-TIM2에 있는 Mode의 Clock Source를 internal Clock으로 설정하고 Configuration- Parameter Settings 값은 Prescaler=8399, Period=9999로 설정한다.

Prescaler 그리고 Period 초기값이 1보다 작은 값이 설정되어 있는데 이것은 datasheet의 timing chart를 보면 알 수 있는데 앞으로 타이머를 사용 할때에는 Prescaler와 Period 값은 1보다 작은값을 사용하도록 한다.

타이머 인터럽트가 반복적으로 발생하기 위해서는 auto-reload preload를 Enable로 설정한다.

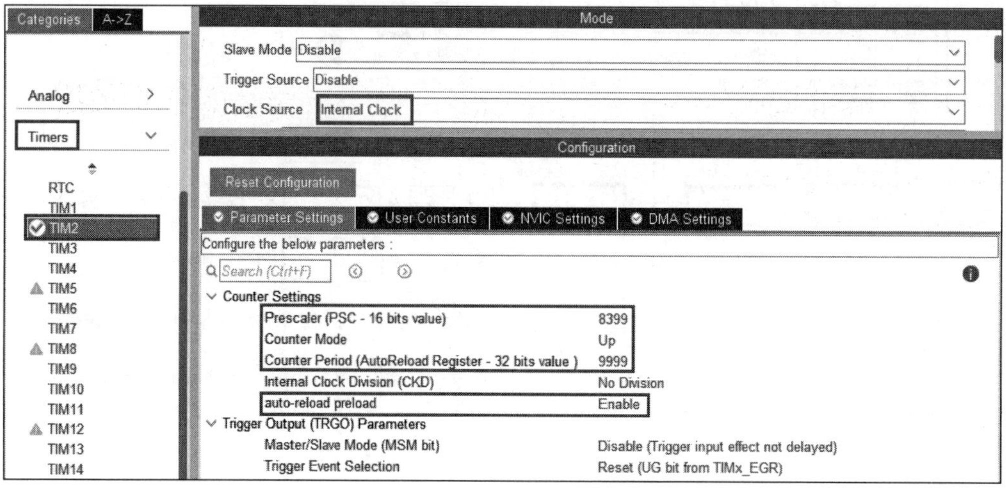

TIM2의 타이머 인터럽트가 발생하도록 NVIC Setting에서 TIM2 global interrupt 의 Enable을 체크한다. TIM2의 카운터 값이 주기값(Period) 9999 값과 일치하면 인터럽트가 발생한다.

TIM2 global interrupt 의 Enable을 빠지지 않게 체크 한다.

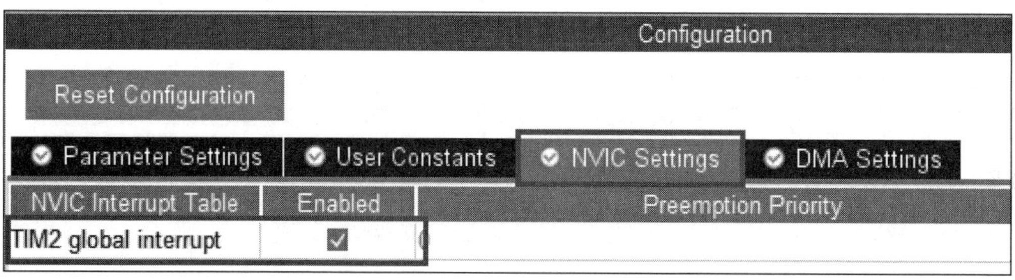

APB1 Timer clocks 84MHz 클럭 주파수를 Prescaler=1+8399 분주비를 통과하면 84,000,000Hz/8400 = 1KHz(10,000Hz) 임으로 주기값(Period)을 10000(1+9999)으로 하면 1초마다 타이머 인터럽트가 발생 하도록 할 수 있다.

$$\text{타이머 인터럽트 주기 T} = \frac{1}{84MhZ} * 8400(\text{분주비}) * 10000(\text{주기}) = 1\text{초}$$

타이머 카운터의 설정은 완성되었다. 이제 실행해 보자.

⑧ Project-Generate code 를 클릭해 보자.

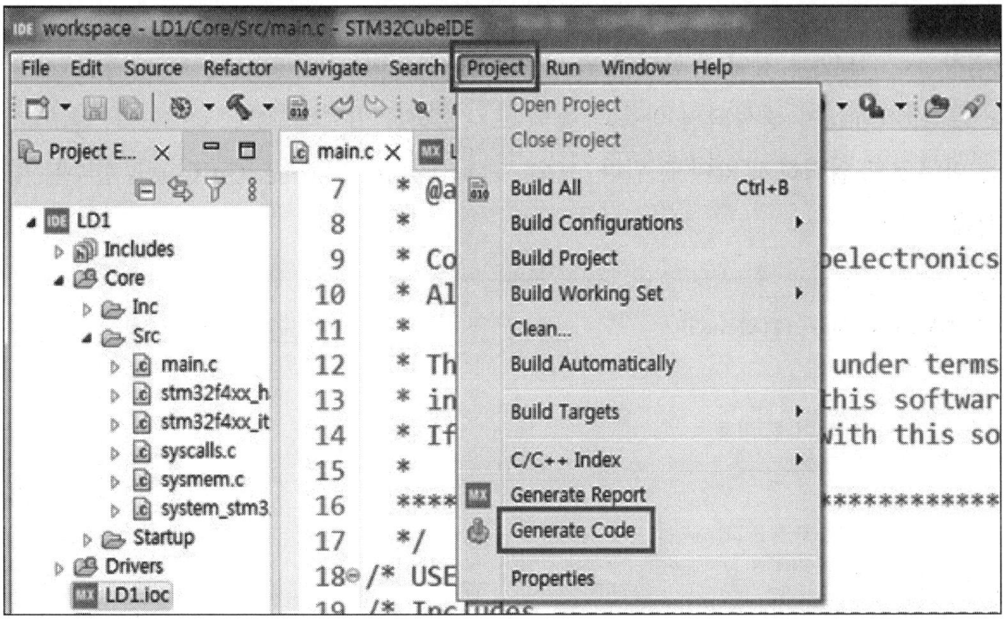

⑨ Generate Code를 실행하고 Updating

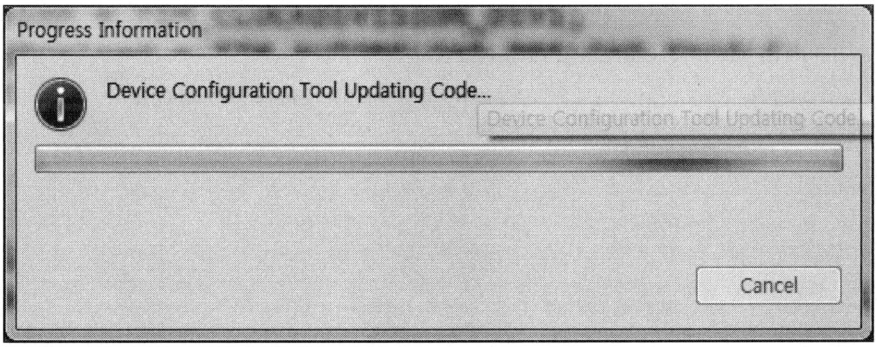

⑩ 팝업창 Open Associated Perspective 창이 생성되면 Yes를 클릭하자. Remember my decision에 체크하면 다음에는 자동으로 다음 단계로 넘어간다.

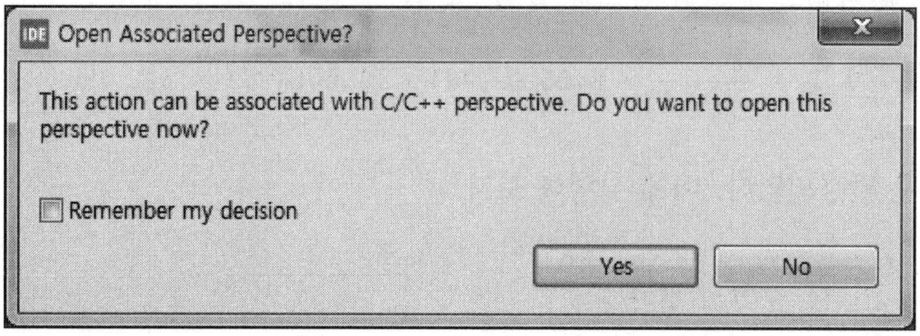

⑪ 팝업창 ex_TIM2_1 창이 생성되면 Yes를 클릭하자.

⑫ Generate code가 생성되면 다음과 같이 프로그램을 입력해 보자. while(1) 문 안에는 아무것도 입력하지 않아도 된다. HAL_TIM_PeriodElapsedCallback 함수는 입력해야 한다.

```
/* USER CODE BEGIN 2 */
   HAL_TIM_Base_Start_IT(&htim2);
/* USER CODE END 2 */
  /* Infinite loop */
  /* USER CODE BEGIN WHILE */
 while (1)
  {
    /* USER CODE END WHILE */
    /* USER CODE BEGIN 3 */
  }
  /* USER CODE END 3 */

 /* USER CODE BEGIN 4 */
void HAL_TIM_PeriodElapsedCallback(TIM_HandleTypeDef *htim)
  {
    HAL_GPIO_TogglePin(GPIOB,LD3_Pin|LD2_Pin|LD1_Pin);
  }
/* USER CODE END 4 */
```

⑬ 프로그램을 입력한 후 Run버튼을 클릭해 보자.

```
  /* USER CODE BEGIN 2 */
  HAL_TIM_Base_Start_IT(&htim2);
  /* USER CODE END 2 */
  /* Infinite loop */
  /* USER CODE BEGIN WHILE */
 while (1)
  {
    /* USER CODE END WHILE */
    /* USER CODE BEGIN 3 */
  }
  /* USER CODE END 3 */
}
/* USER CODE BEGIN 4 */
void HAL_TIM_PeriodElapsedCallback(TIM_HandleTypeDef *htim)
  {
    HAL_GPIO_TogglePin(GPIOB,LD3_Pin|LD2_Pin|LD1_Pin);
  }
/* USER CODE END 4 */
```

다음 그림에 주기에 대해 이해하자. 1초 동안에 led on 주기와 1초 동안에 led off 주기이다.

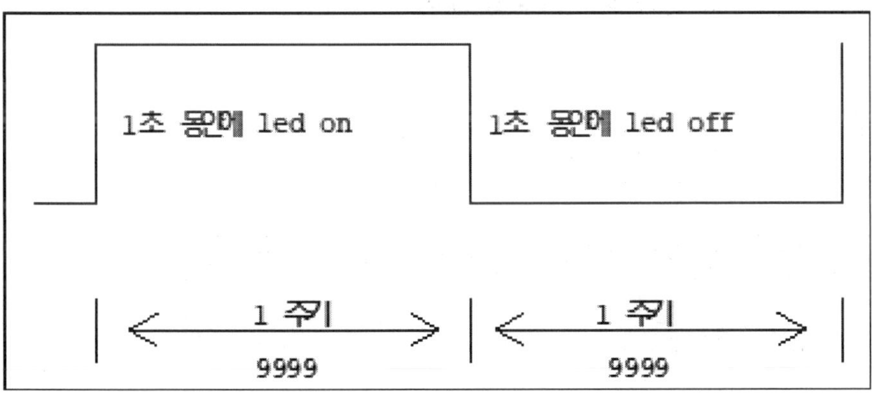

[실행 후] GPIO mode에 연결되어 있는 LD1, LD2, LD3 led 모두가 on → off → on → off 되고 있다.

타이머 인터럽트가 발생하고 1초 동안에는 LD1, LD2, LD3 led 모두가 on 되고 다음 주기 1초 동안에는 LD1, LD2, LD3 led 모두가 off 된다.

[예제 IDE_TIM2_9.2] TIM2를 이용한 led on/off 제어 실습

TIM2를 이용하여 한 주기안에 타이머 인터럽트가 발생하여 PD0, PD1, PD2…LD7 led를 on/off 되게 하고자 한다. TIM2 clock 주파수(APB1 Timer clocks)를 84MHz를 공급하고 Prescaler=8399, Period=4999로 설정해 보자.

① File-New-STM32 Project 클릭한다.

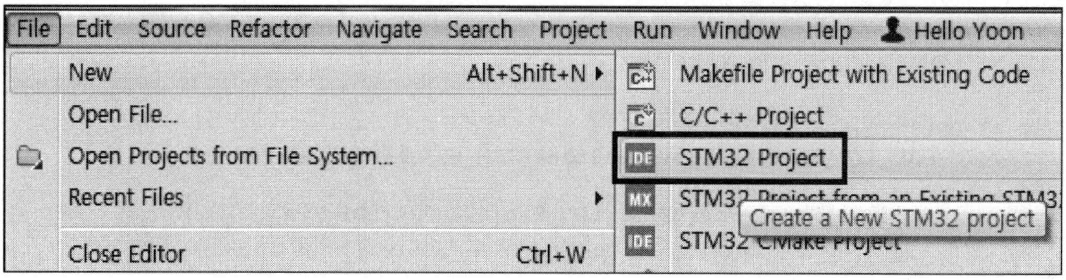

② Board Selector 선택하고 NUCLEO-F429ZI를 입력하고 보드를 선택하고 NEXT를 클릭한다.

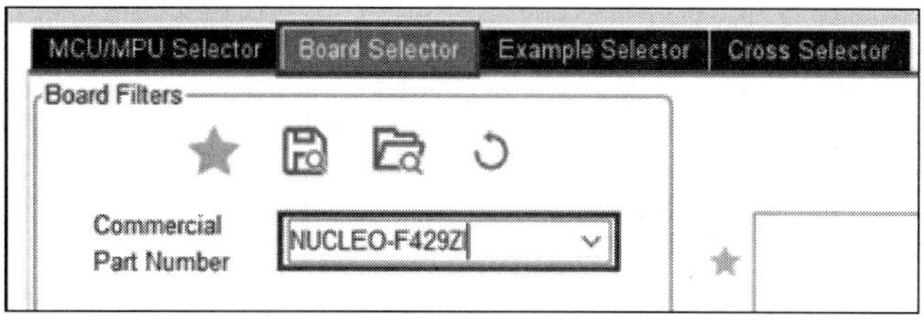

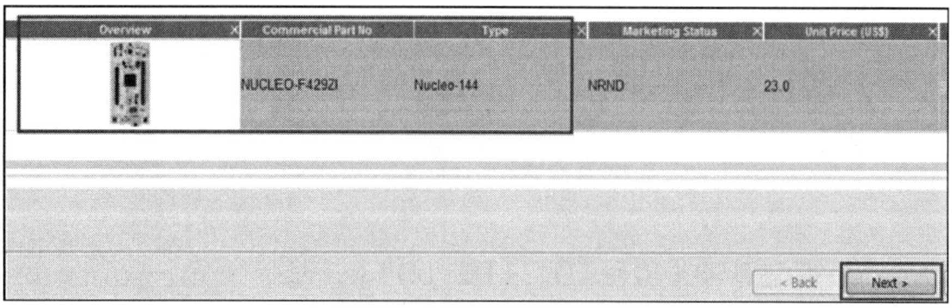

③ Project Name을 ex_TIM2_2 으로 입력한다. finish를 클릭한다.

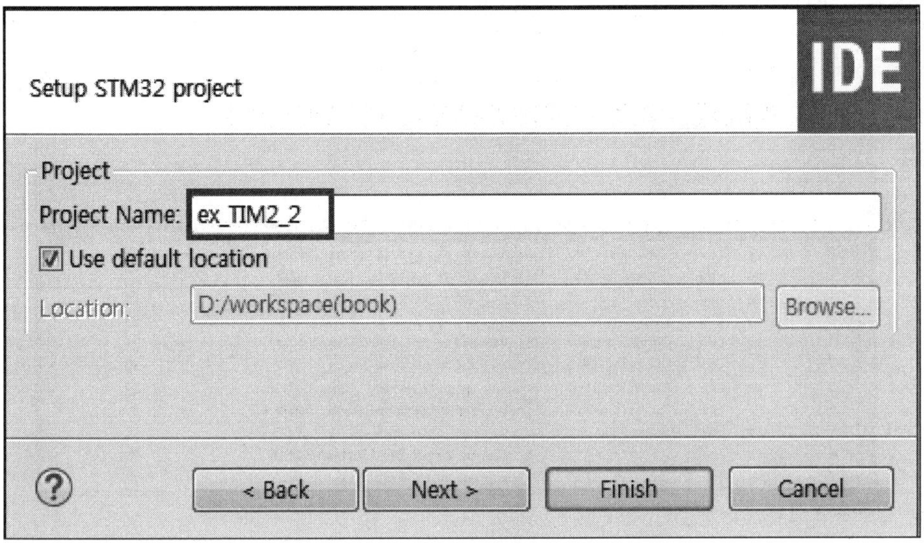

타이머는 Clock 주파수에 영향을 받기 때문에 타이머 설정 이전에 먼저 Clock을 설정한다.

④ Pinout & Configuration에서 RCC 값을 HSE는 Crystal/Ceramic Resonator 설정 하고 LSE는 Disable로 설정한다.

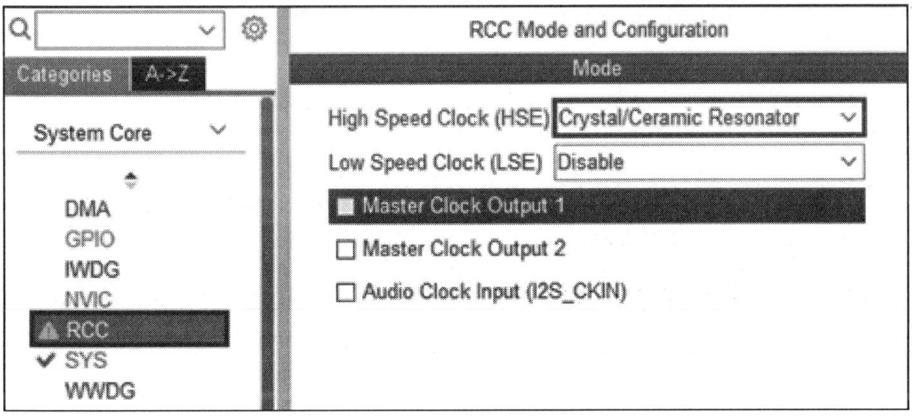

⑤ GPIO mode는 LD1, LD2, LD3, PD0~PD7 모두 Output Push Pull로 설정하고 User Label은 LD1, LD2, LD3 그리고 PD0~PD7로 아래와 같이 설정한다.

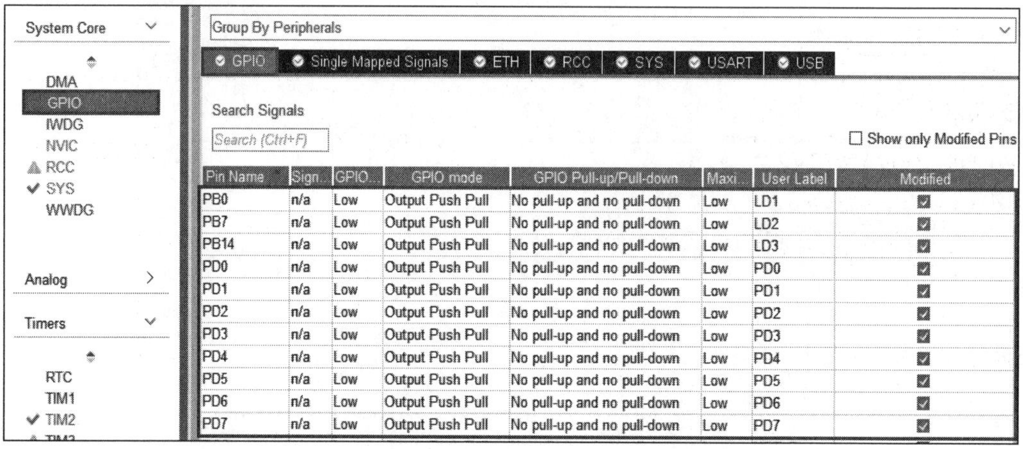

Pin Name	Sign...	GPIO ...	GPIO mode	GPIO Pull-up/Pull-down	Maxi...	User Label	Modified
PB0	n/a	Low	Output Push Pull	No pull-up and no pull-down	Low	LD1	☑
PB7	n/a	Low	Output Push Pull	No pull-up and no pull-down	Low	LD2	☑
PB14	n/a	Low	Output Push Pull	No pull-up and no pull-down	Low	LD3	☑
PD0	n/a	Low	Output Push Pull	No pull-up and no pull-down	Low	PD0	☑
PD1	n/a	Low	Output Push Pull	No pull-up and no pull-down	Low	PD1	☑
PD2	n/a	Low	Output Push Pull	No pull-up and no pull-down	Low	PD2	☑
PD3	n/a	Low	Output Push Pull	No pull-up and no pull-down	Low	PD3	☑
PD4	n/a	Low	Output Push Pull	No pull-up and no pull-down	Low	PD4	☑
PD5	n/a	Low	Output Push Pull	No pull-up and no pull-down	Low	PD5	☑
PD6	n/a	Low	Output Push Pull	No pull-up and no pull-down	Low	PD6	☑
PD7	n/a	Low	Output Push Pull	No pull-up and no pull-down	Low	PD7	☑

⑥ Clock Configuration을 클릭하고 APB1 Timer clocks 주파수를 84MHz가 될 수 있게 설정한다.

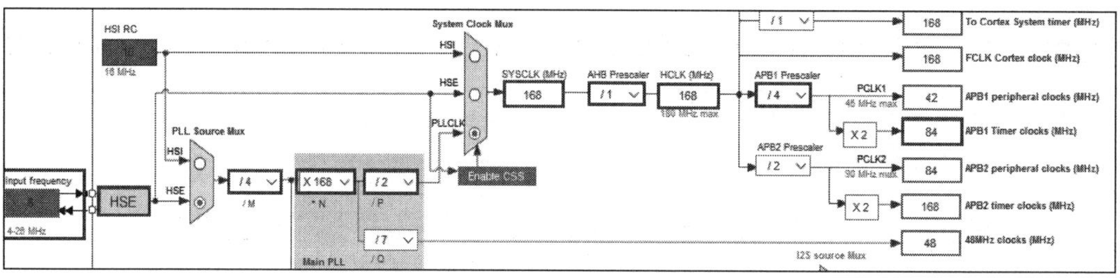

이제 clocks 주파수가 84MHz로 설정 되었고 TIM2에 있는 Mode를 설정해 보자.
Pinout & Configuration을 클릭한다.
참고로 STM32F429ZI 의 클럭 주파수에 대해 정리하면 APB1 Prescaler (if APBx Presc=1*1 else *2)를 통과한 클럭을 APBx Timer clocks로 사용하고 있다.

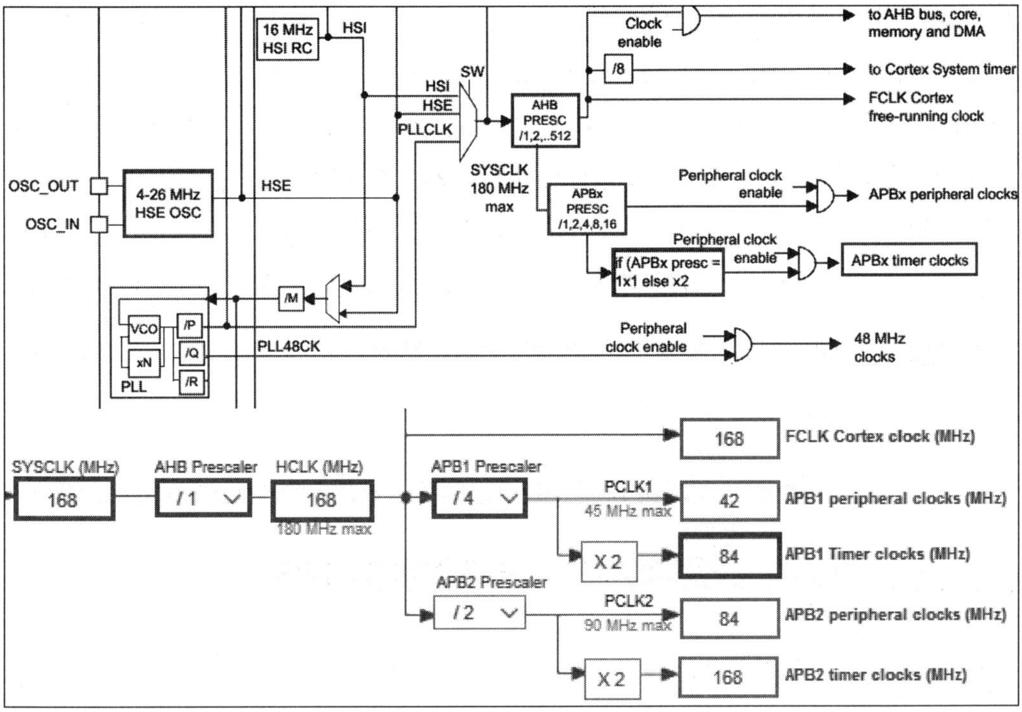
16 MHz HSI RC
HSI
SW
HSI
HSE
PLLCLK
AHB PRESC /1,2,..512
Clock enable
/8
to AHB bus, core, memory and DMA
to Cortex System timer
FCLK Cortex free-running clock
SYSCLK 180 MHz max
OSC_OUT
OSC_IN
4-26 MHz HSE OSC
HSE
APBx PRESC /1,2,4,8,16
Peripheral clock enable
APBx peripheral clocks
if (APBx presc = 1x1 else x2
Peripheral clock enable
APBx timer clocks
/M
VCO
xN
PLL
/P
/Q
/R
PLL48CK
Peripheral clock enable
48 MHz clocks
SYSCLK (MHz)
168
AHB Prescaler
/ 1
HCLK (MHz)
168
180 MHz max
APB1 Prescaler
/ 4
PCLK1
45 MHz max
X 2
APB2 Prescaler
/ 2
PCLK2
90 MHz max
X 2
168
FCLK Cortex clock (MHz)
42
APB1 peripheral clocks (MHz)
84
APB1 Timer clocks (MHz)
84
APB2 peripheral clocks (MHz)
168
APB2 timer clocks (MHz)

⑦ Timers-TIM2에 있는 Mode의 Clock Source를 internal Clock으로 설정하고 Configuration-Parameter Settings 값은 Prescaler=8,399, Period=4,999로 아래와 같이 설정한다. Prescaler 그리고 Period 초기값이 1보다 작은 값이 설정되어 있는데 이것은 datasheet의 timing chart를 보면 알 수 있는데 앞으로 타이머를 사용할 때에는 Prescaler와 Period 값은 1보다 작은값을 사용하도록 한다. 타이머 인터럽트가 반복적으로 발생하기 위해서는 auto-reload preload를 Enable로 설정한다.

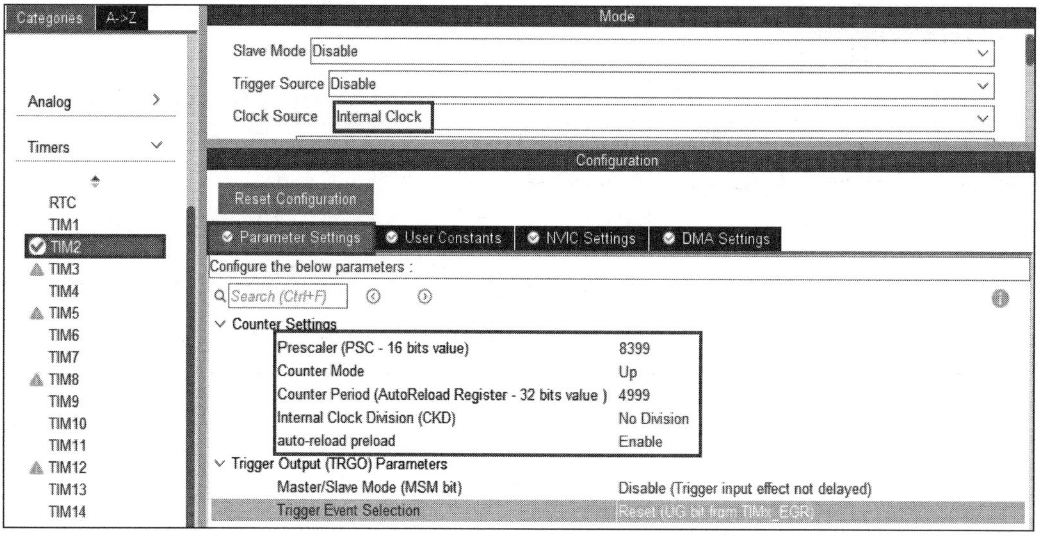

TIM2의 타이머 인터럽트가 발생하도록 NVIC Setting에서 TIM2 global interrupt 의 Enable을 체크한다.

TIM2의 카운터 값이 주기값(Period) 4999 값과 일치하면 인터럽트가 발생한다.

TIM2 global interrupt 의 Enable을 빠지지 않게 체크한다.

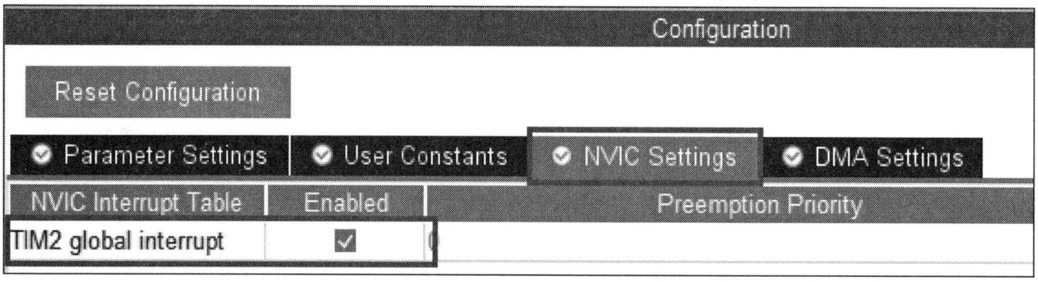

APB1 Timer clocks 84MHz 클럭 주파수를 Prescaler=1+8399 분주비를 통과하면 84MHz/8400 = 1KHz 임으로 주기값(Period)을 5000(1+4999)이 되면 0.5초마다 타이머 인터럽트가 발생한다.

$$\text{타이머 인터럽트 주기 T} = \frac{1}{84MhZ} * 8400(\text{분주비}) * 5000(\text{주기}) = 0.5\text{초}$$

⑧ 타이머 카운터의 주기값 설정은 완료 되었다. 이제 실행해 보자. Project-Generate code를 클릭해 보자.

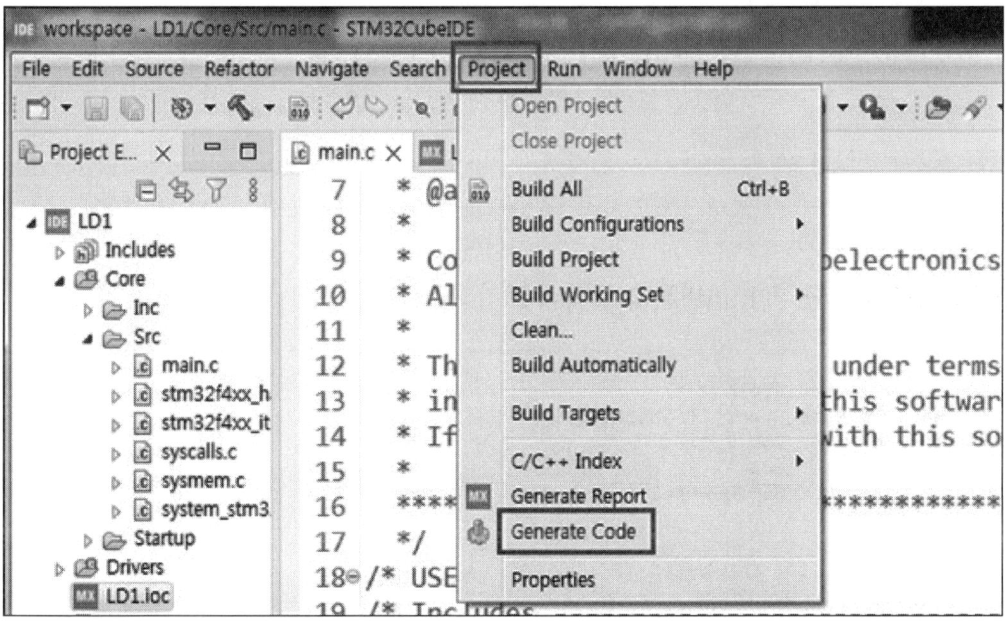

⑨ Generate code가 자동생성 되면 다음과 같이 프로그램을 입력해 보자. while (1) 문 안에는 아무것도 입력하지 않아도 된다. 타이머는 자동으로 인터럽트가 발생하기 때문이다. HAL_TIM_PeriodElapsedCallback 함수를 입력한다.

```
/* USER CODE BEGIN 2 */
   HAL_TIM_Base_Start_IT(&htim2);
/* USER CODE END 2 */
  /* Infinite loop */
/* USER CODE BEGIN 4 */
void HAL_TIM_PeriodElapsedCallback(TIM_HandleTypeDef *htim)
  {
      HAL_GPIO_TogglePin(GPIOB,LD3_Pin|LD2_Pin|LD1_Pin);
      HAL_GPIO_TogglePin(GPIOD,PD7_Pin|PD6_Pin|PD5_Pin|PD4_Pin
                              |PD3_Pin|PD2_Pin|PD1_Pin|PD0_Pin);
  }
/* USER CODE END 4 */
```

⑩ 프로그램를 입력한 후 Run버튼을 클릭해 보자.

```
  /* USER CODE BEGIN 2 */
  HAL_TIM_Base_Start_IT(&htim2);
  /* USER CODE END 2 */
  /* Infinite loop */
  /* USER CODE BEGIN WHILE */
 while (1)
  {
    /* USER CODE END WHILE */
    /* USER CODE BEGIN 3 */
  }
  /* USER CODE END 3 */
}

/* USER CODE BEGIN 4 */
void HAL_TIM_PeriodElapsedCallback(TIM_HandleTypeDef *htim)
  {
    HAL_GPIO_TogglePin(GPIOB,LD3_Pin|LD2_Pin|LD1_Pin);
    HAL_GPIO_TogglePin(GPIOD,PD7_Pin|PD6_Pin|PD5_Pin|PD4_Pin
                             |PD3_Pin|PD2_Pin|PD1_Pin|PD0_Pin);
  }
/* USER CODE END 4 */
```

다음 그림에 주기에 대해 이해하자. 500ms동안에 led on 주기와 500ms 동안에 led off 주기이다.

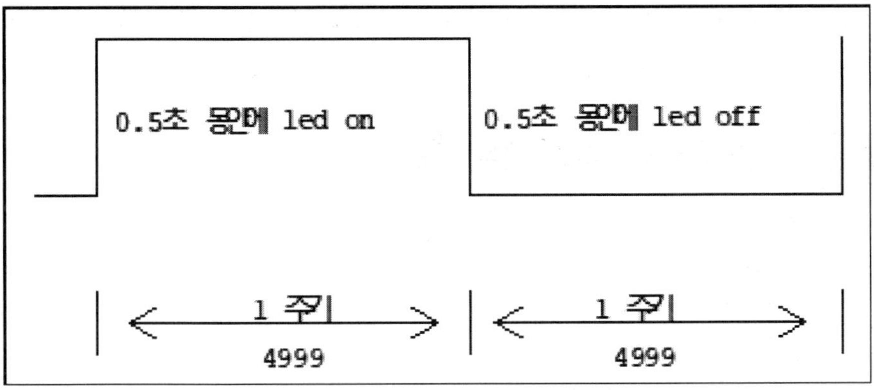

[실행 후] GPIO mode에 연결되어 있는 LD1, LD2, LD3 그리고 PD0~LD7 led 모두가 on/off 되고 있다. 타이머 인터럽트가 발생하면 인터럽트 주기(4999)는 0.5초 동안에는 모든 led가 on 되고 다음 주기(4999)의 0.5초 동안에는 모든 led가 off 된다.

[예제 IDE_TIM2_9.3] TIM2의 up count 와 OC 인터럽트를 이용한 led on/off 제어

TIM2의 up count 인터럽트와 OC 인터럽트를 이용하여 led를 on/off 되게 하려고 한다. up count 인터럽트를 이용하여 led를 on 하고 OC 인터럽트를 이용하여 led를 off 되게 하고자 한다.

up count 인터럽트가 발생하면 HAL_TIM_PeriodElapsedCallback 호출하여 LD1, LD2, LD3 led를 on하고 OC 인터럽트가 발생하면 HAL_TIM_OC_DelayElapsedCallback 호출하여 LD1, LD2, LD3 led를 off 한다. Clock 주파수는 84MHz를 공급하고 Prescaler=8399, Period=9999, OCC1(Output Compare CH1)=999로 설정한다.

① File-New-STM32 Project 클릭한다.

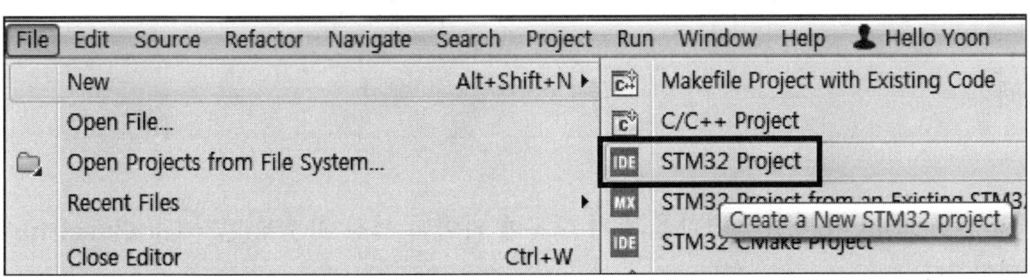

② Board Selector 선택하고 NUCLEO-F429ZI를 입력하고 보드를 선택하고 NEXT를 클릭한다.

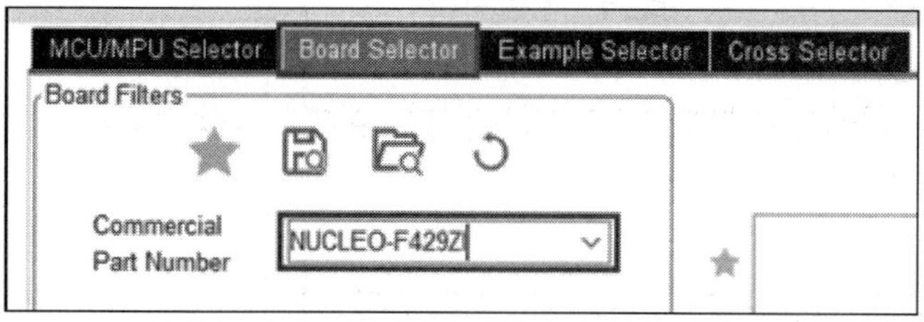

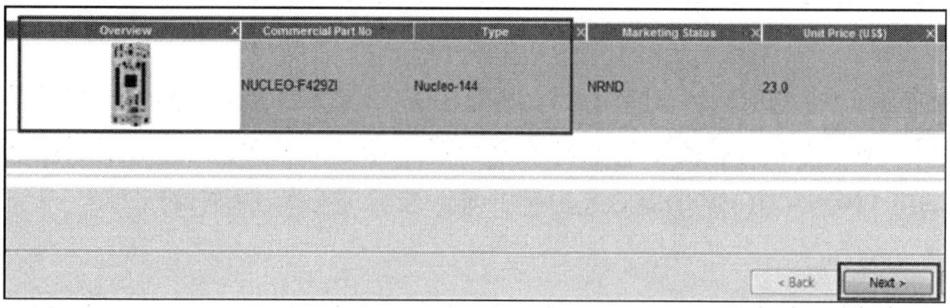

③ Project Name을 ex_TIM2_3 으로 입력한다. finish를 클릭한다.

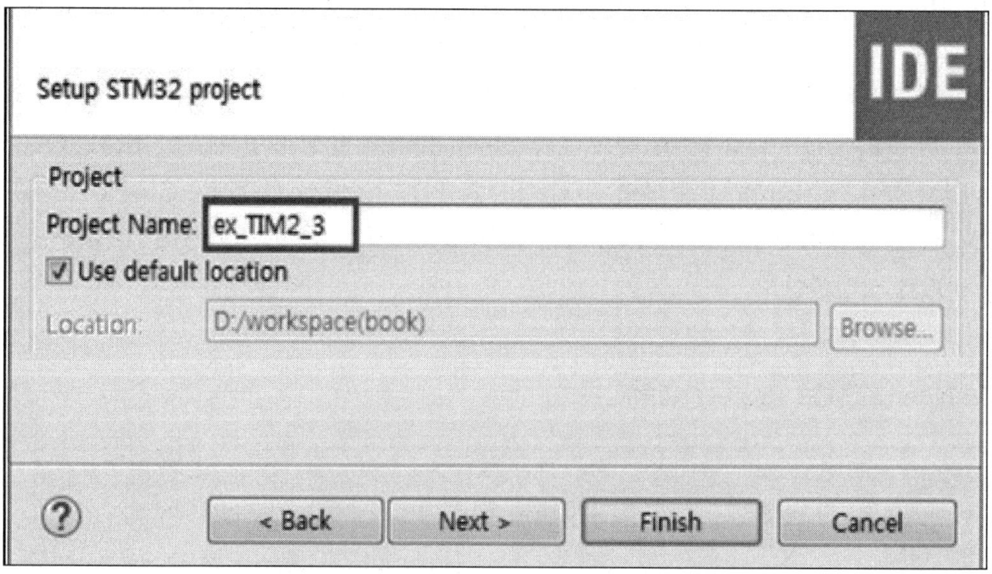

타이머는 Clock 주파수에 영향을 받기 때문에 타이머 설정 이전에 먼저 Clock setting을 먼저한다.

④ Pinout & Configuration 에서 RCC 값을 HSE는 Crystal/Ceramic Resonator 설정하고 LSE는 Disable로 설정한다.

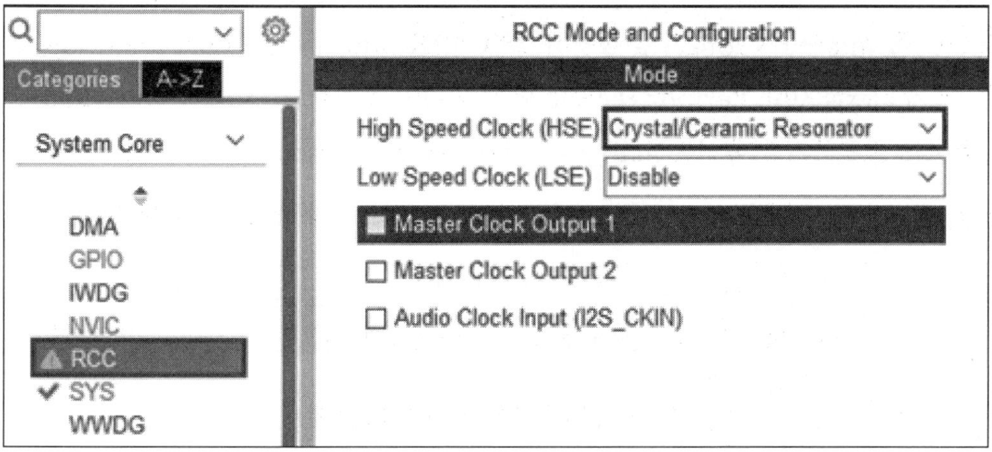

⑤ GPIO mode는 모두 Output PushPull 로 설정하고 User Label은 LD1, LD2, LD3를 아래와 같이 설정한다.

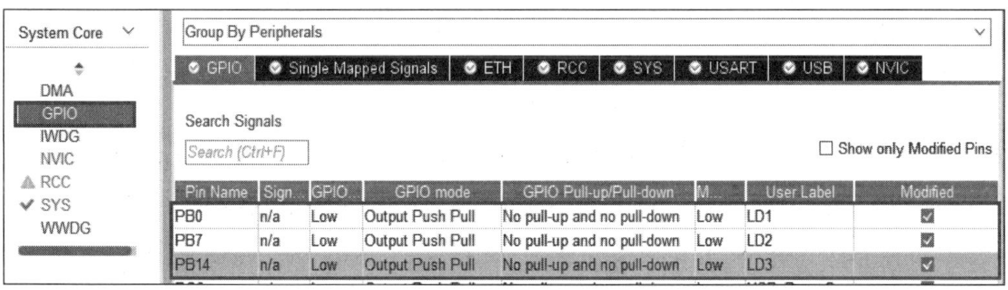

⑥ Clock Configuration을 클릭하고 APB1 Timer clocks 주파수를 84MHz가 될 수 있게 설정한다.

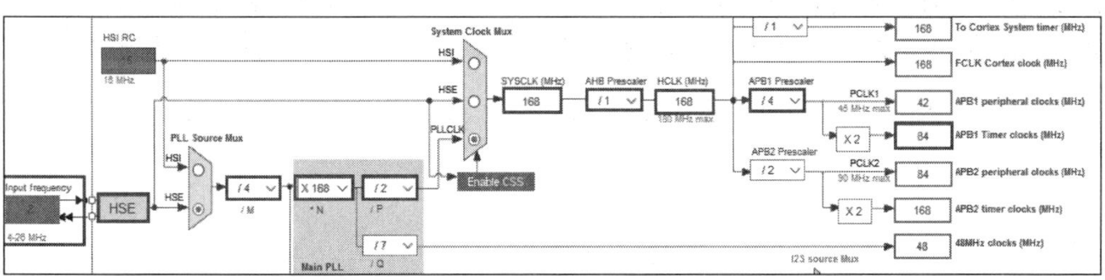

이제 clocks 주파수가 84MHz로 설정 되었고 TIM2에 있는 Mode를 설정해 보자.

⑦ Pinout & Configuration을 클릭한다. Timers-TIM2에 있는 Mode의 Clock Source를 internal Clock으로 설정하고 Configuration- Parameter Settings 값은 Prescaler=8399, Period= 9999로 아래와 같이 설정한다. 타이머 인터럽트가 반복적으로 발생하기 위해서는 auto_reload preload를 Enable로 설정한다.

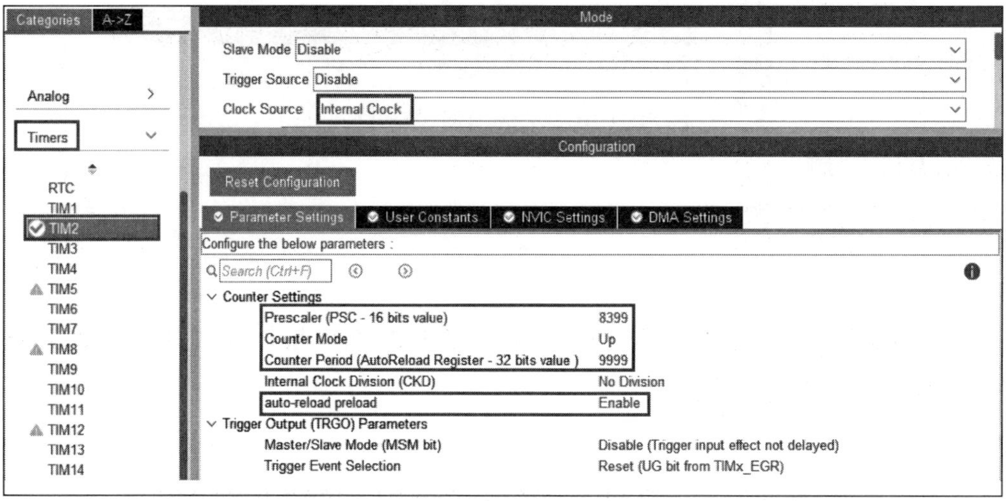

⑧ TIM2의 타이머 인터럽트가 발생하도록 NVIC Setting에서 TIM2 global interrupt의 Enable을 체크한다. TIM2의 카운터 값이 주기값(Period) 9999와 일치하면 인터럽트가 발생한다. TIM2 global interrupt 의 Enable을 빠지지 않게 체크한다.

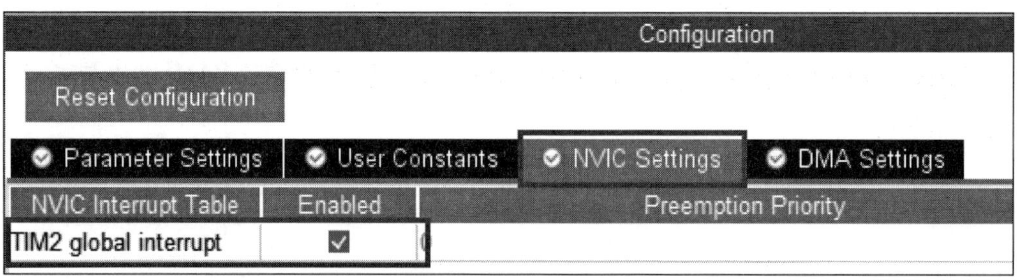

⑨ TIM2의 Channel1에 OCC1(Output Compare CH1)선택하고 Parameter Settings 에서 Output Compare CH1의 Pulse(32bits value)값을 999로 입력한다.

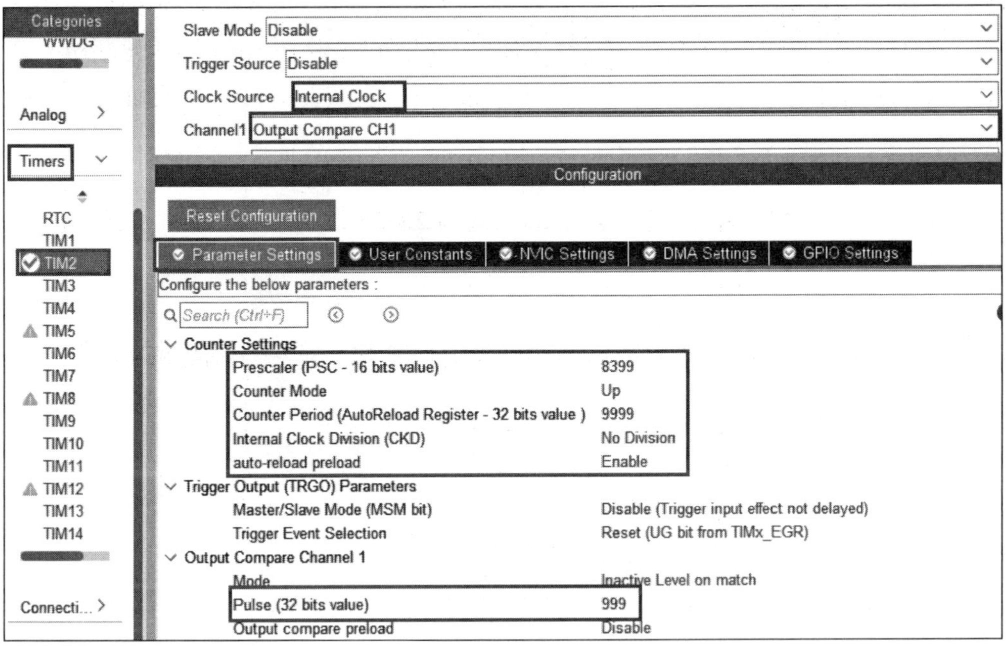

APB1 Timer clocks 84MHz 클럭 주파수를 Prescaler = 1+8399 분주비를 통과하면 84MHz/8400 = 1KHz 임으로 주기값(Period)을 10000(1+9999)이 되면 1초마다 up count 인터럽트가 발생한다. LD1, LD2, LD3 그리고 PD0, PD1, PD2의 led는 모두 on 된다.

$$\text{타이머 인터럽트 주기 } T = \frac{1}{84MhZ} * 8400(\text{분주비}) * 10000(\text{주기}) = 1 \text{ sec}$$

OCC1 인터럽트는 999 일때 인터럽트가 발생되고 모든 led는 off 된다.

$$\text{타이머 OCC1 인터럽트 주기 } T = \frac{1}{84MhZ} * 8400(\text{분주비}) * 1000(\text{OCC1}) = 0.1 \text{ sec}$$

⑩ 타이머 카운터의 주기값이 설정 되었다. 이제 실행해 보자. Project에서 Generate code 를 클릭해 보자.

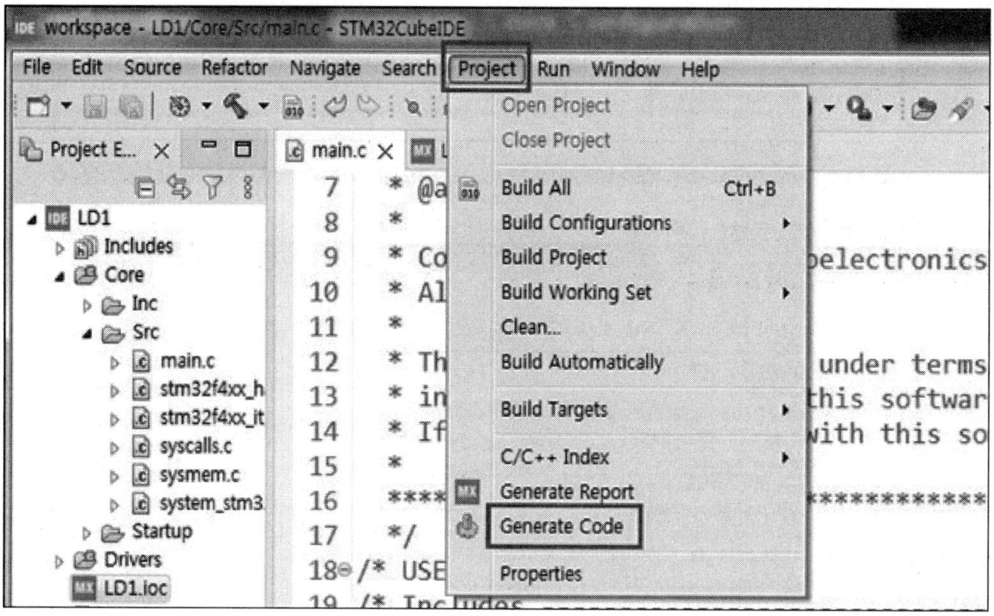

⑪ Generate coderk 자동생성되면 다음과 같이 프로그램을 입력해 보자. while(1) 문장안에는 아무것도 입력하지 않아도 된다. HAL_TIM_PeriodElapsedCallback와 HAL_TIM_OC_DelayElapsedCallback 함수는 입력하여야 한다.

```
/* USER CODE BEGIN 2 */
  HAL_TIM_Base_Start_IT(&htim2);
  HAL_TIM_OC_Start_IT(&htim2,TIM_CHANNEL_1);
/* USER CODE END 2 */
/* USER CODE BEGIN 4 */
void HAL_TIM_PeriodElapsedCallback(TIM_HandleTypeDef *htim)
 {
  HAL_GPIO_WritePin(GPIOB, LD1_Pin|LD2_Pin|LD3_Pin, GPIO_PIN_SET);
 }
void HAL_TIM_OC_DelayElapsedCallback(TIM_HandleTypeDef *htim)
 {
  HAL_GPIO_WritePin(GPIOB, LD1_Pin|LD2_Pin|LD3_Pin, GPIO_PIN_RESET);
 }
/* USER CODE END 4 */
```

⑫ Generate code가 자동생성 되었고 프로그램을 입력한 후 Run버튼을 클릭해 보자.

```
  /* USER CODE BEGIN 2 */
  HAL_TIM_Base_Start_IT(&htim2);
  HAL_TIM_OC_Start_IT(&htim2,TIM_CHANNEL_1);
  /* USER CODE END 2 */
```

```
/* USER CODE BEGIN 4 */
void HAL_TIM_PeriodElapsedCallback(TIM_HandleTypeDef *htim)
{
    HAL_GPIO_WritePin(GPIOB, LD1_Pin|LD2_Pin|LD3_Pin, GPIO_PIN_SET);
}
void HAL_TIM_OC_DelayElapsedCallback(TIM_HandleTypeDef *htim)
{
    HAL_GPIO_WritePin(GPIOB, LD1_Pin|LD2_Pin|LD3_Pin, GPIO_PIN_RESET);
}
/* USER CODE END 4 */
```

다음 그림에서 주기에 대해 이해하자. 100ms 동안에 led on 주기와 900ms 동안에 led off 주기이다.

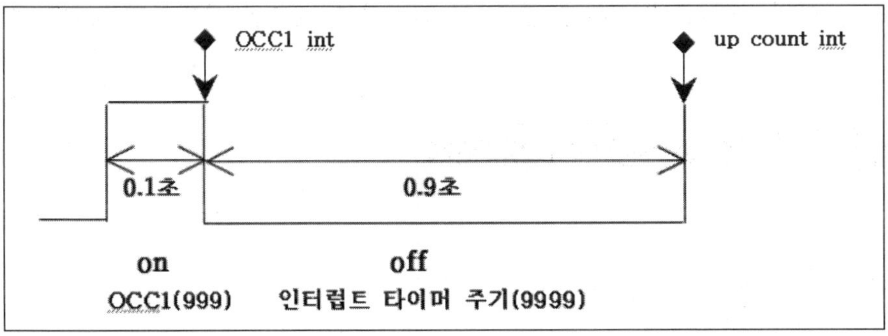

[실행 후] TIM2의 OC(OCC1(999))의 인터럽트 발생하면 0.9초 동안에는 모든 led가 off 되고 up count 인터럽트가 발생한 후 0~999 구간에는 LD1, LD2, LD3은 0.1초 동안은 led가 모두 on 되고 OCC1(999)의 인터럽트 발생하면 1000~9999 구간 즉, 0.9초 동안에는 모든 led가 off 된다.

[예제 IDE_TIM3 9.4] TIM3를 이용한 led on/off 제어 실습

TIM3를 이용하여 한 주기안에 타이머 인터럽트가 발생하면 LD1, LD2, LD3 그리고 PD0, PD1, PD2 led를 on/off 되게 하고자 한다. TIM3 clock 주파수(APB1 Timer clocks)를 84MHz를 공급하고 분주비와 주기는 Prescaler=8399, Period=4999로 설정해 보자.

① File-New-STM32 Project 클릭한다.

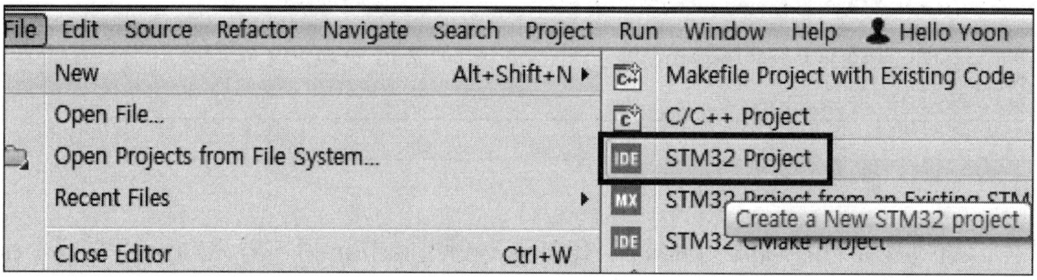

② Board Selector 선택하고 NUCLEO-F429ZI를 입력하고 보드를 선택하고 NEXT를 클릭한다.

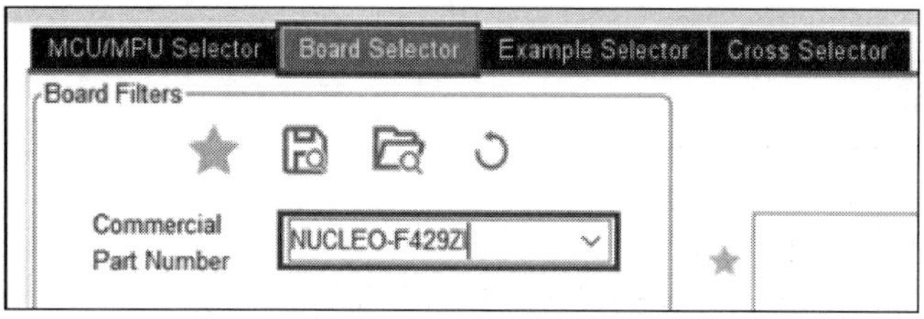

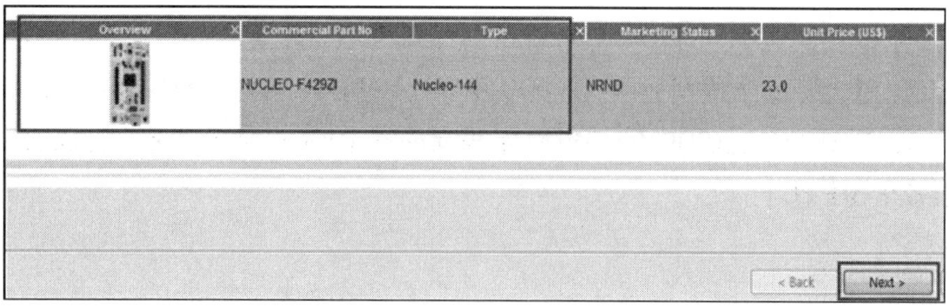

③ Project Name을 ex_TIM3_1으로 입력한다. finish를 클릭한다.

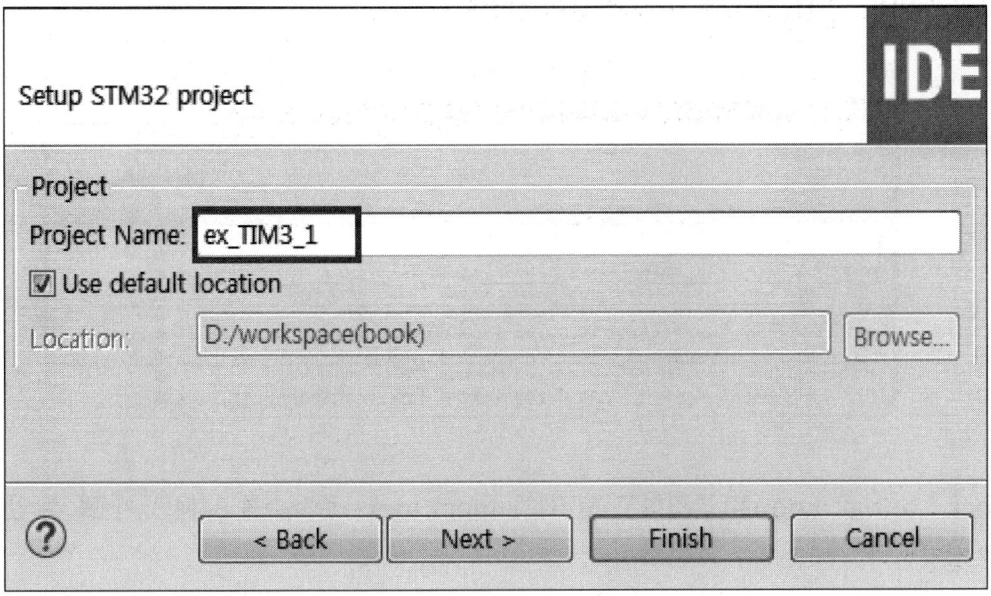

타이머는 Clock 주파수에 영향을 받기 때문에 타이머 설정 이전에 먼저 Clock을 설정하도록 한다.

④ Pinout&Configuration에서 RCC 값을 HSE는 Crystal/Ceramic Resonator 설정하고 LSE는 Disable로 설정한다.

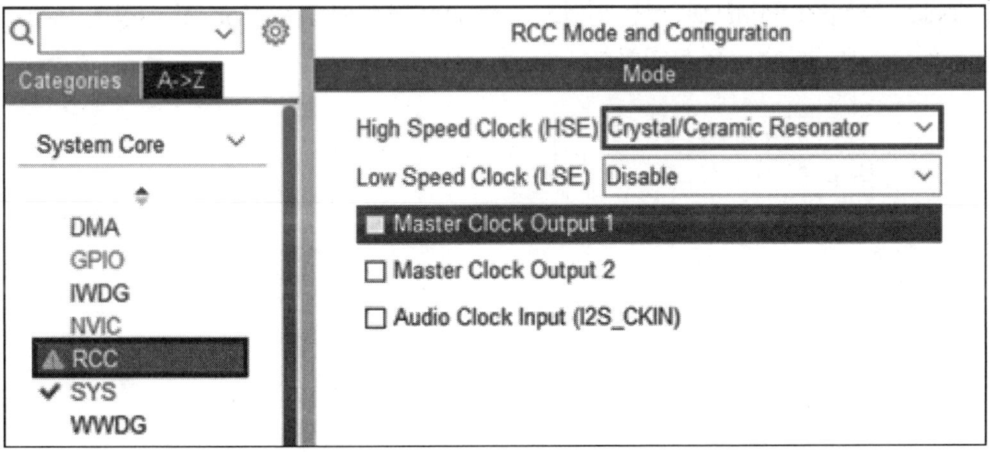

⑤ GPIO mode는 모두 Output PushPull로 설정하고 User Label은 LD1, LD2, LD3 그리고 PD0, PD1, PD2로 아래와 같이 설정한다.

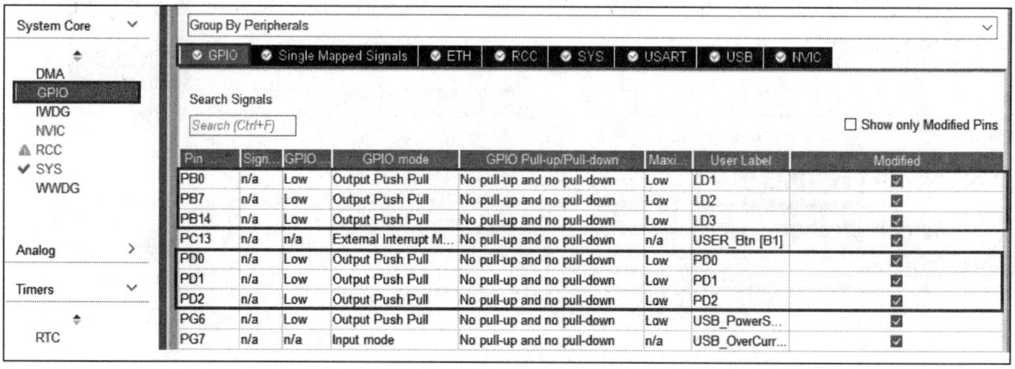

⑥ Clock Configuration을 클릭하고 APB1 Timer clocks 주파수를 84MHz가 될 수 있게 설정한다.

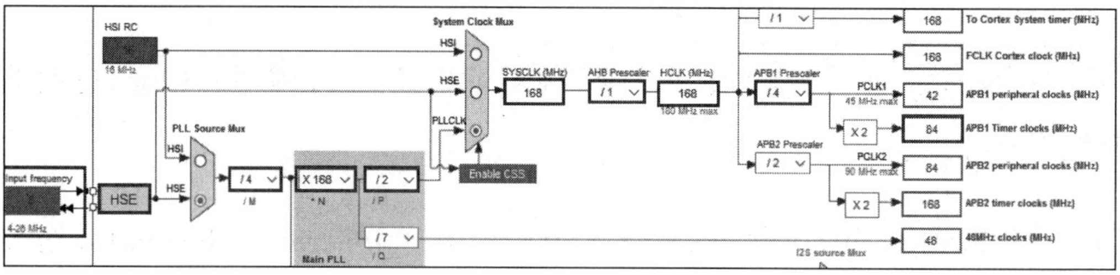

이제 clocks 주파수가 84MHz로 설정 되었고 Timer의 TIM3에 있는 Mode를 설정해 보자. Pinout & Configuration을 클릭한다.

⑦ Timers-TIM3에 있는 Mode의 Clock Source를 internal Clock으로 설정하고 Configuration- Parameter Settings 값은 Prescaler=8399, Period=4999로 아래와 같이 설정한다. 타이머 인터럽트가 반복적으로 발생하기 위해서는 auto-reload preload를 Enable로 설정한다.

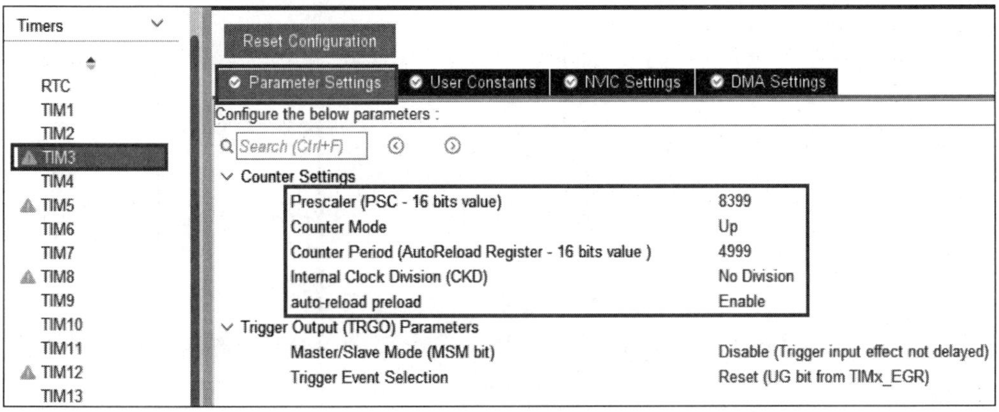

TIM3의 타이머 인터럽트가 발생하도록 NVIC Setting에서 TIM3 global interrupt 의 Enable을 체크한다.
카운터 주기값(Period)이 4999값과 일치하면 인터럽트가 발생한다.
TIM3 global interrupt의 Enable을 빠지지 않게 체크한다.

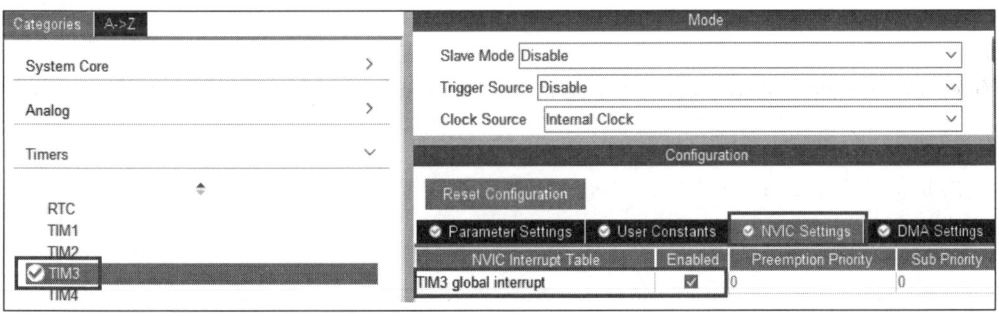

APB1 Timer clocks 84MHz 클럭 주파수를 Prescaler = (1+8399) 분주비를 통과하면주파수는 (84MHz/8400) = 10000Hz 이고, 주기값(Period)을 10000(1+999)이 되면 0.5초마다 타이머 인터럽트가 발생하도록 할 수 있다.

$$\text{타이머 인터럽트 주기 T} = \frac{1}{84MhZ} * 8400(\text{분주비}) * 10000(\text{주기}) = 1\text{초}$$

⑧ 타이머 카운터의 주기값이 설정 되었다. 이제 실행해 보자. Project에서 Generate code 를 클릭해 보자.

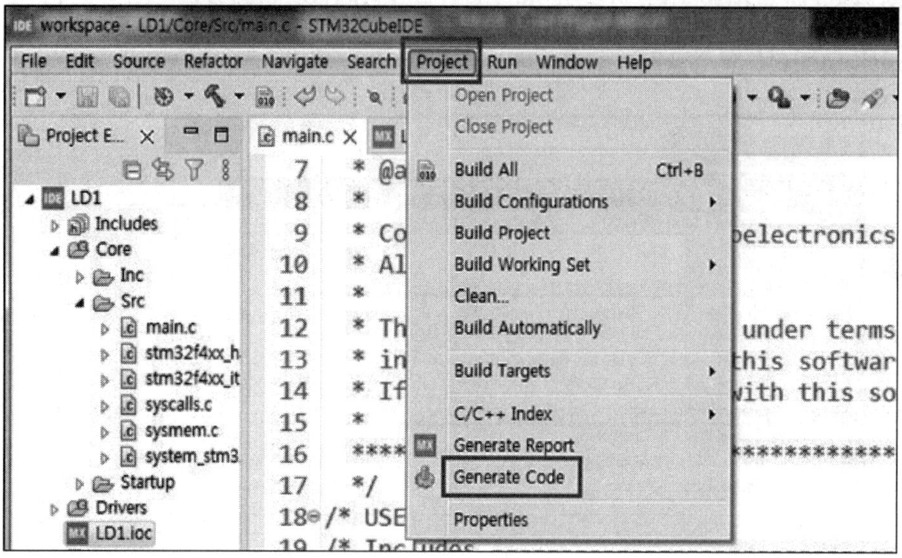

⑨ Generate code가 자동생성 되면 다음과 같이 프로그램을 입력해 보자.

```
 /* USER CODE BEGIN 2 */
     HAL_TIM_Base_Start_IT(&htim3);
  /* USER CODE END 2 */

/* USER CODE BEGIN 4 */
void HAL_TIM_PeriodElapsedCallback(TIM_HandleTypeDef *htim)
  {
        HAL_GPIO_TogglePin(GPIOB,LD1_Pin|LD2_Pin|LD3_Pin);
        HAL_GPIO_TogglePin(GPIOD,PD0_Pin|PD1_Pin|PD2_Pin);
  }
/* USER CODE END 4 */
```

⑩ 프로그램을 입력한 후 Run버튼을 클릭해 보자.

```
  /* USER CODE BEGIN 2 */
  HAL_TIM_Base_Start_IT(&htim3);
  /* USER CODE END 2 */
/* USER CODE BEGIN 4 */
void HAL_TIM_PeriodElapsedCallback(TIM_HandleTypeDef *htim)
  {
    HAL_GPIO_TogglePin(GPIOB,LD1_Pin|LD2_Pin|LD3_Pin);
    HAL_GPIO_TogglePin(GPIOD,PD0_Pin|PD1_Pin|PD2_Pin);
  }
/* USER CODE END 4 */
```

다음 그림에 주기에 대해 이해하자. 500[ms] led on 주기와 500[ms]동안에 led off 주기이다.

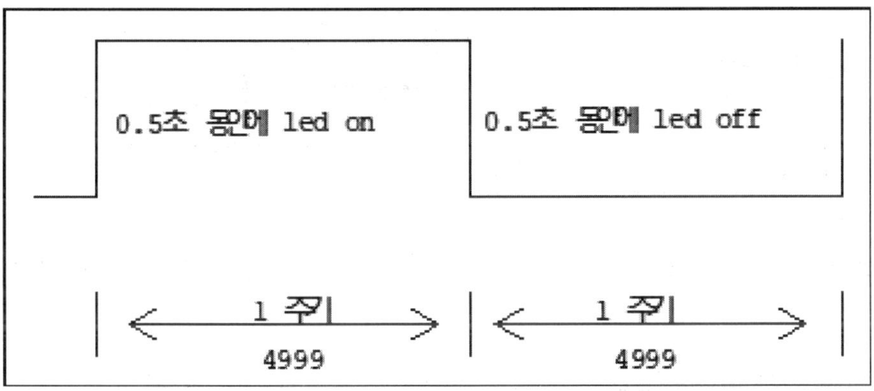

[실행 후] GPIO mode에 연결되어 있는 LD1, LD2, LD3 그리고 PD0, PD1, PD2 led 모두가 on/off 되고 있다. 타이머 인터럽트가 발생하면 인터럽트 주기(4999)는 0.5초 동안에는 모든 led가 on 되고 다음 주기(4999)의 0.5초 동안에는 모든 led가 off 된다.

[예제 IDE_TIM3 9.5] TIM3의 up count 인터럽트와 OC 인터럽트를 이용한 led on/off 제어

TIM3의 한주기를 이용하여 led를 on/off 되게 하려고 한다. up count 인터럽트를 이용하여 led를 on 하고 OC인터럽트를 이용하여 led를 off 되게 하고자 한다. up count 인터럽트가 발생하면 HAL_TIM_PeriodElapsedCallback 호출하여 LD1, LD2, LD3 그리고 PD0, PD1, PD2 모든 led를 on 하고 OC 인터럽트가 발생하면 HAL_TIM_OC_DelayElapsedCallback 호출하여 LD1, LD2, LD3 그리고 PD0, PD1, PD2 led를 모두 off 한다.

시스템 Clock 주파수는 84MHz를 공급하고 Prescaler=8399, Period=9999, OCC1(Output Compare CH1)=999로 설정한다.

① File-New-STM32 Project 클릭한다.

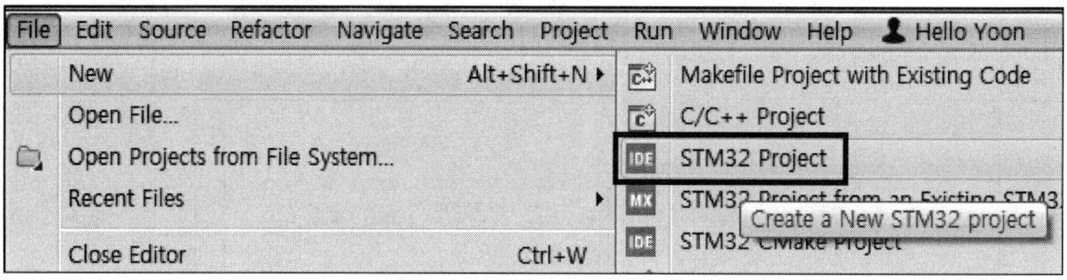

② Board Selector 선택하고 NUCLEO-F429ZI를 입력하고 보드를 선택하고 NEXT를 클릭한다.

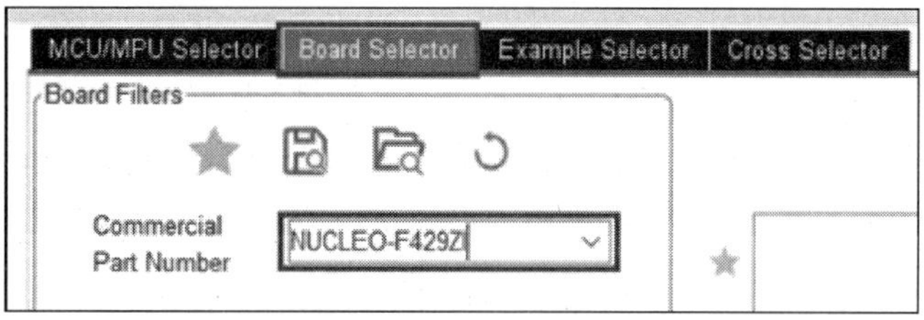

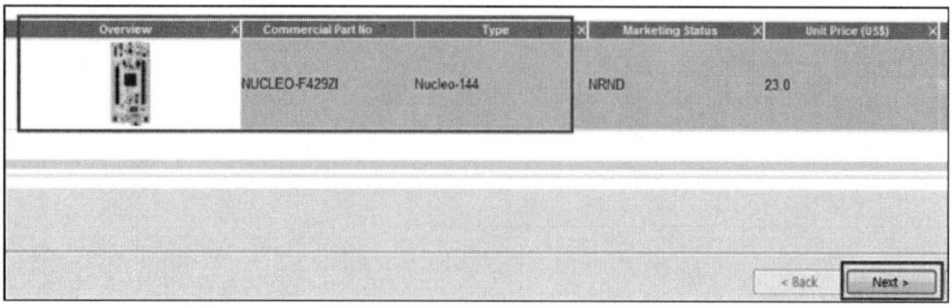

③ Project Name을 ex_TIM3_2으로 입력한다. finish를 클릭한다.

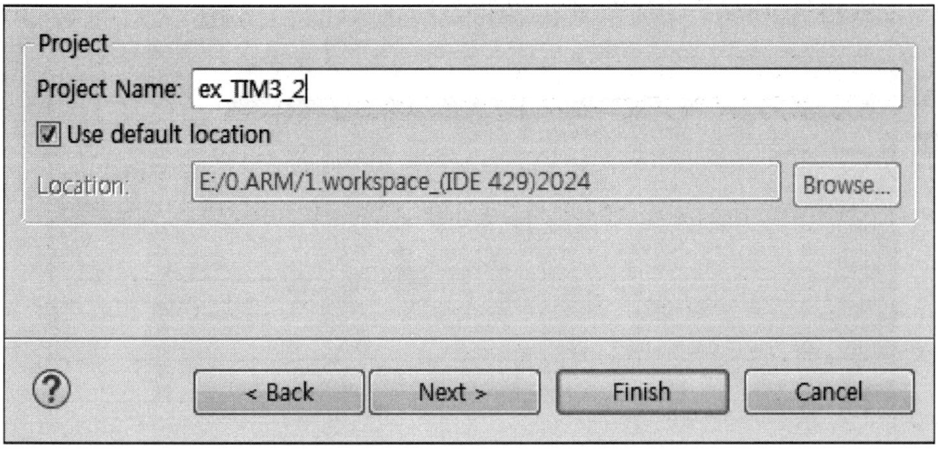

타이머는 Clock 주파수에 영향을 받기 때문에 타이머 설정 이전에 먼저 Clock을 설정하도록 한다.

④ Pinout&Configuration에서 RCC 값을 HSE는 Crystal/Ceramic Resonator 설정하고 LSE는 Disable로 설정한다.

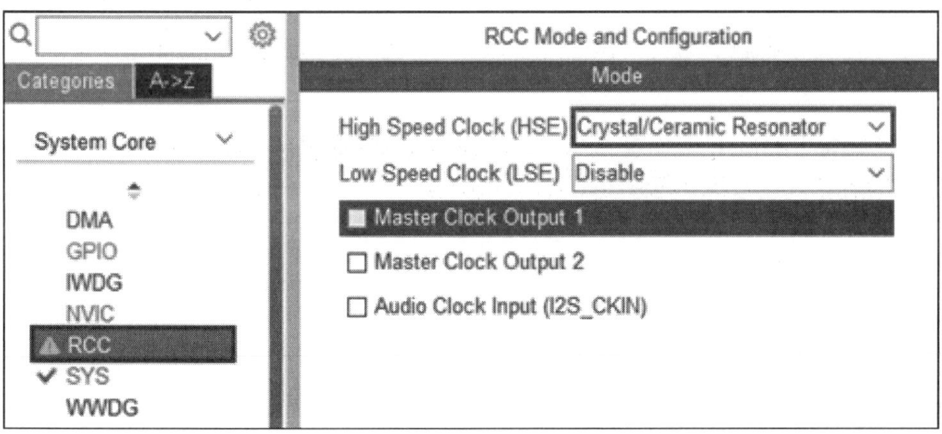

⑤ GPIO mode는 모두 Output PushPull로 설정하고 User Label은 LD1, LD2, LD3 그리고 PD0, PD1, PD2로 아래와 같이 설정한다.

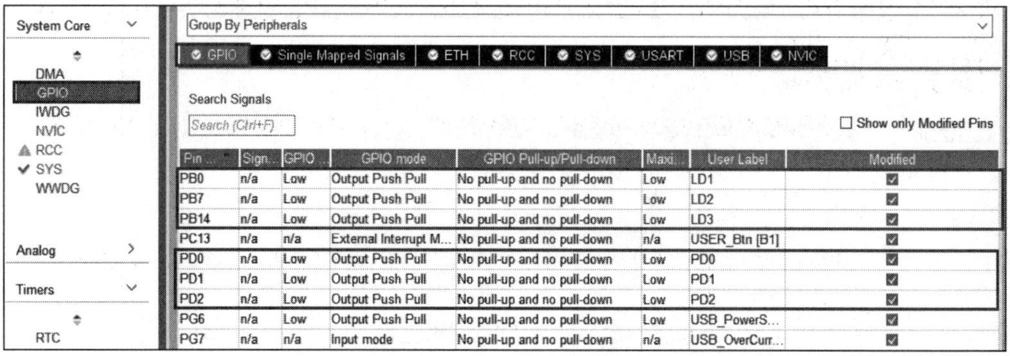

⑥ Clock Configuration을 클릭하고 APB1 Timer clocks 주파수를 84MHz가 될 수 있게 설정한다.

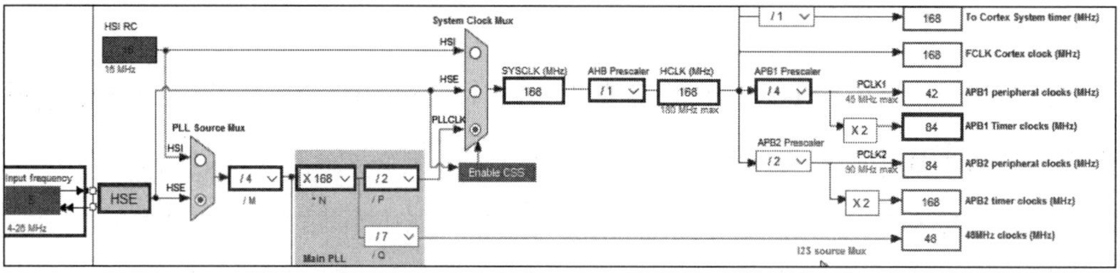

이제 clocks 주파수가 84MHz로 설정 되었고 Timer의 TIM3에 있는 Mode를 설정해 보자. Pinout & Configuration을 클릭한다.

⑦ Timers-TIM3에 있는 Mode의 Clock Source를 internal Clock으로 설정하고 Configuration- Parameter Settings 값은 Prescaler=8399, Period=9999로 아래와 같이 설정한다. 타이머 인터럽트가 반복적으로 발생하기 위해서는 auto_reload preload를 Enable로 설정한다.

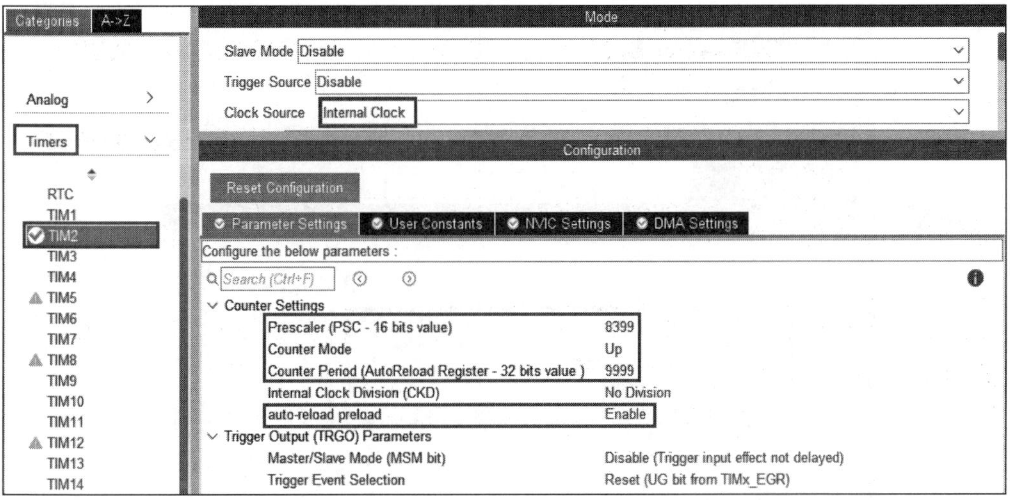

TIM3의 타이머 인터럽트가 발생하도록 NVIC Setting에서 TIM3 global interrupt 의 Enable을 체크 한다. TIM3의 카운터 값이 주기값(Period) 9999 값과 일치하면 인터럽트가 발생한다.

TIM3 global interrupt 의 Enable을 빠지지 않게 체크한다.

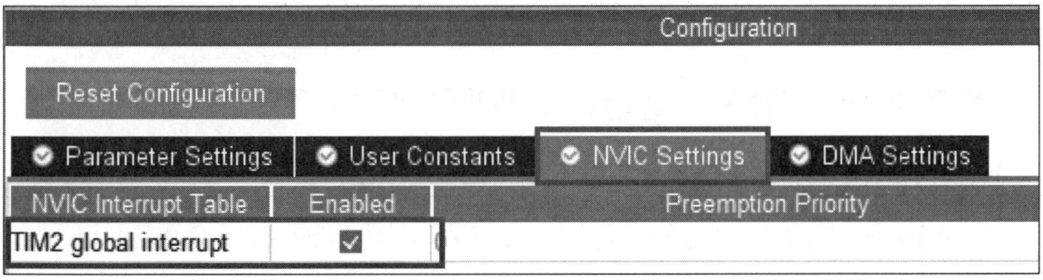

⑧ TIM3의 Channel1에 OCC1(Output Compare CH1)선택하고 Parameter Settings Output Compare CH1의 Pulse(32bits value)값을 999로 입력한다.

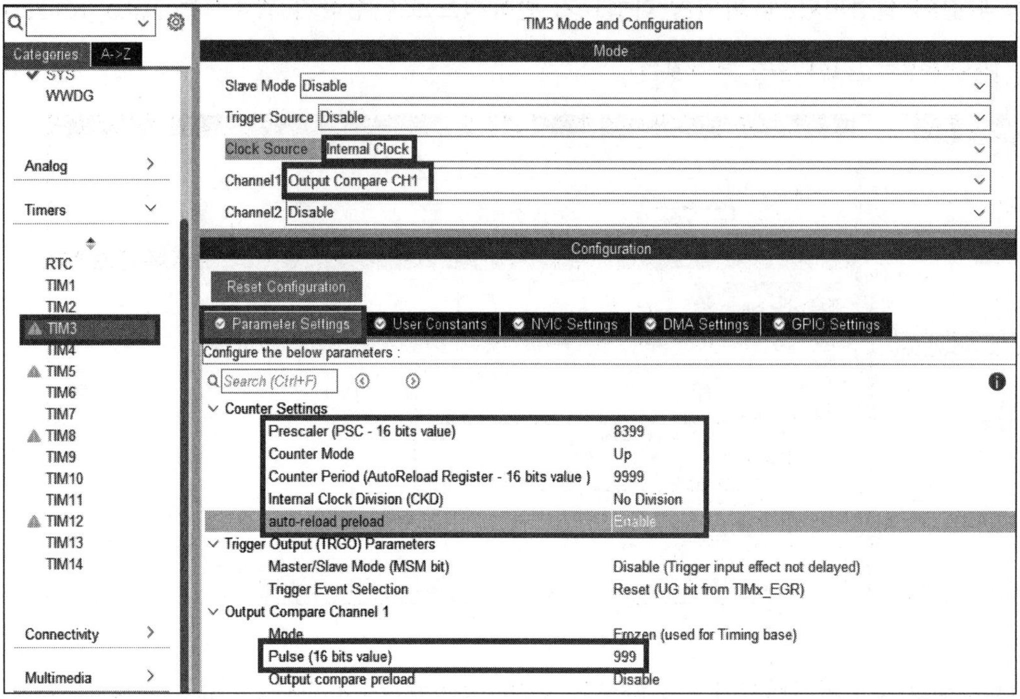

APB1 Timer clocks 84MHz 클럭 주파수를 Prescaler=(1+8399) 분주비를 통과하면 (84MHz/8400)=10KHz 임으로 주기 값(Period)을 10000(1+9999)이 되면 1초마다 Up count 인터럽트가 발생한다. LD1, LD2, LD3 그리고 PD1, PD2, PD3 led는 모두 on 된다.

$$\text{타이머 인터럽트 주기 T} = \frac{1}{84MhZ} * 8400(\text{분주비}) * 10000(\text{주기}) = 1\text{초}$$

OCC1 인터럽트는 999 일때 인터럽트가 발생되고 led는 off 된다.

$$\text{타이머 OCC1 인터럽트 주기 T} = \frac{1}{84MhZ} * 8400(\text{분주비}) * 1000(\text{OCC1}) = 0.1\ \text{sec}$$

타이머 카운터의 주기값 설정 되었다. 이제 실행해 보자.

⑨ Project에서 Generate code 를 클릭해 보자.

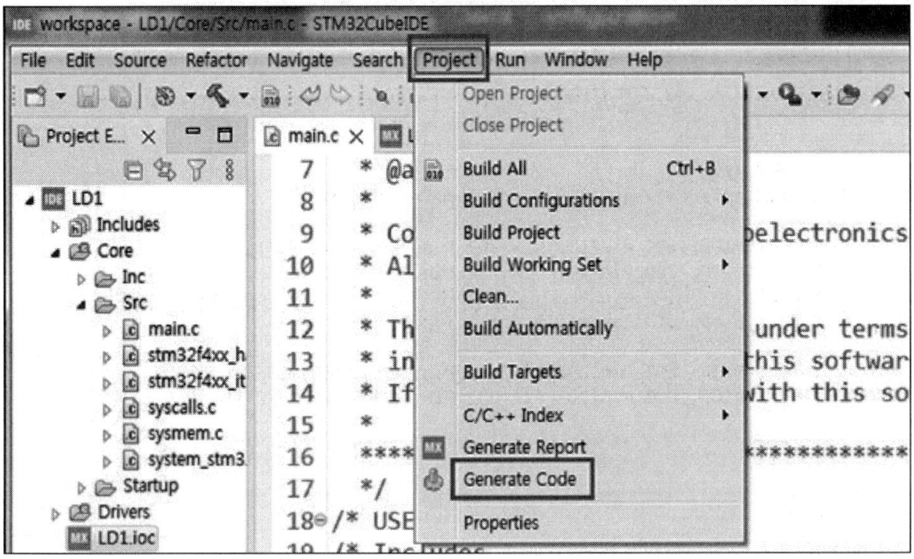

⑩ Generate code가 자동생성 되면 다음과 같이 프로그램을 입력해 보자.

```
/* USER CODE BEGIN 2 */
  HAL_TIM_Base_Start_IT(&htim3);
  HAL_TIM_OC_Start_IT(&htim3,TIM_CHANNEL_1);
/* USER CODE END 2 */
/* USER CODE BEGIN 4 */
void HAL_TIM_PeriodElapsedCallback(TIM_HandleTypeDef *htim)
 {
  HAL_GPIO_WritePin(GPIOB, LD1_Pin|LD2_Pin|LD3_Pin, GPIO_PIN_SET);
  HAL_GPIO_WritePin(GPIOD, PD0_Pin|PD1_Pin|PD2_Pin, GPIO_PIN_SET);
 }
void HAL_TIM_OC_DelayElapsedCallback(TIM_HandleTypeDef *htim)
 {
  HAL_GPIO_WritePin(GPIOB, LD1_Pin|LD2_Pin|LD3_Pin, GPIO_PIN_RESET);
  HAL_GPIO_WritePin(GPIOD, PD0_Pin|PD1_Pin|PD2_Pin, GPIO_PIN_RESET);
 }
/* USER CODE END 4 */
```

⑪ Generate code가 자동생성 되었고 프로그램를 입력한 후 Run버튼을 클릭해 보자.

```
  /* USER CODE BEGIN 2 */
  HAL_TIM_Base_Start_IT(&htim3);
  HAL_TIM_OC_Start_IT(&htim3,TIM_CHANNEL_1);
  /* USER CODE END 2 */

/* USER CODE BEGIN 4 */
void HAL_TIM_PeriodElapsedCallback(TIM_HandleTypeDef *htim)
 {
  HAL_GPIO_WritePin(GPIOB, LD1_Pin|LD2_Pin|LD3_Pin, GPIO_PIN_SET);
  HAL_GPIO_WritePin(GPIOD, PD0_Pin|PD1_Pin|PD2_Pin, GPIO_PIN_SET);
 }
void HAL_TIM_OC_DelayElapsedCallback(TIM_HandleTypeDef *htim)
 {
  HAL_GPIO_WritePin(GPIOB, LD1_Pin|LD2_Pin|LD3_Pin, GPIO_PIN_RESET);
  HAL_GPIO_WritePin(GPIOD, PD0_Pin|PD1_Pin|PD2_Pin, GPIO_PIN_RESET);
 }
/* USER CODE END 4 */
```

다음 그림에 주기에 대해 이해하자. 100[ms] led on 주기와 900[ms] 동안에 led off 주기이다.

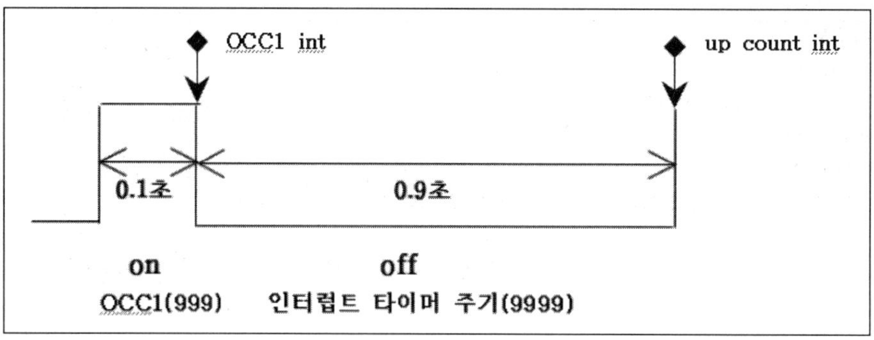

⑫ 프로그램을 입력하였으면 Run-Run을 클릭하여 실행한다.

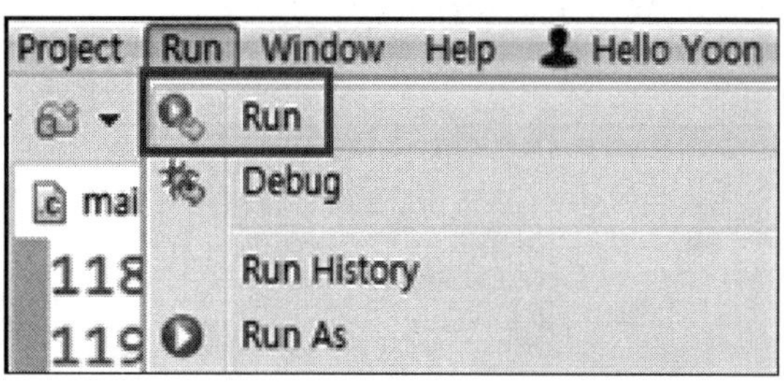

[실행 후] TIM3의 OC(OCC1(999))의 인터럽트 발생하면 0.9초 동안에는 모든 led가 off 되고 up count 인터럽트가 발생한 후 0~999 구간에는 LD1, LD2, LD3 그리고 PD0, PD1, PD2는 0.1초 동안은 led가 모두 on 되고 OCC1(999)의 인터럽트 발생하면 1000~9999 구간 즉, 0.9초 동안에는 모든 led가 off 된다.

[예제 IDE_SEGMENT_10.1] fnd 1개를 이용한 10진 up count 실습

fnd를 이용하여 10진 up count 회로가 0~9까지 구동되게 프로그램을 설계해 보자.

숫자가 up count 될 때 LD1, LD2, LD3 led도 동시에 on/off 되게 해 보자.

74LS47의 입력은 GPIO PC8, PC9, PC10, PC11에 연결되어 있고 fnd 구동을 위해서는 데이터 값은 다음과 같이 설정한다.

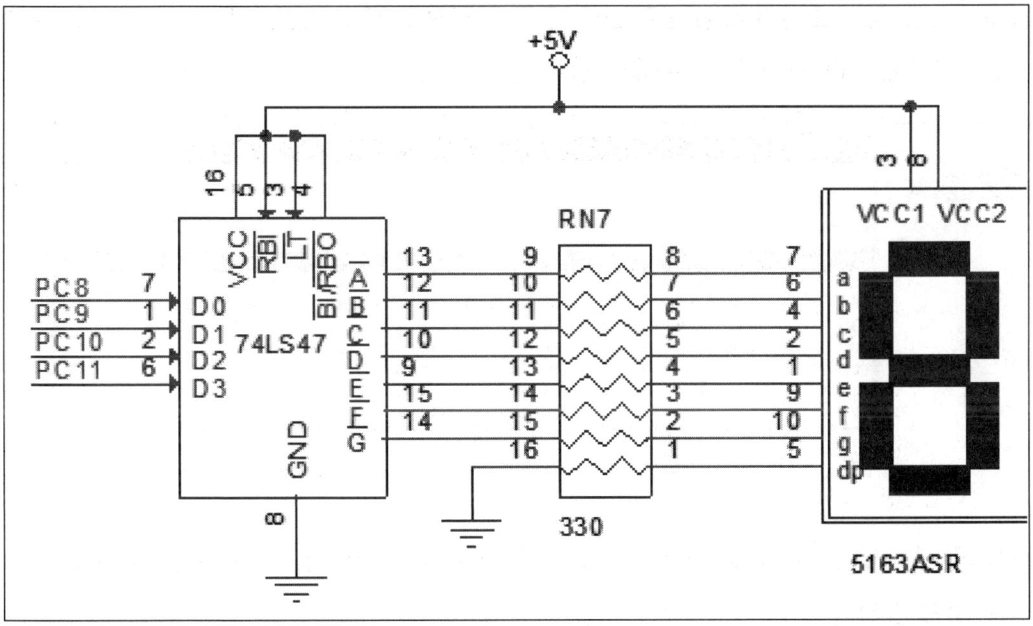

fnd data value
uint16_t fnd[10]={0x0000, 0x0100, 0x0200, 0x0300, 0x0400, 0x0500, 0x0600, 0x0700, 0x0800, 0x900}

① Project Name을 ex_TIM2_1 으로 입력한다. finish를 클릭한다.

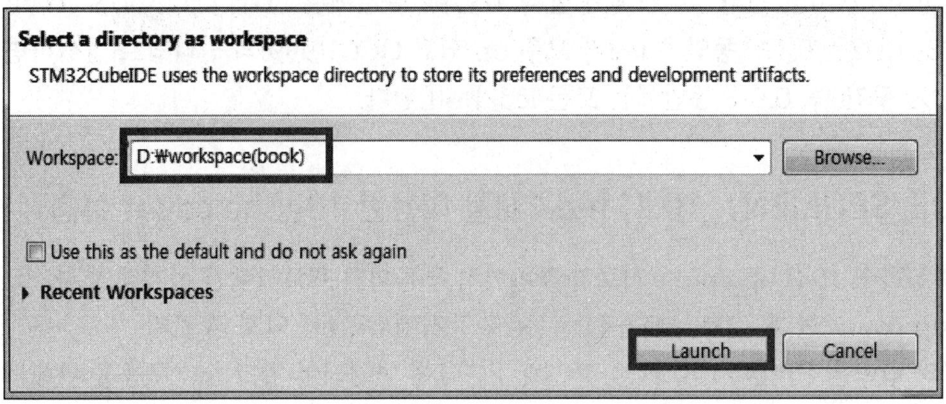

② GPIO mode는 모두 Output PushPull로 설정하고 User Label은 LD1, LD2, LD3 그리고 PC0, PC1…PC7로 아래와 같이 설정한다.

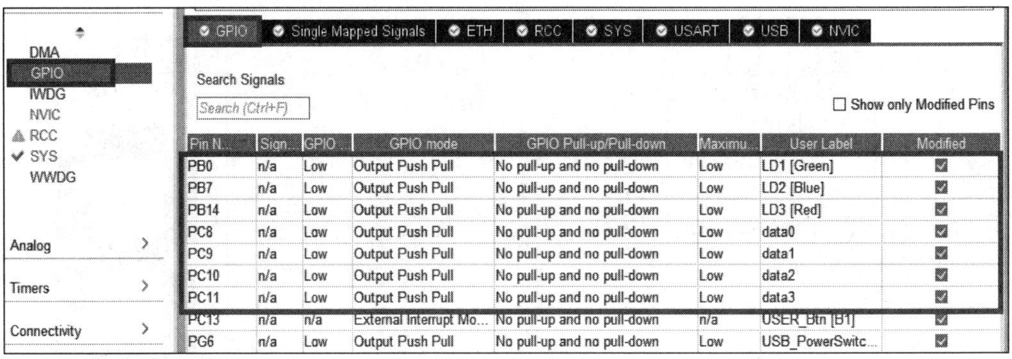

③ Clock Configuration을 클릭하고 APB1 peripheral clocks 주파수를 84MHz가 될 수 있게 설정한다.

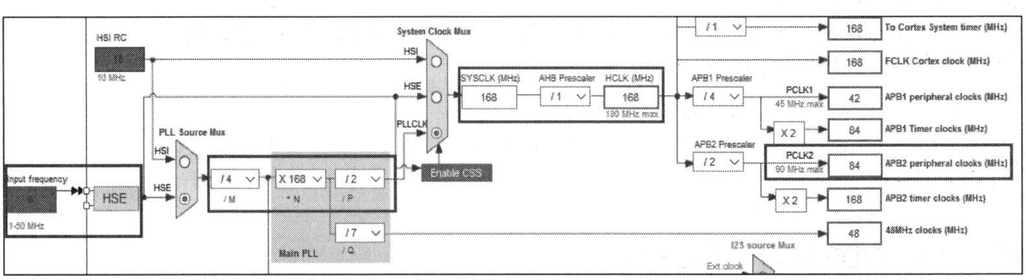

④ Project-Generate code 를 클릭해 보자.

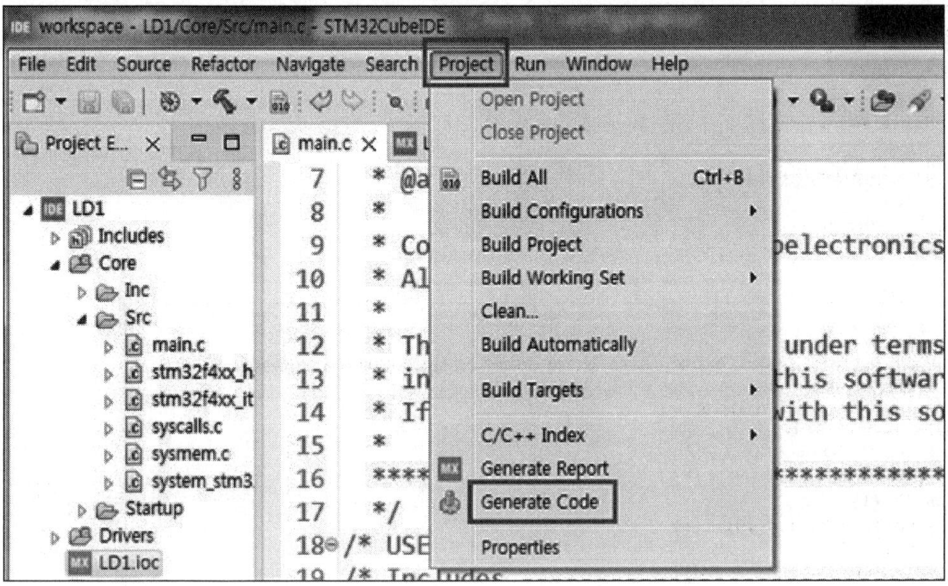

⑤ 다음과 같이 프로그램을 입력해 보자.

```
/* USER CODE BEGIN 0 */
uint16_t
fnd[10]={0x0000,0x0100,0x0200,0x0300,0x0400,0x0500,0x0600,0x07
00,0x0800,0x0900};
/* USER CODE END 0 */
/* USER CODE BEGIN 1 */
        uint8_t i = 0;
/* USER CODE END 1 */
/* USER CODE BEGIN WHILE */
        while (1) {
                for(i = 0; i < 10;i++)
                {
                        GPIOC-> ODR = fnd[i];
                        HAL_Delay(500);
                        HAL_GPIO_TogglePin(GPIOB,LD1_Pin|LD3_
Pin|LD2_Pin);
                }}
   /* USER CODE END WHILE */
```

⑥ 프로그램을 입력하였으면 Run-Run을 클릭하여 실행한다.

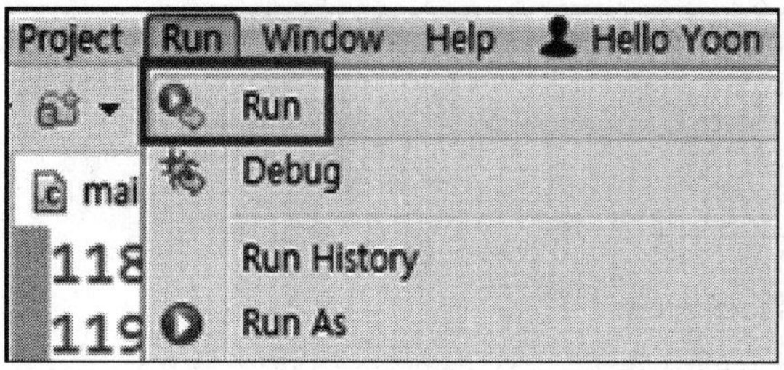


```
/* USER CODE BEGIN 0 */
  uint16_t fnd[10] = {0x0000,0x0100,0x0200,0x0300,0x0400,0x0500,0x0600,0x0700,0x0800,0x900};
/* USER CODE END 0 */
   /* USER CODE BEGIN 1 */
   uint8_t i = 0;
   /* USER CODE END 1 */
  /* USER CODE BEGIN WHILE */
   while (1) {
      for(i = 0; i < 10; i++)
        {
          GPIOC-> ODR = fnd[i];
          HAL_Delay(500);
          HAL_GPIO_TogglePin(GPIOB,LD1_Pin|LD3_Pin|LD2_Pin);
        }
     }
   /* USER CODE END WHILE */
```

[실행결과] 10진 up count 회로로 동작되고 fnd 숫자는 0~9까지 display된다. GPIO PORT에 연결 되어 있는 LD1, LD2, LD3 led도 동시에 on/off 된다.

참고로 프로그램을 정상적으로 입력하였고 실행 하였을때 가끔씩 프로그램이 정상적으로 실행 또는 로드(load)되지 않은 경우에는 다음과 같이 내가 만든 파일(segment 10 count.elf)을 선택하고 프로그램을 실행해 본다.

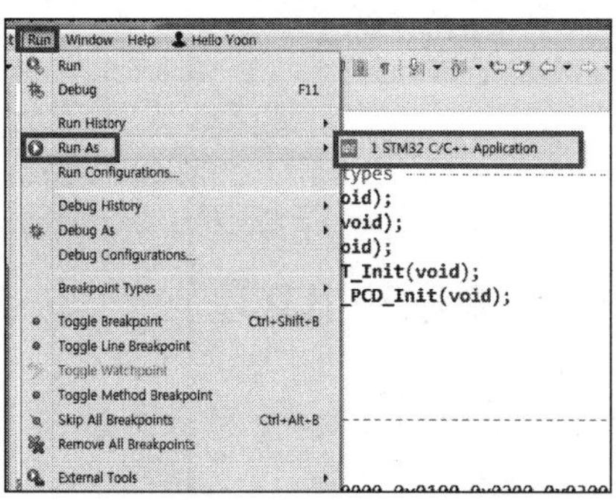

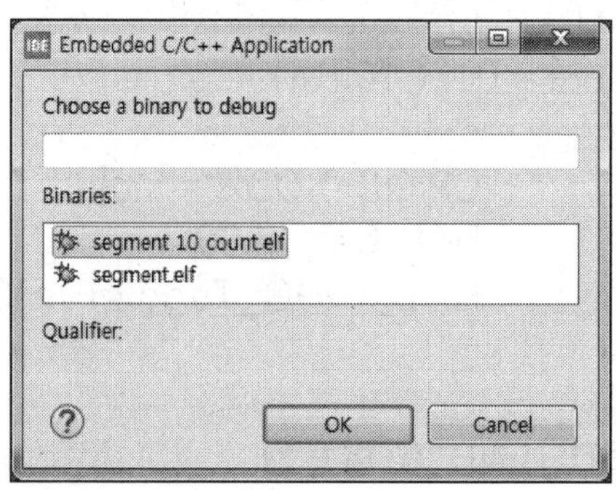

[예제 IDE_SEGMENT_10.2] fnd 1개를 이용한 10진 up count 실습

다음과 같은 회로에서 10진 up count 회로가 0 ~ 9까지 구동되고 led는 1칸씩 shift 되게 프로그램을 설계해 보자. 74LS47의 입력은 GPIO PC8, PC9, PC10, PC11에 연결되어 있다. led는 PD0, PD1, PD2…PD7에 연결되어 있다. fnd 구동을 위해서는 데이터 값을 다음과 같이 설정해 주어야 한다.

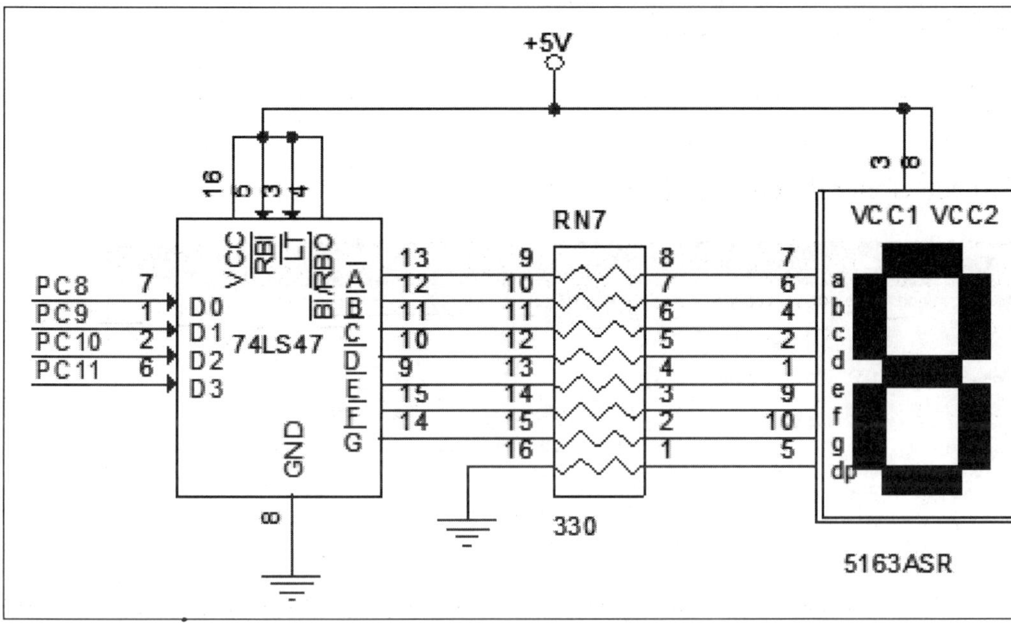

① GPIO mode는 모두 Output PushPull 로 설정하고 User Label은 PD0, PD1, PD2, PD3…PD7 그리고 PC0, PC1…PC7로 아래와 같이 설정한다.

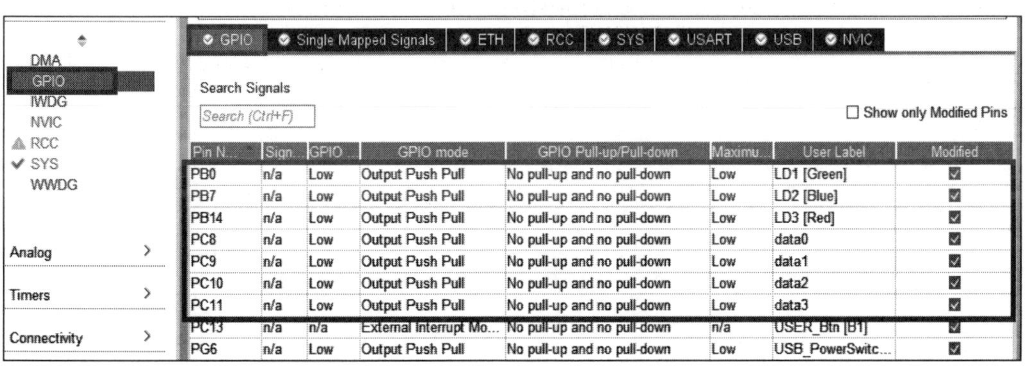

Pin N...	Sign...	GPIO ...	GPIO mode	GPIO Pull-up/Pull-down	Maximu...	User Label	Modified
PB0	n/a	Low	Output Push Pull	No pull-up and no pull-down	Low	LD1 [Green]	☑
PB7	n/a	Low	Output Push Pull	No pull-up and no pull-down	Low	LD2 [Blue]	☑
PB14	n/a	Low	Output Push Pull	No pull-up and no pull-down	Low	LD3 [Red]	☑
PC8	n/a	Low	Output Push Pull	No pull-up and no pull-down	Low	data0	☑
PC9	n/a	Low	Output Push Pull	No pull-up and no pull-down	Low	data1	☑
PC10	n/a	Low	Output Push Pull	No pull-up and no pull-down	Low	data2	☑
PC11	n/a	Low	Output Push Pull	No pull-up and no pull-down	Low	data3	☑
PC13	n/a	n/a	External Interrupt Mo...	No pull-up and no pull-down	n/a	USER_Btn [B1]	☑
PG6	n/a	Low	Output Push Pull	No pull-up and no pull-down	Low	USB_PowerSwitc...	☑

② Clock Configuration을 클릭하고 APB1 peripheral clocks 주파수를 84MHz가 될 수 있게 설정한다.

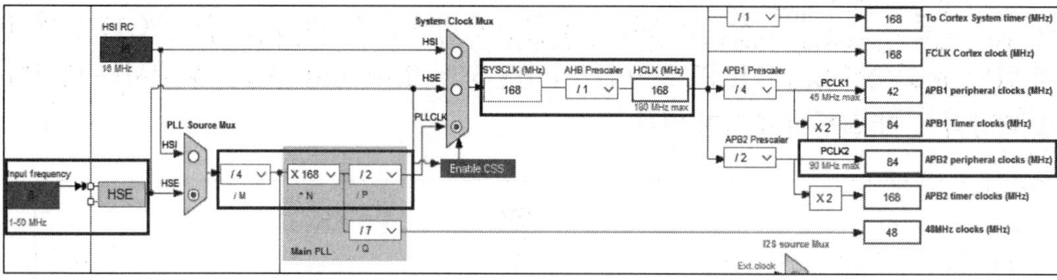

③ Project-Generate code 를 클릭해 보자.

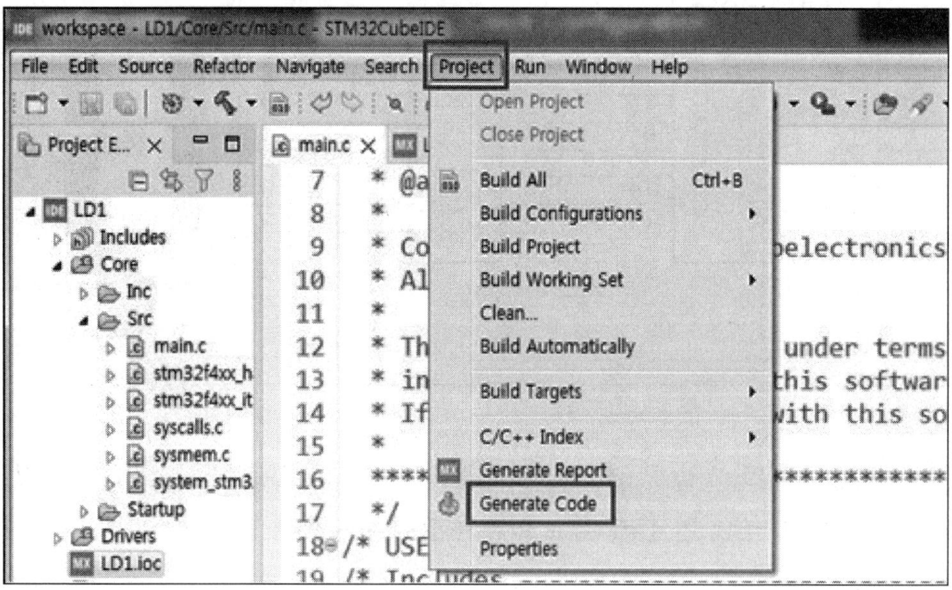

④ Generate code가 자동생성되면 다음과 같이 프로그램을 입력해 보자.

```
/* USER CODE BEGIN 0 */
  uint16_t fnd[10]={0x00,0x100,0x200,0x300,0x400,0x500,0x600,0x700,0x800,0x900};
/* USER CODE END 0 */
/* USER CODE BEGIN 1 */
  unsigned char i = 0;
  unsigned int led = 1;
/* USER CODE END 1 */
/* USER CODE BEGIN WHILE */
  while (1) {
        for(i = 0; i < 10;i++)
          {
             GPIOC-> ODR = fnd[i];
             GPIOD-> ODR = led;
             HAL_Delay(1000);
             led = led << 1;
             if(led == 0x100) led = 0x01;
          }}
    /* USER CODE END WHILE */
```

⑤ 프로그램을 입력하였으면 Run-Run을 클릭하여 실행한다.

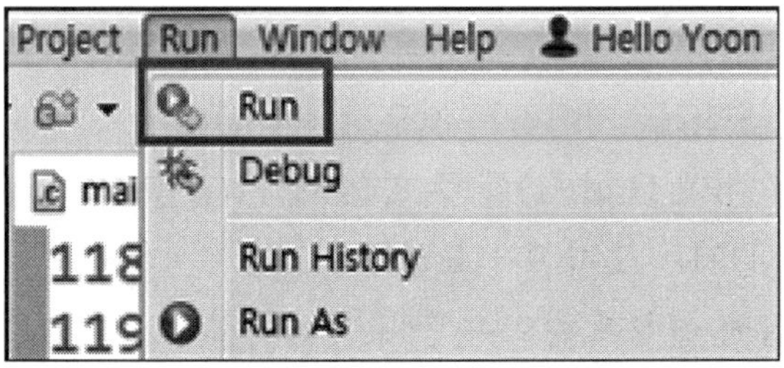

```
/* USER CODE BEGIN 0 */
   uint16_t fnd[10] = {0x0000,0x0100,0x0200,0x0300,0x0400,0x0500,0x0600,0x0700,0x0800,0x900};
/* USER CODE END 0 */
  /* USER CODE BEGIN 2 */
  unsigned char i = 0;
  unsigned int led = 1;
  /* USER CODE END 2 */
 /* USER CODE BEGIN WHILE */
 while (1)
 {
   for(i = 0; i < 10;i++)
     {
       GPIOC-> ODR = fnd[i];
       GPIOD-> ODR = led;
       HAL_Delay(1000);
       led = led << 1;
       if(led == 0x100) led = 0x01;
     }}
   /* USER CODE END WHILE */
```

[실행결과] fnd 숫자표시는 10진 up count 회로로 동작되고 0~9까지 표시된다.
GPIOD에 연결되어 있는 PD0,PD1,PD2,PD3..PD7 led도 동시에 on/off 된다.

[예제 IDE_SEGMENT_10.3] 99진 카운터 up count 회로 실습

segment 99진 up count 회로가 0~99까지 구동되게 프로그램을 설계해 보자.

ULN2803은 PORTB로 부터 FND 구동 DATA 값을 받아 전류의 증폭도를 높여주고 PORTF는 다이나믹(dynamic)구동방식으로 FND를 제어하는 것으로 사용된다.

FND를 구동하기 위해서는 PF7,PF6,PF5,PF4에 High(1)를 주고 PB에 FND를 켜기 위한 data값을 주면(예:0x90 Anode type) FND에는 숫자 9가 표시된다.

fnd 구동을 위해서는 데이터 값을 다음과 같이 설정해 주어야 한다.

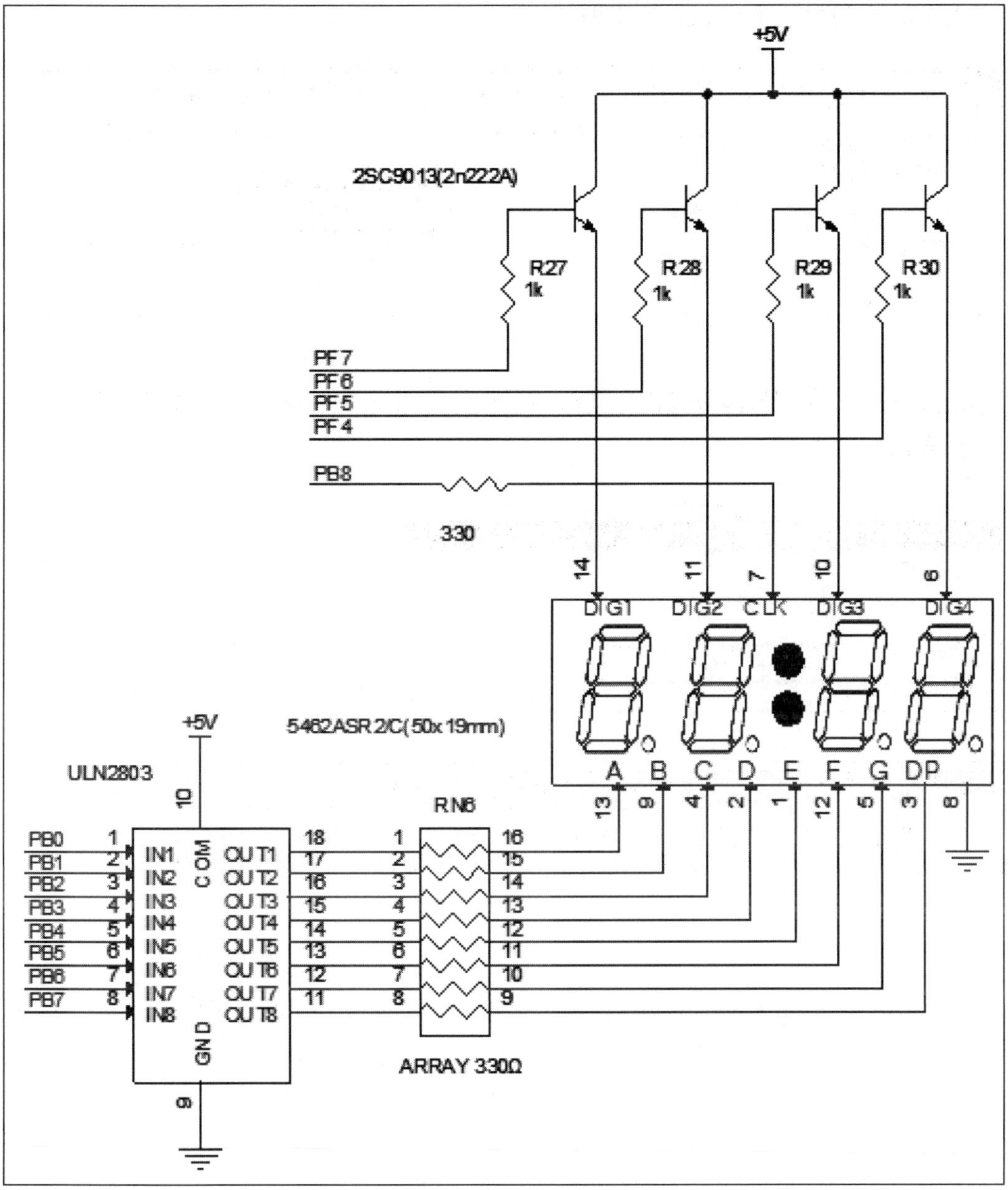


```
uint8_t count[10]= {0x3f,0x06,0x5b,0x4f,0x66,0x6d,0x7d,0x07,0x7f,0x6f};
uint8_t com[4]= {0x10,0x20,0x40,0x80};
```

① File-New-STM32 Project 클릭한다.

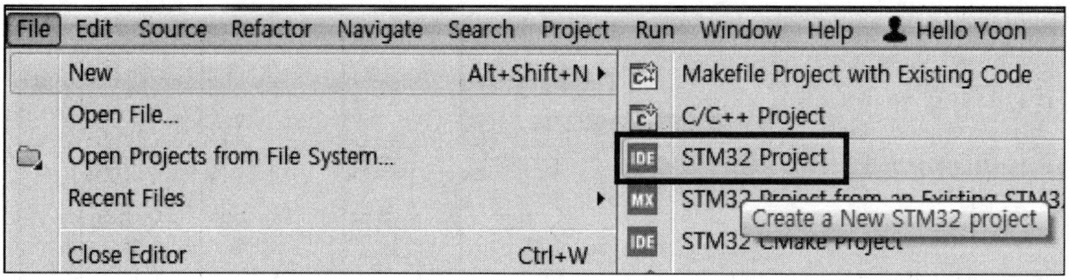

② Board Selector 선택하고 NUCLEO-F429ZI를 입력하고 보드를 선택하고 NEXT를 클릭한다.

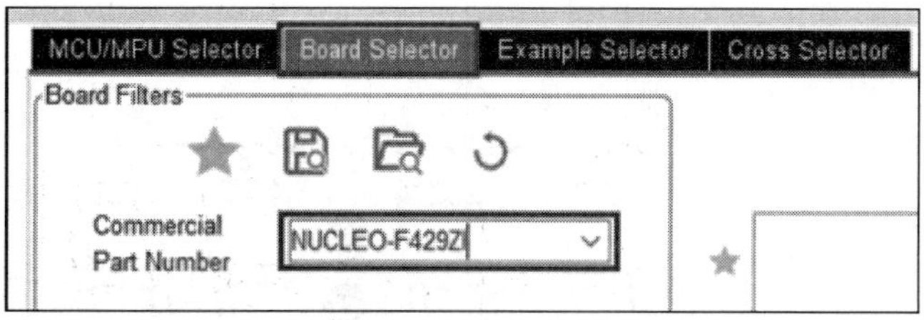

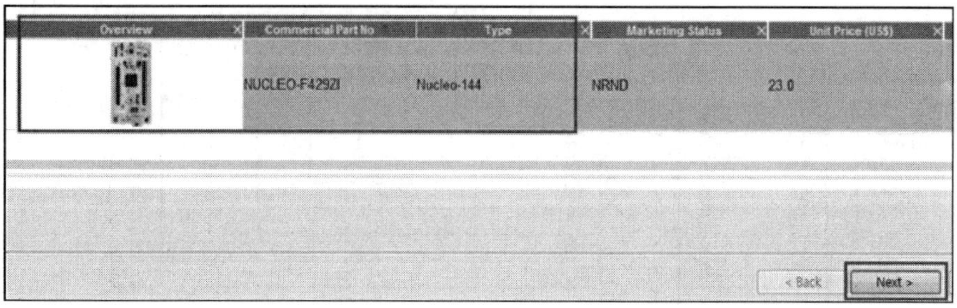

③ Project Name을 ex_segment_3 으로 입력한다. finish를 클릭한다.

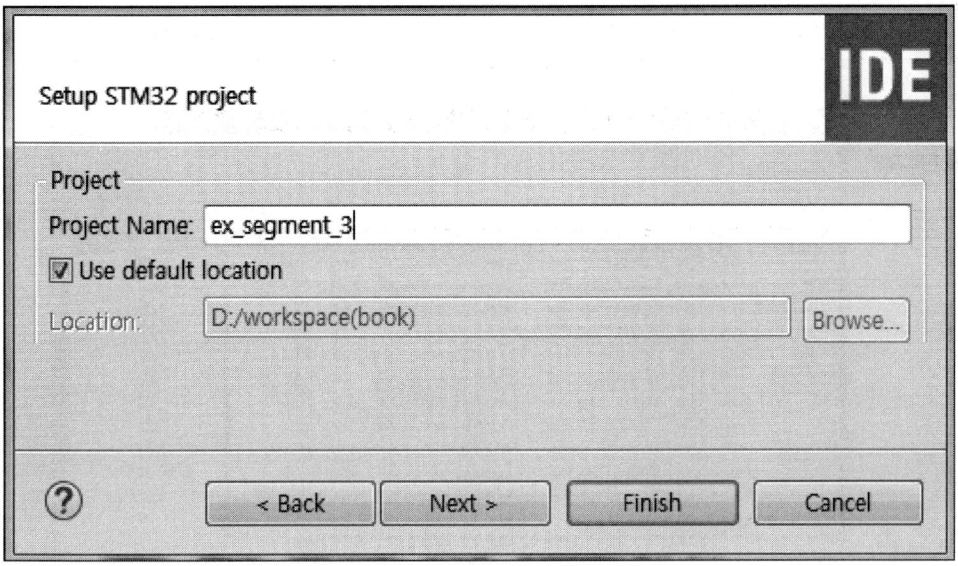

④ Pinout & Configuration 에서 RCC 값을 HSE는 Crystal/Ceramic Resonator 설정하고 LSE는 Disable로 설정한다.

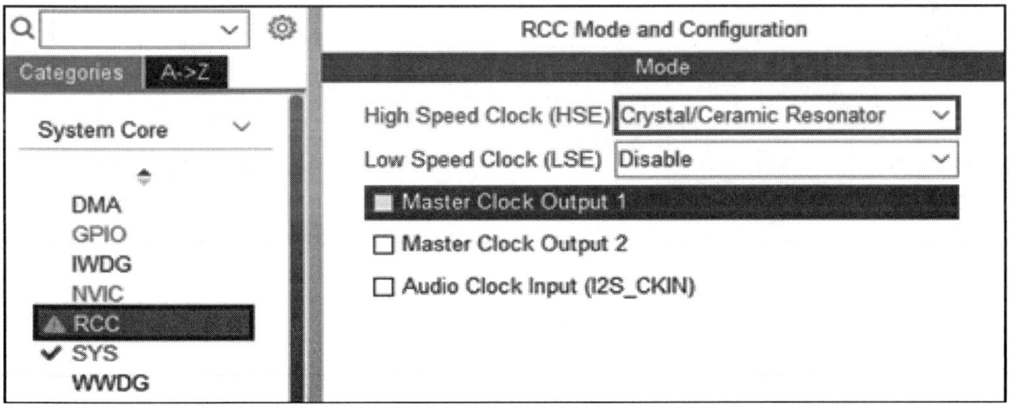

⑤ GPIO mode는 모두 Output PushPull 로 설정하고 User Label은 다음과 같이 설정한다.

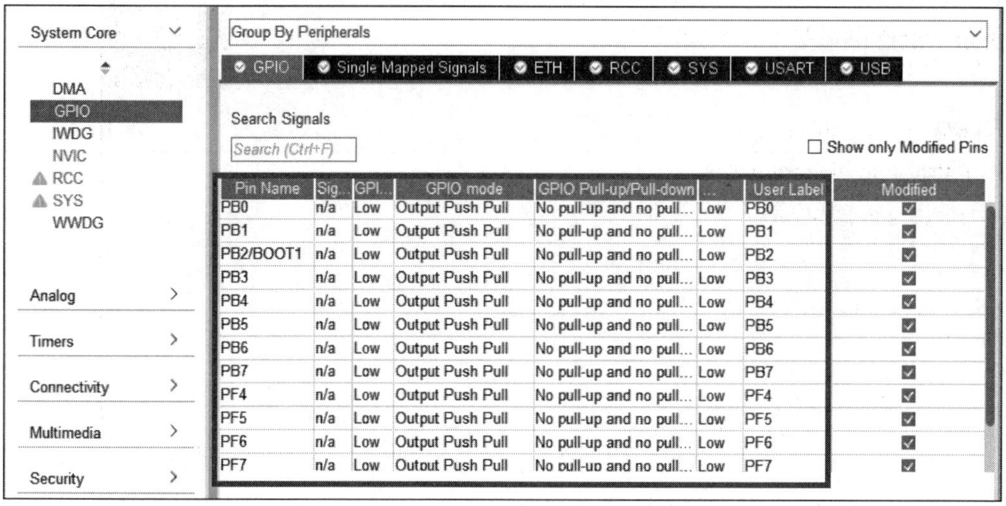

⑥ Clock Configuration을 클릭하고 APB1 peripheral clocks 주파수를 84MHz가 될 수 있게 설정한다. 시스템 clock 주파수는 84MHz로 설정되었다.

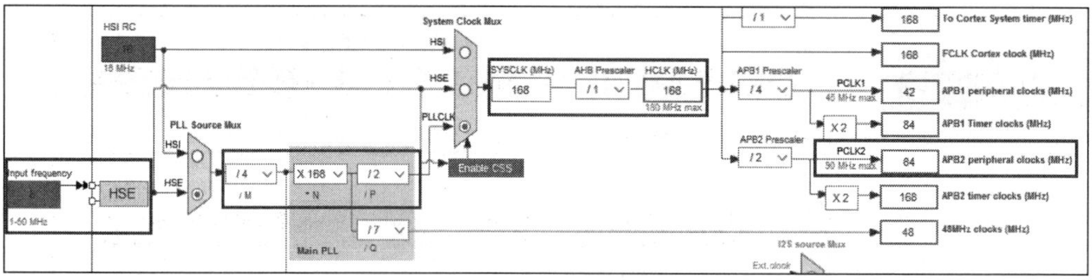

⑦ Generate code가 자동생성되면 다음과 같이 mai.c 문장내에 프로그램을 입력해 보자.

```
/* USER CODE BEGIN 0 */
uint8_t count[10]= {0x3f,0x06,0x5b,0x4f,0x66,0x6d,0x7d,0x07,0x7f,0x6f};
uint8_t com[4]= {0x10,0x20,0x40,0x80};
/* USER CODE END 0 */

/* USER CODE BEGIN 1 */
        uint8_t number = 0;
        uint8_t i, num10 = 0, num1 = 0;
  /* USER CODE END 1 */

/* USER CODE BEGIN WHILE */
 while (1) {
          num10 = number / 10;
          num1 = number % 10;
          for(i = 0; i < 50; i++)
             {
                GPIOF-> ODR = com[0]; //0001
                GPIOB-> ODR = count[num1];
                HAL_Delay(3);

                GPIOF-> ODR = com[1];  //1101
                GPIOB-> ODR = count[num10];
                HAL_Delay(3);
             }
         number++;
         if (number > 99) number = 0;
        }}
/* USER CODE END WHILE */
```

Chapter 06 Chapter 07 Chapter 08 Chapter 09 Chapter 10

⑧ Generate code가 자동생성 되었고 프로그램를 입력한 후 Run버튼을 클릭해 보자.

```
/* USER CODE BEGIN 0 */
uint8_t count[10]= {0x3f,0x06,0x5b,0x4f,0x66,0x6d,0x7d,0x07,0x7f,0x6f};
uint8_t com[4]= {0x10,0x20,0x40,0x80};
/* USER CODE END 0 */
  /* USER CODE BEGIN 1 */
    uint8_t number = 0;
    uint8_t i, num10 = 0, num1 = 0;
  /* USER CODE END 1 */
  /* USER CODE BEGIN WHILE */
  while (1) {
       num10 = number / 10;
       num1 = number % 10;
       for(i = 0; i < 50; i++)
          {
             GPIOF-> ODR = com[0]; //0001
             GPIOB-> ODR = count[num1];
             HAL_Delay(3);

             GPIOF-> ODR = com[1];  //1101
             GPIOB-> ODR = count[num10];
             HAL_Delay(3);
          }
      number++;
      if (number > 99) number = 0;
     }}
   /* USER CODE END WHILE */
```

⑨ 프로그램을 입력하였으면 Run-Run을 클릭하여 실행한다.

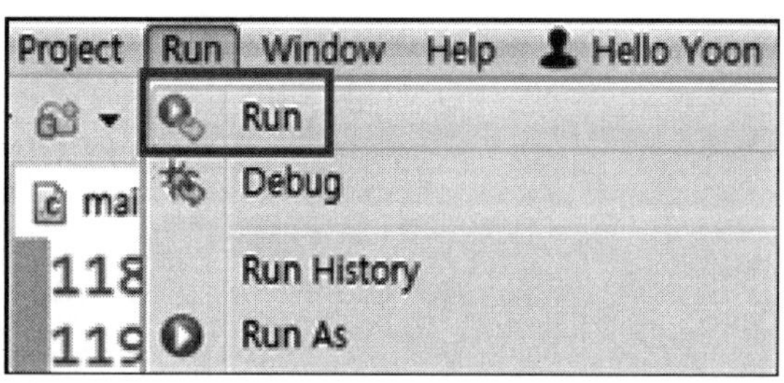

[실행결과] fnd 숫자표시는 99진 up count 회로로 동작되고 00~99까지 표시된다.

[예제 IDE_SEGMENT_10.4] 999진 카운터 up count 회로 실습

Segment up count 회로가 0~999까지 구동되게 프로그램을 설계해 보자.
fnd 구동을 위해서는 데이터 값을 다음과 같이 설정해 주어야 한다.

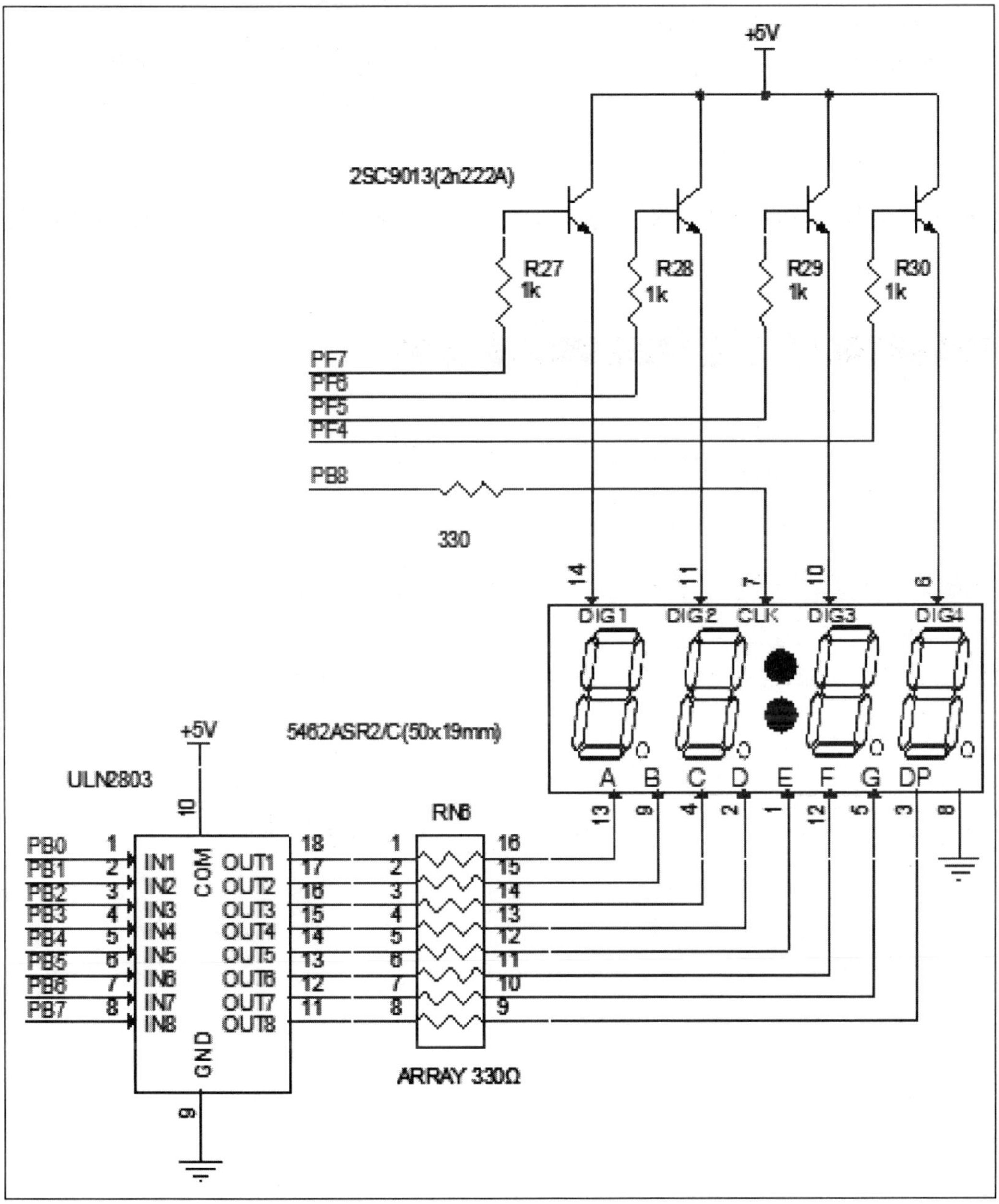


```
uint8_t count[10]={0x3f,0x06,0x5b,0x4f,0x66,0x6d,0x7d,0x07,0x7f,0x6f};
uint8_t com[4]={0x10,0x20,0x40,0x80};
```

① File-New-STM32 Project 클릭한다.

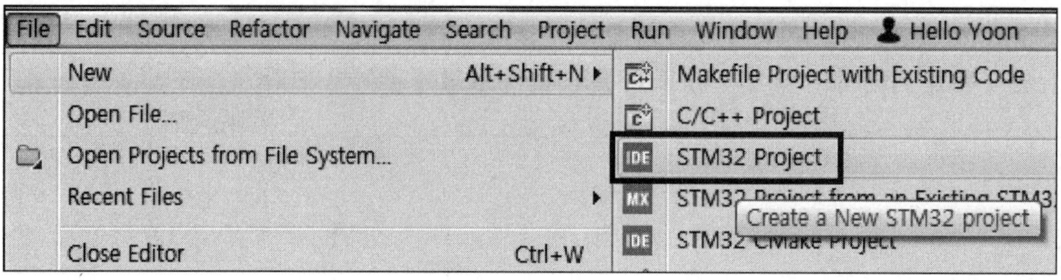

② Board Selector 선택하고 NUCLEO-F429ZI를 입력하고 보드를 선택하고 NEXT를 클릭한다.

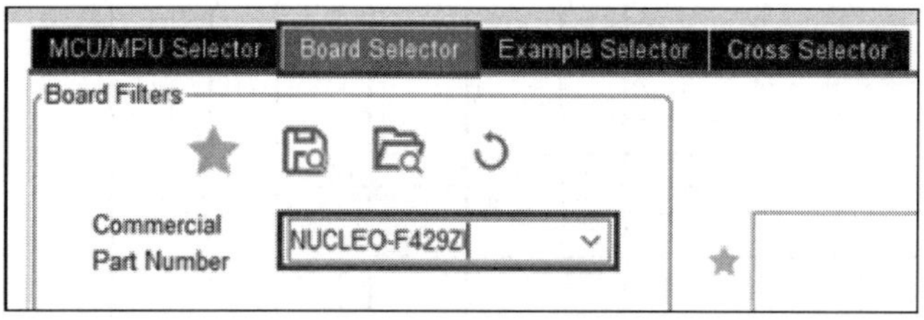

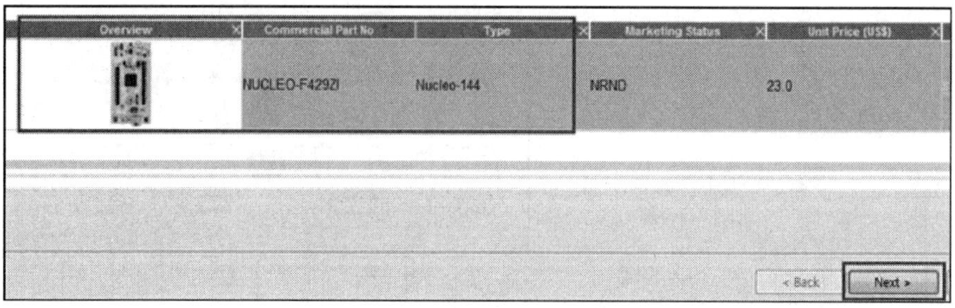

③ Project Name을 ex_segment_4 으로 입력한다. finish를 클릭한다.

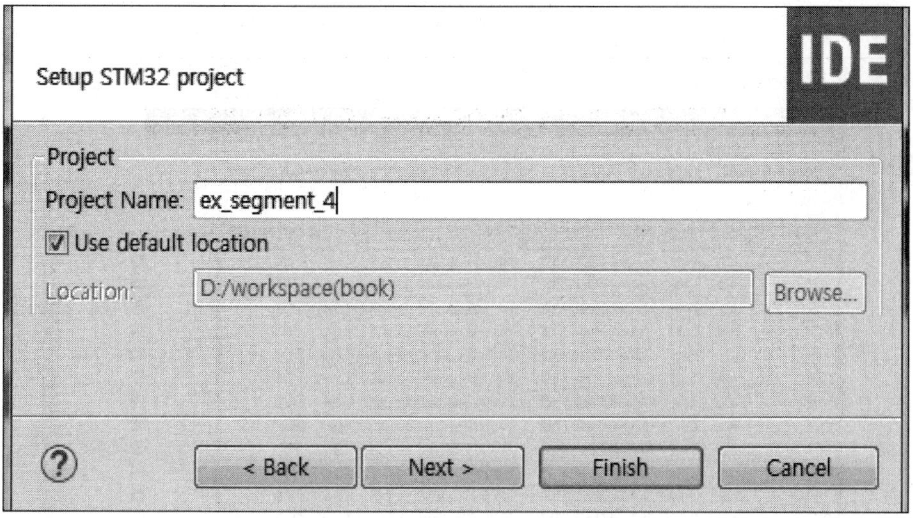

④ Pinout & Configuration 에서 RCC 값을 HSE는 Crystal/Ceramic Resonator 설정하고 LSE는 Disable로 설정한다.

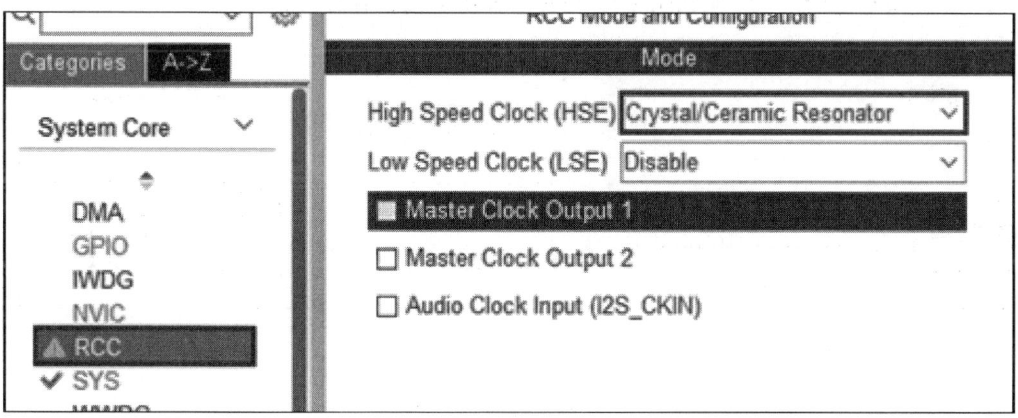

⑤ GPIO mode는 모두 Output PushPull 로 설정하고 User Label은 다음과 같이 설정한다.

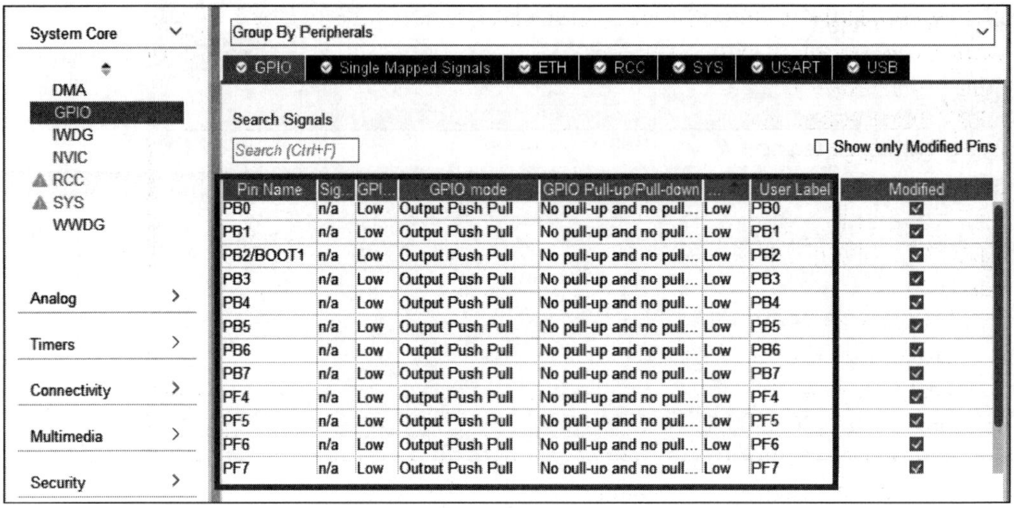

⑥ Clock Configuration을 클릭하고 APB1 peripheral clocks 주파수를 84MHz가 될 수 있게 설정한다. 시스템 clock 주파수는 84MHz로 설정되었다.

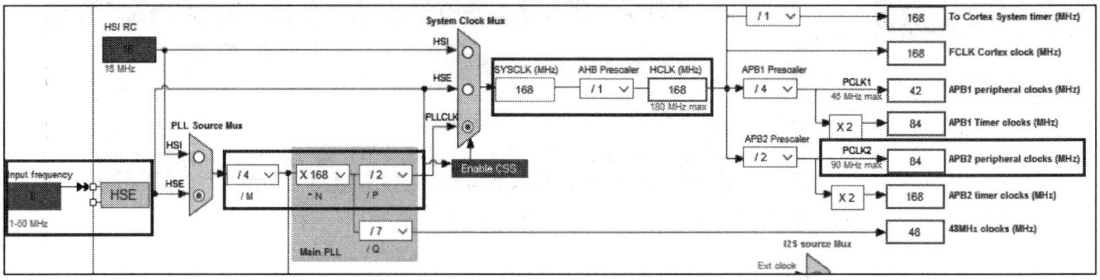

⑦ 다음과 같이 main.c while(1) 문장 내에 프로그램을 입력해 보자.

```
/* USER CODE BEGIN 0 */
  uint16_t count[10]= {0x3f,0x06,0x5b,0x4f,0x66,0x6d,0x7d,0x07,0x7f,0x6f};
  uint16_t com[4]= {0x10,0x20,0x40,0x80};
/* USER CODE END 0 */
/* USER CODE BEGIN 1 */
  uint8_t number= 0;
  uint8_t i,num100,num10,num1;
/* USER CODE END 1 */
/* USER CODE BEGIN WHILE */
 while(1) {
      num100 = number / 100;
      num10 = (number % 100) / 10;
      num1 = (number % 100) % 10;
      for(i = 0; i < 10; i++) {
          GPIOF-> ODR = com[0]; //0001
          GPIOB-> ODR = count[num1];
          HAL_Delay(3);

          GPIOF-> ODR = com[1];  //1101
          GPIOB-> ODR = count[num10];
          HAL_Delay(3);

          GPIOF-> ODR = com[2];  //1011
          GPIOB-> ODR = count[num100];
          HAL_Delay(3);
         }
      number++;
      if (number > 999) number = 0;
   }}
 /* USER CODE END WHILE */
```

⑧ 프로그램을 입력한 후 Run버튼을 클릭해 보자.

```
/* USER CODE BEGIN 0 */
uint16_t count[10]= {0x3f,0x06,0x5b,0x4f,0x66,0x6d,0x7d,0x07,0x7f,0x6f};
uint16_t com[4]= {0x10,0x20,0x40,0x80};
/* USER CODE END 0 */
  /* USER CODE BEGIN 1 */
    uint8_t number= 0;
    uint8_t i,num100,num10,num1;
  /* USER CODE END 1 */
 /* USER CODE BEGIN WHILE */
   while (1) {
        num100 = number / 100;
        num10 = (number % 100) / 10;
        num1 = (number % 100) % 10;
        for(i = 0; i < 10; i++)
           {
              GPIOF-> ODR = com[0]; //0001
              GPIOB-> ODR = count[num1];
              HAL_Delay(3);

              GPIOF-> ODR = com[1];  //1101
              GPIOB-> ODR = count[num10];
              HAL_Delay(3);

              GPIOF-> ODR = com[2];  //1011
              GPIOB-> ODR = count[num100];
              HAL_Delay(3);
           }
   number++;
   if (number > 999) number = 0;
  }}
   /* USER CODE END WHILE */
```

[실행결과] 999진 up count 회로로 동작되고 fnd 숫자표시는 0~999까지 display 된다.

[예제 IDE_LCD_SEGMENT_11.1] lcd와 segment, LD123 동시 구동회로 실습

LCD에는 문자로 “Suwon injae tech” 그리고 segment는 숫자가 0~9까지 up count 되고 LD1, LD2, LD3 led는 동시에 on/off 되게 프로그램을 설계 하시오.

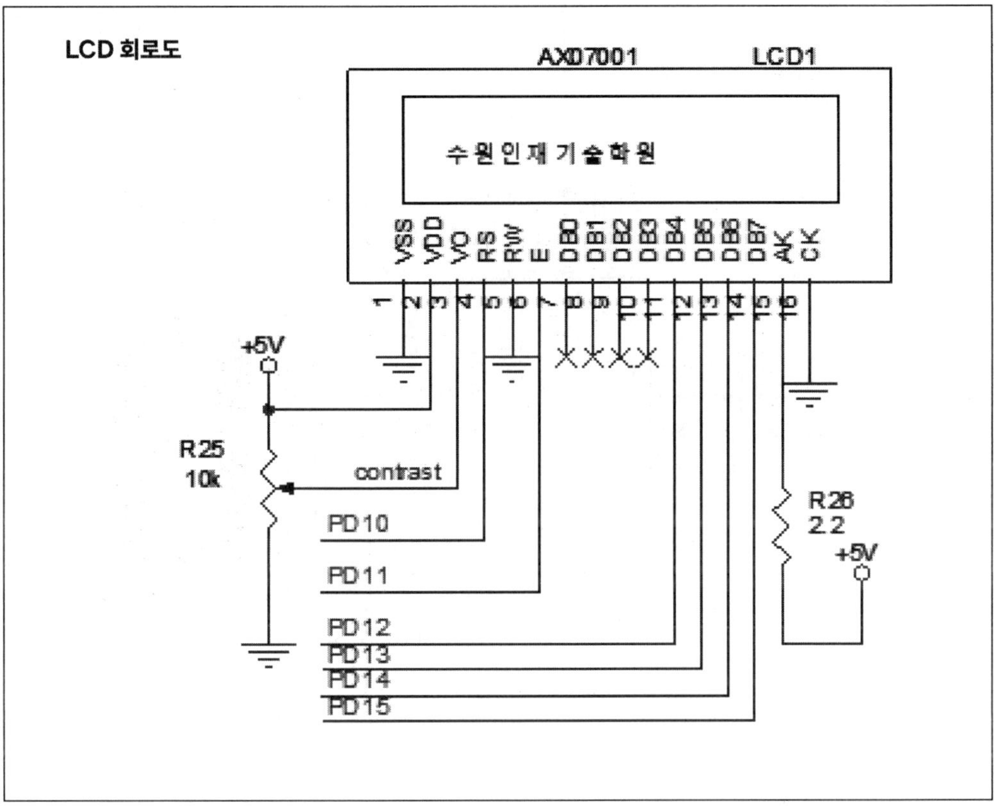

segment 회로도

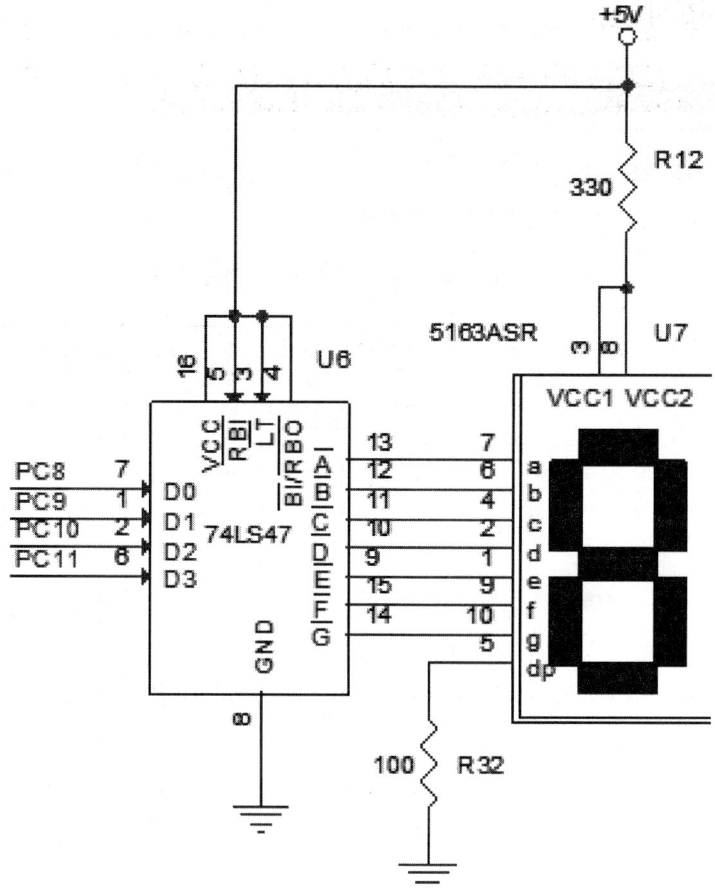

LD1, LD2, LD3은 GPIO PB0, PB7, PB14 에 연결되어 있다.

① File-New-STM32 Project 클릭한다.

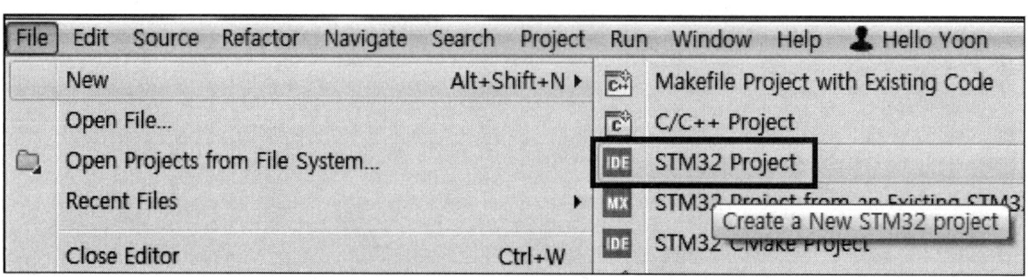

② Board Selector 선택하고 NUCLEO-F429ZI를 입력하고 보드를 선택하고 NEXT를 클릭한다.

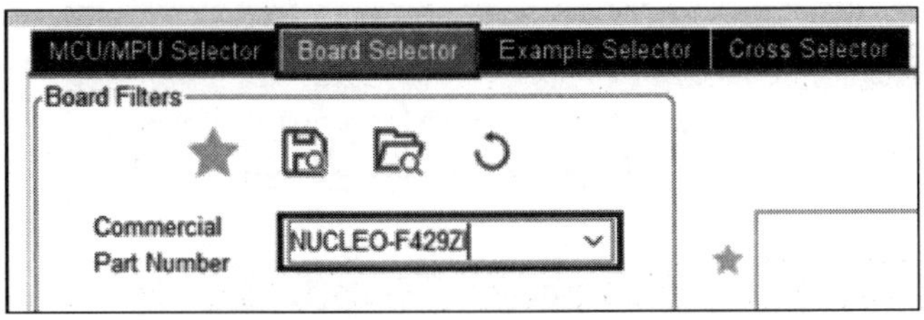

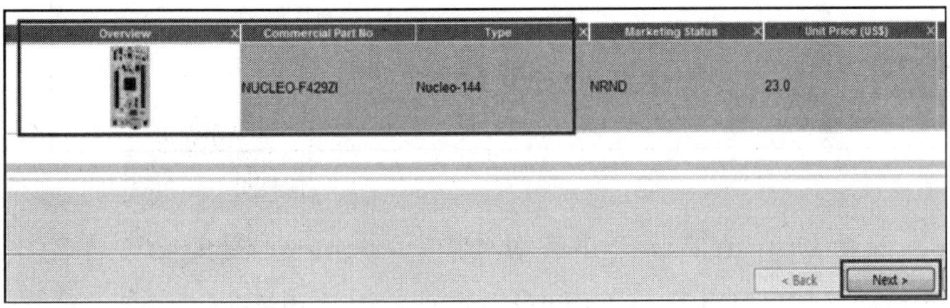

③ Project Name을 ex_lcd_segment_LD123으로 입력한다. finish를 클릭한다.

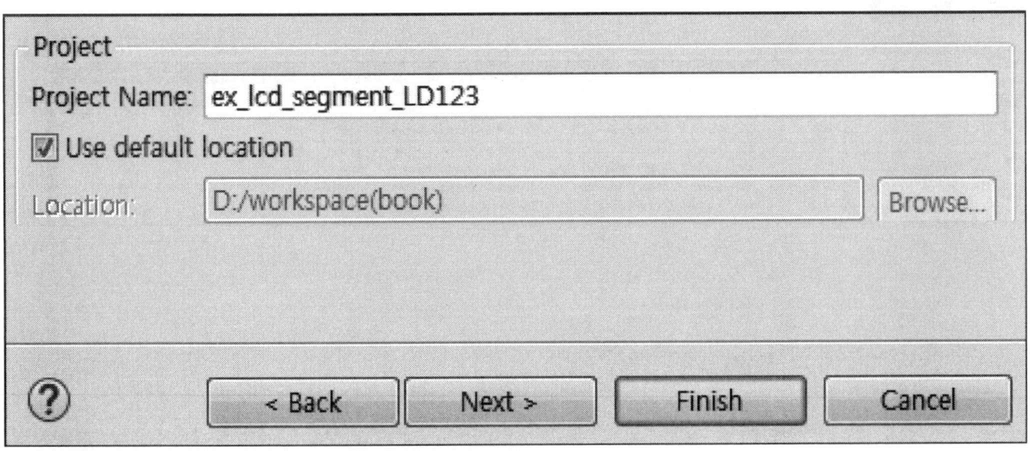

④ Pinout & Configuration 에서 RCC 값을 HSE는 Crystal/Ceramic Resonator 설정하고 LSE는 Disable로 설정한다.

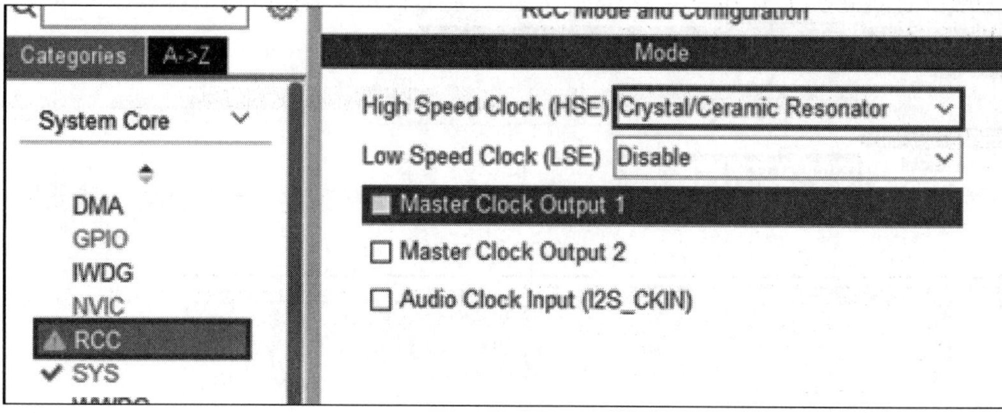

⑤ GPIO mode는 모두 Output PushPull로 설정한다. segment PC8, PC9, PC10, PC11 그리고 LD1, LD2, LD3 User Label을 다음과 같이 설정한다.

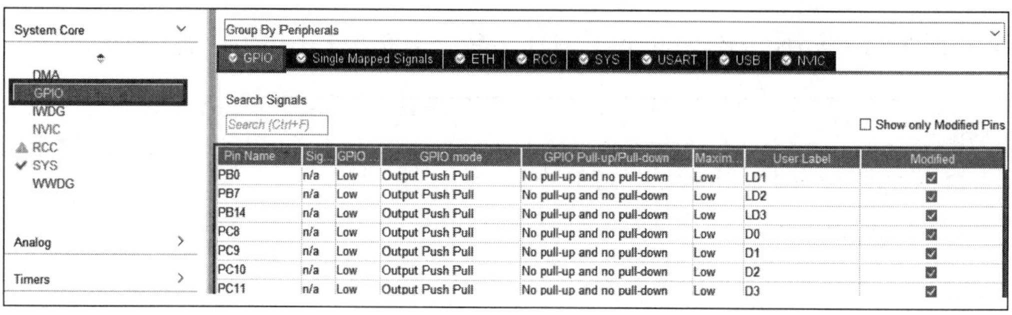

LCD의 GPIO mode를 Output PushPull로 설정한다.

User Label은 RS(PD10), E(PD11), D4(PD12), D5(PD13), D6(PD14), D7(PD15)로 설정한다. (참고로 clcd.h 내용과 같게 설정해야 에러가 발생하지 않는다.)

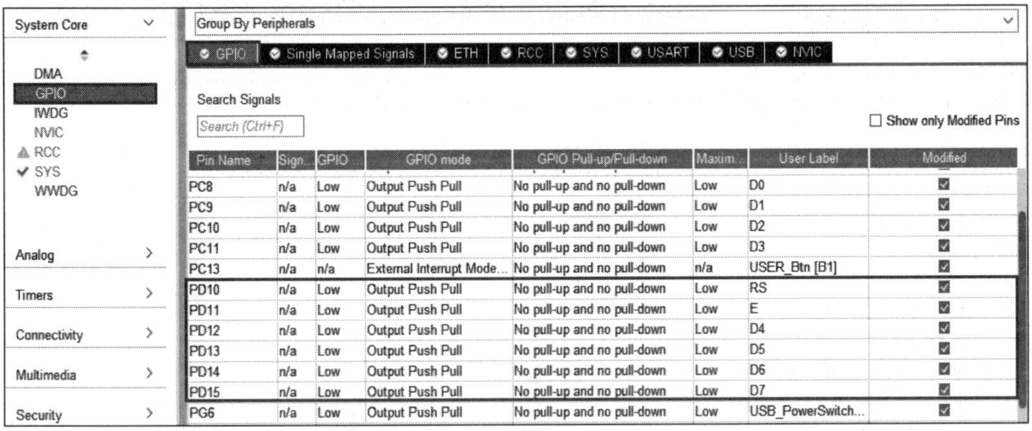

Pin Name	Sign...	GPIO...	GPIO mode	GPIO Pull-up/Pull-down	Maxim...	User Label	Modified
PC8	n/a	Low	Output Push Pull	No pull-up and no pull-down	Low	D0	☑
PC9	n/a	Low	Output Push Pull	No pull-up and no pull-down	Low	D1	☑
PC10	n/a	Low	Output Push Pull	No pull-up and no pull-down	Low	D2	☑
PC11	n/a	Low	Output Push Pull	No pull-up and no pull-down	Low	D3	☑
PC13	n/a	n/a	External Interrupt Mode...	No pull-up and no pull-down	n/a	USER_Btn [B1]	☑
PD10	n/a	Low	Output Push Pull	No pull-up and no pull-down	Low	RS	☑
PD11	n/a	Low	Output Push Pull	No pull-up and no pull-down	Low	E	☑
PD12	n/a	Low	Output Push Pull	No pull-up and no pull-down	Low	D4	☑
PD13	n/a	Low	Output Push Pull	No pull-up and no pull-down	Low	D5	☑
PD14	n/a	Low	Output Push Pull	No pull-up and no pull-down	Low	D6	☑
PD15	n/a	Low	Output Push Pull	No pull-up and no pull-down	Low	D7	☑
PG6	n/a	Low	Output Push Pull	No pull-up and no pull-down	Low	USB_PowerSwitch...	☑

⑥ Clock Configuration을 클릭하고 APB1 Timer clocks 주파수를 84MHz가 될 수 있게 설정한다. 시스템 clock 주파수는 84MHz로 설정되었다.

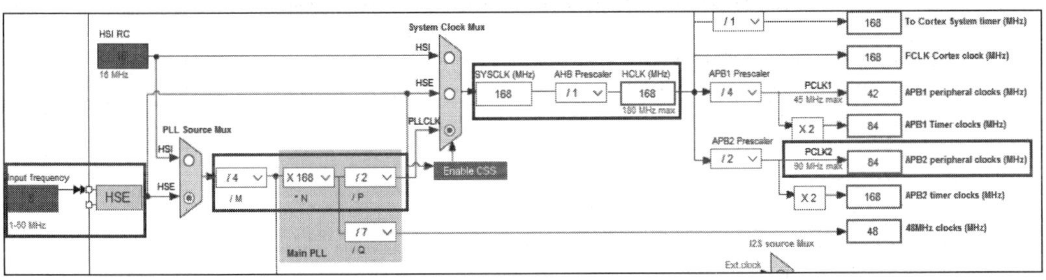

⑦ Generate code가 자동생성되면 다음과 같이 프로그램을 입력해 보자.

```
/* USER CODE BEGIN Includes */
#include "main.h"
#include "string.h"
#include "stdio.h"
/* USER CODE END Includes */
/* USER CODE BEGIN 0 */
unsigned int fnd[10]={0x00,0x100,0x200,0x300,0x400,0x500,0x600,0x700,0x800,0x900};
unsigned int i = 0;
/* USER CODE END 0 */
/* USER CODE BEGIN 2 */
  CLCD_Init(16,2);
  HAL_Delay(10);
  CLCD_Clear();
  char sBuf[16]={0};
  char count = 0;
  CLCD_Puts(0,0,"suwon injae tech2");
  CLCD_Puts(0,1,"display number");
  /* USER CODE END 2 */
  /* Infinite loop */
  /* USER CODE BEGIN WHILE */
 while (1) {
        for(i = 0; i < 10;i++) {
                GPIOC-> ODR = fnd[i];
                //HAL_Delay(500);
                CLCD_Clear();
                CLCD_Puts(0,0,"display number");
                sprintf(sBuf,"count num = %3d", count);
                CLCD_Puts(0,1,sBuf);
                if(count >= 1000) count = 0;
                else count++;
                HAL_Delay(500);

                HAL_GPIO_TogglePin(LD2_GPIO_Port,LD2_Pin);
                HAL_GPIO_TogglePin(LD1_GPIO_Port,LD1_Pin);
                HAL_GPIO_TogglePin(LD3_GPIO_Port,LD3_Pin);
                HAL_Delay(100);
    }}
   /* USER CODE END WHILE */
```

⑧ 프로그램을 입력한 후 Run버튼을 클릭해 보자.

```
/* USER CODE BEGIN Includes */
#include "main.h"
#include "string.h"
#include "stdio.h"
/* USER CODE END Includes */
/* USER CODE BEGIN 0 */
unsigned int fnd[10]={0x0000,0x0100,0x0200,0x0300,0x0400,0x0500,0x0600,0x0700,0x0800,0x900};
unsigned int i = 0;
/* USER CODE END 0 */
  /* USER CODE BEGIN WHILE */
  while (1) {
      for(i = 0; i < 10;i++)
         {
            GPIOC-> ODR = fnd[i];
            //HAL_Delay(500);
            CLCD_Clear();
            CLCD_Puts(0,0,"display number");
            sprintf(sBuf,"count num = %3d", count);
            CLCD_Puts(0,1,sBuf);
            if(count >= 1000) count = 0;
            else count++;
            HAL_Delay(500);

            HAL_GPIO_TogglePin(LD2_GPIO_Port,LD2_Pin);
            HAL_GPIO_TogglePin(LD1_GPIO_Port,LD1_Pin);
            HAL_GPIO_TogglePin(LD3_GPIO_Port,LD3_Pin);
            HAL_Delay(100);
            }}
    /* USER CODE END WHILE */
  /* USER CODE BEGIN 2 */
  CLCD_Init(16,2);
  HAL_Delay(10);
  CLCD_Clear();
  char sBuf[16]={0};
  char count = 0;
  CLCD_Puts(0,0,"suwon injae tech2");
  CLCD_Puts(0,1,"display number");
  /* USER CODE END 2 */
```

[실행결과] 동시에 lcd에 문자로 “Suwon injae tech” 그리고 숫자가 up count display 되고 segment 에는 0~9까지 display 되고 LD1, LD2, LD3은 on/off로 구동된다.

[ex_IDE_Dot matrix_12.1] Dot matrix 8*8 구동회로 실습

Dot matrix 8*8에 Green color “A” 그리고 Green color “B” 가 display 되게 프로그램을 설계 하시오.

Dot matrix에 숫자 또는 문자를 표시하기 위해서는 해당되는 data값을 설정하면 된다. 회로도와 GPIO PORT를 참고 하기 바란다.

GPIO	control	Part
PE0 ~ PE7	Green	BVD-8518SG1
PE8 ~ PE15	Red	
PF8 ~ PF15	가로(행) 제어	

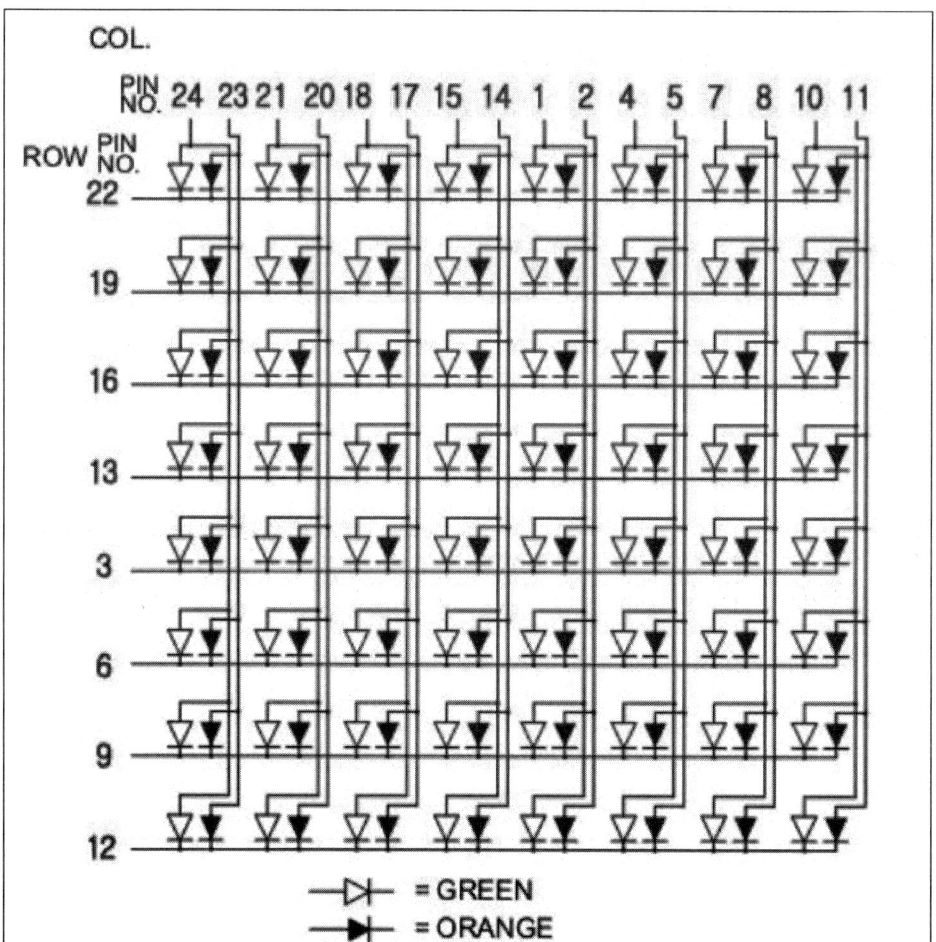

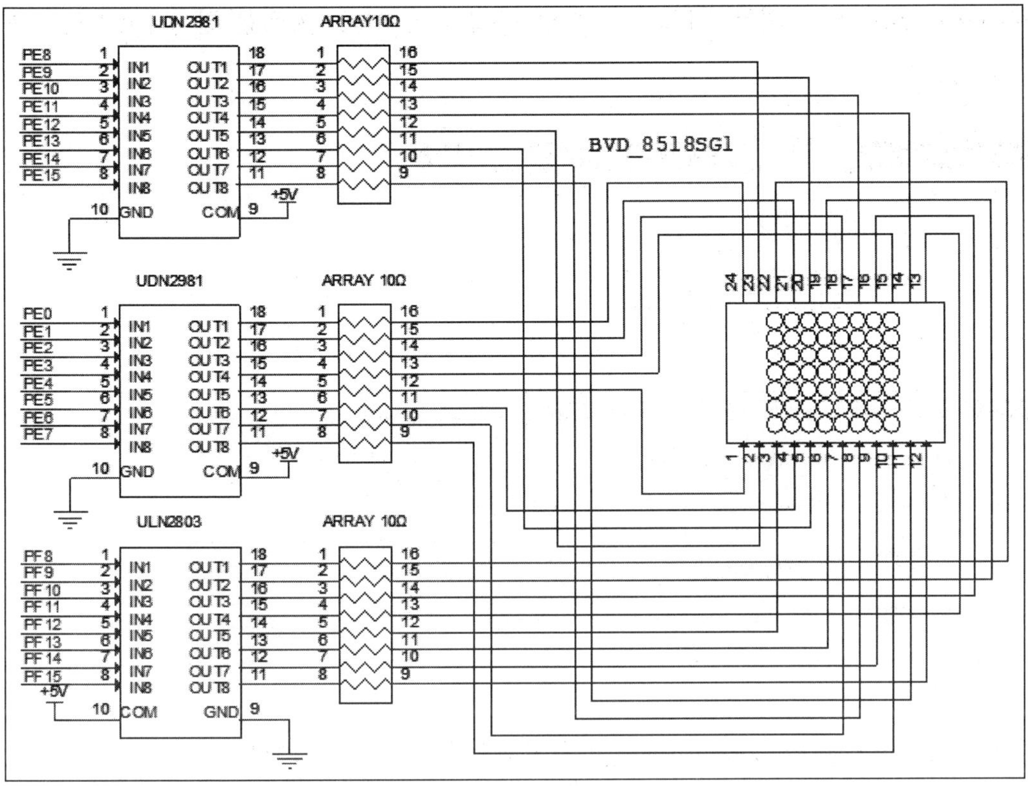

① File-New-STM32 Project 클릭한다.

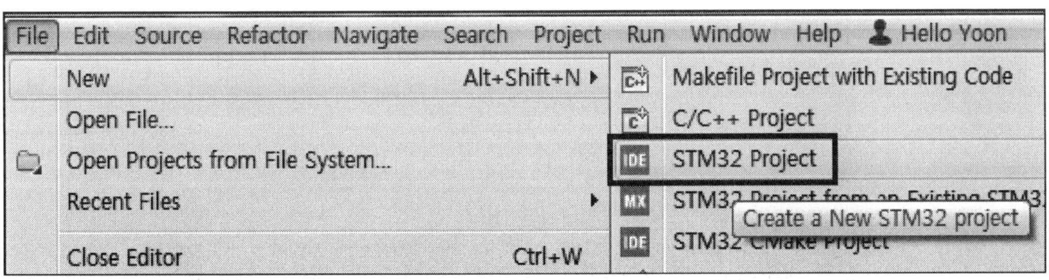

② Board Selector 선택하고 NUCLEO-F429ZI를 입력하고 보드를 선택하고 NEXT를 클릭한다.

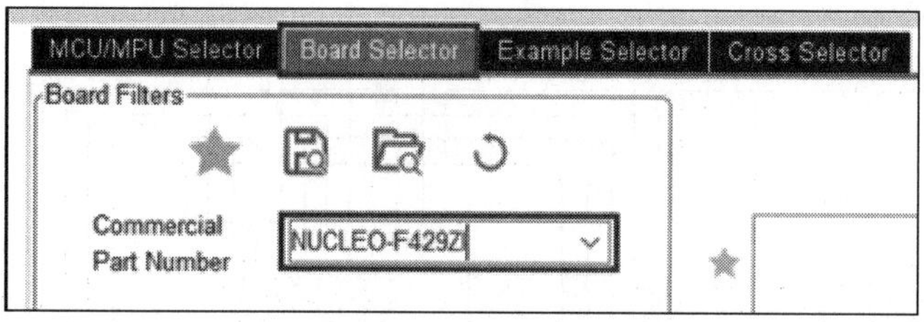

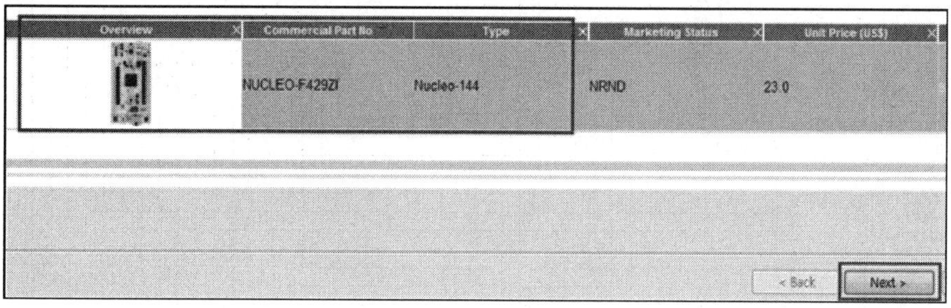

③ Project Name을 ex_Dot matrix_1로 입력한다. finish를 클릭한다.

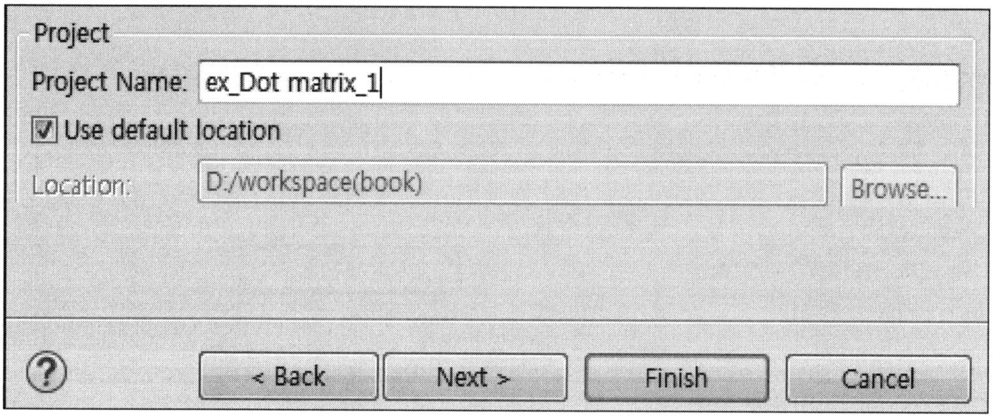

④ Pinout & Configuration 에서 RCC 값을 HSE는 Crystal/Ceramic Resonator 설정하고 LSE는 Disable로 설정한다.

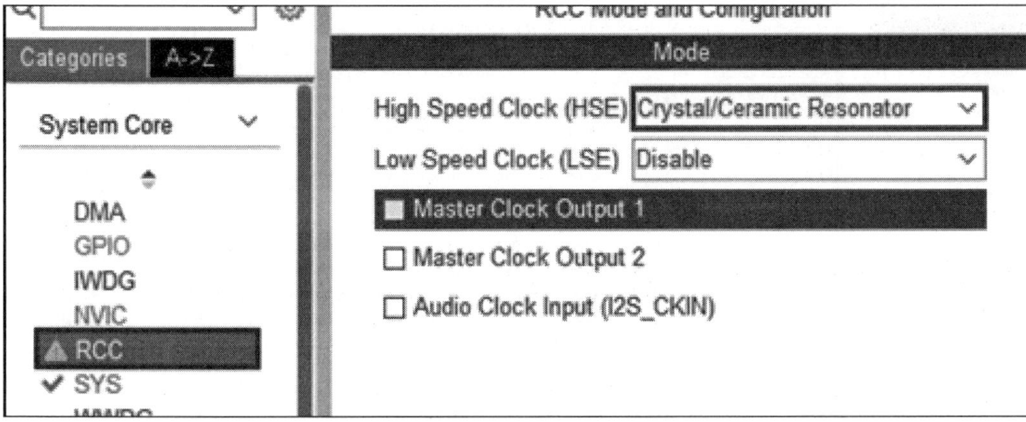

⑤ GPIO mode는 모두 Output PushPull 로 설정한다. User Label은 PE0~PE7, PE8~PE15, PF8~PF15로 설정한다.

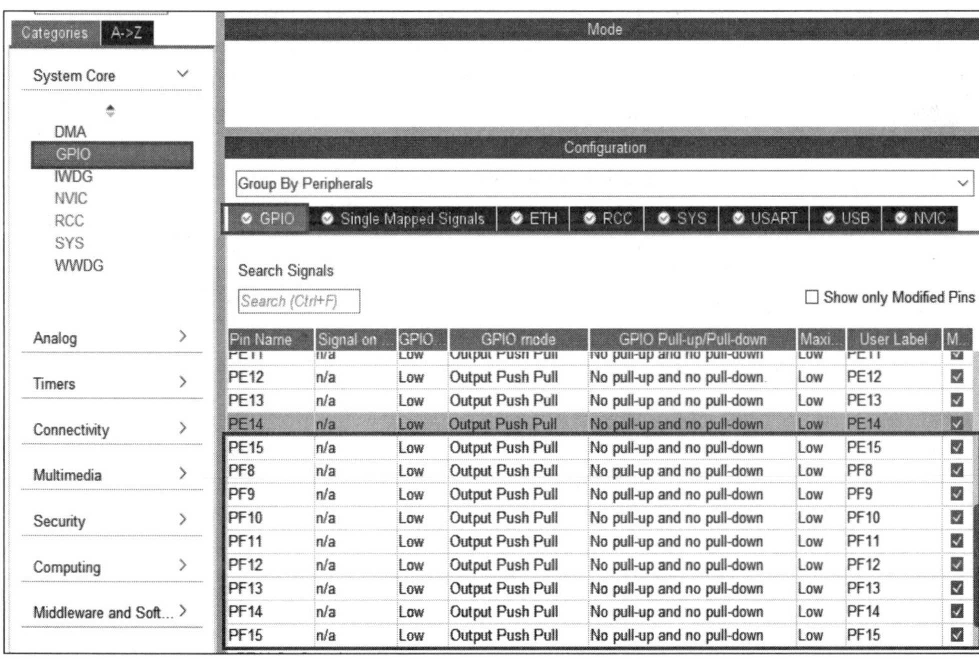

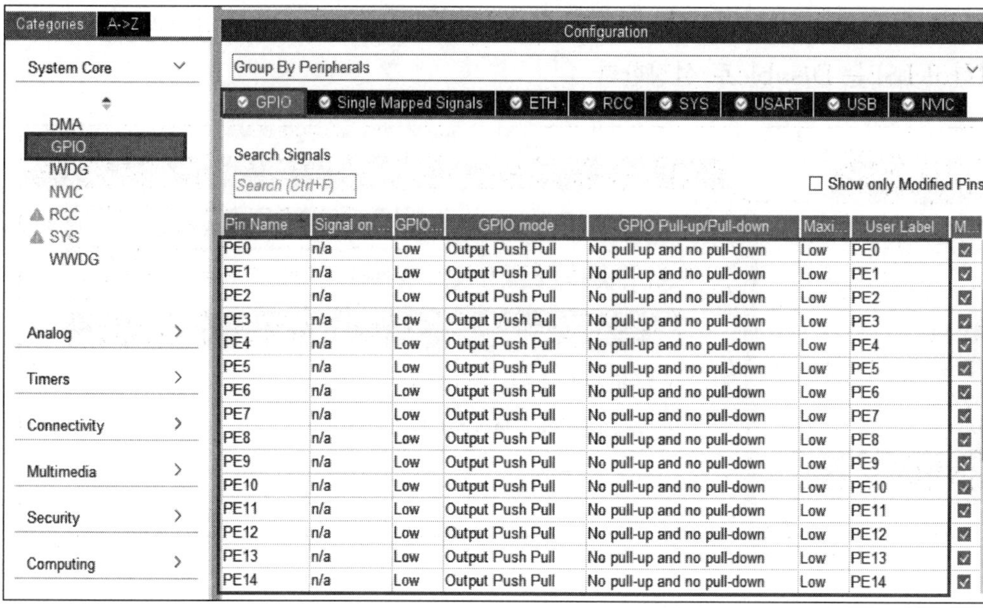

⑥ Clock Configuration을 클릭하고 APB1 peripheral clocks주파수를 84MHz가 될 수 있게 설정한다. 시스템 clock 주파수는 84MHz로 설정 되었다.

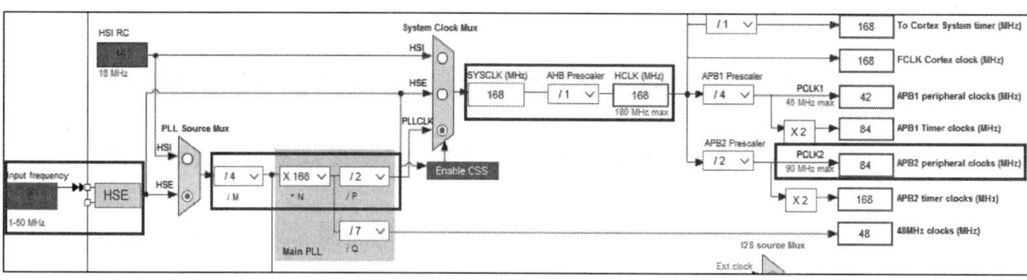

⑦ Project-Generate code를 생성하고 다음과 같이 프로그램을 입력해 보자.

```
/* Includes ----------------------------------*/
#include "main.h"
#include "string.h"
/* Private includes -------------------------*/
/* USER CODE BEGIN 0 */
uint16_t dotdata_GREEN[8]={0x3e00,0x4200,0x4200,0x3e00,0x4200,0x4200,0x4200,0x3e00};//A
uint16_t dotdata_RED[8]={0x18,0x24,0x42,0x42,0x7e,0x42,0x42,0x42}; //B
uint16_t comm_data[8] = {0x0100,0x0200,0x0400,0x0800,0x1000,0x2000,0x4000,0x8000};
/* USER CODE END 0 */

/* USER CODE BEGIN WHILE */
 uint8_t i,j;
 while (1) {
        for(j = 0; j < 150; j++) {
          for(i = 0; i < 8; i++) {
              GPIOE-> ODR =  dotdata_GREEN[i];
              GPIOF-> ODR =  comm_data[i];
              HAL_Delay(1);
              }
          HAL_Delay(1);
         }
        for(j = 0; j < 150; j++) {
          for(i = 0; i < 8; i++) {
              GPIOE-> ODR =  dotdata_RED[i];
              GPIOF-> ODR =  comm_data[i];
              HAL_Delay(1);
              }
          HAL_Delay(1);
       }}
/* USER CODE END WHILE */
```

⑧ 다음과 같이 프로그램를 입력하였고 Run버튼을 클릭해 보자.

```
/* Includes ------------------------------*/
#include "main.h"
#include "string.h"
/* Private includes ----------------------*/
/* USER CODE BEGIN 0 */
uint16_t dotdata_GREEN[8]={0x3e00,0x4200,0x4200,0x3e00,0x4200,0x4200,0x4200,0x3e00};//A
uint16_t dotdata_RED[8]={0x18,0x24,0x42,0x42,0x7e,0x42,0x42,0x42}; //B
uint16_t comm_data[8] = {0x0100,0x0200,0x0400,0x0800,0x1000,0x2000,0x4000,0x8000};
/* USER CODE END 0 */
  /* USER CODE BEGIN WHILE */
  uint8_t i,j;
  while (1) {
      for(j = 0; j < 150; j++) {
        for(i = 0; i < 8; i++) {
              GPIOE-> ODR =  dotdata_GREEN[i];
              GPIOF-> ODR =  comm_data[i];
              HAL_Delay(1);
            }
        HAL_Delay(1);
       }
      for(j = 0; j < 150; j++) {
        for(i = 0; i < 8; i++) {
              GPIOE-> ODR =  dotdata_RED[i];
              GPIOF-> ODR =  comm_data[i];
              HAL_Delay(1);
            }
        HAL_Delay(1);
  }}
    /* USER CODE END WHILE */
```

[실행결과] Dot matrix 8*8에 Green color "A" 그리고 Green color "B"가 순차적으로 display 된다.

[ex_IDE_Dot matrix_12.2] Dot matrix 8*8 문자 표시 구동회로 실습

Dot matrix에 대문자 A~Z 그리고 소문자 a~z display 되게 프로그램을 설계 하시오. Dot matrix에 문자를 표시하기 위해서는 해당되는 data값을 설정한다. 회로를 참고 하기 바란다. 프로그램 실행 후 A~Z 데이터 값이 틀린 부분은 수정 하세요.

GPIO	control	Part
PE0 ~ PE7	Green	BVD-8518SG1
PE8 ~ PE15	Red	
PF8 ~ PF15	가로(행) 제어	

① File-New-STM32 Project 클릭한다.

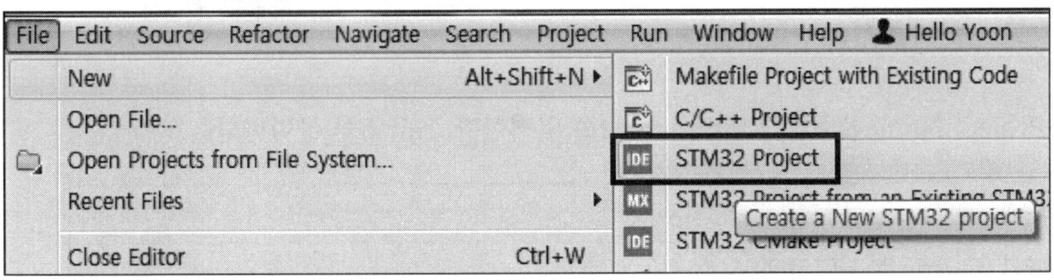

② Board Selector 선택하고 NUCLEO-F429ZI를 입력하고 보드를 선택하고 NEXT를 클릭한다.

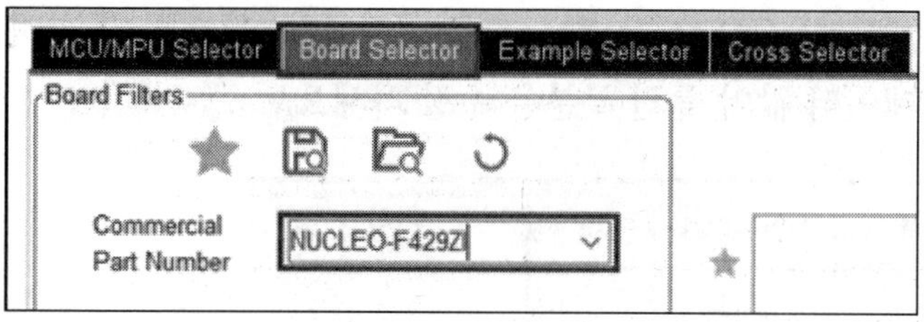

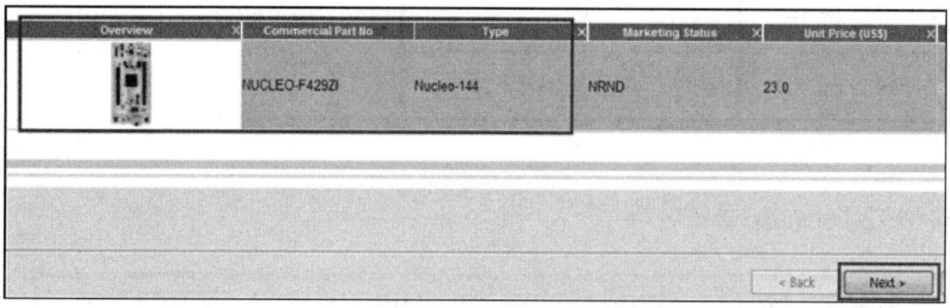

③ Project Name을 ex_Dot matrix_2로 입력한다. finish를 클릭한다.

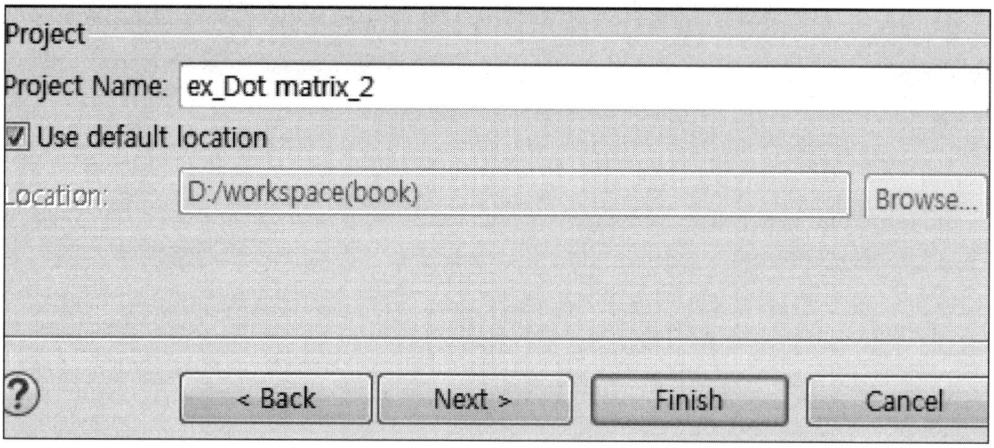

④ Pinout & Configuration 에서 RCC 값을 HSE는 Crystal/Ceramic Resonator 설정하고 LSE는 Disable로 설정한다.

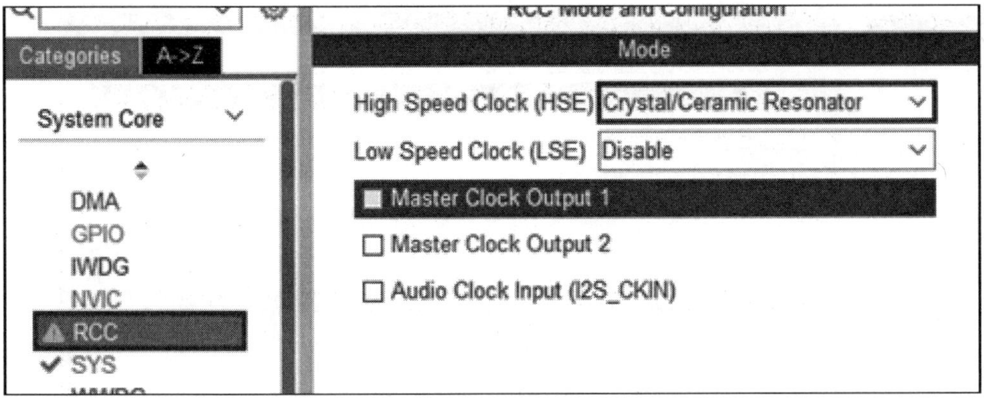

⑤ Dot matrix GPIO mode는 모두 Output PushPull로 설정한다. User Label은 각 GPIO PE0~PE7, PE8~PE15, PF8~PF15로 설정한다.

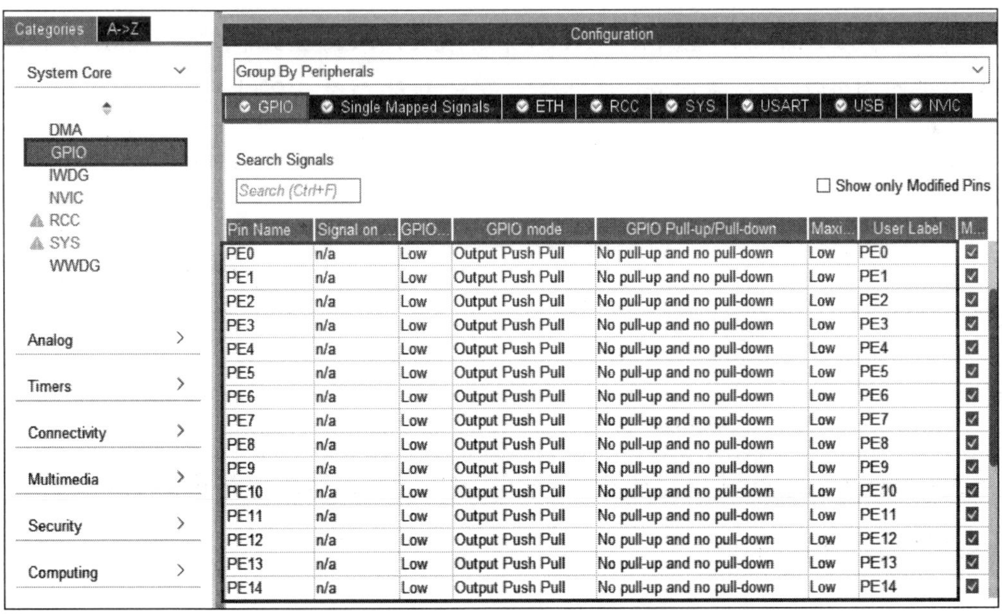

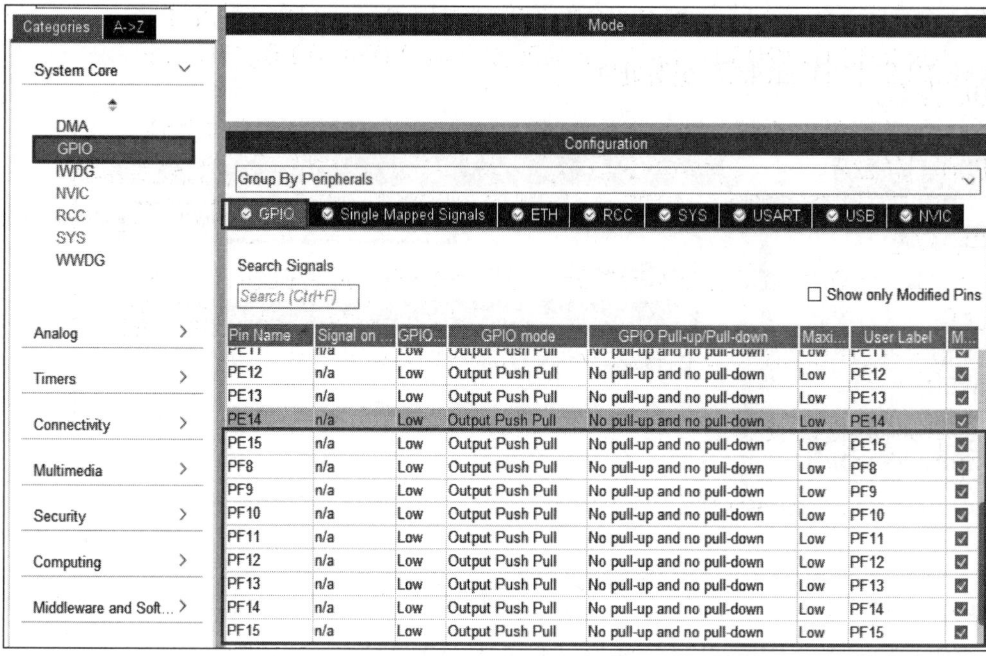

⑥ Clock Configuration을 클릭하고 APB1 peripheral clocks주파수를 84MHz가 될 수 있게 설정한다. 시스템 clock 주파수는 84MHz로 설정 되었다.

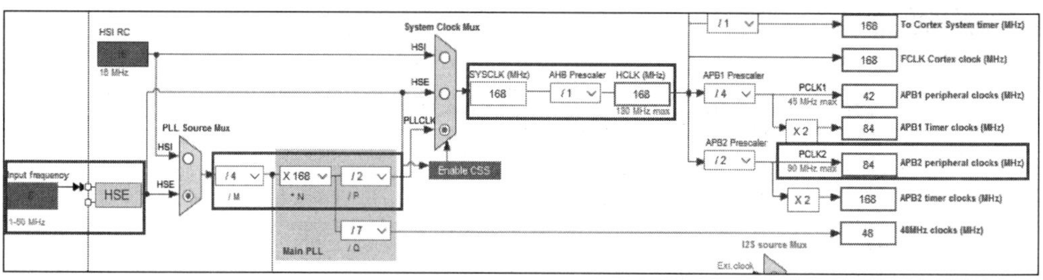

⑦ Project-Generate code 를 생성하고 다음과 같이 프로그램을 입력해 보자.

```
/* USER CODE BEGIN 0 */
  #define S 1
  #define COUNT 50
  uint16_t comm[8]={0x0100,0x0200,0x0400,0x0800,0x1000,0x2000,0
x4000,0x8000}; //PORTB
  uint16_t i, j, k = 0;
  uint16_t dot[53][8]={{0x1800,0x2400,0x4200,0x4200,0x7e00,0x4200,
0x4200,0x4200}, // Az
        {0x3e00,0x4200,0x4200,0x3e00,0x4200,0x4200,0x4200,0x
```

```
3e00}, // B
        {0x3c00,0x4200,0x4200,0x4000,0x4000,0x4200,0x4200,0x
3c00}, // C
        {0x7800,0x4400,0x4200,0x4200,0x4200,0x4200,0x4400,
0x7800}, // D
        {0x7e00,0x4000,0x4000,0x7e00,0x4000,0x4000,0x4000,0x
7e00}, // E
        {0x7e00,0x4000,0x4000,0x7e00,0x4000,0x4000,0x4000,
0x4000}, // F
        {0x3c00,0x4200,0x4200,0x4000,0x4e00,0x4200,0x4200,0x
3c00}, // G
        {0x4200,0x4200,0x4200,0x7e00,0x4200,0x4200,0x4200,
0x4200}, // H
        {0x1c00,0x0800,0x0800,0x0800,0x0800,0x0800,0x0800,0x
1c00}, // I
        {0x1c00,0x0800,0x0800,0x0800,0x0800,0x0800,0x2800,
0x1000}, // J
        {0x4400,0x4800,0x5000,0x6000,0x6000,0x5000,0x4800,
0x4400}, // K
      {0x40,0x40,0x40,0x40,0x40,0x40,0x40,0x7e}, // L
      {0x42,0x66,0x5a,0x42,0x42,0x42,0x42,0x42}, // M
      {0x42,0x62,0x52,0x4a,0x46,0x42,0x42,0x42}, // N
      {0x3c,0x42,0x42,0x42,0x42,0x42,0x42,0x3c}, // O
      {0x7c,0x42,0x42,0x42,0x7c,0x40,0x40,0x40}, // P
      {0x3c,0x42,0x42,0x42,0x42,0x4a,0x46,0x3e}, // Q
      {0x7c,0x42,0x42,0x7c,0x50,0x48,0x44,0x42}, // R
      {0x3c,0x42,0x40,0x3c,0x02,0x02,0x42,0x3c}, // S
      {0x3e,0x08,0x08,0x08,0x08,0x08,0x08,0x08}, // T
      {0x42,0x42,0x42,0x42,0x42,0x42,0x42,0x3c}, // U
      {0x42,0x42,0x42,0x42,0x42,0x42,0x24,0x18}, // V
      {0x42,0x42,0x42,0x42,0x42,0x42,0x5a,0x24}, // W
      {0x42,0x42,0x24,0x18,0x18,0x24,0x42,0x42}, // X
      {0x22,0x22,0x22,0x14,0x08,0x08,0x08,0x08}, // Y
      {0x7e,0x02,0x04,0x08,0x10,0x20,0x40,0x7e}, // Z
      {0x00,0x00,0x18,0x04,0x1c,0x24,0x24,0x1a}, // a
      {0x00,0x00,0x20,0x20,0x38,0x24,0x24,0x58}, // b
      {0x00,0x00,0x00,0x18,0x24,0x20,0x24,0x18}, // c
      {0x00,0x00,0x04,0x04,0x1c,0x24,0x24,0x1a}, // d
      {0x00,0x00,0x00,0x18,0x24,0x3c,0x20,0x18}, // e
      {0x00,0x00,0x08,0x14,0x10,0x38,0x10,0x10}, // f
      {0x00,0x00,0x18,0x24,0x24,0x1c,0x04,0x18}, // g
      {0x00,0x00,0x20,0x20,0x28,0x34,0x24,0x24}, // h
```

```
        {0x00,0x00,0x08,0x00,0x08,0x08,0x08,0x08},  // i
        {0x00,0x00,0x08,0x00,0x08,0x08,0x28,0x10},  // j
        {0x00,0x00,0x20,0x24,0x28,0x30,0x28,0x24},  // k
        {0x00,0x00,0x08,0x08,0x08,0x08,0x08,0x08},  // l
        {0x00,0x00,0x00,0x54,0x2a,0x2a,0x2a,0x2a},  // m
        {0x00,0x00,0x00,0x2c,0x12,0x12,0x12,0x12},  // n
        {0x00,0x00,0x00,0x18,0x24,0x24,0x24,0x18},  // o
        {0x00,0x00,0x38,0x24,0x24,0x38,0x20,0x20},  // p
        {0x00,0x00,0x1c,0x24,0x24,0x1c,0x04,0x04},  // q
        {0x00,0x00,0x00,0x2c,0x30,0x20,0x20,0x20},  // r
        {0x00,0x00,0x18,0x24,0x10,0x08,0x24,0x18},  // s
        {0x00,0x00,0x00,0x10,0x38,0x10,0x10,0x18},  // t
        {0x00,0x00,0x00,0x00,0x24,0x24,0x24,0x1a},  // u
        {0x00,0x00,0x00,0x00,0x22,0x22,0x14,0x08},  // v
        {0x00,0x00,0x00,0x00,0x2a,0x2a,0x2a,0x14},  // w
        {0x00,0x00,0x00,0x22,0x14,0x08,0x14,0x22},  // x
        {0x00,0x00,0x00,0x22,0x14,0x08,0x10,0x20},  // y
        {0x00,0x00,0x00,0x3e,0x04,0x08,0x10,0x3e},  // z
        {0x00,0x00,0x00,0x00,0x00,0x00,0x00,0x00}}; // SPACE
/* USER CODE END 0 */
/* USER CODE BEGIN WHILE */
  while (1) {
        for(j = 0; j < 53; j++) {
          for(k = 0; k < COUNT; k++) {  // 시간지연
            for(i = 0; i < 8; i++) {
               GPIOF-> ODR = comm[i];
               GPIOE-> ODR = dot[j][i];
               HAL_Delay(S);
            }}
  }}
/* USER CODE END WHILE */
```

⑧ 다음과 같이 프로그램을 입력하였고 Run버튼을 클릭해 보자.

```
/* USER CODE BEGIN 0 */
#define S 1
#define COUNT 50
uint16_t comm[8] = {0x0100, 0x0200, 0x0400, 0x0800, 0x1000, 0x2000, 0x4000, 0x8000}; //PORTB
uint16_t i, j, k = 0;
uint16_t dot[53][8] = {{0x1800,0x2400,0x4200,0x4200,0x7e00,0x4200,0x4200,0x4200},  // Az
               {0x3e00,0x4200,0x4200,0x3e00,0x4200,0x4200,0x4200,0x3e00},  // B
               {0x3c00,0x4200,0x4200,0x4000,0x4000,0x4200,0x4200,0x3c00},  // C
               {0x7800,0x4400,0x4200,0x4200,0x4200,0x4200,0x4400,0x7800},  // D
               {0x7e00,0x4000,0x4000,0x7e00,0x4000,0x4000,0x4000,0x7e00},  // E
               {0x7e00,0x4000,0x4000,0x7e00,0x4000,0x4000,0x4000,0x4000},  // F
               {0x3c00,0x4200,0x4200,0x4000,0x4e00,0x4200,0x4200,0x3c00},  // G
               {0x4200,0x4200,0x4200,0x7e00,0x4200,0x4200,0x4200,0x4200},  // H
               {0x1c00,0x0800,0x0800,0x0800,0x0800,0x0800,0x0800,0x1c00},  // I
               {0x1c00,0x0800,0x0800,0x0800,0x0800,0x0800,0x2800,0x1000},  // J
               {0x4400,0x4800,0x5000,0x6000,0x6000,0x5000,0x4800,0x4400},  // K
               {0x40,0x40,0x40,0x40,0x40,0x40,0x40,0x7e},  // L
               {0x42,0x66,0x5a,0x42,0x42,0x42,0x42,0x42},  // M
               {0x42,0x62,0x52,0x4a,0x46,0x42,0x42,0x42},  // N
               {0x3c,0x42,0x42,0x42,0x42,0x42,0x42,0x3c},  // O
               {0x7c,0x42,0x42,0x42,0x7c,0x40,0x40,0x40},  // P
               {0x3c,0x42,0x42,0x42,0x42,0x4a,0x46,0x3e},  // Q
               {0x7c,0x42,0x42,0x7c,0x50,0x48,0x44,0x42},  // R
               {0x3c,0x42,0x40,0x3c,0x02,0x02,0x42,0x3c},  // S
               {0x3e,0x08,0x08,0x08,0x08,0x08,0x08,0x08},  // T
               {0x42,0x42,0x42,0x42,0x42,0x42,0x42,0x3c},  // U
               {0x42,0x42,0x42,0x42,0x42,0x42,0x24,0x18},  // V
               {0x42,0x42,0x42,0x42,0x42,0x42,0x5a,0x24},  // W
               {0x42,0x42,0x24,0x18,0x18,0x24,0x42,0x42},  // X
               {0x22,0x22,0x22,0x14,0x08,0x08,0x08,0x08},  // Y
               {0x7e,0x02,0x04,0x08,0x10,0x20,0x40,0x7e},
               {0x00,0x00,0x18,0x04,0x1c,0x24,0x24,0x1a},
               {0x00,0x00,0x20,0x20,0x38,0x24,0x24,0x58},
               {0x00,0x00,0x00,0x18,0x24,0x20,0x24,0x18},
               {0x00,0x00,0x04,0x04,0x1c,0x24,0x24,0x1a},
               {0x00,0x00,0x00,0x18,0x24,0x3c,0x20,0x18},
               {0x00,0x00,0x08,0x14,0x10,0x38,0x10,0x10},
               {0x00,0x00,0x18,0x24,0x24,0x1c,0x04,0x18},
               {0x00,0x00,0x20,0x20,0x28,0x34,0x24,0x24},
               {0x00,0x00,0x08,0x00,0x08,0x08,0x08,0x08},
               {0x00,0x00,0x08,0x00,0x08,0x08,0x28,0x10},
               {0x00,0x00,0x20,0x24,0x28,0x30,0x28,0x24},
               {0x00,0x00,0x08,0x08,0x08,0x08,0x08,0x08},
               {0x00,0x00,0x00,0x54,0x2a,0x2a,0x2a,0x2a},
               {0x00,0x00,0x00,0x2c,0x12,0x12,0x12,0x12},
               {0x00,0x00,0x00,0x18,0x24,0x24,0x24,0x18},
               {0x00,0x00,0x38,0x24,0x24,0x38,0x20,0x20},
               {0x00,0x00,0x1c,0x24,0x24,0x1c,0x04,0x04},
               {0x00,0x00,0x00,0x2c,0x30,0x20,0x20,0x20},
               {0x00,0x00,0x18,0x24,0x10,0x08,0x24,0x18},
               {0x00,0x00,0x00,0x10,0x38,0x10,0x10,0x18},
```

```
/* USER CODE BEGIN WHILE */
while (1) {
  for(j = 0; j < 53; j++) {
     for(k = 0; k < COUNT; k++) {  // 시간지연
        for(i = 0; i < 8; i++) {
            GPIOF-> ODR = comm[i];
            GPIOE-> ODR = dot[j][i];
            HAL_Delay(S);
        }}
 }}
   /* USER CODE END WHILE */
```

[실행결과] Dot matrix 8*8에 Green color "A~Z" 그리고 Green color "a~z" 까지 순차적으로 표시된다.

[ex_IDE_CLCD_13.1] CLCD 문자 display 구동회로 실습

LCD에 문자로 "Suwon injae tech" 그리고 LD1, LD2, LD3의 led는 동시에 on/off 되게 프로그램을 설계 하시오.

프로그램 작성 Puts 함수사용	lcd display
CLCD_Puts(0,0,"hello_yoon");	hello_yoon
CLCD_Puts(0,1,"suwon stti");	suwon stti
CLCD_Puts(0,0,"suwon in jae tech");	suwon in jae tech

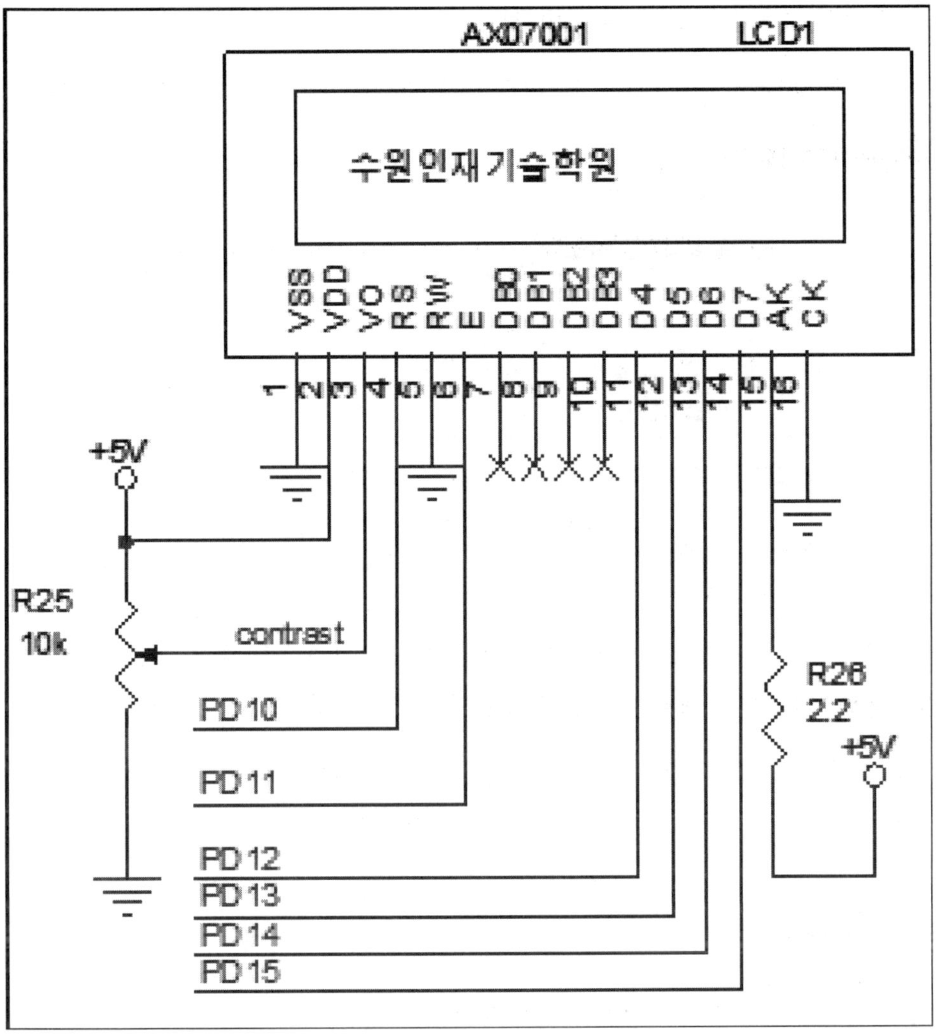

LCD 회로도

GPIO mode의 User label name은 다음과 같이 설정한다.
clcd.h 파일에 있는 값과 같게 해주어야 에러가 발생하지 않는다.

PD10	PD11	PD12	PD13	PD14	PD15
RS	E	D4	D5	D6	D7
GPIO output					

① 다음과 같이 설정 검색한 후 next를 클릭한다.

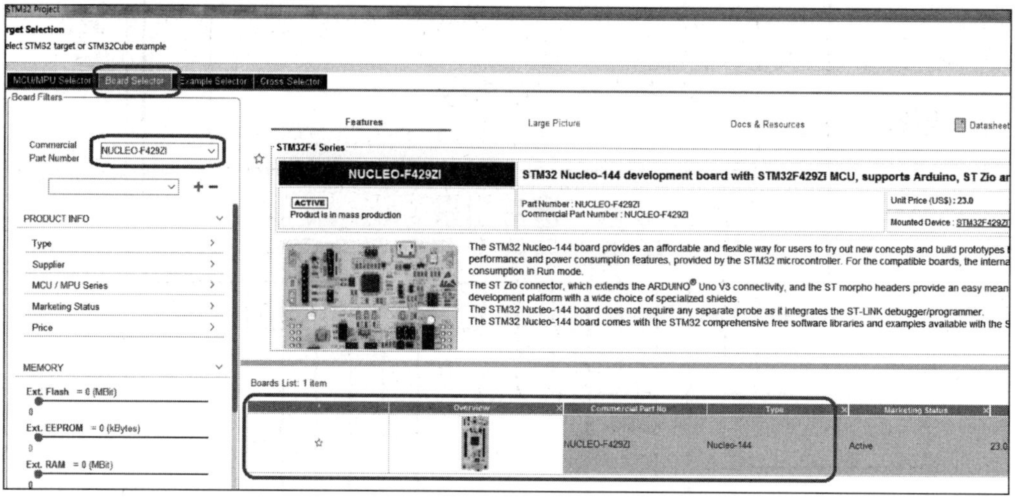

② project 이름을 "clcd and segment"로 설정한 후 location 저장위치 경로를 설정한 후 finish 한다. 기다리면 새로운 화면이 생성된다.

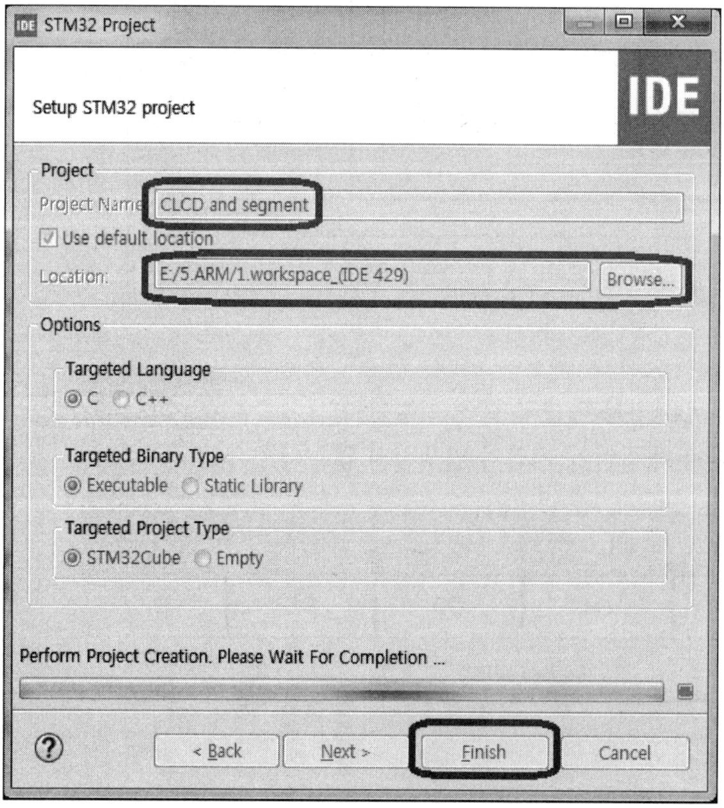

③ 다음과 같은 화면이 표시된다.

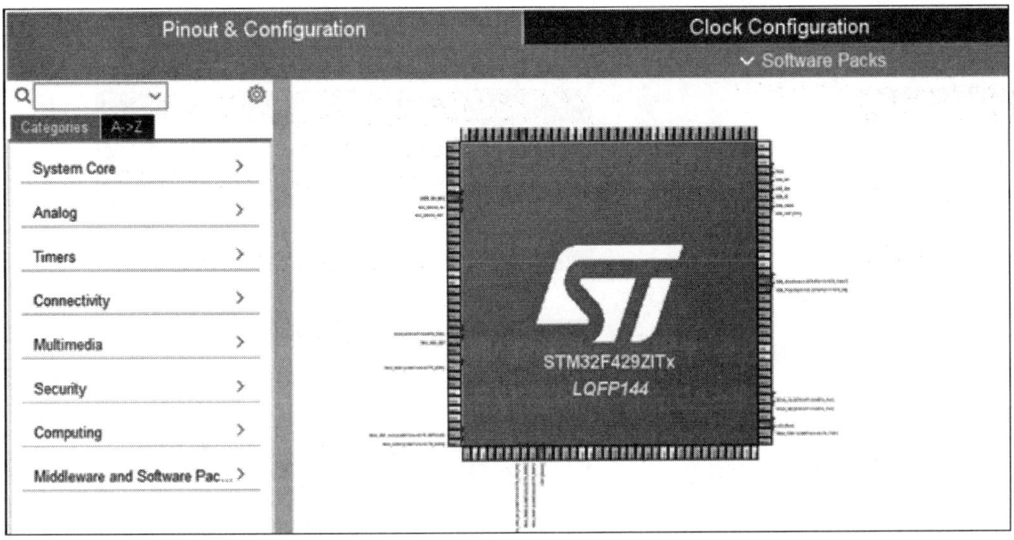

④ 다음과 같이 GPIO를 선택하고 User label 값을 입력한다. User label 값 PD10=RS, PD11=E, PD12=D4, PD13=D5, PD14=D6, PD15=D7

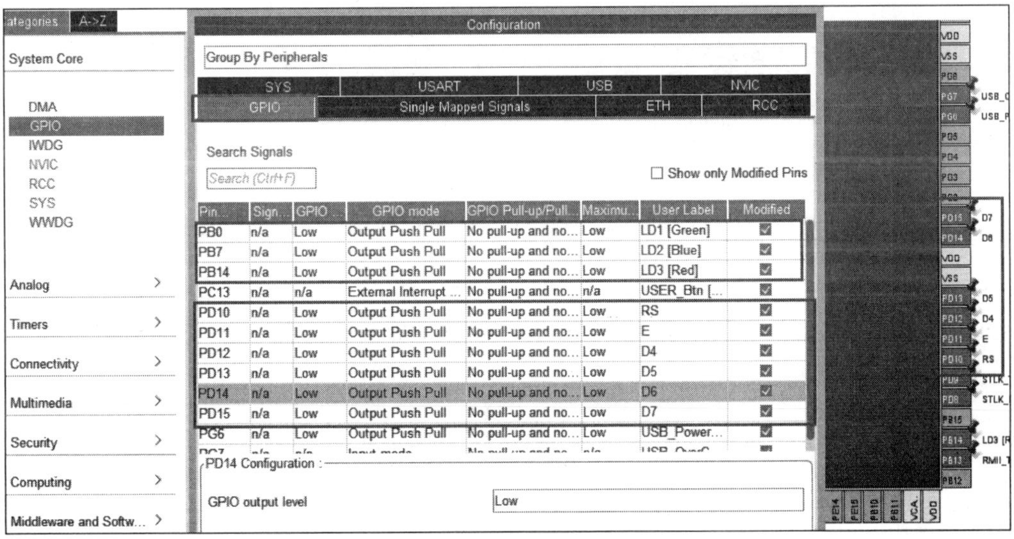

⑤ project - Generate Code 클릭한다. 설정한 값들의 코드가 생성된다.

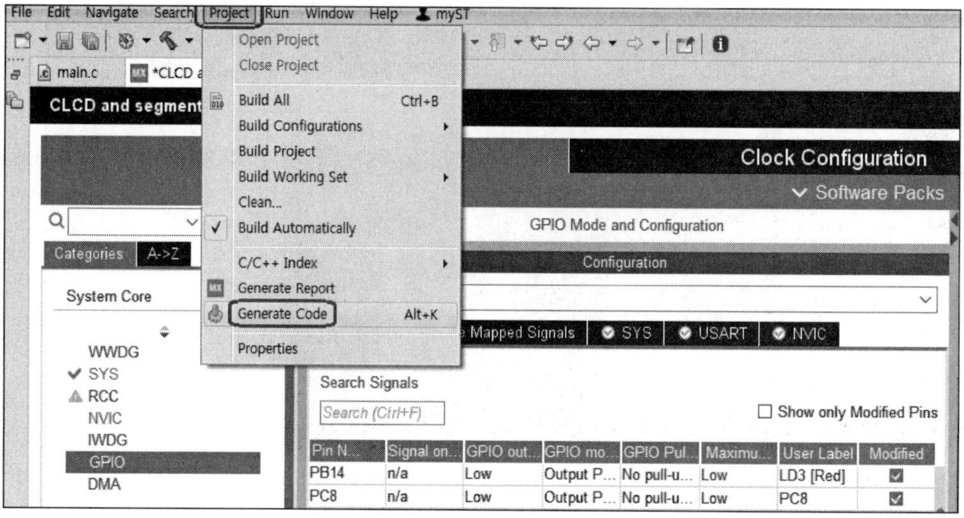

⑥ Device Configuration Tool Updating Code 자동코드가 생성된다.

⑦ main.c 화면에 USER CODE BEGIN Includes 아래에 #include 소스 코드를 입력한다.

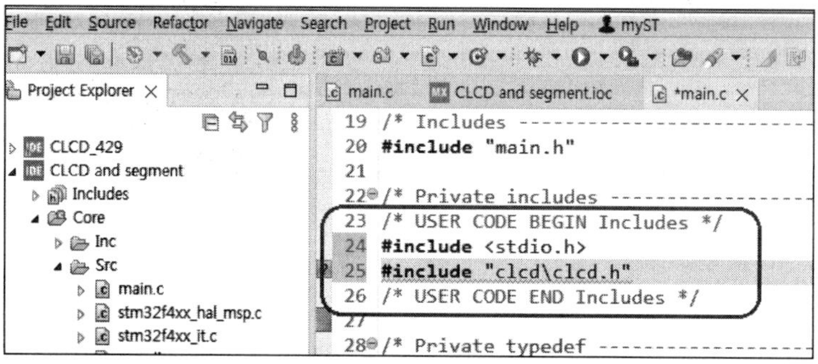

⑧ USER CODE BEGIN2 아래에 소스코드를 입력한다.

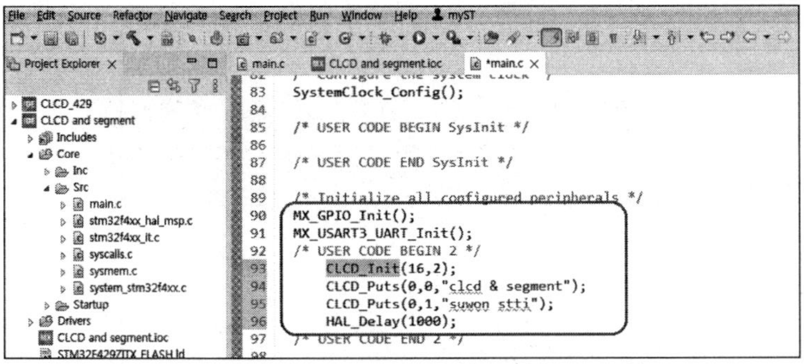

⑨ USER CODE BEGIN2 아래에 다음과 같이 소스코드를 입력한다.

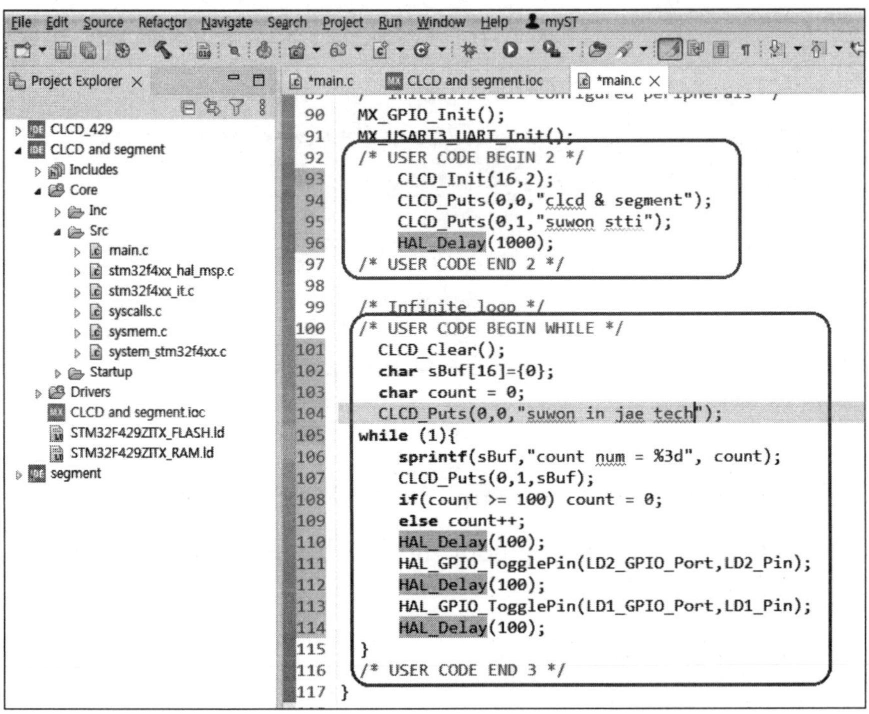

⑩ Edit Configuration 창이 표시되면 ok 를 click 한다.

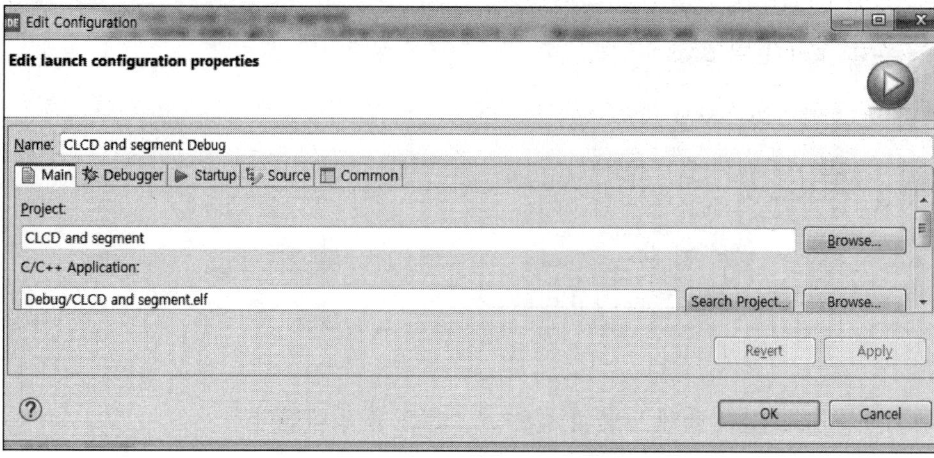

⑪ Run을 눌러 실행한다.

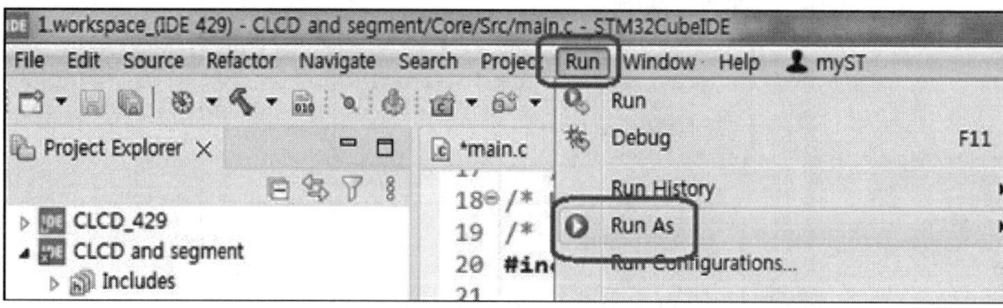

⑫ #include “clcd\clcd.h” error 발생(Program file does not exist)한다. head file 경로를 설정해 주어야 한다. CLCD와 segment file에 debug 실행 중 문제가 발생함. 프로그램 파일이 존재하지 않는다.

다음과 같은 에러가 발생할 경우 해결방안은?

#include "clcd \ clcd.h" error 발생(Program file does not exist) 원인은 경로설정을 해주지 않으면 에러가 발생한다.

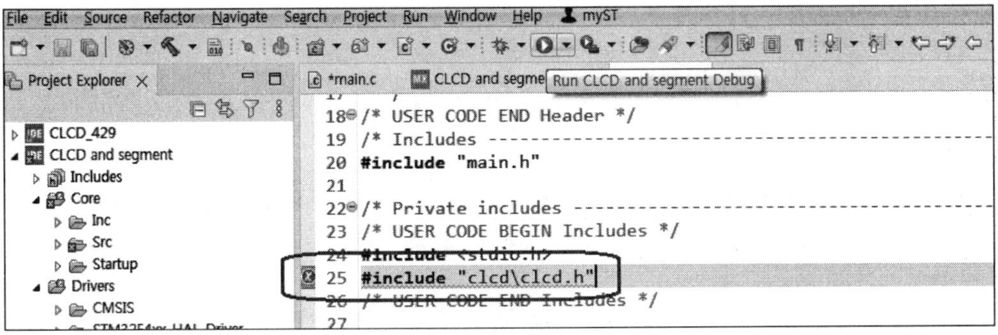

⑬ #include "clcd\clcd.h" - directory에서 헤드 file 경로를 설정한다. Project-Properties을 클릭한다.

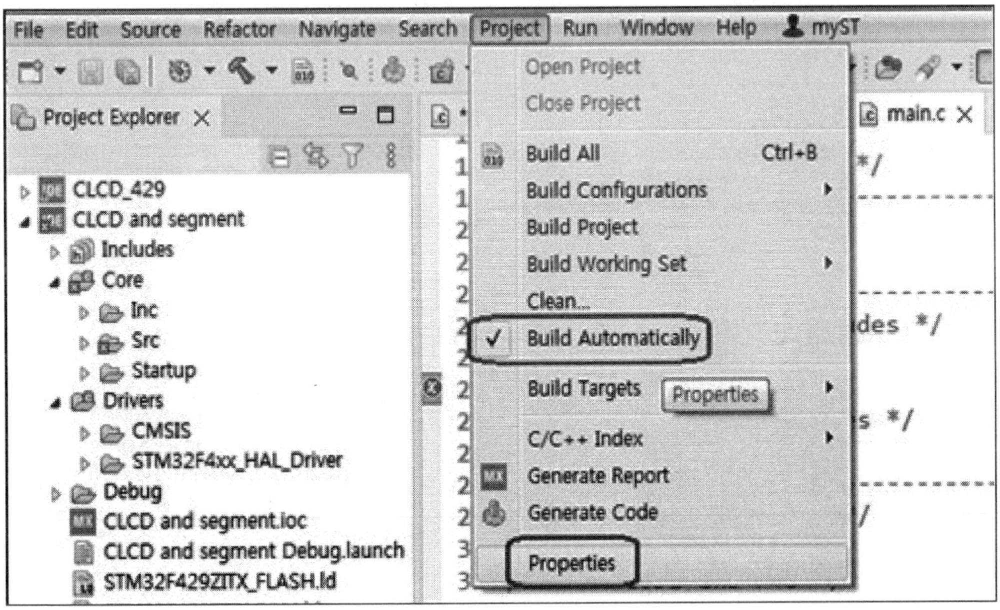

⑭ 다음과 같이 C/C++ Build-Setting-MCU GCC Compiler-Include paths에서 Add directory path Directory에서 File system에서 BSP 파일의 경로를 설정해 주어야 한다.

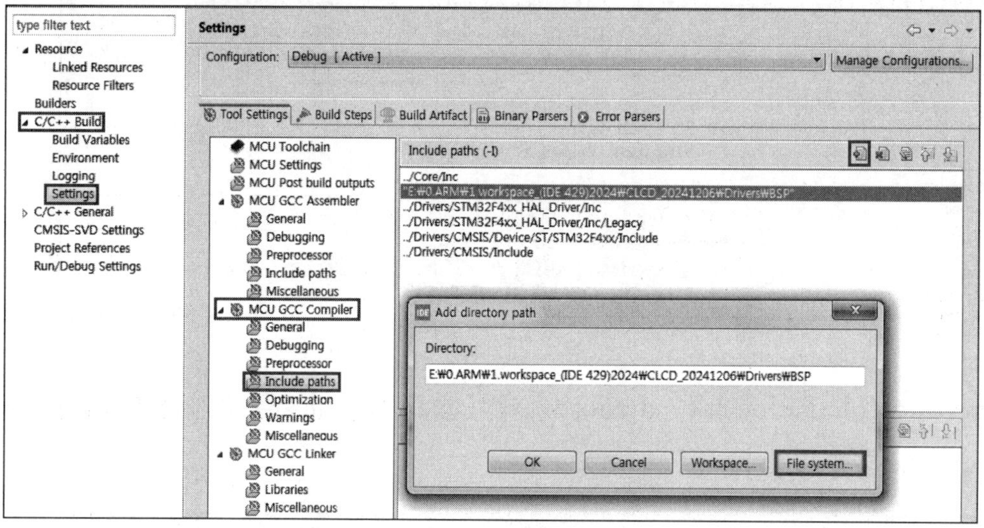

⑮ E:\0.ARM\1.workspace_(IDE429)2024\CLCD_20241206\Drivers\BSP\clcd/clcd.h 설정되어 있음. (개인마다 PC clcd.h 저장위치는 다름) Driver\BSP\clcd\clcd.h을 클릭하고 (중요)clcd.h 파일안에 clcd 제어핀(RS, E), 데이터(D4, 5, 6, 7)을 회로도와 같이 세팅 하였어도 LCD HD44780 핀과 동일한지 확인하고 clcd 제어핀(RS, E), 데이터(D4, 5, 6, 7)이 다르면 clcd.h 동일하게 매핑작업을 해 주어야 한다. 컴파일하면 오류는 대부분 이곳을 수정하지 않아 발생한다.

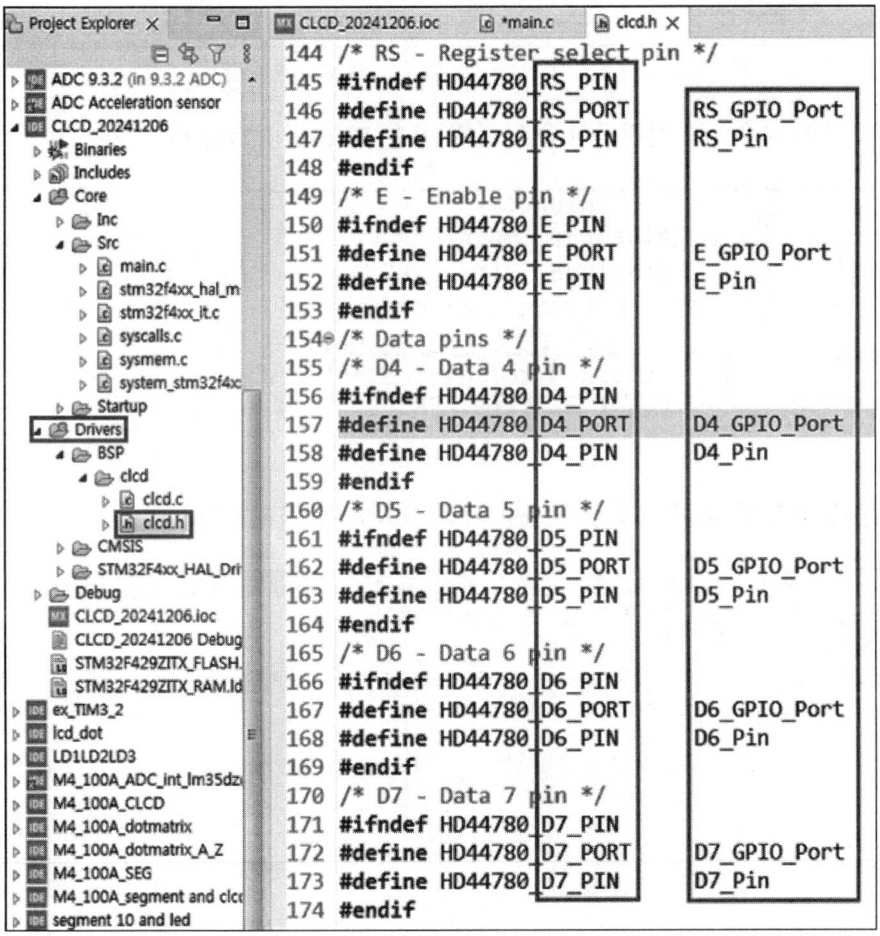

⑯ 아직 해야 할일이 남아 있다. #include "clcd/clcd.h" 인식되게 하려면 해당위치에 clcd.h 파일을 복사해서 저장해야 한다.

다음은 CLCD(문자 lcd)에 head file library 추가 생성방법이다.(중요)
clcd.h 경로를 설정하는 방법인데 순서대로 천천히 따라서 해 보기 바란다.

⑰ 헤드파일 #include “clcd/clcd.h” 를 인식하게 하려면 새로운 폴더를 만들고 저장경로를 설정해 주어야 한다. 다음과 같이 해당위치에 clcd 파일을 복사해서 저장한다.

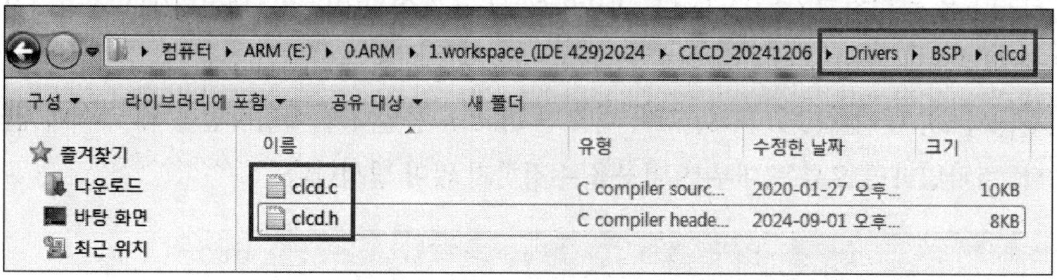

⑱ CLCD 파일 오른쪽 마우스를 클릭하고 fresh 클릭 또는 F5(fresh)클릭한다.

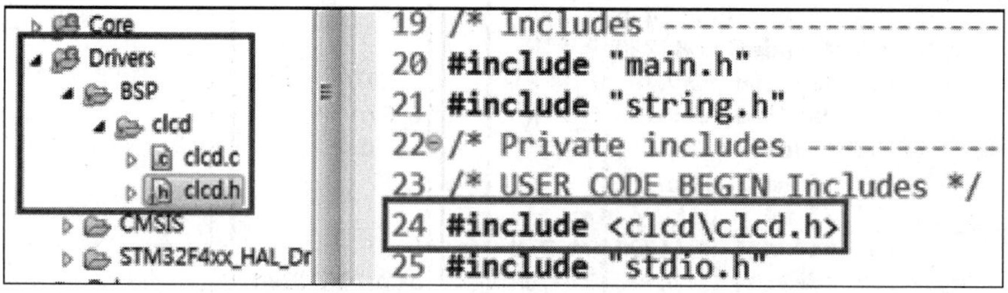

⑲ include path를 추가 해야 한다면, Project - Properties를 클릭한다.

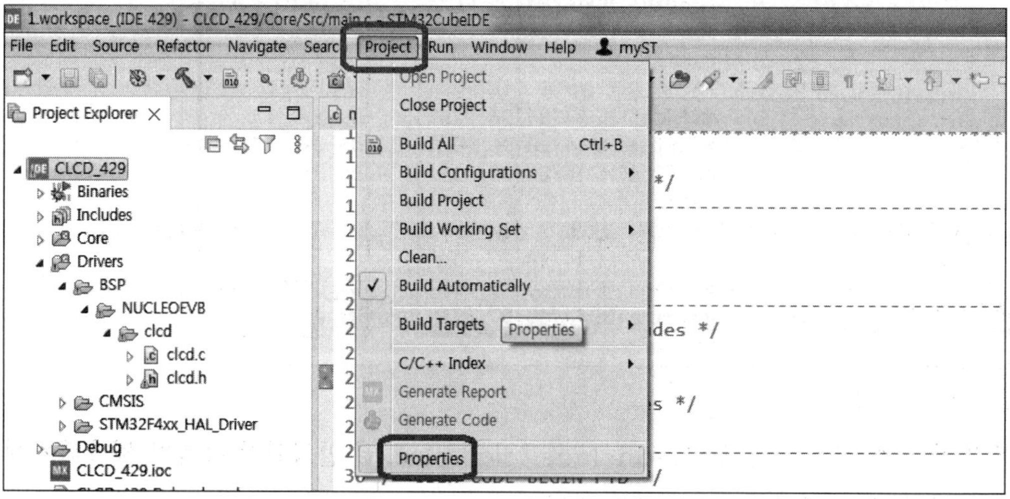

⑳ 그림과 같이 선택하고 Add directory path - file system을 click 한다.

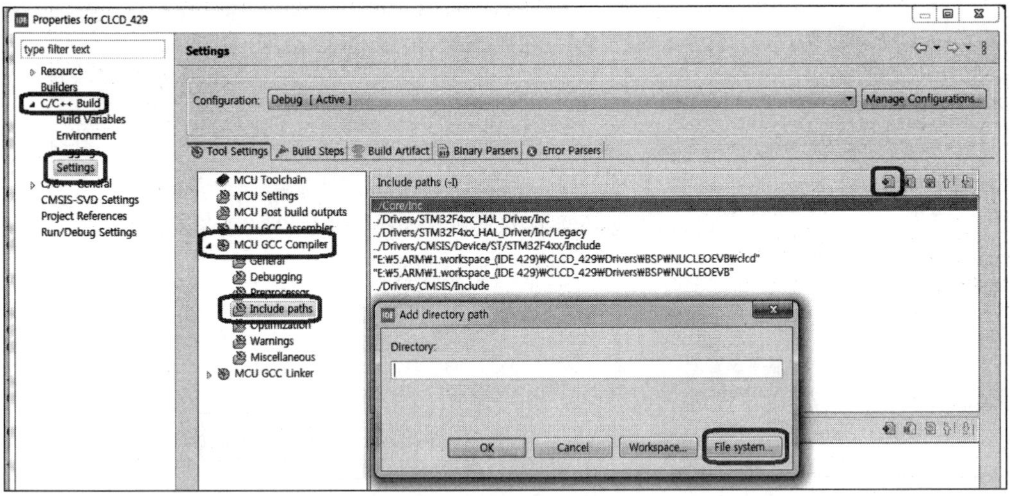

㉑ clcd 있는 파일경로를 찾아 BSP 폴더를 선택한다. #include"clcd/clcd.h" 경로를 선택하게 해 준다.

㉒ 추가한 Directory Path 경로를 확인하고 Drivers\BSP\clcd/clcd.h 설정한다.

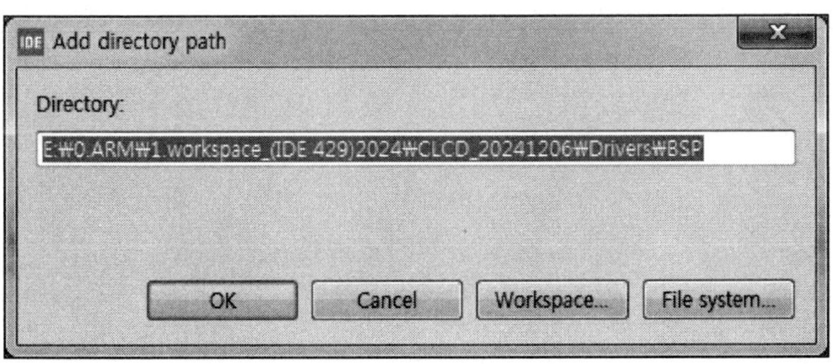

㉓ Apply and Close 클릭한다. 다음과 같이 설정되면 정상적으로 설정된 것이다.

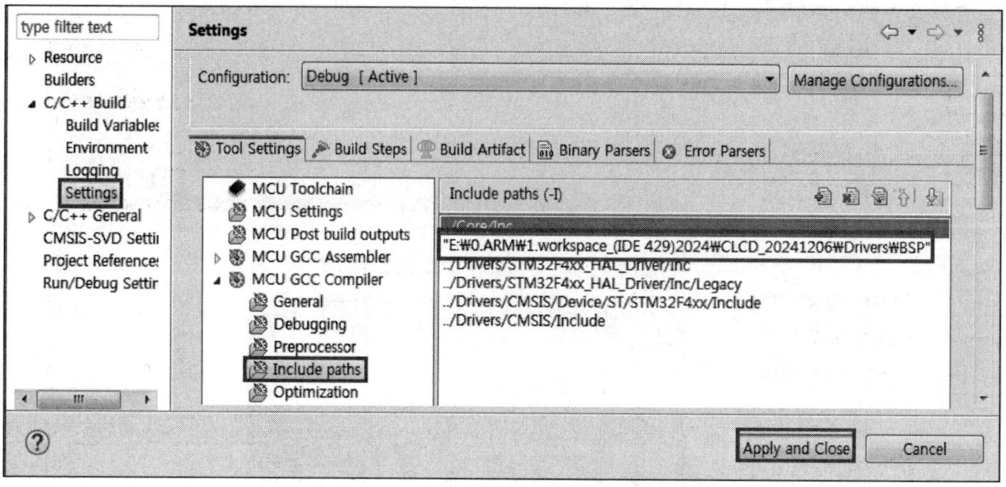

main.c 문장 안에 다음과 같이 예제소스를 모두 입력한다.

main.c × clcd.h

```c
  */
/* USER CODE END Header */
/* Includes ------------------
#include "main.h"
#include "string.h"
/* Private includes ----------
/* USER CODE BEGIN Includes */
#include <clcd\clcd.h>
#include "stdio.h"
/* USER CODE END Includes */
```

```c
  /* Initialize all configured peripherals */
  MX_GPIO_Init();
  MX_ETH_Init();
  MX_USART3_UART_Init();
  MX_USB_OTG_FS_PCD_Init();
  /* USER CODE BEGIN 2 */
  char sbuf[16]={0};
  char count=0;
  CLCD_Init(16,2);
  CLCD_Clear();
  CLCD_Puts(0,0,"suwon in jae");
  CLCD_Puts(0,1,"display number");
  HAL_Delay(1000);
  /* USER CODE END 2 */

  /* Infinite loop */
  /* USER CODE BEGIN WHILE */
  while (1){
    sprintf(sbuf,"count num2 = %3d",count);
    CLCD_Puts(0,1,sbuf);
    if(count >= 100) count = 0;
    else count++;
    HAL_Delay(500);
  }}
```

[예제소스]

```
#include "main.h"
#include "string.h"
#include <stdio.h>
#include "clcd\clcd.h"
int main(void){
	HAL_Init();
	SystemClock_Config();
	MX_GPIO_Init();
	MX_USART3_UART_Init();
	CLCD_Init(16,2);
	CLCD_Puts(0,0,"hello_yoon");
	CLCD_Puts(0,1,"suwon stti");
	HAL_Delay(1000);
	CLCD_Clear();
	char sBuf[16]={0};
	char count = 0;
	CLCD_Puts(0,0,"suwon in jae tech");
	while (1){
		sprintf(sBuf,"count num = %3d", count);
		CLCD_Puts(0,1,sBuf);
		if(count >= 100) count = 0;
		else count++;
		HAL_Delay(100);
		HAL_GPIO_TogglePin(LD2_GPIO_Port,LD2_Pin);
		HAL_Delay(100);
		HAL_GPIO_TogglePin(LD1_GPIO_Port,LD1_Pin);
		HAL_Delay(100);
	}}
```

[예제 IDE_LCD_dotmarix_13.2] LCD와 dotmarix,LD123 구동회로 실습

LCD에는 문자로 "Suwon injae tech" 그리고 degment에는 숫자가 up count display 되고 Dotmatrix에는 가로로 한줄씩 led가 on되고 LD1, LD2, LD3의 led는 on/off가 동시에 동작되게 프로그램을 설계 하시오.

Dot matrix에 문자를 표시하기 위해서는 PF8~PF15(가로 행), PE0~PE7(Green), PE8~ PE15 (Red)에 해당되는 data값을 설정한다. 회로도를 참고 하기 바란다.

LCD 회로도

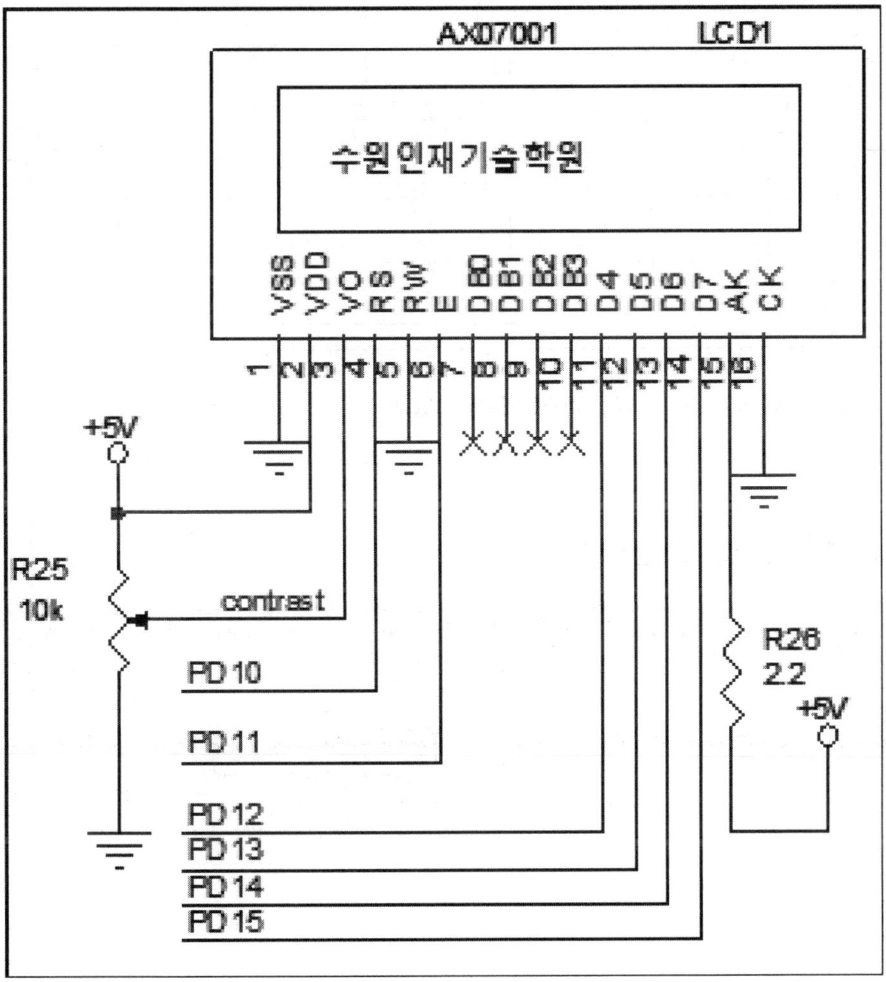

Dotmatrix 회로도

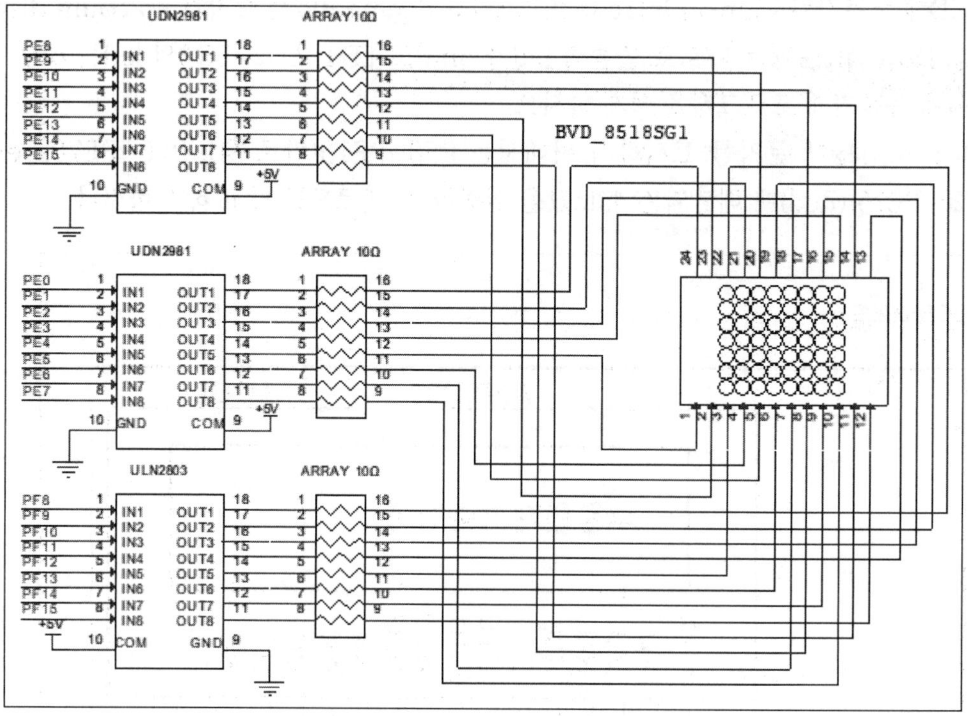

LD1, LD2, LD3 은 GPIO PB0, PB7, PB14에 연결되어 있다.

① File-New-STM32 Project 클릭한다.

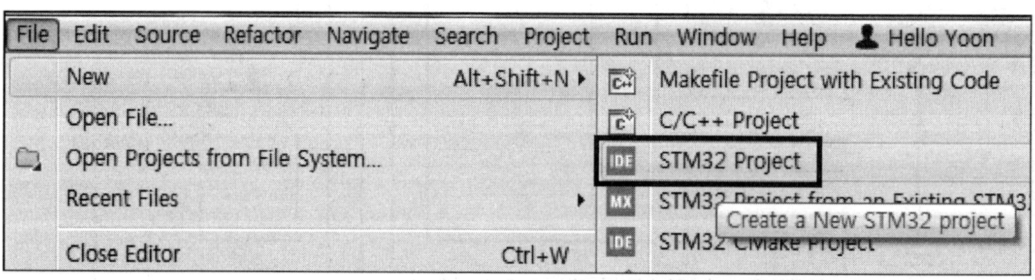

② Board Selector 선택하고 NUCLEO-F429ZI를 입력하고 보드를 선택하고 NEXT를 클릭한다.

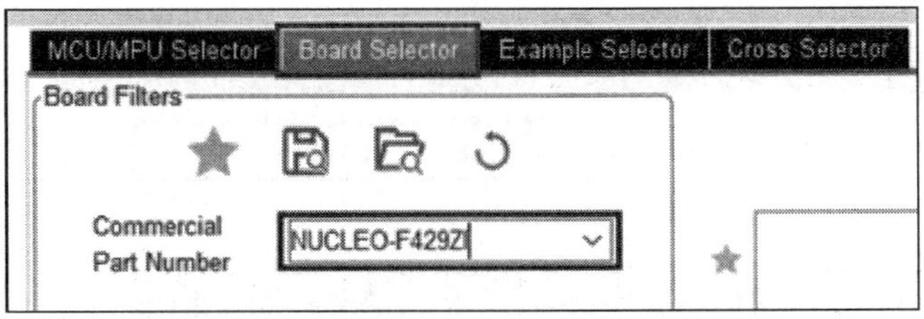

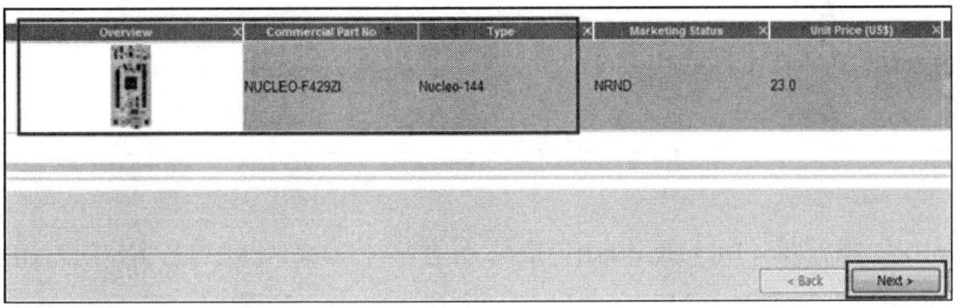

③ Project Name을 lcd_dotmarix_LD123으로 입력한다. finish를 클릭한다.

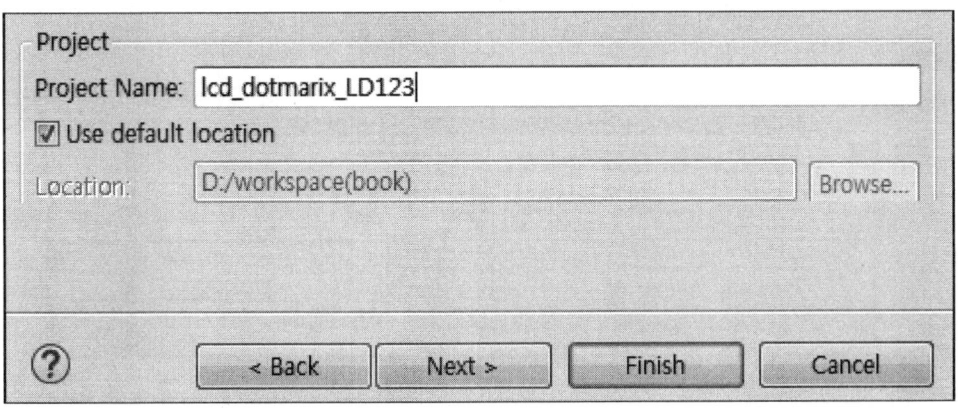

④ Pinout & Configuration 에서 RCC 값을 HSE는 Crystal/Ceramic Resonator 설정하고 LSE는 Disable로 설정한다.

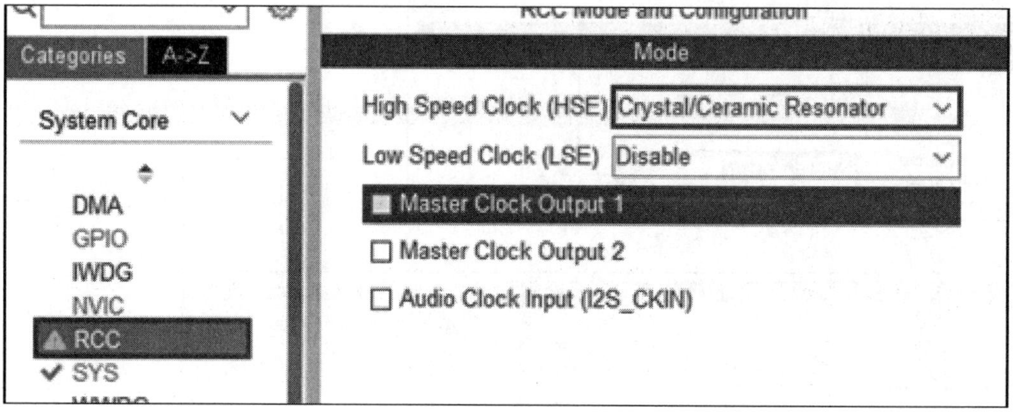

⑤ LCD GPIO mode를 모두 Output PushPull로 설정한다. User Label은 RS(PD10), E(PD11), D4(PD12), D5(PD13), D6(PD14), D7(PD15)로 설정한다. (참고로 clcd.h 파일안에 있는 내용과 같게 설정해야 에러가 발생하지 않는다.)

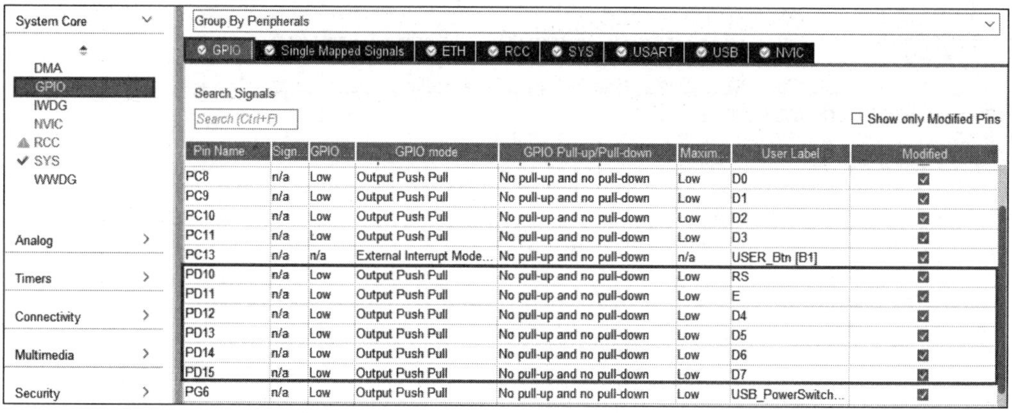

Dotmatrix GPIO mode를 모두 Output PushPull로 설정한다.
User Label은 각 GPIO PE0~PE7, PE8~PE15, PF8~PF15로 설정한다. 회로도를 참고하기 바란다.

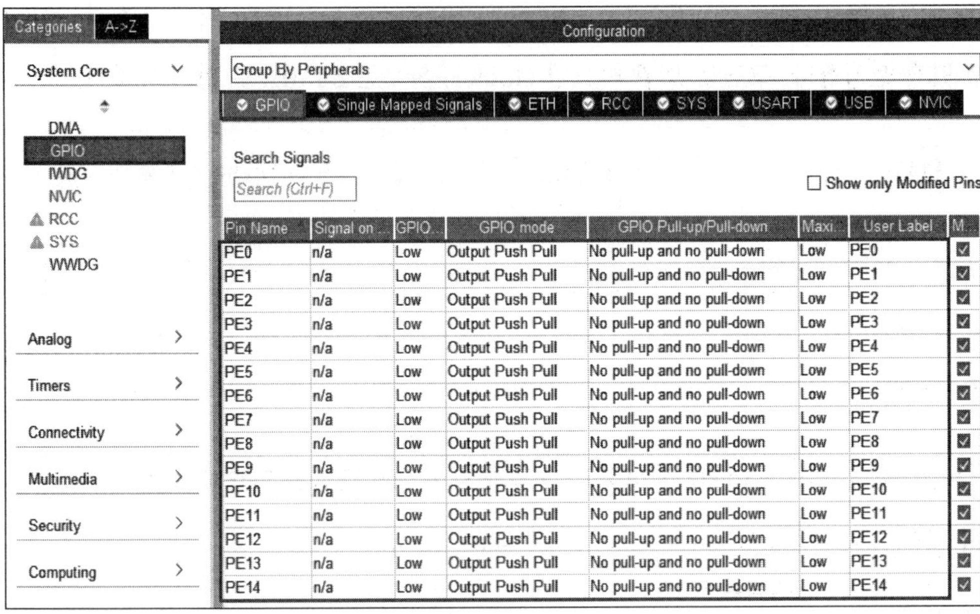
Categories
A->Z
System Core
DMA
GPIO
IWDG
NVIC
RCC
SYS
WWDG
Analog
Timers
Connectivity
Multimedia
Security
Computing
Configuration
Group By Peripherals
GPIO
Single Mapped Signals
ETH
RCC
SYS
USART
USB
NVIC
Search Signals
Search (Ctrl+F)
Show only Modified Pins
Pin Name | Signal on ... | GPIO ... | GPIO mode | GPIO Pull-up/Pull-down | Maxi... | User Label | M...
PE0 | n/a | Low | Output Push Pull | No pull-up and no pull-down | Low | PE0
PE1 | n/a | Low | Output Push Pull | No pull-up and no pull-down | Low | PE1
PE2 | n/a | Low | Output Push Pull | No pull-up and no pull-down | Low | PE2
PE3 | n/a | Low | Output Push Pull | No pull-up and no pull-down | Low | PE3
PE4 | n/a | Low | Output Push Pull | No pull-up and no pull-down | Low | PE4
PE5 | n/a | Low | Output Push Pull | No pull-up and no pull-down | Low | PE5
PE6 | n/a | Low | Output Push Pull | No pull-up and no pull-down | Low | PE6
PE7 | n/a | Low | Output Push Pull | No pull-up and no pull-down | Low | PE7
PE8 | n/a | Low | Output Push Pull | No pull-up and no pull-down | Low | PE8
PE9 | n/a | Low | Output Push Pull | No pull-up and no pull-down | Low | PE9
PE10 | n/a | Low | Output Push Pull | No pull-up and no pull-down | Low | PE10
PE11 | n/a | Low | Output Push Pull | No pull-up and no pull-down | Low | PE11
PE12 | n/a | Low | Output Push Pull | No pull-up and no pull-down | Low | PE12
PE13 | n/a | Low | Output Push Pull | No pull-up and no pull-down | Low | PE13
PE14 | n/a | Low | Output Push Pull | No pull-up and no pull-down | Low | PE14

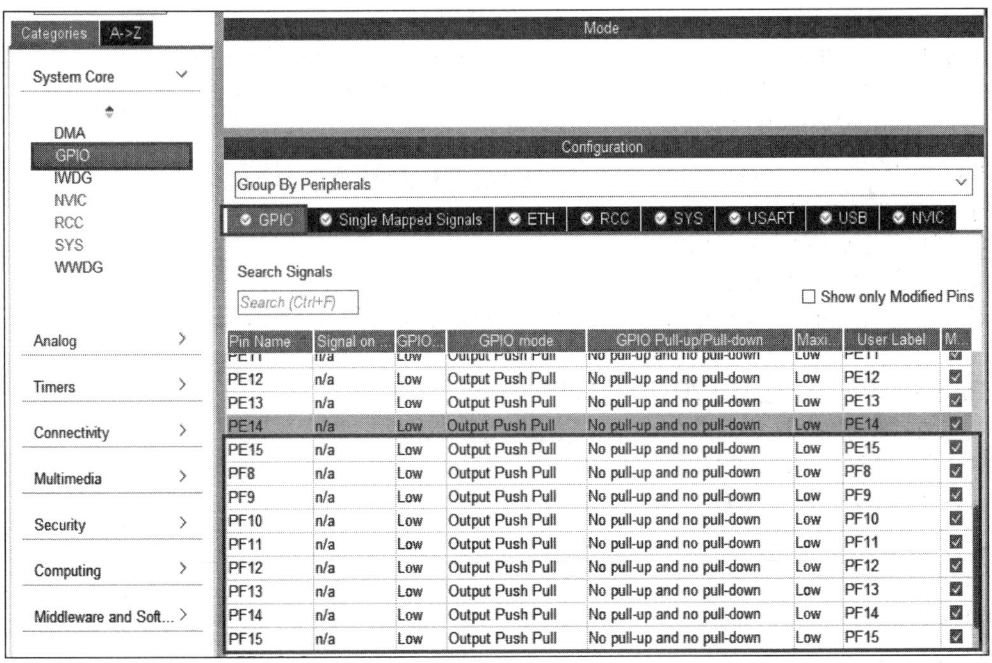
Categories
A->Z
System Core
DMA
GPIO
IWDG
NVIC
RCC
SYS
WWDG
Analog
Timers
Connectivity
Multimedia
Security
Computing
Middleware and Soft...
Mode
Configuration
Group By Peripherals
GPIO
Single Mapped Signals
ETH
RCC
SYS
USART
USB
NVIC
Search Signals
Search (Ctrl+F)
Show only Modified Pins
Pin Name | Signal on ... | GPIO ... | GPIO mode | GPIO Pull-up/Pull-down | Maxi... | User Label | M...
PE12 | n/a | Low | Output Push Pull | No pull-up and no pull-down | Low | PE12
PE13 | n/a | Low | Output Push Pull | No pull-up and no pull-down | Low | PE13
PE14 | n/a | Low | Output Push Pull | No pull-up and no pull-down | Low | PE14
PE15 | n/a | Low | Output Push Pull | No pull-up and no pull-down | Low | PE15
PF8 | n/a | Low | Output Push Pull | No pull-up and no pull-down | Low | PF8
PF9 | n/a | Low | Output Push Pull | No pull-up and no pull-down | Low | PF9
PF10 | n/a | Low | Output Push Pull | No pull-up and no pull-down | Low | PF10
PF11 | n/a | Low | Output Push Pull | No pull-up and no pull-down | Low | PF11
PF12 | n/a | Low | Output Push Pull | No pull-up and no pull-down | Low | PF12
PF13 | n/a | Low | Output Push Pull | No pull-up and no pull-down | Low | PF13
PF14 | n/a | Low | Output Push Pull | No pull-up and no pull-down | Low | PF14
PF15 | n/a | Low | Output Push Pull | No pull-up and no pull-down | Low | PF15

⑥ Clock Configuration을 클릭하고 APB2 peripheral clocks 주파수를 84MHz가 될 수 있게 설정한다. 그림을 보면 시스템 clock 주파수는 84MHz로 설정 되었다.

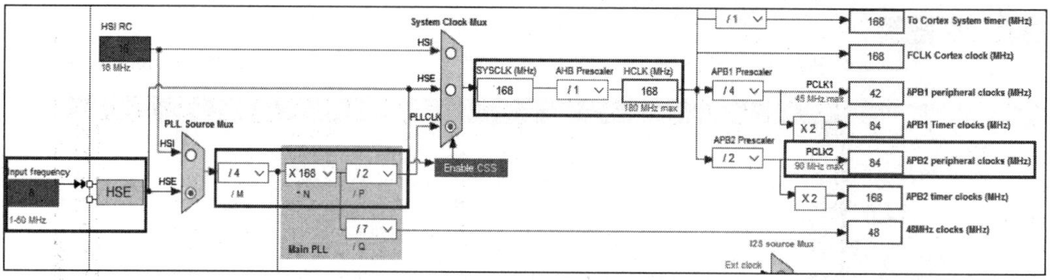

⑦ Project-Generate code를 생성하고 다음과 같이 프로그램을 입력해 보자.

```
/* Includes ------------------------------------------------
----------------*/
#include “main.h”
#include “string.h”
/* Private includes -------------------------------------------
----------------*/
/* USER CODE BEGIN Includes */
#include “stdio.h”
#include <clcd\clcd.h>
/* USER CODE END Includes */
/* USER CODE BEGIN 0 */
uint8_t count[10] = {0x3f,0x06,0x5b,0x4f,0x66,0x6d,0x7d,0x07,0x7f,0x
6f};
uint8_t com[4] = {0x10,0x20,0x40,0x80};
uint8_t data[8]={0xff,0xff,0xff,0xff,0xff,0xff,0xff,0xff};
/* USER CODE END 0 */
/* USER CODE BEGIN 2 */
   uint8_t i = 0;
   uint16_t count = 0;
   uint32_t sbuf[16];
   uint32_t cmd = 0x0100;
   CLCD_Init(16,2);
   CLCD_Clear();
   CLCD_Puts(0,0,”suwon2injae2”);
   CLCD_Puts(0,1,”display number”);
   HAL_Delay(1000);
 /* USER CODE END 2 */
 /* USER CODE BEGIN WHILE */
```

```
while(1) {
        CLCD_Clear();
        CLCD_Puts(0,0,"suwon injae tech");
        sprintf(sbuf,"count num = %3d", count);
        CLCD_Puts(0,1,sbuf);
        if(count >= 100) count = 0;
        else count++;
        HAL_Delay(100);
        GPIOF->ODR = cmd;
        GPIOE->ODR = data[i]<<8;
        cmd<<=1;
        i++;
        if(cmd==0x10000) cmd = 0x0100;
        if(i==8) i=0;
       HAL_GPIO_TogglePin(GPIOB,LD1_Pin|LD2_Pin|LD3_Pin);
        HAL_Delay(400);
        }
  /* USER CODE END WHILE */
```

⑧ 다음과 같이 프로그램을 입력하였고 실행()버튼을 클릭해 보자.

```
/* Includes ------------------------------
#include "main.h"
#include "string.h"
#include "stdio.h"
/* Private includes ---------------------
/* USER CODE BEGIN Includes */

#include <clcd\clcd.h>
/* USER CODE END Includes */
/* USER CODE BEGIN 0 */
uint8_t count[10] = {0x3f,0x06,0x5b,0x4f,0x66,0x6d,0x7d,0x07,0x7f,0x6f};
uint8_t com[4] = {0x10,0x20,0x40,0x80};
uint8_t data[8]={0xff,0xff,0xff,0xff,0xff,0xff,0xff,0xff};
/* USER CODE END 0 */
  /* USER CODE BEGIN 2 */
    uint8_t i = 0;
    uint16_t count = 0;
    uint16_t sbuf[16];
    uint32_t cmd = 0x0100;
    CLCD_Init(16,2);
    CLCD_Clear();
    CLCD_Puts(0,0,"suwon2injae2");
    CLCD_Puts(0,1,"display number");
    HAL_Delay(1000);
  /* USER CODE END 2 */
  /* USER CODE BEGIN WHILE */
  while(1){
        CLCD_Clear();
        CLCD_Puts(0,0,"suwon injae tech");
        sprintf(sbuf,"count num = %3d", count);
        CLCD_Puts(0,1,sbuf);
        if(count >= 100) count = 0;
        else count++;
        HAL_Delay(100);
        GPIOF->ODR = cmd;
        GPIOE->ODR = data[i]<<8;
        cmd<<=1;
        i++;
        if(cmd==0x10000) cmd = 0x0100;
        if(i==8) i=0;
        HAL_GPIO_TogglePin(GPIOB,LD1_Pin|LD2_Pin|LD3_Pin);
        HAL_Delay(1000);
        }
    /* USER CODE END WHILE */
```

[실행결과] lcd 에는 “Suwon injae tech” 문자로 표시되고 숫자가 0부터 up count 되고 그리고 Dotmatrix에는 가로로 한줄씩 led가 on 유지된 상태에서 shift되고 LD1,LD2,LD3은 on/off가 동시에 동작된다.

9장

통신 프로그램

9장 통신 프로그램

통신 프로그램을 사용하기 위해서는 아래 홈페이지에서 다운 받는다.

- http://www.bjschool.or.kr/
- 홈페이지 커뮤니티-교육용 자료-ARM - 통신 프로그램 download

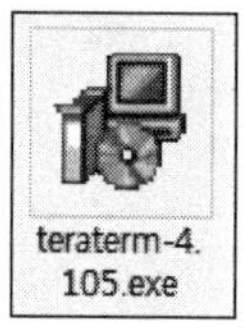

또는

9.1 Tera term 통신 프로그램 사용 방법

① 통신 프로그램을 다운로드 한다. Teraterm-4.105.exe 파일을 실행한다. Tera term 통신 프로그램은 기본적으로 default 모드로 설정되어 있다. Next를 클릭한다.

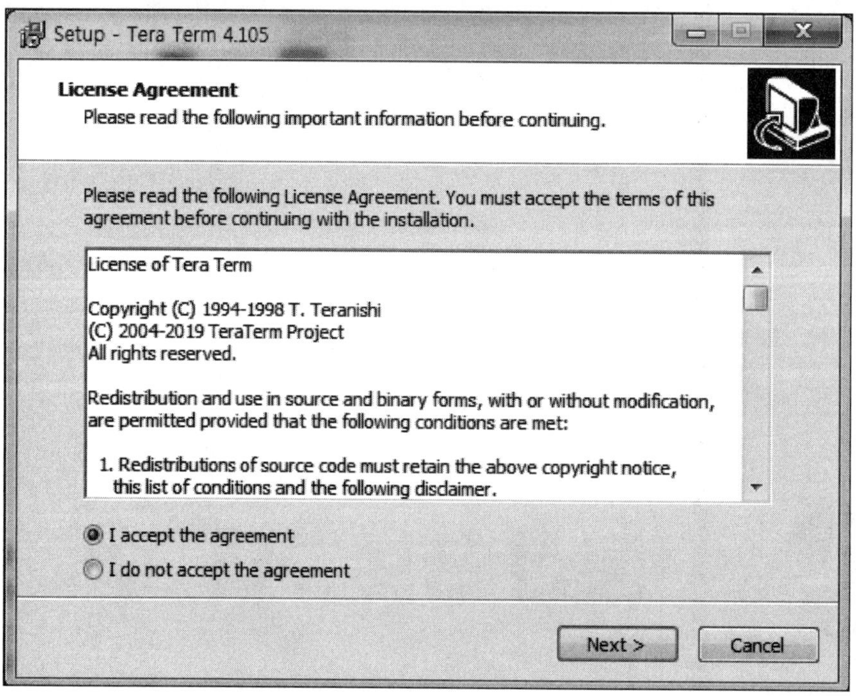

② Next를 클릭한다.

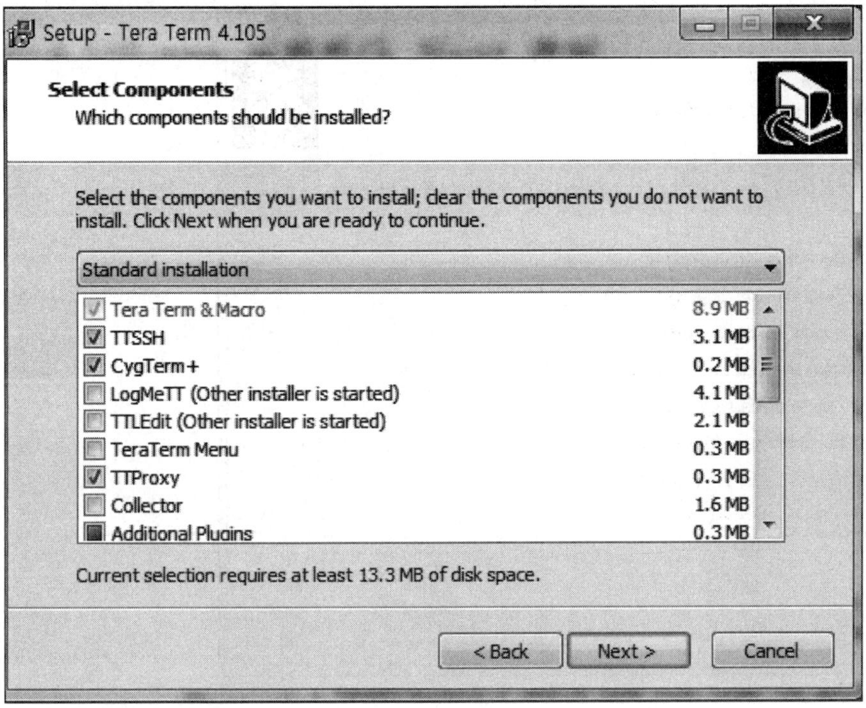

③ Next를 클릭한다.

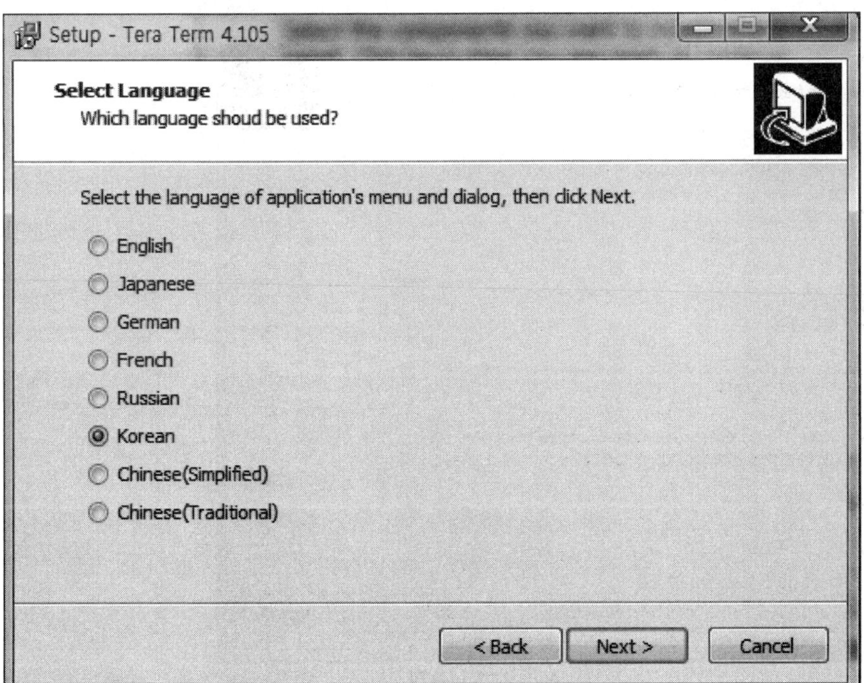

④ Next를 클릭한다.

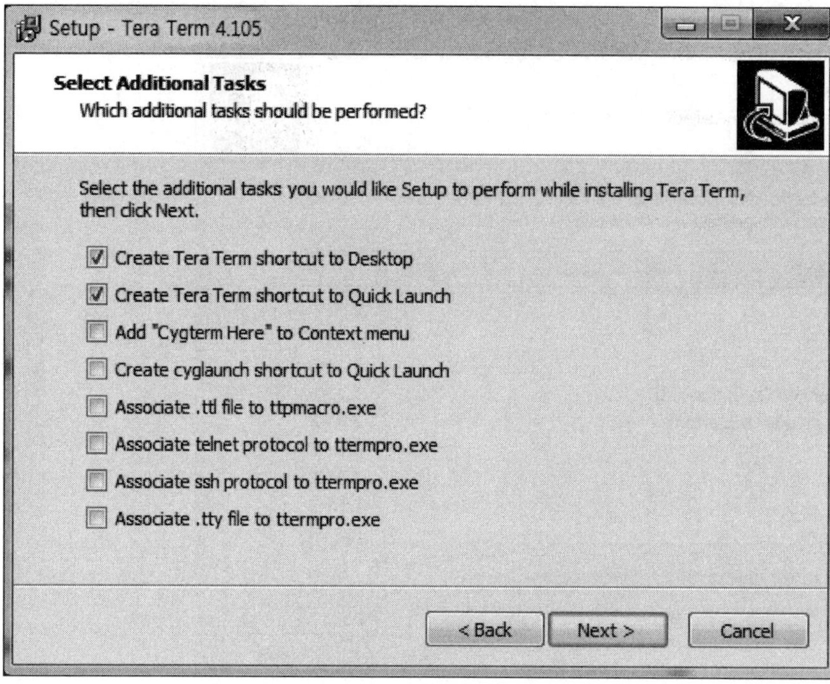

⑤ Next를 클릭한다.

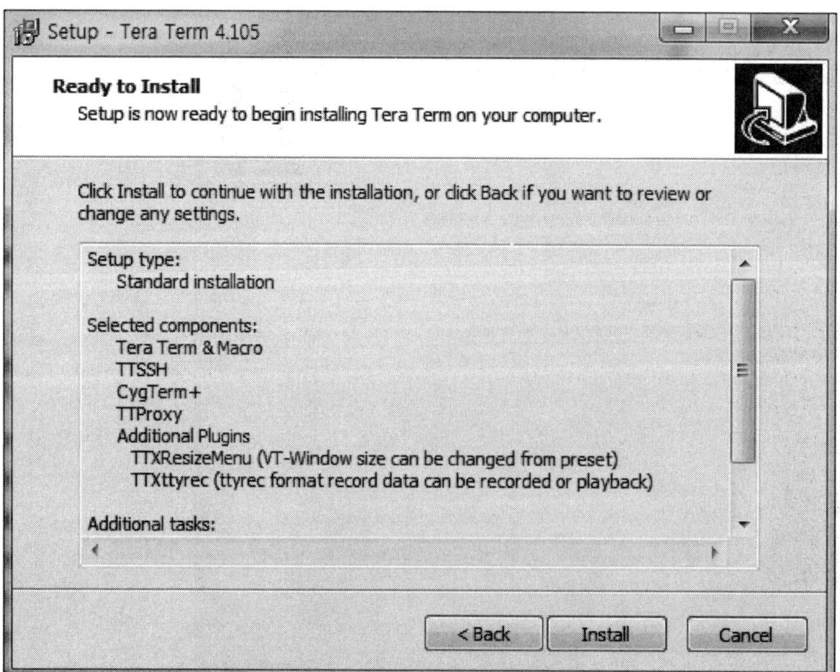

⑥ 프로그램이 installing 중이다. Next를 클릭한다.

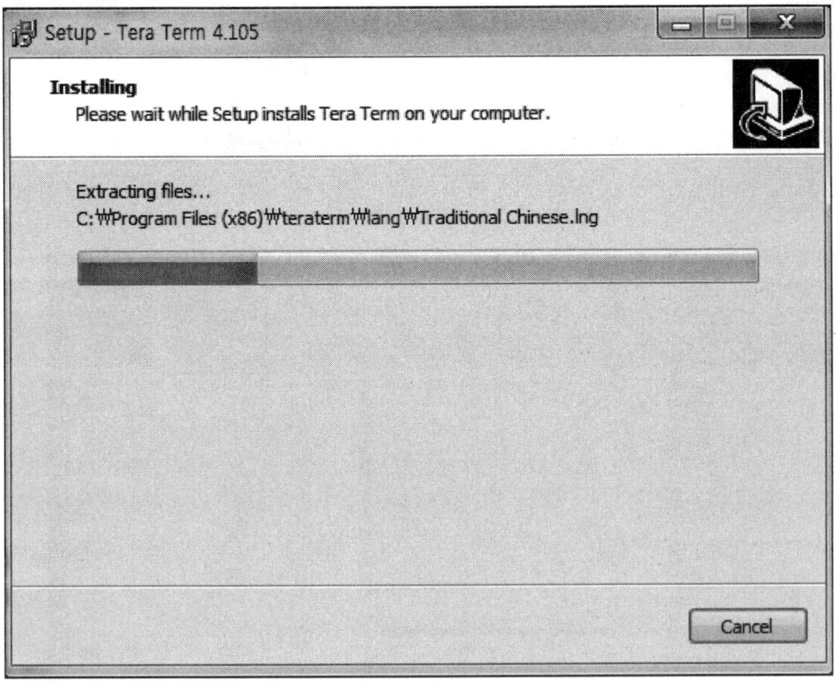

⑦ 프로그램 설치가 완료되면 Finish를 클릭한다.

⑧ install이 완료되고 나면 단축키(Tera Term)가 생성된다. 단축키(Tera Term)를 클릭한다.

⑨ 단축키(Tera Term)를 클릭하면 통신화면 창이 다음과 같이 나타나고 **설정-시리얼포트**를 클릭한다.

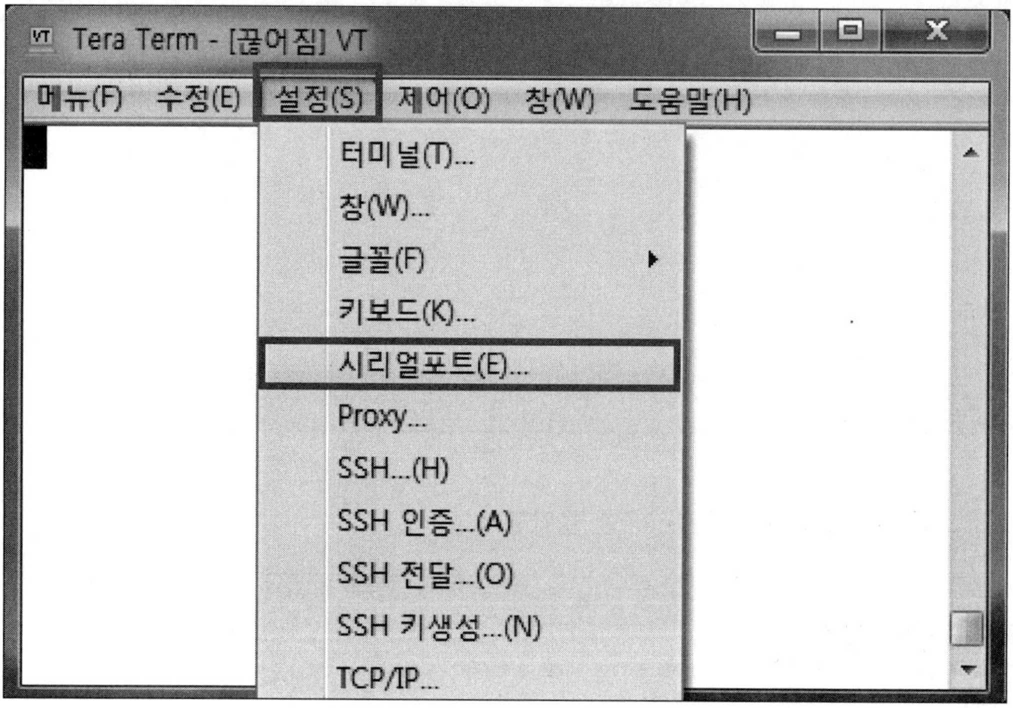

⑩ IDE 실습프로그램에서 Usart 통신속도는 115200으로 설정함으로 Tera Term에서도 동일하게 설정해야 한다. 데이터 8bit, 패리티 none, stop bit 1bit, 흐름제어 none로 설정한다.

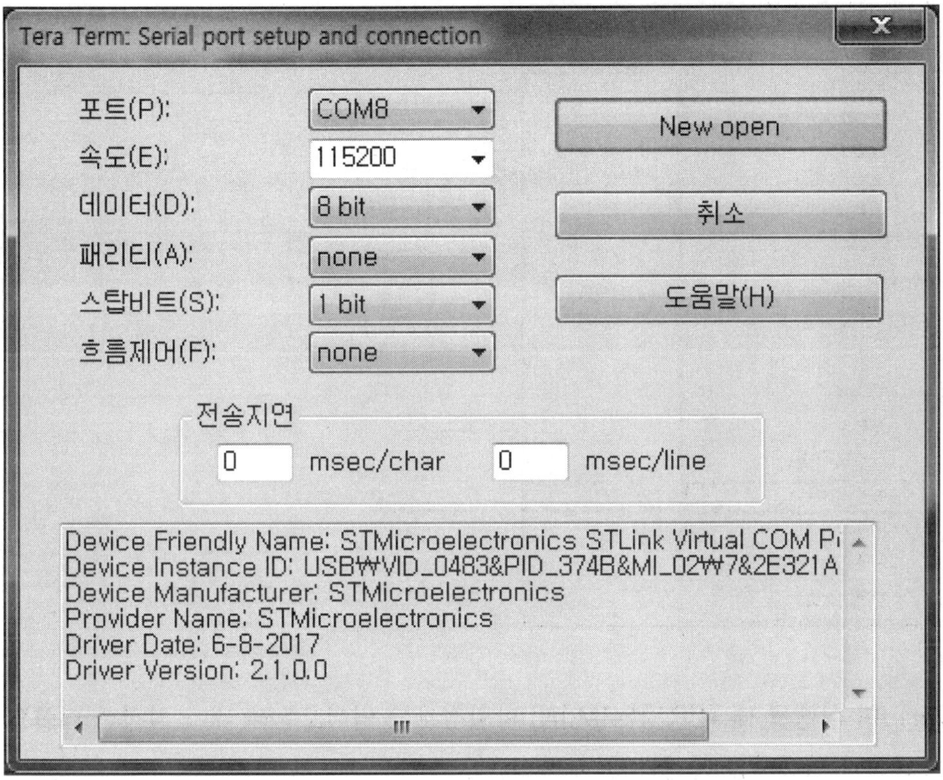

⑪ 현재 설정한 값을 저장하기 위해서는 설정-저장하기를 클릭한다. 이렇게 저장해두면 프로그램을 시작할 때마다 별도로 설정할 필요가 없다. 지금 저장한 값을 default로 사용한다.

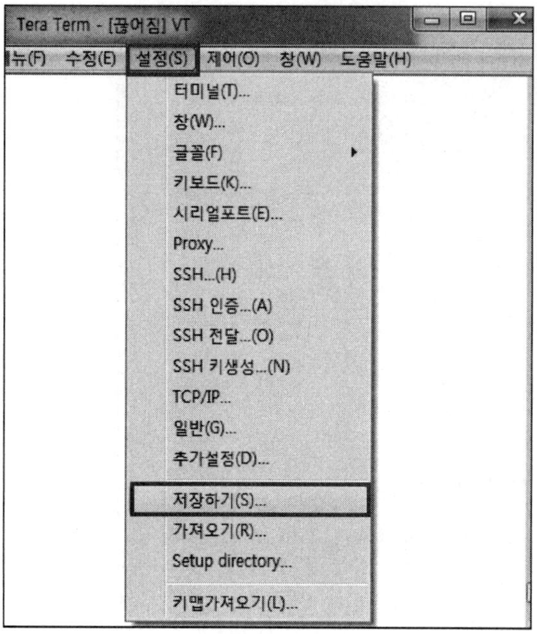

⑫ Tera Term이 실행될 때 **TERATERM.INI** 파일정보를 읽어오는데 내가 설정한 디폴드값을 사용하기 위해서는 아래와 같이 저장한다.

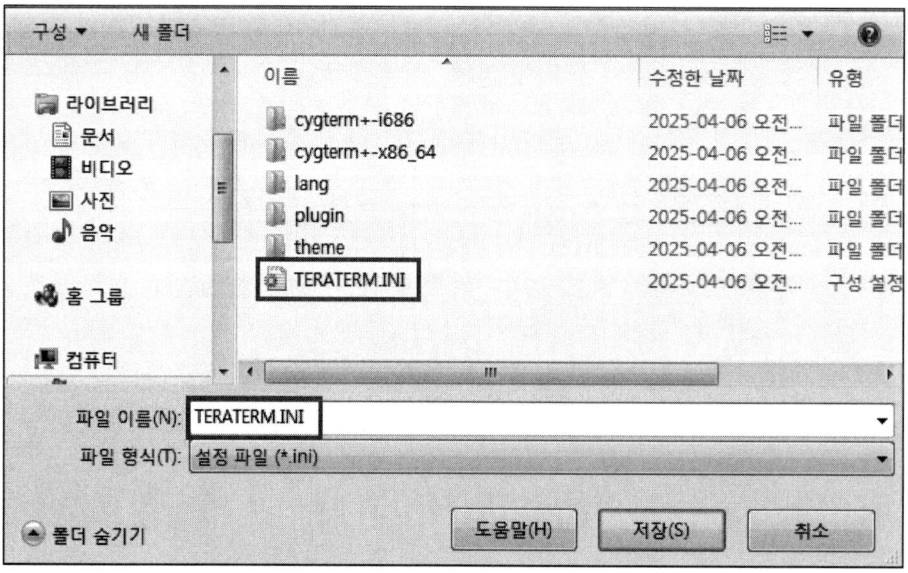

⑬ 다음과 같은 창이 표시되면 예(Y)를 클릭하여 저장한다. 모든 설정이 완료되었다.

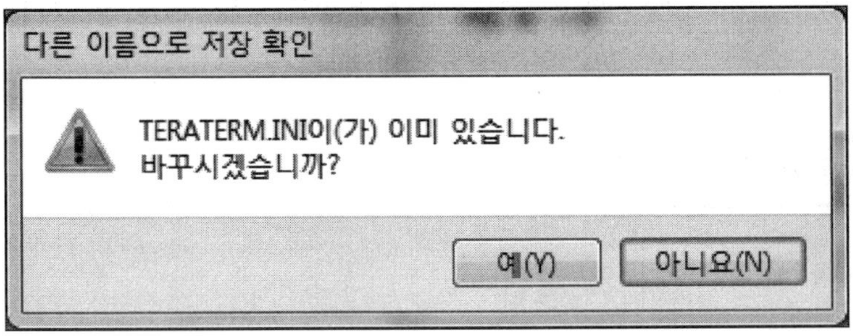

9.2 PuTTY 통신 프로그램 사용방법

통신 프로그램을 사용하기 위해서는 아래 홈페이지에서 다운 받는다.

- http://www.bjschool.or.kr/

홈페이지 커뮤니티-교육용 자료-ARM-통신 프로그램을 down 받는다.

또는 구글에서 download 받아도 된다.

① 구글에서 통신 프로그램 PuTTY 다운 및 포트설정 방법

② 64-bit putty.exe click 다운 및 실행. 설치가 완료되고 실습용 보드를 연결하면 제어판에서 확인할 수 있다.

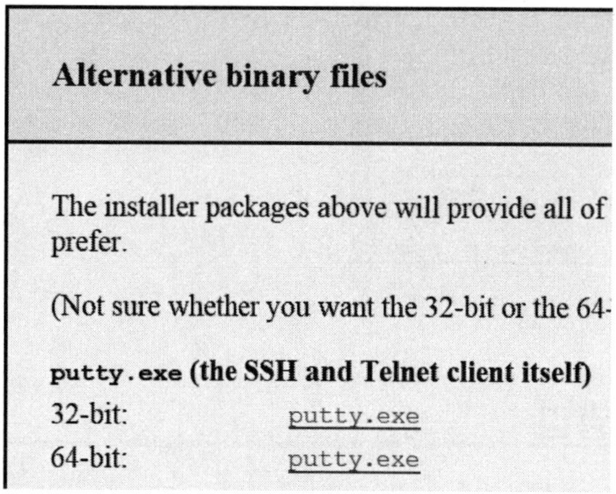

③ PuTTY 통신 포트(COM & LPT) 설정

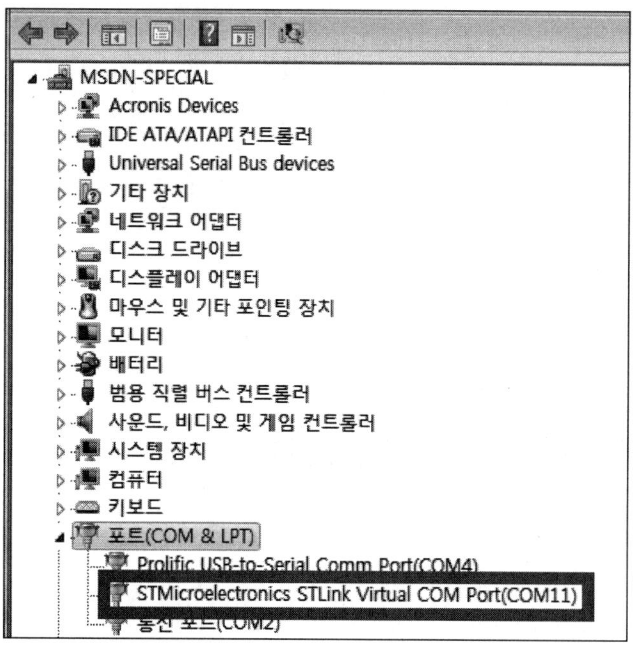

④ PuTTY serial port 설정

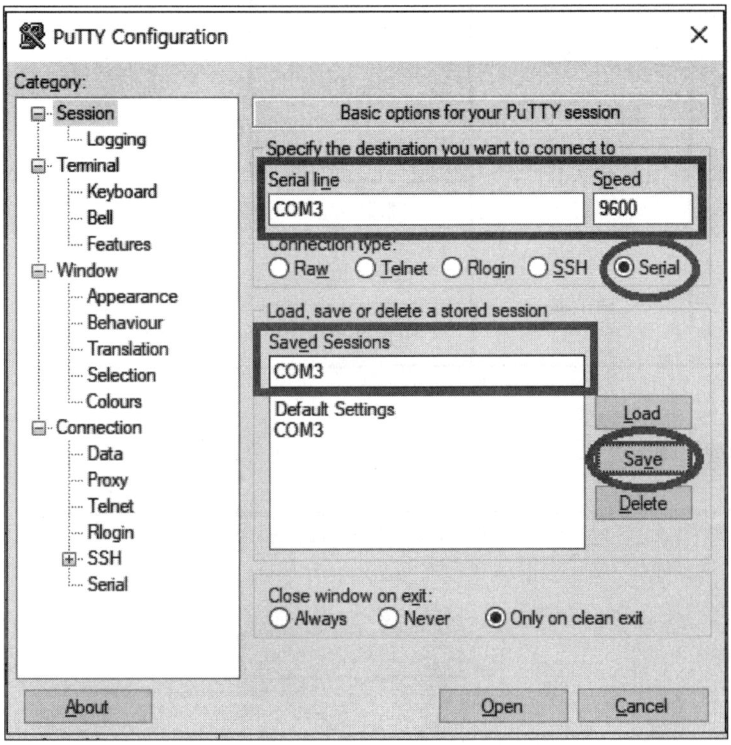

9.3 Usart_serial 통신회로 실습

Usart_serial를 이용하여 시리얼 포트 설정 사용방법을 알고 주변기기를 제어해 보자.

[ex_IDE_Usart_serial_9.1] Usart_serial 통신회로 실습

Usart_serial 통신을 이용하여 반복적으로 "Suwon Injae Tech Institute!" 그리고 "I love you!" 문자를 반복적으로 전송 하고자 한다. 동시에 문자도 전송되고 LD1, LD2, LD3는 HAL_GPIO_TogglePin 함수를 이용하여 on/off 되게 설계해 보자.

Tera Term 통신 프로그램을 이용하고 시리얼 통신포트 설정은 다음과 같이 설정한다.

IDE 프로그램을 먼저 실행(Run)하고 통신 속도 값을 설정한다.

Tera Term 통신 프로그램과 시리얼 포트 설정 사용 방법은 앞 장을 참고하기 바란다.

전송하고자 하는 문자	LD1, 2, 3	설정 - 시리얼포트	
Suwon Injae Tech Institute!	on/off	포트(p)	제어판 확인
I love you!		속도(E)	115200
반복	on/off	데이터(D)	8bit
반복		패리티(A)	none
반복	on/off	Stop bit(S)	1bit
반복		흐름제어(F)	none

① 먼저 IDE 프로그램을 실행하자. File-New-STM32 Project 클릭한다.

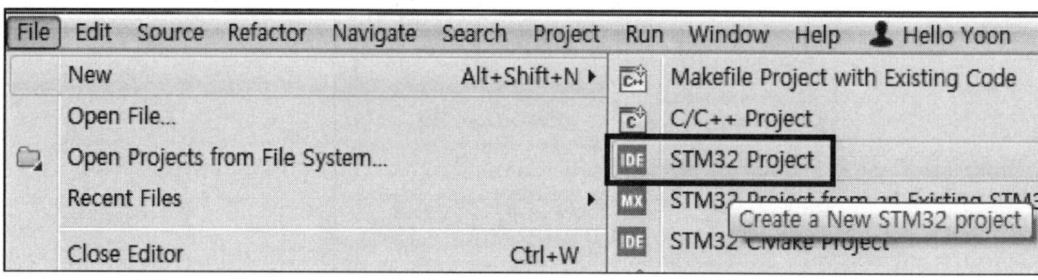

② Board Selector 선택하고 NUCLEO-F429ZI를 입력하고 ST실습보드를 선택하고 NEXT를 클릭한다.

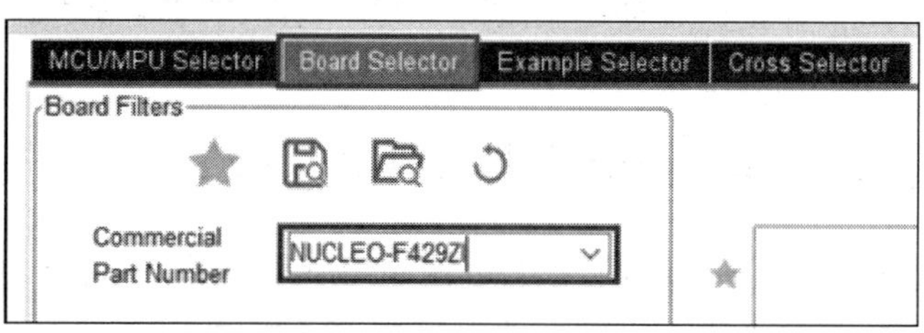

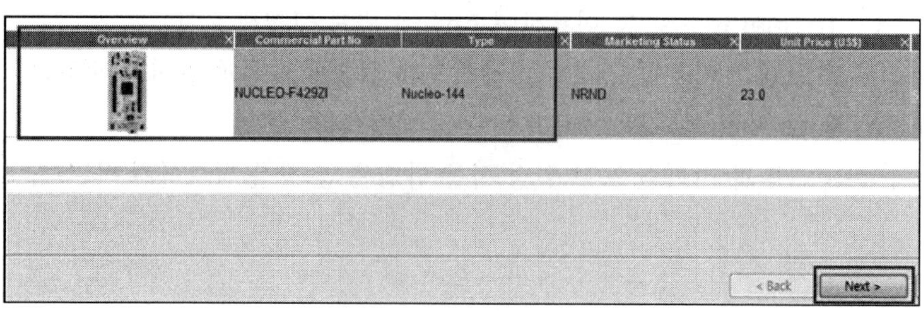

③ Project Name을 ex_Usart_serial_1 으로 입력한다. finish를 클릭한다.

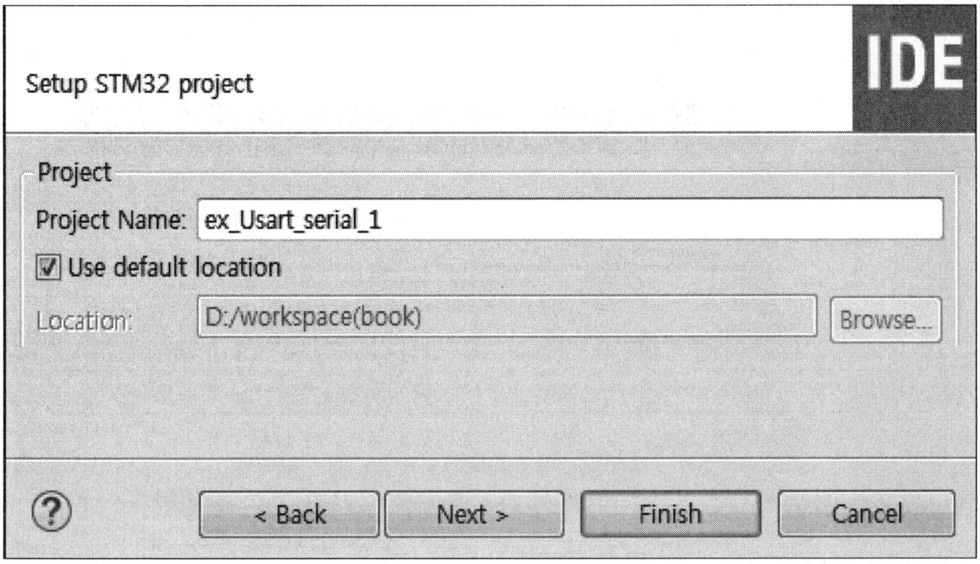

④ Pinout & Configuration 에서 RCC 값을 HSE는 Crystal/Ceramic Resonator 설정하고 LSE는 Disable로 설정한다.

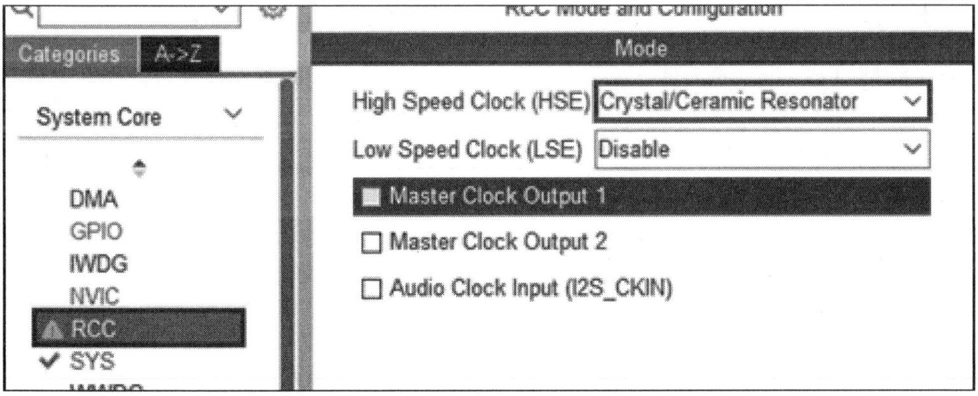

⑤ GPIO mode는 PB0, PB7, PB14을 Output PushPull로 설정한다. User Label은 LD1, LD2, LD3으로 설정한다.

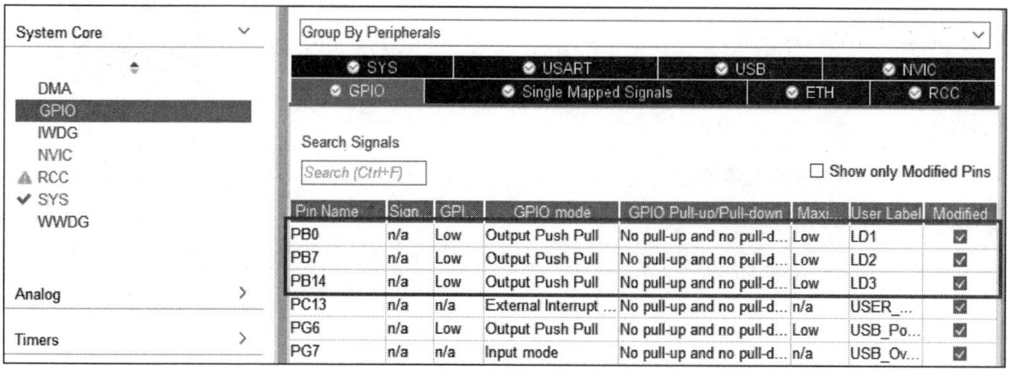

⑥ Connectivity-Parameter Settings에서 통신속도를 다음과 같이 설정한다.

⑦ Clock Configuration을 클릭하고 usart3는 APB1에 연결되어 있음으로 clocks 주파수를 42MHz가 될 수 있게 설정한다.

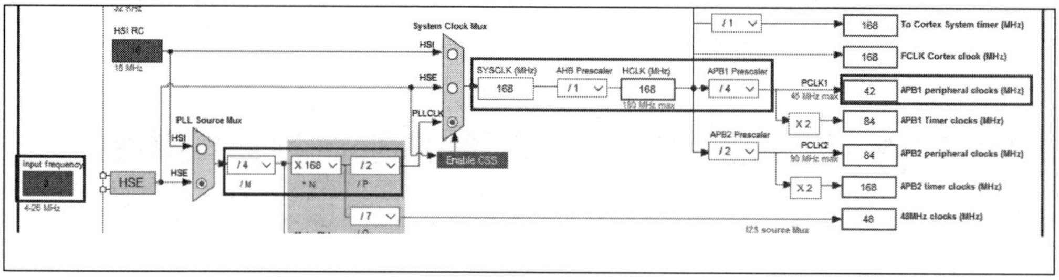

시스템 클럭이 너무 높으면 usart 통신시 문자 전송된 값이 통신 모니터에 문자 또는 숫자가 이상하게(숫자가 깨짐)나올 수 있다.

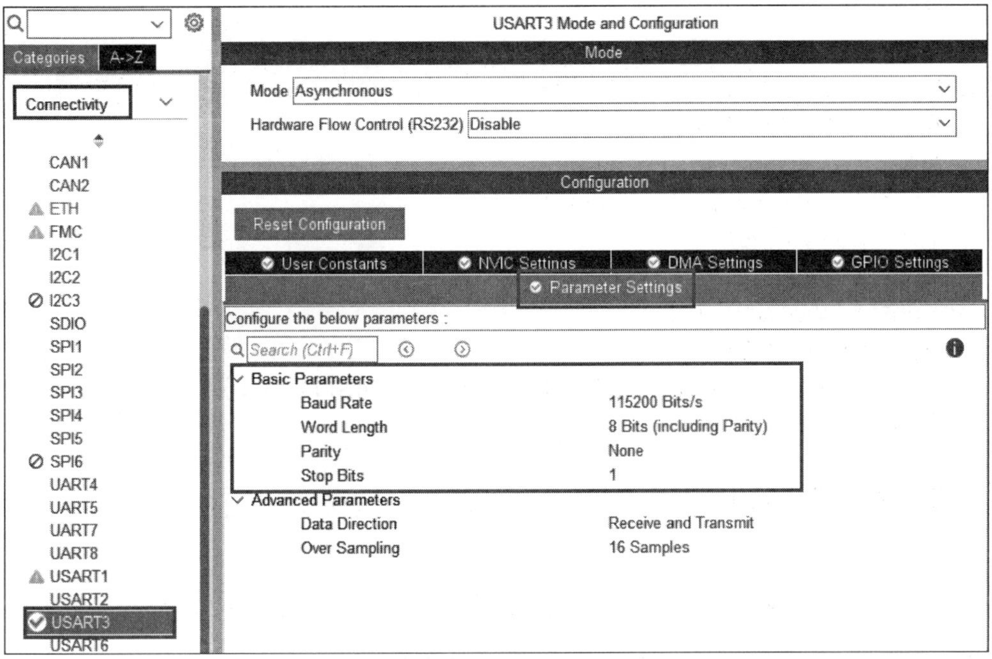

⑧ Project-Generate code 를 생성하고 다음과 같이 프로그램을 입력해 보자.

```
/* Includes ------------------------------------------------------------------*/
 #include “main.h”
 #include “string.h”
/* Private includes ----------------------------------------------------------*/
/* USER CODE BEGIN Includes */
 #include 〈stdio.h〉
/* USER CODE END Includes */

/* USER CODE BEGIN 0 */
 #ifdef __GNUC__
 #define USART_TX uint16_t __io_putchar(uint16_t data)
 #else
 #define USART_TXE uint16_t fputc(uint16_t data, FILE *f)
 #endif
 USART_TX {
```

```
  if (data == '\n')
    HAL_UART_Transmit(&huart3, (uint8_t*) "\r", 1, 0xffff);
    HAL_UART_Transmit(&huart3, (uint8_t*)  &data, 1, 0xffff);
    return data;
   }
/* USER CODE END 0 */
/* USER CODE BEGIN WHILE */
  while (1) {
          printf ("Suwon Injae Tech Institute!\n");
          HAL_Delay (200);
          printf (" \n");
          printf ("I love you!\n");
          HAL_Delay (200);
          HAL_GPIO_TogglePin(GPIOB,LD1_Pin|LD2_Pin|LD3_Pin);
          HAL_Delay(200);
  }
    /* USER CODE END WHILE */
```

⑨ Generate code가 자동생성 되었고 다음과 같이 프로그램이 입력되었다.

```
/* Includes ------------------------------------------------------------------*/
#include "main.h"
#include "string.h"

/* Private includes ----------------------------------------------------------*/
/* USER CODE BEGIN Includes */
#include <stdio.h>
/* USER CODE END Includes */
/* USER CODE BEGIN 0 */
#ifdef __GNUC__
#define USART_TX uint16_t __io_putchar(uint16_t data)
#else
#define USART_TXE uint16_t fputc(uint16_t data, FILE *f)
#endif

USART_TX {
  if(data == '\n')
    HAL_UART_Transmit(&huart3,(uint8_t*) "\r",1,0xffff);
    HAL_UART_Transmit(&huart3,(uint8_t*)  &data,1,0xffff);
    return data;
}
/* USER CODE END 0 */
```

```
/* USER CODE BEGIN WHILE */
while (1)
{
    printf ("Suwon Injae Tech Institute!\n");
    HAL_Delay (200);
    printf (" \n");
    printf ("I love you!\n");
    HAL_Delay (200);
    HAL_GPIO_TogglePin(GPIOB,LD1_Pin|LD2_Pin|LD3_Pin);
    HAL_Delay(200);
}
  /* USER CODE END WHILE */
```

⑩ 프로그램을 입력하였으면 Run-Run을 클릭하여 실행한다.

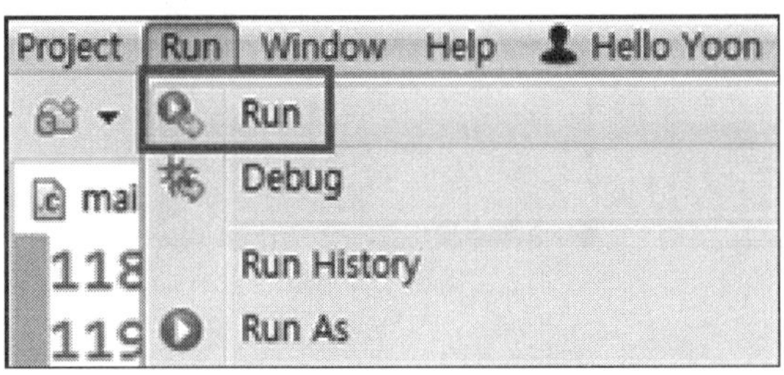

⑪ Tera Term 아이콘 또는 단축키(Tera Term)를 클릭한다.

⑫ 단축키(Tera Term)를 클릭하면 통신화면 창이 다음과 같이 나타나고 **설정-시리얼포트**를 클릭한다.

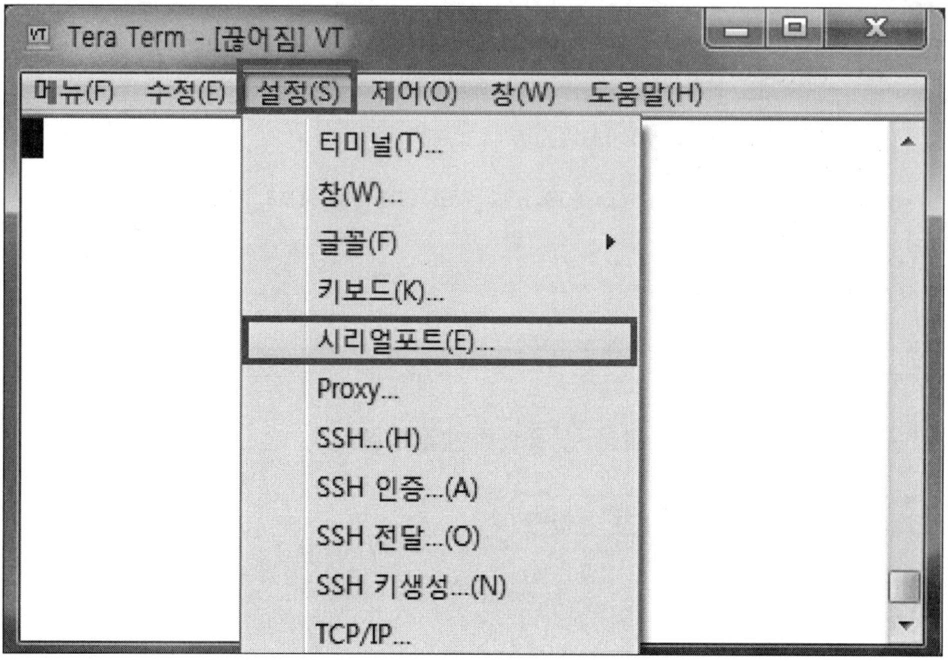

⑬ IDE 실습프로그램에서 Usart 통신속도는 115200으로 설정하였고 Tera Term에서도 동일하게 설정해야 한다. 데이터 8bit, 패리티 none, stop bit 1bit, 흐름제어 none로 설정한다.

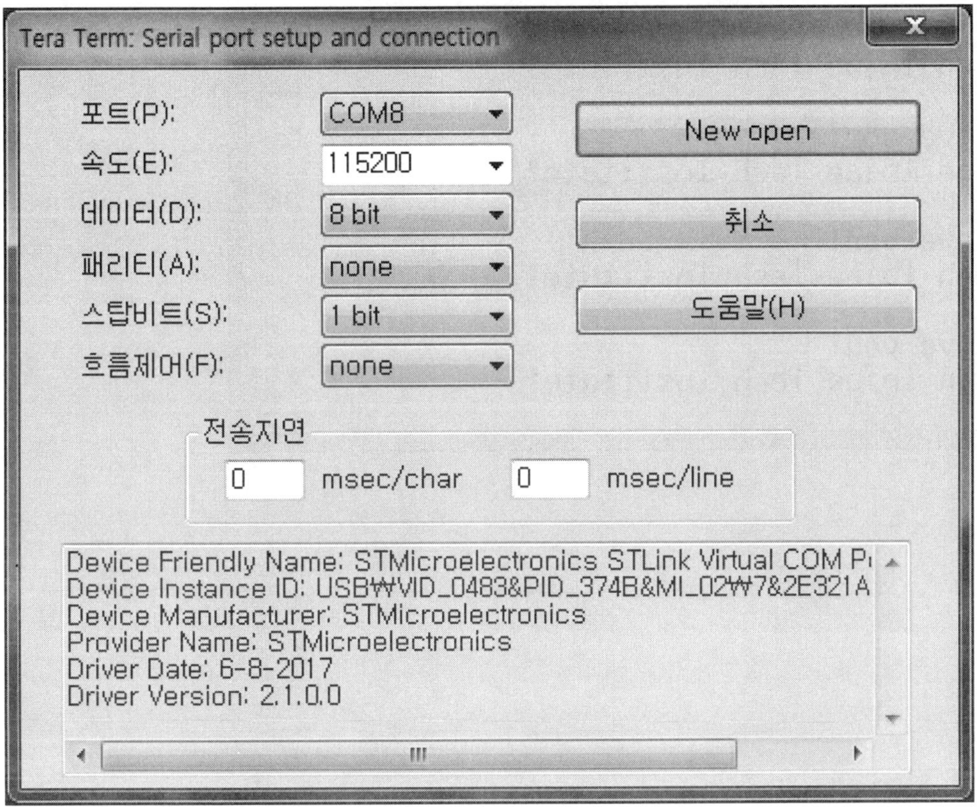

⑭ 현재 설정한 값을 저장하기 위해서는 설정-저장하기를 클릭한다. 이렇게 저장해두면 프로그램을 시작할 때마다 별도로 설정할 필요가 없다. 지금 저장한 값을 default 로 사용한다.

[실행결과] Tera Term 통신 모니터에 "Suwon Injae Tech Institute!" 그리고 "I love you! " 문자가 반복적으로 전송되고 동시에 LD1, LD2, LD3도 on/off 된다.

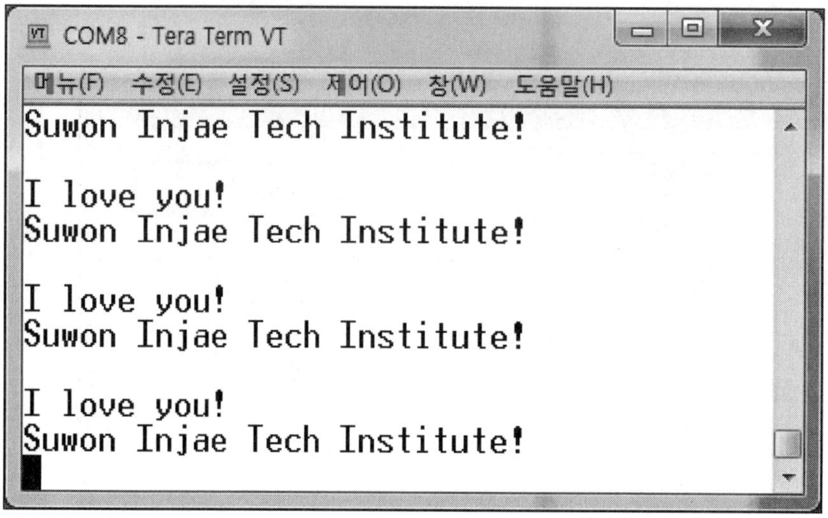

10장

ADC
(Analog Digital Conversion)

10.1 ADC 출력회로실습

[ex_IDE_ADC_10.1] ADC1 출력값에 따른 led on/off 회로실습(polling)

전원 AVDD에 연결되어 있는 VR10k(R1)을 가변하면 전압분배법칙에 따라 전압값이 가변하게 된다.

MCU ADC1에 연결되어 있는 PC0의 전압 입력값을 읽어 LD1, LD2, LD3 빠르고 느리게 on/off 되게 설계해 보자.

가변저항(VR10K)을 변화시키면 주기값에 따라 led LD1, LD2, LD3는 주기가 빠르고 느리게 on/off로 동작된다.

(참고로 데이터 시트의 STM32 Nucleo-144 boards User manual UM1974를 체크해 보면 [Table17] NUCLEO-F429ZI pin assignments는 PC3의 ADC123_IN10으로 매핑되어 있다.)

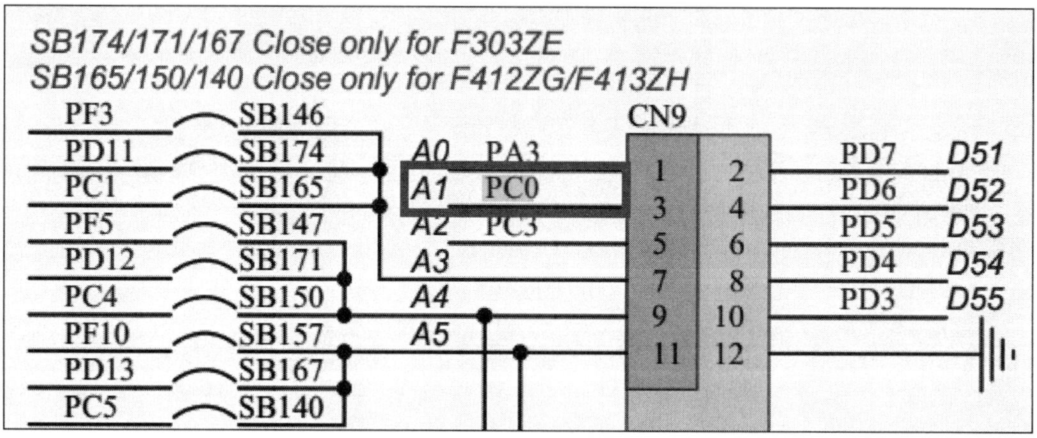

	1	A0	ADC	PA3	ADC123_IN3
	3	A1	ADC	PC0	ADC123_IN10
	5	A2	ADC	PC3	ADC123_IN13
	7	A3	ADC	PF3	ADC3_IN9
	9	A4	ADC	PF5 or PB9(1)	ADC3_IN15 (PF5) or I2C1_SDA (PB9)
CN9	11	A5	ADC	PF10 or PB8(1)	ADC3_IN8 (PF10) or I2C1_SCL (PB8)

① File-New-STM32 Project를 클릭한다.

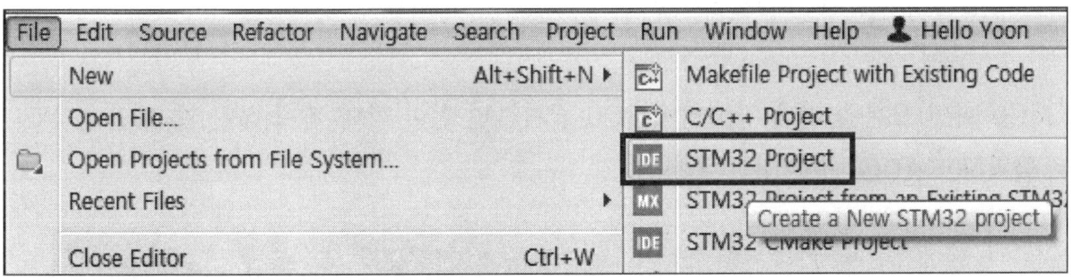

② Board Selector 선택하고 NUCLEO-F429ZI를 입력하고 ST실습보드를 선택하고 NEXT를 클릭한다.

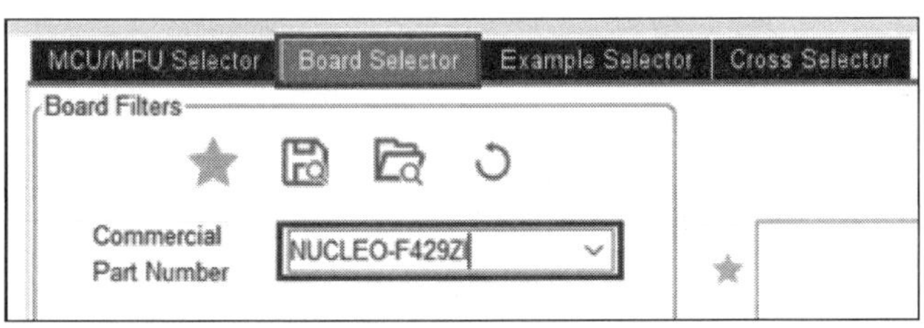

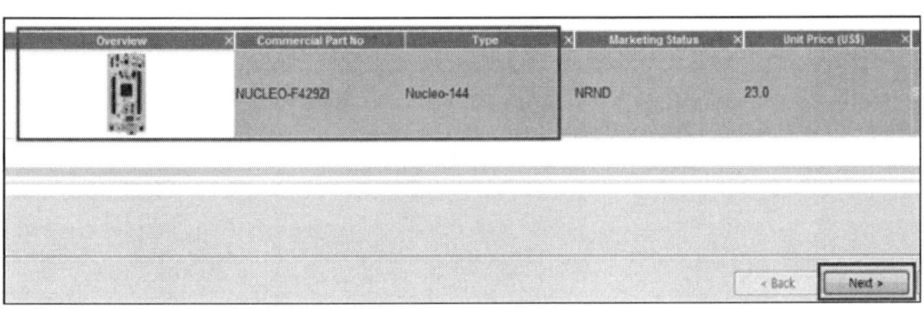

③ Project Name을 ex_adc_1으로 입력한다. finish를 클릭한다.

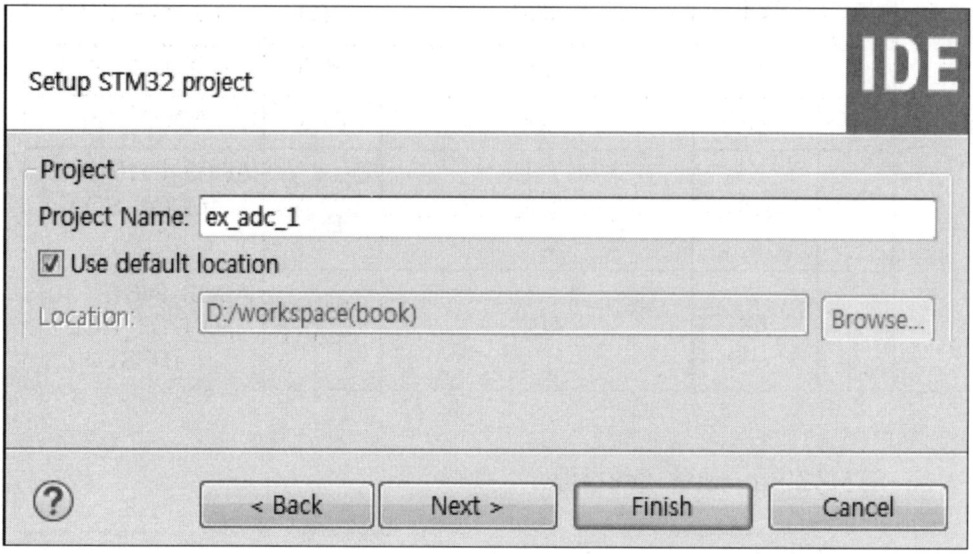

④ MCU 화면 오른쪽 아래 검색창에 PC0 클릭하면 핀이 깜빡 깜빡 하는 게 보인다. PC0 클릭하고 ADC1_IN10을 선택한다.

⑤ Analog-ADC1을 선택하고 IN10을 선택한다. Parameter Setting을 클릭하고 ADC_Setting 값을 다음과 같이 설정한다.

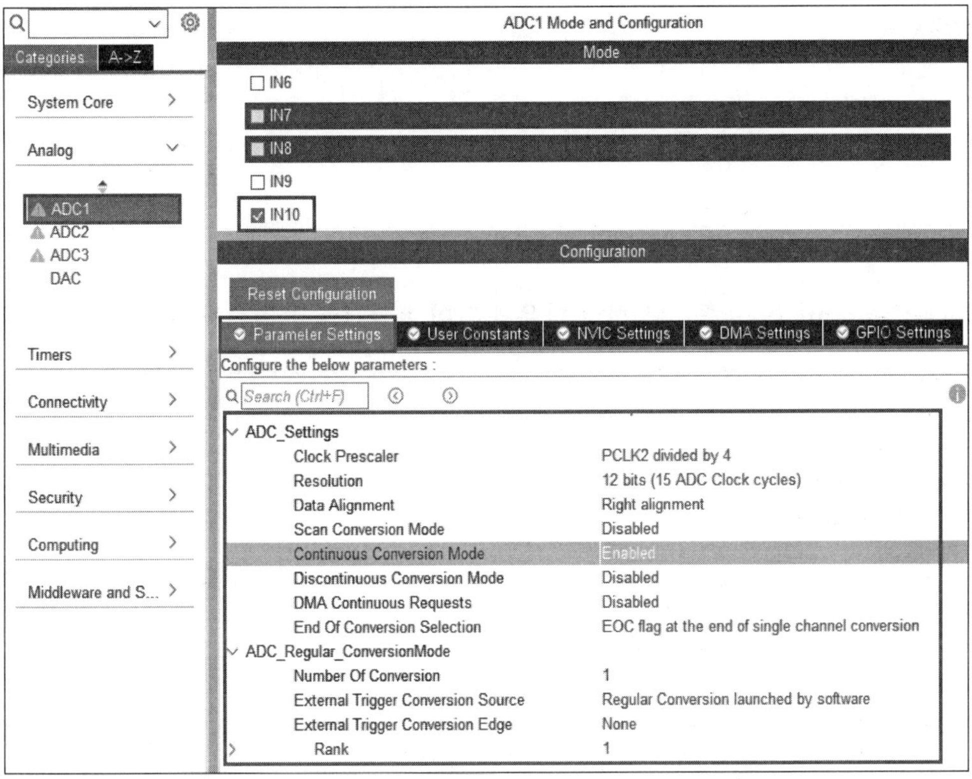

⑥ GPIO Setting을 클릭하고 GPIO mode 는 Analog mode로 설정되어 있는지 확인한다.

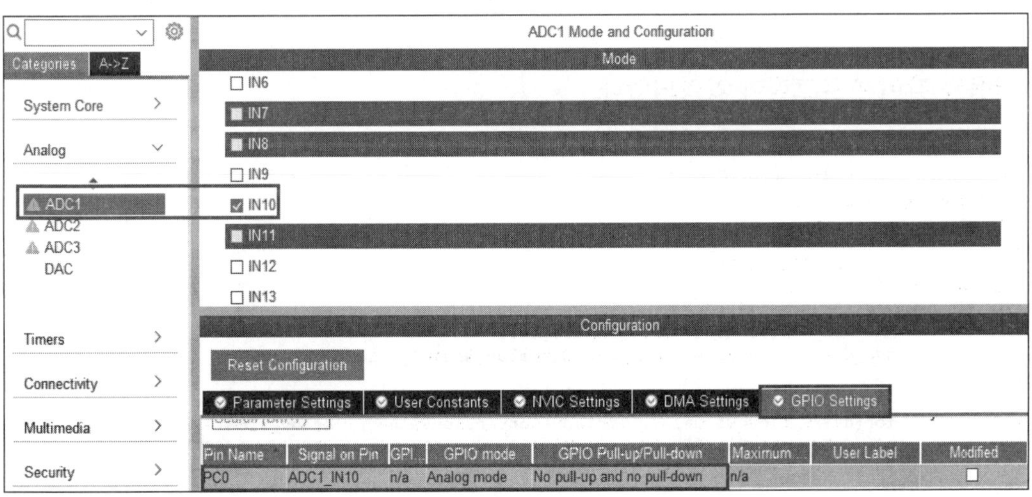

⑦ Clock Configuration을 클릭하고 APB2 PCLK2 주파수를 84MHz가 될 수 있게 설정한다.

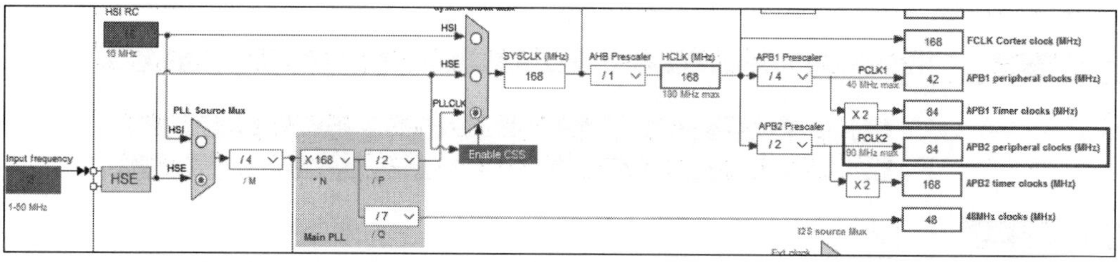

⑧ Project-Generate code를 생성하고 다음과 같이 프로그램을 입력해 보자.

```
/* USER CODE BEGIN PFP */
int delay_time = 0;
int adc_Conversionvalue;
/* USER CODE END PFP */
/* USER CODE BEGIN WHILE */
 while(1){
        HAL_ADC_Start(&hadc1);
        HAL_ADC_PollForConversion(&hadc1,10);
        adc_Conversionvalue = HAL_ADC_GetValue(&hadc1)* 10000;

        HAL_GPIO_WritePin (GPIOB, LD1_Pin|LD2_Pin|LD3_Pin, GPIO_PIN_SET);
        for(delay_time=0; delay_time<adc_Conversionvalue;delay_time++);
        HAL_GPIO_WritePin (GPIOB, LD1_Pin|LD2_Pin|LD3_Pin, GPIO_PIN_RESET);
        for(delay_time=0; delay_time<1000000; delay_time++);
       }
    /* USER CODE END WHILE */
```

⑨ 다음과 같이 프로그램이 입력되었다.

```
/* USER CODE BEGIN PFP */
int delay_time = 0;
int adc_Conversionvalue;
/* USER CODE END PFP */
  /* USER CODE BEGIN WHILE */
 while(1){
        HAL_ADC_Start(&hadc1);
        HAL_ADC_PollForConversion(&hadc1,10);
        adc_Conversionvalue = HAL_ADC_GetValue(&hadc1)* 10000;

        HAL_GPIO_WritePin (GPIOB, LD1_Pin|LD2_Pin|LD3_Pin, GPIO_PIN_SET);
        for(delay_time=0; delay_time<adc_Conversionvalue;   delay_time++);
        HAL_GPIO_WritePin (GPIOB, LD1_Pin|LD2_Pin|LD3_Pin, GPIO_PIN_RESET);
        for(delay_time=0; delay_time<1000000; delay_time++);
       }
    /* USER CODE END WHILE */
```

⑩ 프로그램을 입력하였으면 Run-Run을 클릭하여 실행한다.

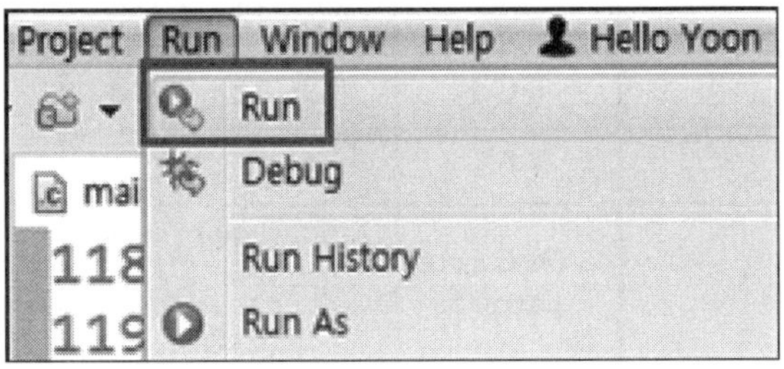

[실행결과] VR1을 가변하면 주기 값에 따라 LD1,LD2,LD3 on/off 빠르고 느리게 동작 된다.

[ex_IDE_ADC_10.2] ADC2 출력값에 따른 led on/off 회로 실습(polling)

ADC2로 입력되는 PC3의 전압 입력 값을 읽어 LD1, LD2, LD3 빠르고 느리게 on/off 시켜보자.
가변저항을 변화시키면 주기 값에 따라 LD1, LD2, LD3 빠르고 느리게 on/off 된다.
(참고로 데이터 시트의 STM32 Nucleo-144 boards User manual UM1974를 체크해 보면 [Table17] NUCLEO-F429ZI and NUCLEO-F439ZI는 PC3의 ADC123_IN13으로 매핑되어 있다.)

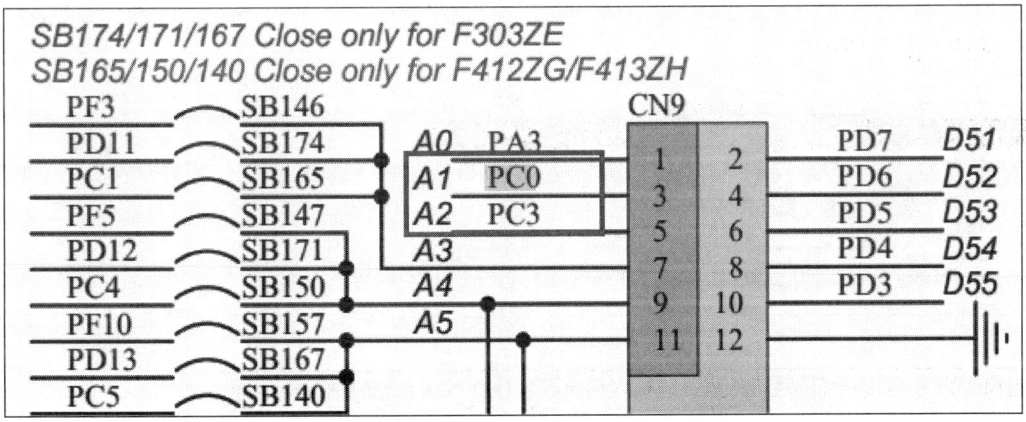

	1	A0	ADC	PA3	ADC12_IN15
	3	A1	ADC	PC0	ADC123_IN10
	5	A2	ADC	PC3	ADC123_IN13
	7	A3	ADC	PF3	ADC3_IN5
	9	A4	ADC	PF5 or PB9(1)	ADC3_IN4 (PF5) or I2C1_SDA (PB9)
CN9	11	A5	ADC	PF10 or PB8(1)	ADC3_IN6(PF10) or I2C1_SCL (PB8)

① File-New-STM32 Project를 클릭한다.

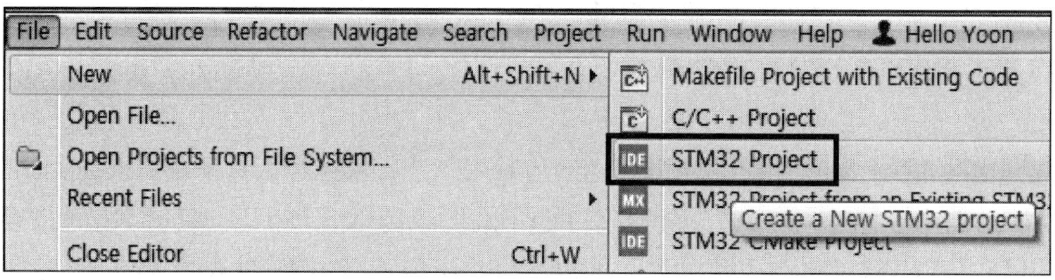

② Board Selector 선택하고 NUCLEO-F429ZI를 입력하고 ST실습보드를 선택하고 NEXT를 클릭한다.

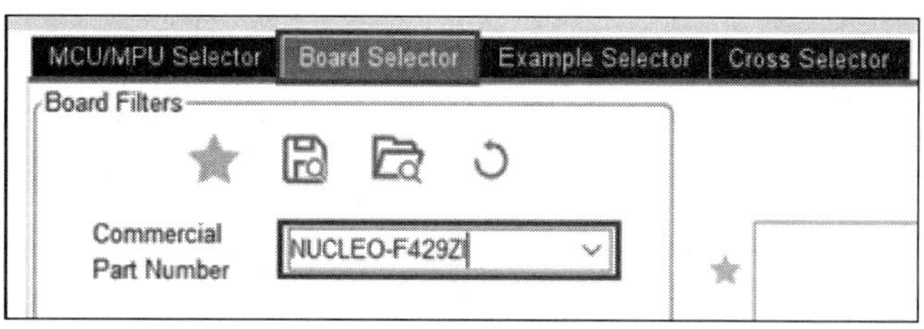

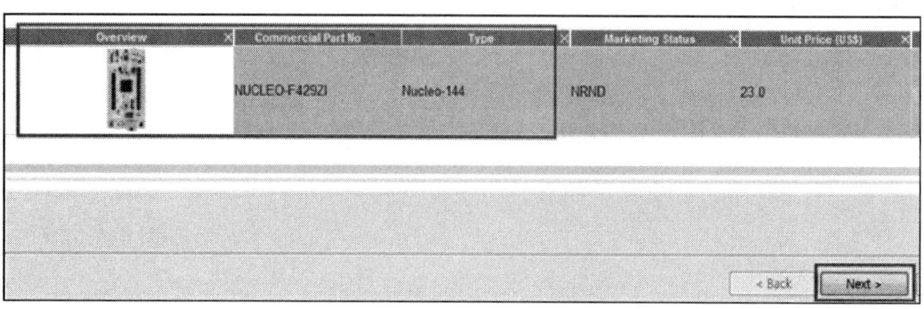

③ Project Name을 ex_adc_2 으로 입력한다. finish를 클릭한다.

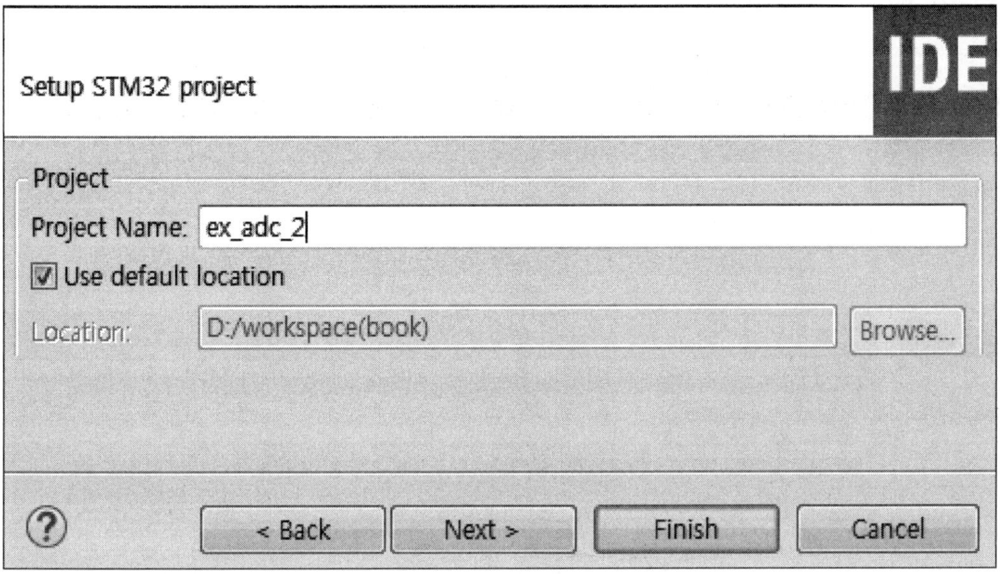

④ 화면 오른쪽 아래 검색창에 PC3 입력하면 핀이 깜빡 깜빡 하는 게 보인다. PC3 클릭하고 ADC2_IN13을 선택한다.

Chapter 06
Chapter 07
Chapter 08
Chapter 09
Chapter 10

⑤ Analog-ADC2을 선택하고 IN13을 선택 되었는지 확인한다. Parameter Setting을 클릭하고 ADC_Setting 값을 다음과 같이 설정한다.

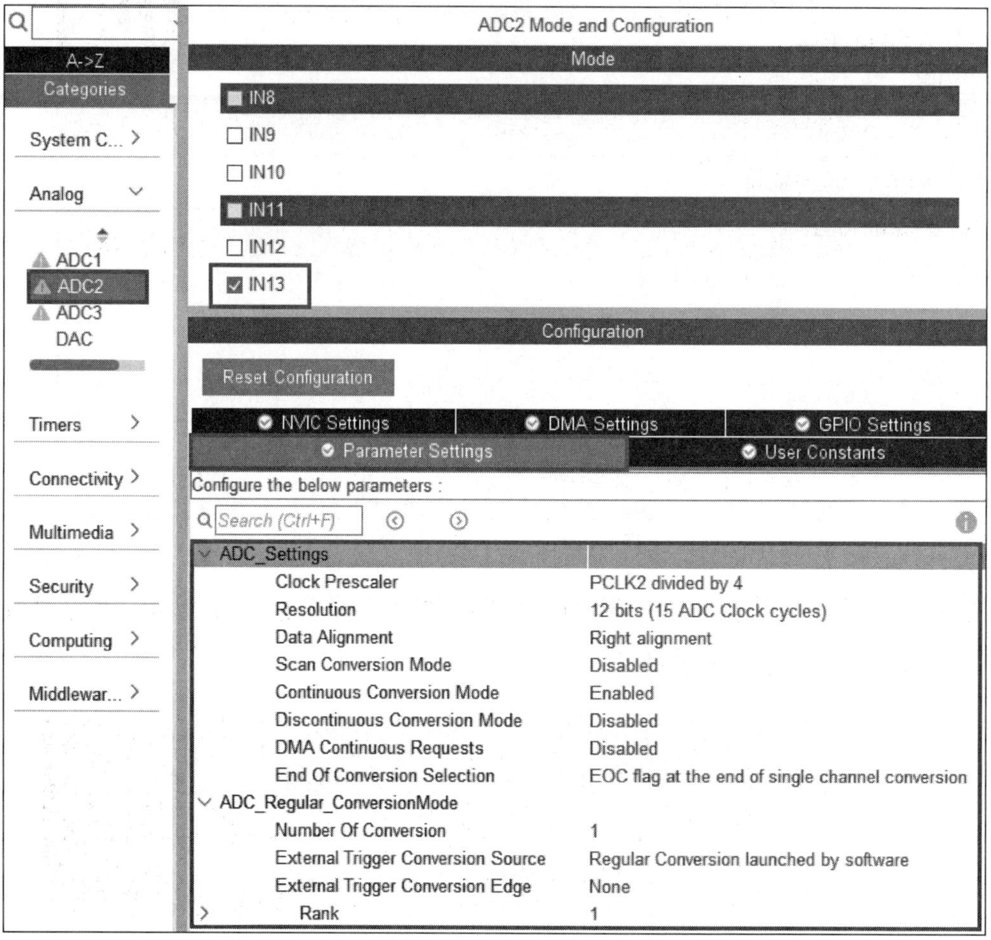

⑥ GPIO Setting을 클릭하고 GPIO mode 는 Analog mode로 설정되어 있는지 확인한다.

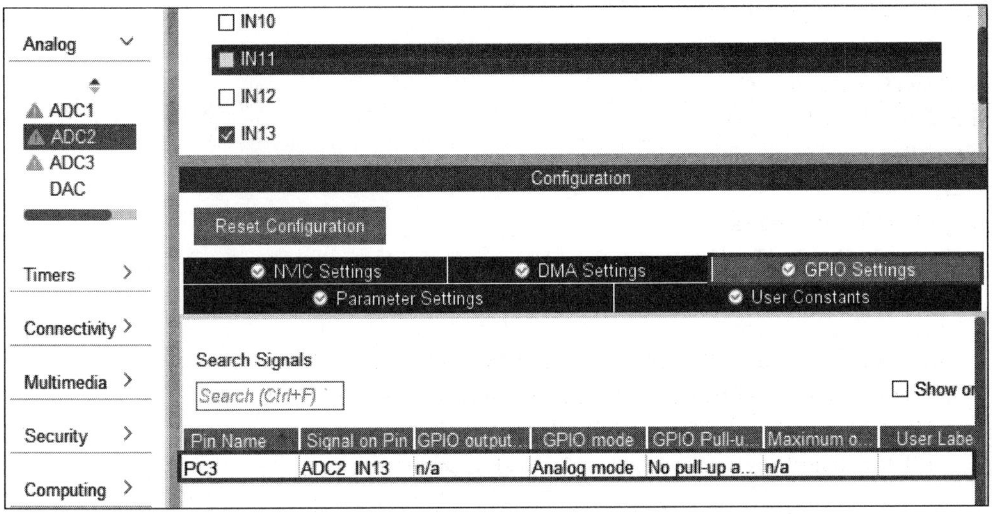

⑦ Clock Configuration을 클릭하고 APB2 PCLK2 주파수를 84MHz가 될 수 있게 설정한다.

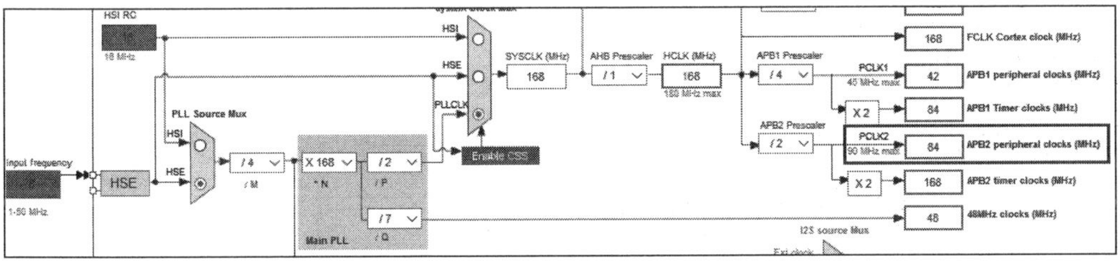

⑧ Project-Generate code를 생성하고 다음과 같이 프로그램을 입력해 보자.

```
/* USER CODE BEGIN PFP */
int delay_time = 0;
int adc_Conversionvalue = 0;
/* USER CODE END PFP */
/* USER CODE BEGIN WHILE */
 while(1){
        HAL_ADC_Start(&hadc2);
        HAL_ADC_PollForConversion(&hadc2,10);
        adc_Conversionvalue = HAL_ADC_GetValue(&hadc2)* 1000;

        HAL_GPIO_WritePin (GPIOB, LD1_Pin|LD2_Pin|LD3_Pin, 1);
        for(delay_time=0; delay_time<adc_Conversionvalue; delay_time++);
        HAL_GPIO_WritePin (GPIOB, LD1_Pin|LD2_Pin|LD3_Pin, 0);
        for(delay_time=0; delay_time<1000000; delay_time++);
       }
    /* USER CODE END WHILE */
```

⑨ Generate code가 자동생성되었고 다음과 같이 프로그램이 입력되었다.

```
/* USER CODE BEGIN PFP */
int delay_time = 0;
int adc_Conversionvalue;
/* USER CODE END PFP */
  /* USER CODE BEGIN WHILE */
  while(1) {
            HAL_ADC_Start(&hadc2);
            HAL_ADC_PollForConversion(&hadc2,10);
            adc_Conversionvalue = HAL_ADC_GetValue(&hadc2)* 1000;

            HAL_GPIO_WritePin (GPIOB, LD1_Pin|LD2_Pin|LD3_Pin, 1);
            for(delay_time=0; delay_time<adc_Conversionvalue;delay_time++);

            HAL_GPIO_WritePin (GPIOB, LD1_Pin|LD2_Pin|LD3_Pin, 0);
            for(delay_time=0; delay_time<1000000; delay_time++);
            }
    /* USER CODE END WHILE */
```

⑩ 프로그램을 입력하였으면 Run-Run을 클릭하여 실행한다.

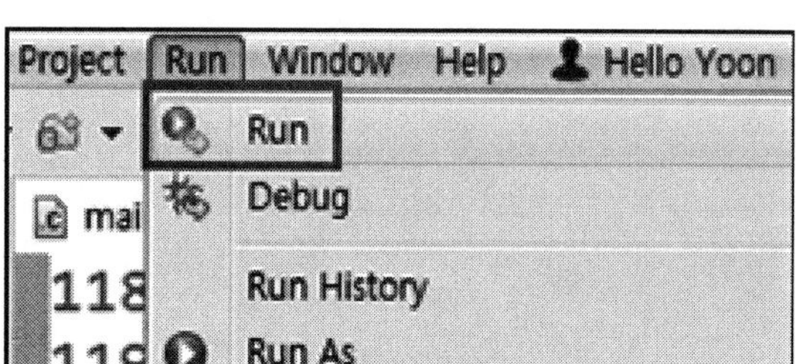

[실행결과] 가변저항(VR2)을 조절하면 주기 값에 따라 LD1, LD2, LD3 on/off 빠르고 느리게 동작된다.

[ex_IDE_ADC_10.3] ADC1,ADC2 출력값을 usart 통신 실습

ADC1, 2(PC0, PC3)로 입력되는 아날로그 전압 값을 읽어오고 디지털로 변환된 값을 usart 통신을 통해 데이터 값을 전송해 보자. ADC_value1, 2의 값을 전송 할 때마다 LD1, LD2, LD3의 led는 동시에 깜빡이게 된다.

가변저항을 변화시키면 디지털 변환 값을 usart 통신을 통해 통신화면 모니터에 display되게 된다.

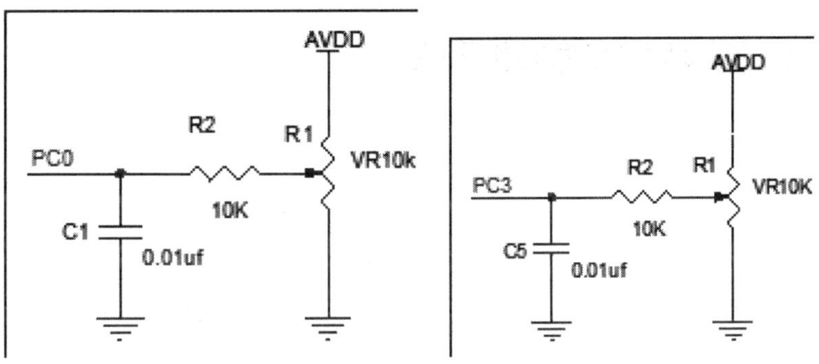

	1	A0	ADC	PA3	ADC12_IN15
	3	A1	ADC	PC0	ADC123_IN10
	5	A2	ADC	PC3	ADC123_IN13
	7	A3	ADC	PF3	ADC3_IN5
	9	A4	ADC	PF5 or PB9(1)	ADC3_IN4 (PF5) or I2C1_SDA (PB9)
CN9	11	A5	ADC	PF10 or PB8(1)	ADC3_IN6 (PF10) or I2C1_SCL (PB8)

① File-New-STM32 Project를 클릭한다.

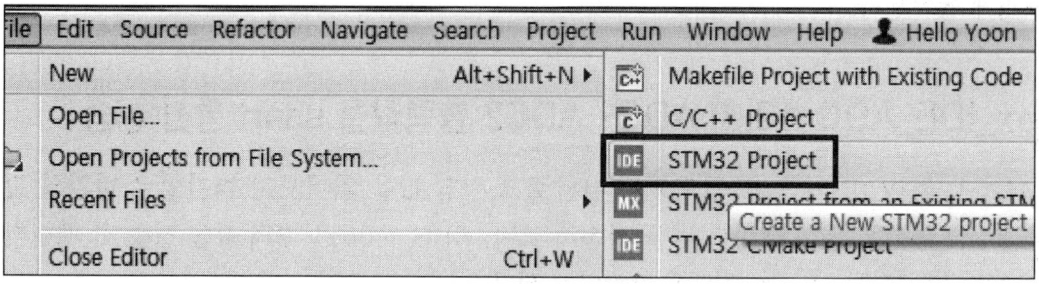

② Board Selector 선택하고 NUCLEO-F429ZI를 입력하고 ST실습보드를 선택하고 NEXT를 클릭한다.

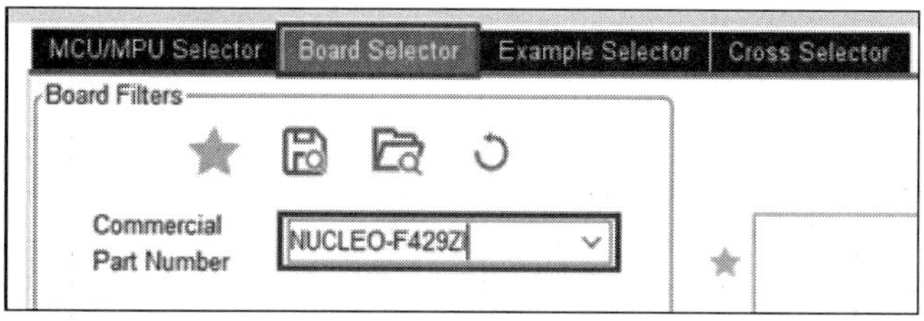

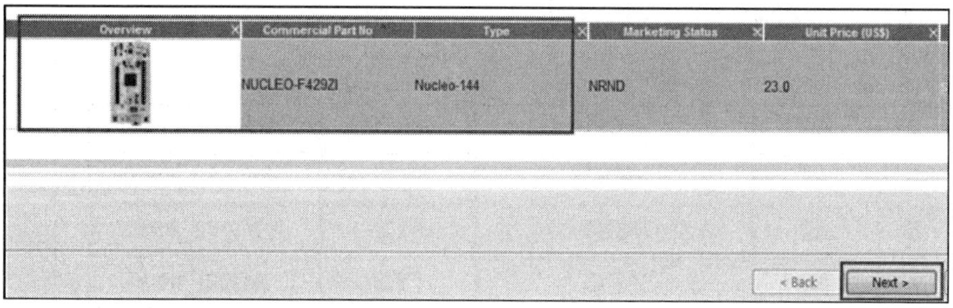

③ Project Name을 ex_adc_2 으로 입력한다. finish를 클릭한다.

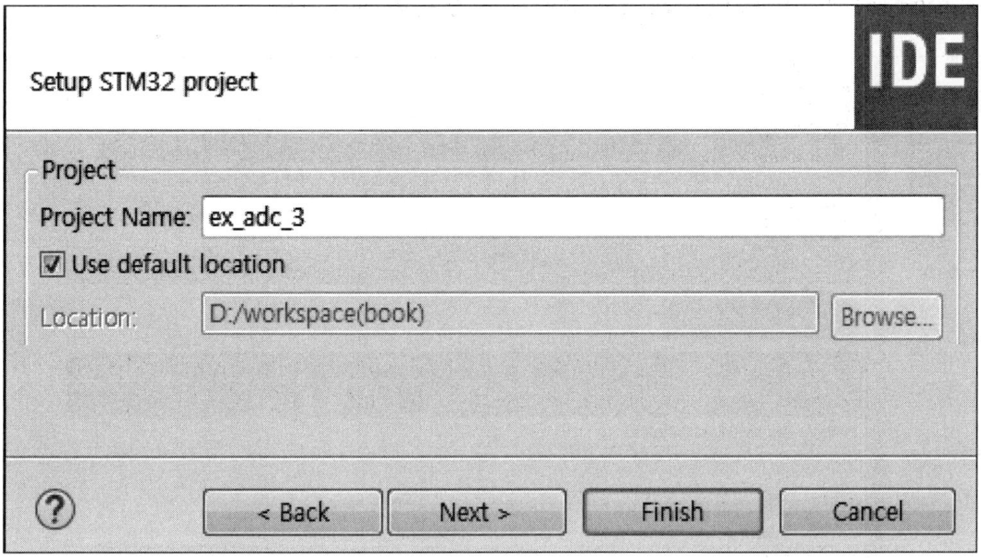

» 모든 주변장치를 default 모드로 초기화 하려는 창이 뜨면 Yes를 클릭한다.

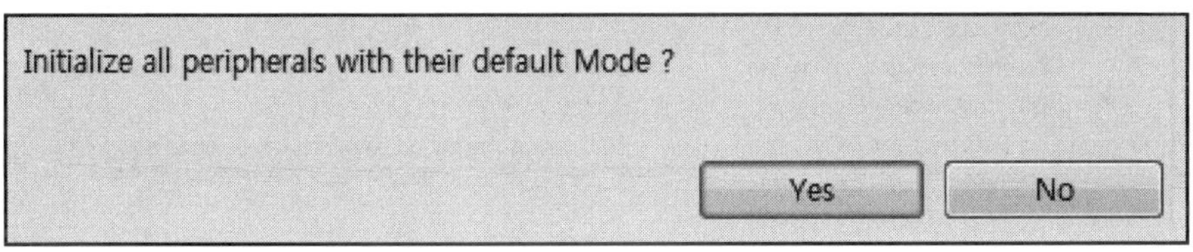

④ 화면 오른쪽 아래 검색창에 PC0을 입력하면 핀이 깜빡 깜빡하는 게 보인다. PC0을 클릭하고 ADC1_IN10을 선택한다. PC3을 클릭하고 ADC1_IN13을 선택한다.

⑤ Analog-ADC1을 선택하고 IN10, IN13이 선택 되었는지 확인한다. Parameter Setting을 클릭하고 ADC_Setting 값을 다음과 같이 설정한다.

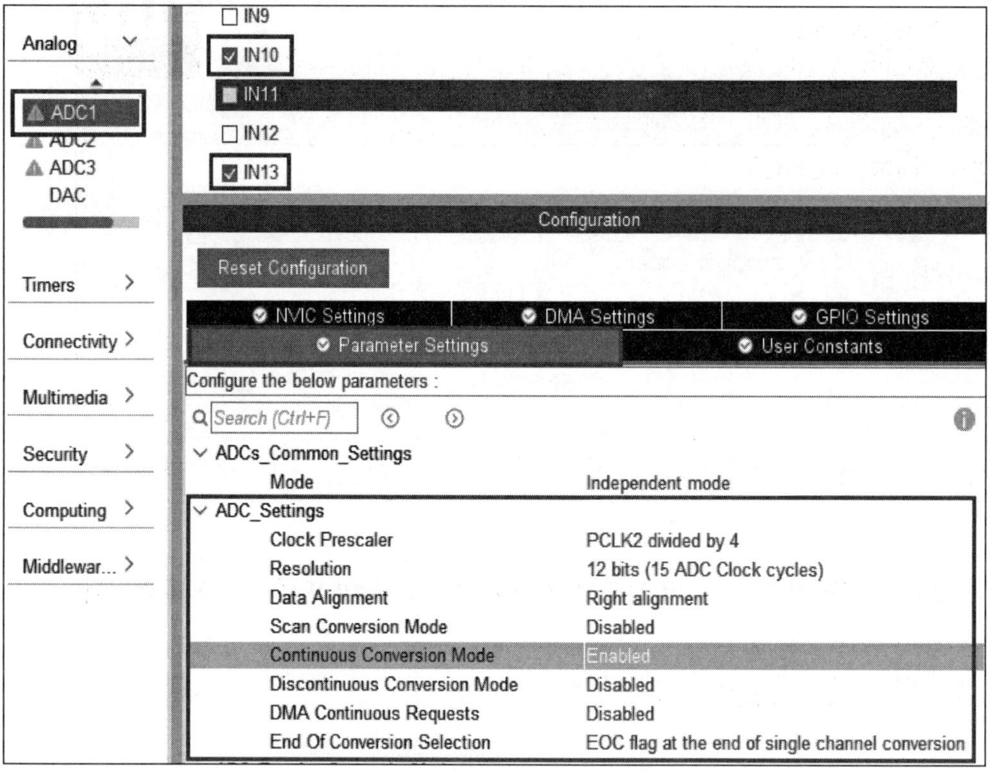

ADC_Regular_ConversionMode 값을 다음과 같이 변환한다. Number of Conversion 2,Rank1, 2 값은 순서가 바뀌어도 무관하다. Channel 10, 13 그리고 샘플링 시간은 15 Cycles로 설정한다.

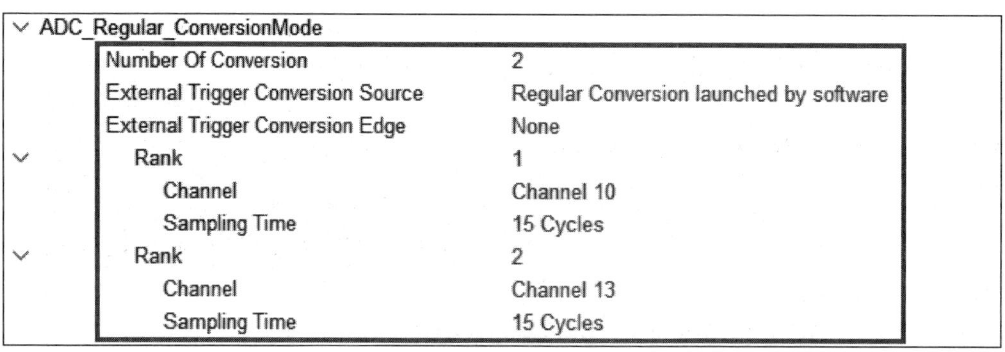

⑥ GPIO Setting을 클릭하고 GPIO mode는 다음과 같이 설정되어 있는지 확인한다.

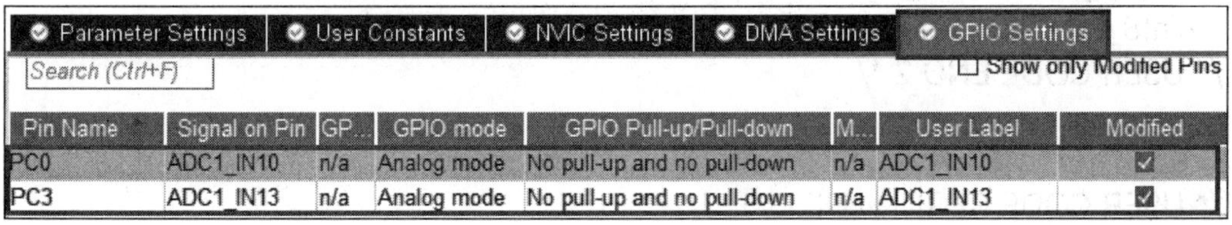

Pin Name	Signal on Pin	GP...	GPIO mode	GPIO Pull-up/Pull-down	M...	User Label	Modified
PC0	ADC1_IN10	n/a	Analog mode	No pull-up and no pull-down	n/a	ADC1_IN10	☑
PC3	ADC1_IN13	n/a	Analog mode	No pull-up and no pull-down	n/a	ADC1_IN13	☑

⑦ Clock Configuration을 클릭하고 APB2 PCLK2 주파수를 84MHz가 될 수 있게 설정한다.

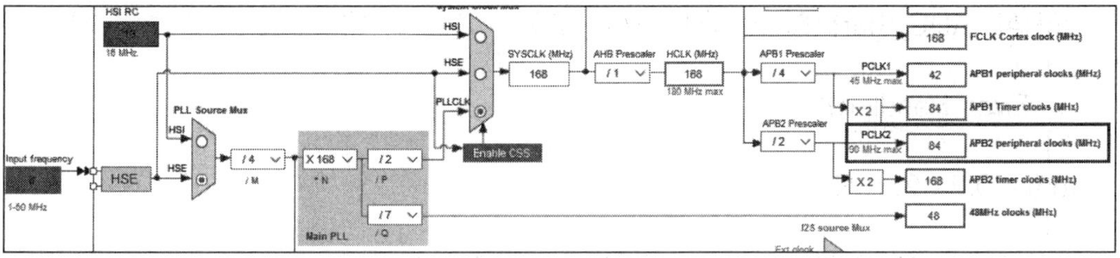

이제 모든 ADC1의 GPIO mode 입력 IN10,IN13은 setting은 되었다.

⑧ Project-Generate code를 생성한다.

⑨ Generate code가 자동생성 되면 다음과 같이 프로그램을 입력해 보자.

```
/* USER CODE BEGIN Includes */
#include "stdio.h"
/* USER CODE END Includes */
/* USER CODE BEGIN 0 */
  #ifdef __GNUC__
  #define USART_TX uint16_t __io_putchar(uint16_t data)
  #else
  #define USART_TXE uint16_t fputc(uint16_t data, FILE *f)
  #endif
  USART_TX {
  if (data == '\n')
    HAL_UART_Transmit(&huart3, (uint8_t*) "\r", 1, 0xffff);
    HAL_UART_Transmit(&huart3, (uint8_t*)  &data, 1, 0xffff);
    return data;
   }
/* USER CODE END 0 */
```

```
/* USER CODE BEGIN 2 */
  int adc_conversion_value[2];
  uint8_t i = 0;
/* USER CODE END 2 */


/* USER CODE BEGIN WHILE */
 while (1) {
   HAL_GPIO_TogglePin(GPIOB,LD1_Pin|LD2_Pin|LD3_Pin);
   HAL_Delay(100);
   HAL_GPIO_TogglePin(GPIOB,LD1_Pin|LD2_Pin|LD3_Pin);
   HAL_Delay(100);
   if(HAL_ADC_Start (&hadc1) != HAL_OK)
    {
      Error_Handler();
    }
  for(i = 0; i < 2; i++)
    {
       HAL_ADC_PollForConversion(&hadc1,300);
       if((HAL_ADC_GetState(&hadc1) & HAL_ADC_STATE_REG_EOC)
        == HAL_ADC_STATE_REG_EOC)
        {
               adc_conversion_value[i] = HAL_ADC_GetValue(&hadc1);
        }
    }
     printf("ADC_value1 = %5d\n\n", adc_conversion_value[0]);
     HAL_Delay(100);
     printf("ADC_value2 = %5d\n\n", adc_conversion_value[1]);
     HAL_Delay(1000);
  }
```

⑩ Generate code가 자동생성 되었고 다음과 같이 프로그램이 입력되었다.

```
/* USER CODE BEGIN Includes */
#include "stdio.h"
/* USER CODE END Includes */
/* USER CODE BEGIN 0 */
  #ifdef __GNUC__
  #define USART_TX uint16_t __io_putchar(uint16_t data)
  #else
  #define USART_TXE uint16_t fputc(uint16_t data, FILE *f)
  #endif
  USART_TX {
  if (data == '\n')
     HAL_UART_Transmit(&huart3, (uint8_t*) "\r", 1, 0xffff);
     HAL_UART_Transmit(&huart3, (uint8_t*)  &data, 1, 0xffff);
     return data;
   }
/* USER CODE END 0 */
   /* USER CODE BEGIN 2 */
    int adc_conversion_value[2];
    uint8_t i = 0;
   /* USER CODE END 2 */
  /* USER CODE BEGIN WHILE */
  while(1) {
      HAL_GPIO_TogglePin(GPIOB,LD1_Pin|LD2_Pin|LD3_Pin);
      HAL_Delay(100);
      HAL_GPIO_TogglePin(GPIOB,LD1_Pin|LD2_Pin|LD3_Pin);
      HAL_Delay(100);
      if(HAL_ADC_Start (&hadc1) != HAL_OK) {
        Error_Handler();
       }
     for(i = 0;i < 2; i++) {
        HAL_ADC_PollForConversion(&hadc1,300);
        if((HAL_ADC_GetState(&hadc1) & HAL_ADC_STATE_REG_EOC) == HAL_ADC_STATE_REG_EOC)
          {
           adc_conversion_value[i] = HAL_ADC_GetValue(&hadc1);
          }}
       printf("ADC_value1 = %5d\n\n", adc_conversion_value[0]);
       HAL_Delay(100);
       printf("ADC_value2 = %5d\n\n", adc_conversion_value[1]);
       HAL_Delay(1000);
       }
   /* USER CODE END WHILE */
```

⑪ 프로그램을 입력하였으면 Run-Run을 클릭하여 실행한다.

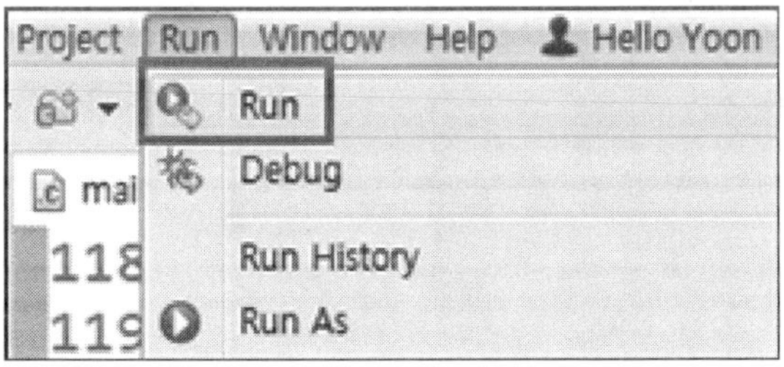

[실행결과] 가변저항(VR1, 2)을 조절하면 Tera Term VT 통신 모니터에 ADC_value1, 2 값이 전송된다. ADC_value1, 2의 전송할 때마다 LD1, LD2, LD3 led는 깜빡이게 동작된다.

[ex_IDE_ADC_10.4] 온도센서 LM35DZ 출력값을 usart 전송 실습

온도센서 LM35DZ의 출력값을 op amp에서 입력받아 usart 통신으로 모니터에 전송하고자 한다.

Operates from 4V to 30V이고 Linear +10mV/1°C 변화되는 온도값을 ADC를 이용하여 디지털 변환값을 usart 통신을 이용하여 통신화면 모니터에 출력되게 한다.

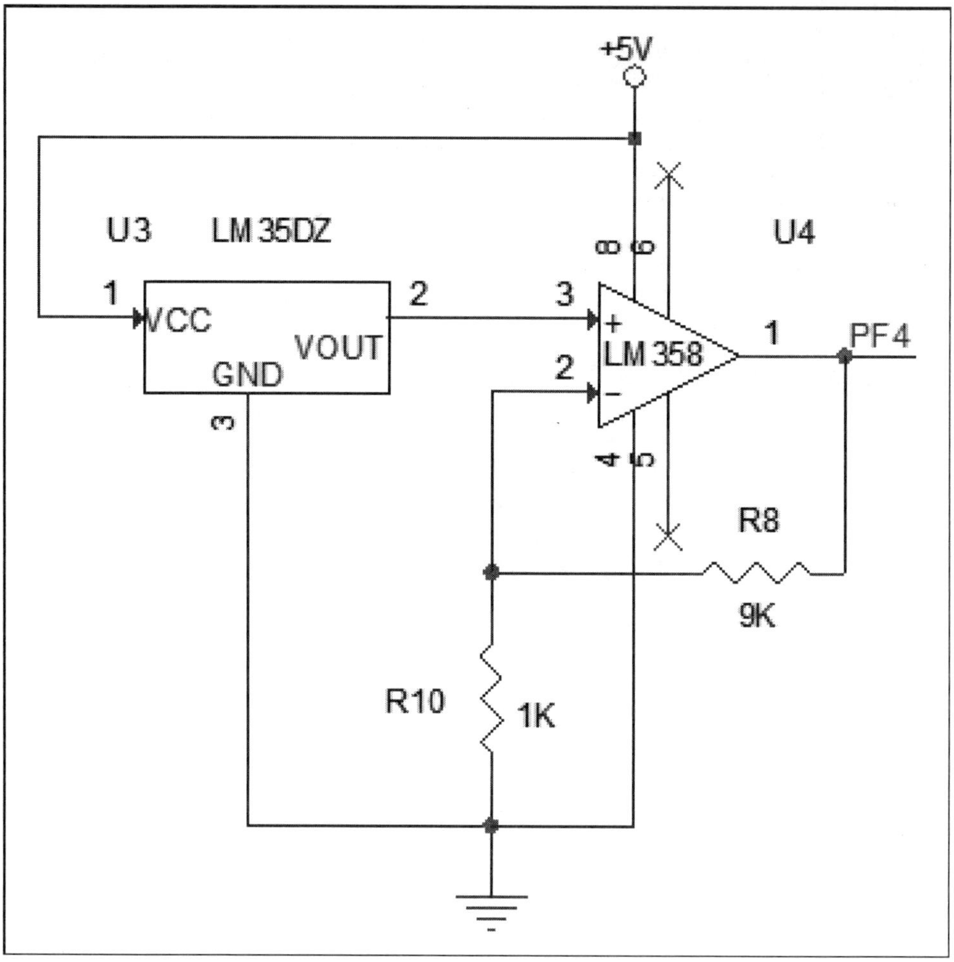

온도센서 LM35DZ 출력값 op amp 회로도

1	AVDD	AVDD		Analog VDD
3	AGND	AGND	-	Analog ground
5	GND	GND		ground
7	A6	ADC_A_IN	PB1	ADC12_IN9
9	A7	ADC_B_IN	PC2	ADC123_IN12
11	A8	ADC_C_IN	PF4	ADC3_IN14
13	D26	I/O	PB6	I/O
15	D27	I/O	PB2	
17	GND	GND	-	ground

data sheet Table 17. NUCLEO-F429ZI pin assignments

① File-New-STM32 Project를 클릭한다.

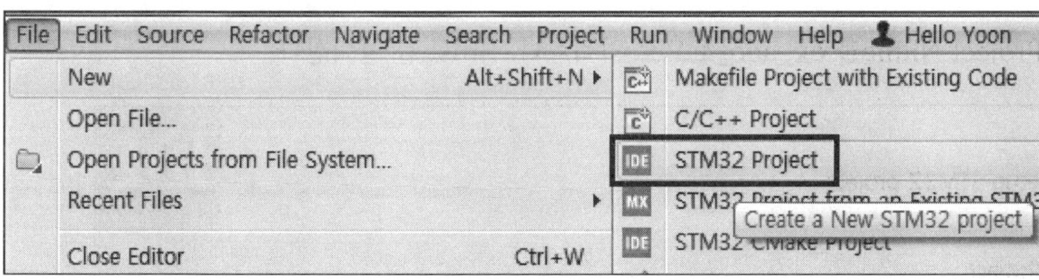

② Board Selector 선택하고 NUCLEO-F429ZI를 입력하고 ST실습보드를 선택하고 NEXT를 클릭한다.

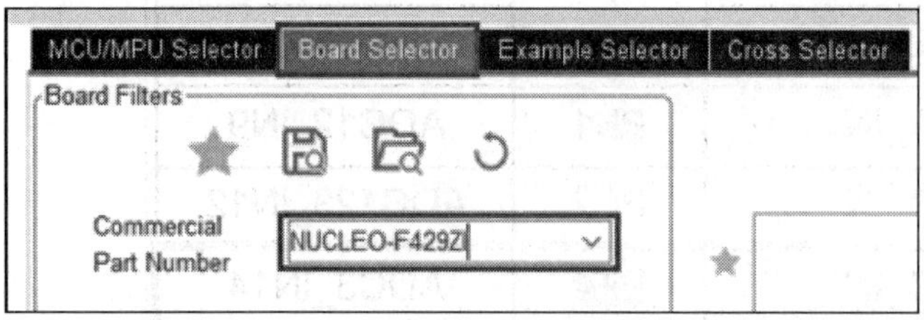

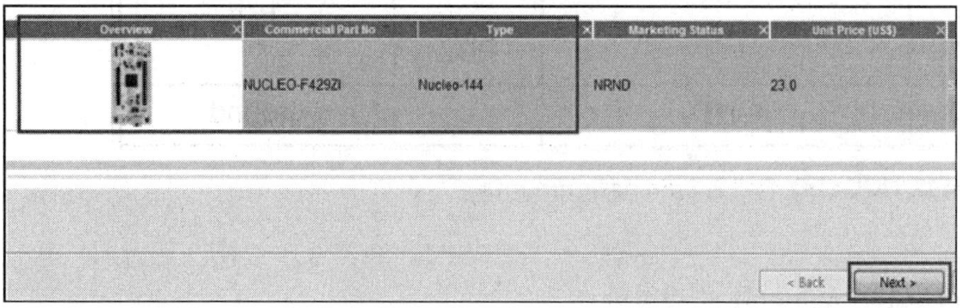

③ Project Name을 ex_adc_4 으로 입력한다. finish를 클릭한다.

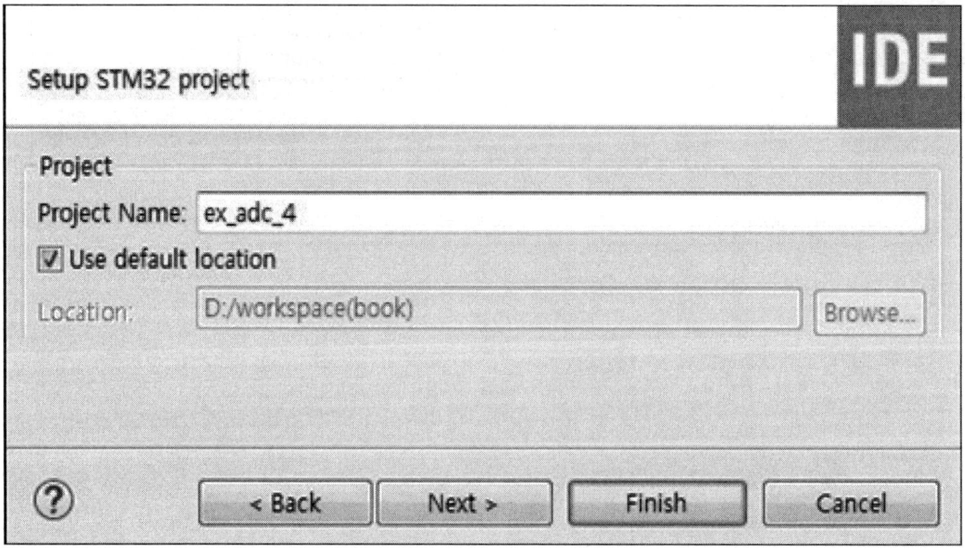

» 모든 주변장치를 default 모드로 초기화 하려는 창이 뜨면 Yes를 클릭한다.

④ 화면 오른쪽 아래 검색창에 PF4 입력하면 핀이 깜빡깜빡 하는 게 보인다. PF4을 클릭하고 ADC3_IN14을 선택한다. PF4을 클릭하고 ADC3_IN14을 선택한다.

⑤ Analog-ADC1을 선택하고 IN10, IN13이 선택 되었는지 확인한다. Parameter Setting을 클릭하고 ADC_Setting 값을 다음과 같이 설정한다.

⑥ 다음과 같이 default 값을 설정한다.

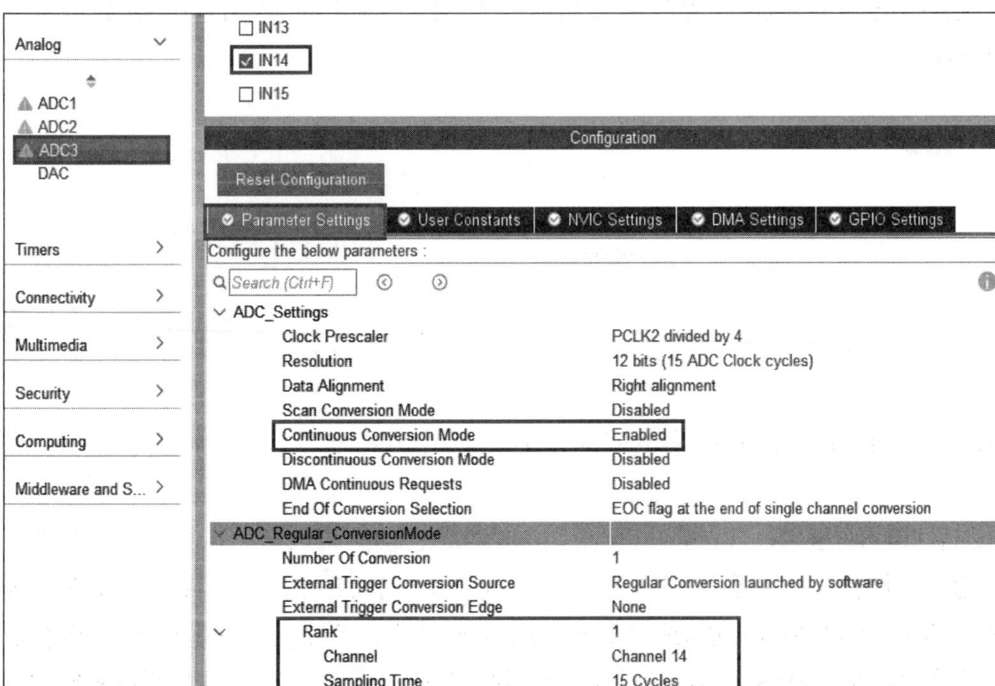

⑦ GPIO Setting을 클릭하고 GPIO mode는 다음과 같이 설정되어 있는지 확인한다.

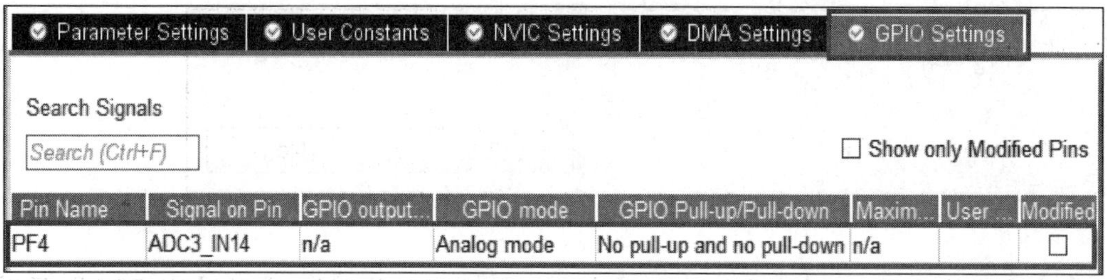

⑧ NVIC Setting ADC1,ADC2 and ADC3 global interrupts Enabled 을 체크한다.

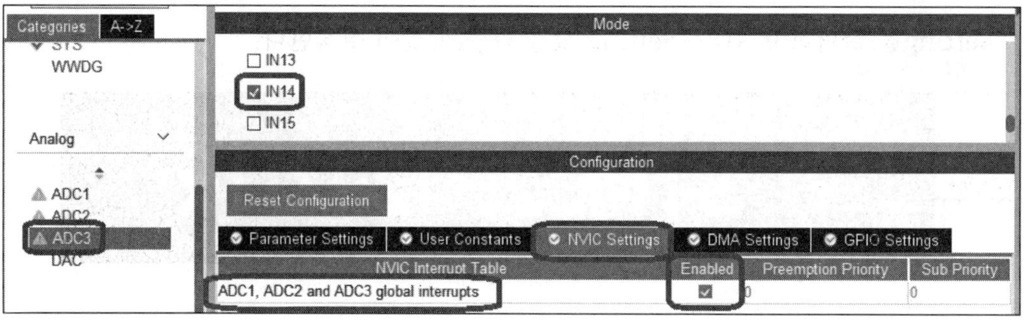

⑨ Clock Configuration을 클릭하고 APB2 PCLK2 주파수를 84MHz가 될 수 있게 설정한다.

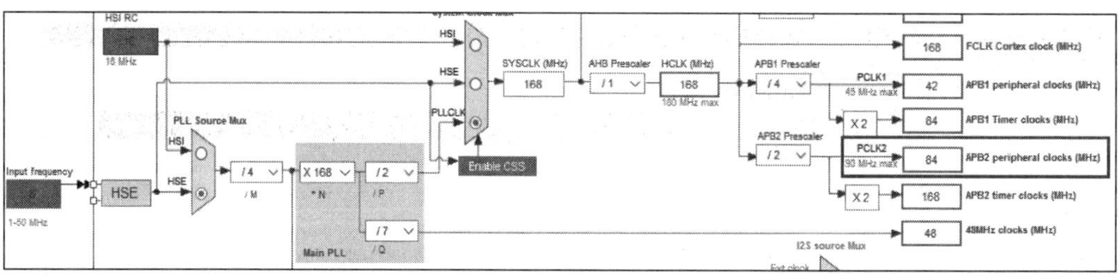

이제 ADC3의 GPIO mode 입력은 IN14로 설정 되었다.

ADC 입력전압 범위는 Vref- ~ Vref+ 임으로 전압을 표시하시 위해서는 VREF+ 값을 알고 있어야 하는데 VDD=+3.3V=AVDD=VREF+임으로 프로그램 코딩시 +3.3V(VREF+)/4096 = 0.0008056640625인데 실제 프로그램을 구동해 보면 주변 온도와 맞지 않는다. LM35DZ 부품 외관 온도이다. 주변환경 온도와 맞추기 위해서는 약간의 VREF+ 값 조정이 필요해 보인다.

VREF+ = +2.83V으로 조정하면 주변환경 온도 값이 비슷하게 맞게 된다.

float temp_vin = (adc_conversion_value * 0.00069091796875 * 10);

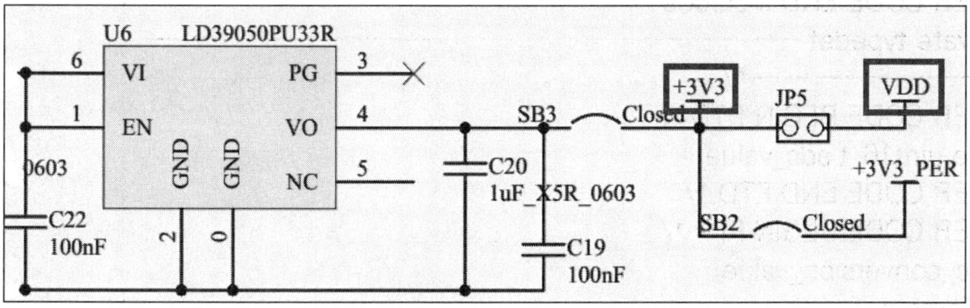

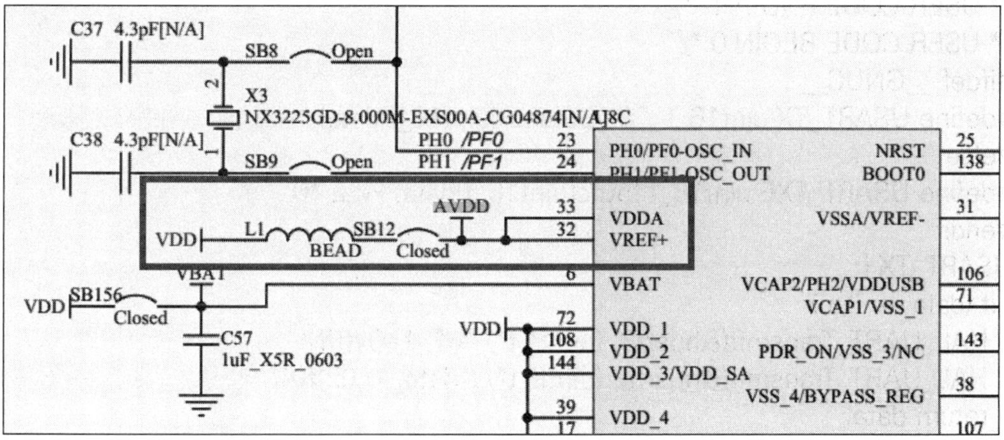

⑩ 온도값을 실수(소수점)로 표시해야 함으로 다음과 같이 use float with printf 값을 체크한다. project - properties - C/C++build - Setting - MCU setting - ✓use float with printf

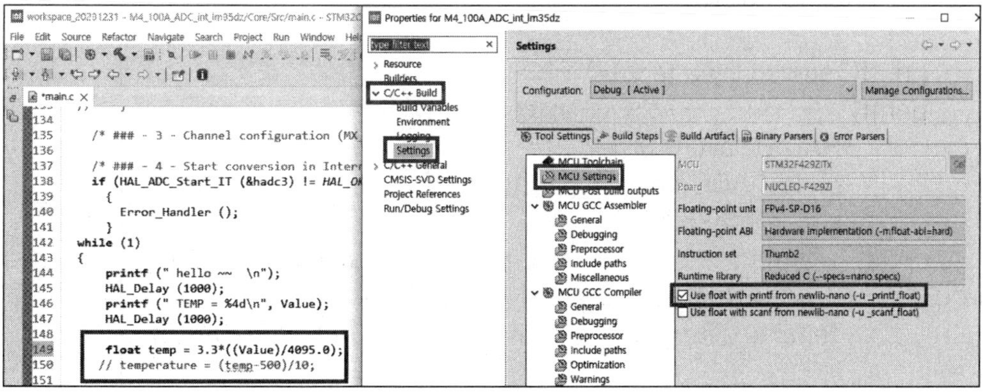

⑪ Generate code가 자동생성 되면 다음과 같이 프로그램을 입력해 보자.

```
 /* USER CODE BEGIN Includes */
 #include "stdio.h"
 /* USER CODE END Includes */
 /* Private typedef ----------------------------------------
-------------------*/
 /* USER CODE BEGIN PTD */
 volatile uint16_t adc_value;
 /* USER CODE END PTD */
 /* USER CODE BEGIN PFP */
 int adc_conversion_value;
 float Temp = 0;
 /* USER CODE END PFP */
 /* USER CODE BEGIN 0 */
 #ifdef __GNUC__
 #define USART_TX uint16_t __io_putchar(uint16_t data)
 #else
 #define USART_TXE uint16_t fputc(uint16_t data, FILE *f)
 #endif
 USART_TX {
  if (data == '\n')
   HAL_UART_Transmit(&huart3, (uint8_t*) "\r", 1, 0xffff);
   HAL_UART_Transmit(&huart3, (uint8_t*) &data, 1, 0xffff);
   return data;
  }
 /* USER CODE END 0 */
 /* USER CODE BEGIN WHILE */
    while(1) {
         if (HAL_ADC_Start_IT (&hadc3) != HAL_OK)
             {
               Error_Handler();
             }
          printf(" suwon injae tech\n\n");
          printf(" ----------------\n\n");
                    HAL_Delay(100);
                    printf(" ADC_value = %4d\n\n", adc_conversion_value);
                    HAL_Delay(500);
                      float temp_vin=(adc_conversion_
value*0.00069091796875*10);
                    Temp = temp_vin;  //(Vref=2.83)/4096=0.00069091796
875
```

```
				printf(" Temp = %4.1f \n\n\n\n", Temp);
				HAL_Delay(100);

				HAL_GPIO_WritePin (GPIOB, LD1_Pin|LD2_Pin|LD3_
Pin, GPIO_PIN_SET);
				HAL_Delay(300);

				HAL_GPIO_WritePin (GPIOB, LD1_Pin|LD2_Pin|LD3_
Pin, GPIO_PIN_RESET);
				HAL_Delay(300);
			}
  /* USER CODE END WHILE */
/* USER CODE BEGIN 4 */
void HAL_ADC_ConvCpltCallback (ADC_HandleTypeDef *hadc)
{
  adc_conversion_value = HAL_ADC_GetValue (hadc);
}
/* USER CODE END 4 */
```

⑫ Generate code가 자동생성 되었고 다음과 같이 프로그램이 입력되었다.

```
/* USER CODE BEGIN Includes */
#include "stdio.h"
/* USER CODE END Includes */
/* Private typedef ---------------------
/* USER CODE BEGIN PTD */
volatile uint16_t adc_value;
/* USER CODE END PTD */
/* USER CODE BEGIN PFP */
int adc_conversion_value;
float Temp = 0;
/* USER CODE END PFP */
/* USER CODE BEGIN 0 */
  #ifdef __GNUC__
  #define USART_TX uint16_t __io_putchar(uint16_t data)
  #else
  #define USART_TXE uint16_t fputc(uint16_t data, FILE *f)
  #endif
  USART_TX {
    if (data == '\n')
     HAL_UART_Transmit(&huart3, (uint8_t*) "\r", 1, 0xffff);
     HAL_UART_Transmit(&huart3, (uint8_t*) &data, 1, 0xffff);
     return data;
    }
/* USER CODE END 0 */
```

```
    /* USER CODE BEGIN WHILE */
    while(1){
        if(HAL_ADC_Start_IT (&hadc3) != HAL_OK)
          {
            Error_Handler();
          }
          printf(" suwon injae tech\n\n");
          printf(" ----------------\n\n");
          HAL_Delay(100);
          printf(" ADC_value = %4d\n\n", adc_conversion_value);
          HAL_Delay(500);
          float temp_vin=(adc_conversion_value*0.00069091796875*10);
          Temp = temp_vin;    //(Vref=2.83)/4096=0.00069091796875
          printf(" Temp = %4.1f \n\n\n\n", Temp);
          HAL_Delay(100);

          HAL_GPIO_WritePin (GPIOB, LD1_Pin|LD2_Pin|LD3_Pin, 1);
          HAL_Delay(300);

          HAL_GPIO_WritePin (GPIOB, LD1_Pin|LD2_Pin|LD3_Pin, 0);
          HAL_Delay(300);
          }
      /* USER CODE END WHILE */
/* USER CODE BEGIN 4 */
void HAL_ADC_ConvCpltCallback (ADC_HandleTypeDef *hadc)
{
  adc_conversion_value = HAL_ADC_GetValue (hadc);
}
/* USER CODE END 4 */
```

⑬ 프로그램을 입력하였으면 Run-Run을 클릭하여 실행한다.

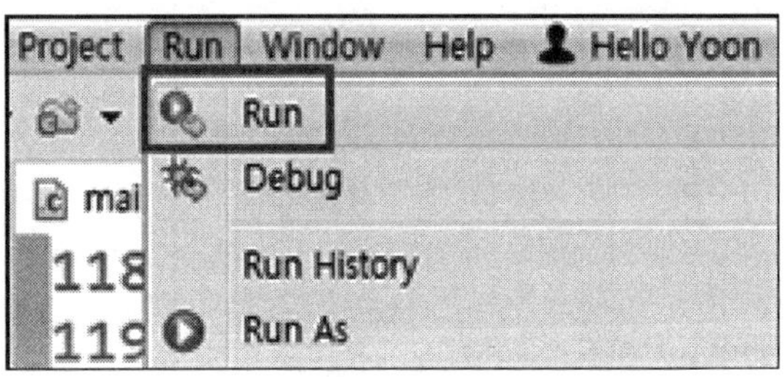

[실행결과] 통신 모니터에 실시간으로 ADC_value 값과 Temp 값이 디스플레이 된다.

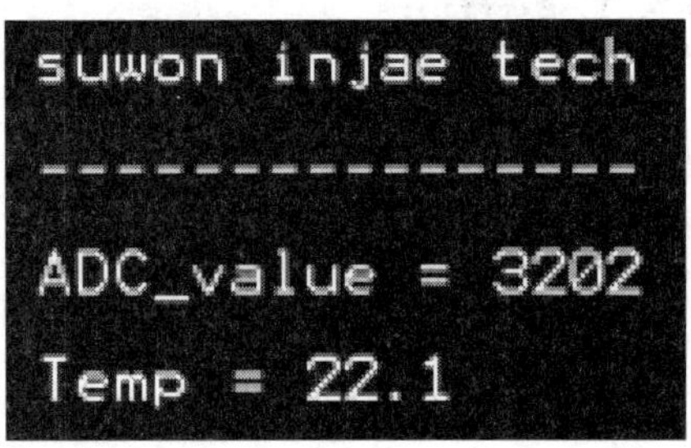

저자와의
협의에 의해
인지 생략

ARM CORTEX_M4

1판 1쇄 2025년 8월 25일

저 자 윤왕철

발행인 송광헌

발행처 **북두(더)**

주 소 서울특별시 영등포구 경인로82길 3-4
센터플러스 807호
(우) 07371

전 화 02-2164-2580

FAX 02-2164-2584

등 록 1993. 11. 22. 제 10-902 호

정가 : 32,000원

ISBN : 979-11-6675-645-0 93560

한국과학기술출판협회 회원사